Über dieses Buch Der Autor, ein führender Kopf der Umwelt- und Lebensschutzbewegung, setzt sich mit philosophischer Gründlichkeit mit dem Phänomen *Technik* auseinander. Er entwickelt eine Anthropologie der Technik, da für ihn die Frage nach der Technik untrennbar verbunden ist mit der Frage nach dem Menschen. Er macht deutlich, daß Technik eine conditio humana, ein Teil des Schicksals der Menschheit ist. Das Buch bietet keine Rezepte für ökologische Fragen der Tagespolitik. Aber es zeigt, daß Technik im umfassenden Sinn ein wesentlicher Teil menschlicher Verwirklichung und Geschichte ist; in diesem Sinn ist Technik ein positives, sogar geistiges Phänomen, dessen eigentliche Antriebskräfte erkannt und gestaltet werden müssen, um sie menschengemäß und naturgemäß und nicht zerstörerisch zu handhaben.

Der Autor Werner Georg Haverbeck, 1909 in Bonn geboren, studierte Kultur- und Religionswissenschaft, promovierte 1937; seit 1950 Pfarrer in der Christengemeinschaft. Seit 1959 widmet er sich der Humanisierung des Arbeitslebens; 1963 gründete er das Collegium Humanum in Vlotho, das er zur Akademie für Umwelt- und Lebensschutz ausbaute; 1973 Professur für angewandte Sozialwissenschaften, Fachhochschule Bielefeld. 1982 Verleihung der »Hans-Adalbert-Schweigart-Medaille für überragende Verdienste um den Schutz des Lebens«.

Werner Georg Haverbeck

Die andere Schöpfung

Technik – Ein Schicksal von Mensch und Erde

Fischer Taschenbuch Verlag

Perspektiven der Anthroposophie

Herausgegeben von
Johannes M. Mayer und Wolfgang Niehaus

6.–7. Tausend: März 1986

Überarbeitete Ausgabe
Veröffentlicht im Fischer Taschenbuch Verlag GmbH,
Frankfurt am Main, Mai 1983

Umschlagentwurf: Jan Buchholz und Reni Hinsch
Lizenzausgabe mit freundlicher Genehmigung
des Verlages Urachhaus Johannes M. Mayer GmbH & Co. KG Stuttgart

Druck und Bindung: Clausen & Bosse, Leck
Printed in Germany
1480-ISBN-3-596-25528-7

Inhalt

I. Die Industrielle Revolution als Weltereignis

Einführung

Es zerbricht die bisher niemals
durchlöcherte Mauer zwischen
der Erd- und der Weltgeschichte.
Hans Cloos

»Es war ein lebendes Wesen, eine neue Art Wesen, das dort gerade vor unseren ungläubigen Augen geboren wurde. In einem gewissen Stadium der Entwicklung, bei dem in Sekunden Millionen von Jahren zurückgelegt wurden, nahm dieses Wesen die Gestalt eines riesenhaften Totempfahles an. Aber es war ein lebender Totempfahl, mit vielen eingeschnitzten grotesken Masken, die mit verzerrten Gesichtern auf die Erde hinabblickten.« Es »kämpfte weiter in elementarem Zorn, wie ein Wesen, das die Fesseln zu sprengen versucht, die es niederhalten.«

So schildern nordamerikanische Flieger[1], die die Atombombe über Hiroshima und Nagasaki auslösten, die Vision, die sie bei der Explosion vor Augen hatten. Sie machten dabei die Erfahrung: »Man überschritt irgendwie die Grenzlinie zwischen Wirklichkeit und Unwirklichkeit und empfand die Gegenwart des Übernatürlichen.« Diese Apokalypse zeigt, wie die Menschheit in unserer Zeit durch die Technik an die Schwelle des Todes geführt wird. Nirgendwo offenbart sich der Tod als Gesetz der Technik so deutlich wie in der Entfesselung der Atomenergie. In Hiroshima begegnete die Menschheit dem in der Technik wirkenden, bisher hinter verlockenden Masken verborgenen Tod in unmittelbarer Gegenüberstellung.

Einem anderen Augenzeugen erschien der Atompilz wie »ein riesiges Gehirn, dessen Windungen sich ständig veränderten«, und der Berichter fügt bemerkenswerterweise hinzu: »Erst die Zukunft wird zeigen, ob es das Kollektivgehirn symbolisierte, das es erschuf, oder die letzte Explosion des menschlichen Kollektivgeistes.«

In diesem Augenblick des 6. August des Jahres 1945 nach Christi Geburt begann ein neues Zeitalter. Man hat ihm bereits einen Namen gegeben und es das *atomare* genannt. Indem es dem Menschen gelang, den Atomkern zu spalten, vollendete er seine Herrschaft über die Materie. Er verfügt fortan über den Urbaustein allen irdischen Lebens. Dieser Triumph ist das Ergebnis der Industriellen Revolution, die vor knapp zwei Jahrhunderten mit den Umdrehungen der ersten Dampfmaschine begann. Die umwälzende Bedeutung dieser im Abendland anhebenden jähen Entwicklung kann nur mit einer anderen weltgeschichtlichen Wende verglichen werden: mit jenem Übergang, der die Jüngere Steinzeit von der Altsteinzeit scheidet. Indem der Mensch im Ackerbau planmäßig Hand an die Erde zu legen sich anschickte, wurde der Beginn gesetzt für die Bemeisterung und Umgestaltung der Natur in einer »anderen« Schöpfung. Heute scheint diese ihrer Vollendung entgegenzugehen – und die Natur ihrem Ende. Der Mensch wurde durch seine Technik zum Baumeister einer eigenen Welt. Er ist der Herr dieses Reiches, das ihm ungeahnte Möglichkeiten erschloß, derer er sich großzügig bedient. Und sein Reich wächst und wächst, und dieses »Wachstum« der Wirtschaft durch technische Produktion ist zum unantastbaren Grundgesetz dieses Reiches gemacht worden, ja noch zu weit mehr: zum unerschütterlichen Dogma eines Glaubens an den permanenten »Fortschritt« und die Unausschöpfbarkeit dieser Erde.

Und war dies nicht dem Menschen vom Anbeginn seiner Geschichte verheißen? »Macht euch die Erde untertan!« Der Menschheitstraum scheint erfüllt: Schicksal und Leben der Erde liegen in der Hand des Menschen. Doch wie ein warnender Hüter auf der Schwelle zu dieser Vollmacht erscheint jene gewaltige Imagination von einer »neuen Art Wesen«. Von seinen Beschwörern – nüchternen Technikern – beobachtet und stammelnd gedeutet, zeigt es unverhüllt das Doppelantlitz der Technik. Und Zweifel schleichen sich ein: Ist der Mensch wirklich Herr seiner aus dem »riesigen Kollektivgehirn« hervorgegangenen Schöpfung? Vermag er sie noch zu regieren? Kaum ist die Frage gestellt, da häufen sich auch schon die Warnungen, Anklagen, ja Verwünschungen der Technik, und was gestern noch als Schwarzseherei und romantische Fortschrittsfeindlichkeit erschien, das enthüllt sich heute als tiefe Wahrheit. Ist nicht der Bericht der amerikanischen Piloten von 1945 eine Bestätigung dessen, was Eichendorff in »Ahnung und Gegenwart« zu Beginn des vorigen Jahrhunderts bereits und damit angesichts der ersten Kinderschritte der Industriellen Revolution sagte?

»Licht und Schatten ringen noch ungeschieden in wunderbaren Massen gewaltig miteinander, dunkle Wolken ziehn verhängnisschwer dazwischen, ungewiß, ob sie Tod oder Segen führen, die Welt liegt unten in weiter, dumpf stiller Erwartung. Kometen und wunderbare Himmelszeichen zeigen sich wieder, Gespenster wandeln wieder durch unsere Nächte, fabelhafte Sirenen selber tauchen, wie vor nahen Gewittern, von neuem über die Meeresspiegel und singen, alles weist wie mit blutigen Fingern warnend auf ein großes, unvermeidliches Unglück hin. Unsere Jugend erfreut kein sorglos leichtes Spiel, keine fröhliche Ruhe wie unsere Väter, uns hat frühe der Ernst des Lebens gefaßt. Im Kampfe sind wir geboren, und im Kampfe werden wir, überwunden oder triumphierend, untergehen. Denn aus dem Zauberrauche unserer Bildung wird sich ein Kriegsgespenst gestalten, geharnischt, mit bleichem Totengesicht und blutigen Haaren; wessen Auge in der Einsamkeit geübt, der sieht schon jetzt in den wunderbaren Verschlingungen des Dampfes die Lineamente dazu aufringen und sich leise formieren. Verloren ist, wen die Zeit unvorbereitet und unbewaffnet trifft; und wie mancher, der, weich und aufgelegt zur Lust und fröhlichem Dichten, sich so gern mit der Welt vertrüge, wird, wie Prinz Hamlet, zu sich selber sagen: Weh, daß ich zur Welt, sie einzurichten, kam! Denn aus ihren Fugen wird sie noch einmal kommen, ein unerhörter Kampf zwischen Altem und Neuem beginnen, die Leidenschaften, die jetzt verkappt schleichen, werden die Larven wegwerfen und flammender Wahnsinn sich mit Brandfackeln in die Verwirrung stürzen, als wäre die Hölle losgelassen, Recht und Unrecht, beide Parteien, in blinder Wut einander verwechseln.«

Doch solche Ahnungen verblaßten vor Lokomotive, Elektrizität und Luftschiff. Wurde die Welt nicht wunderbarer mit jedem Tag? Nur im Untergrund rumorte es weiter. In der deutschen Jugendbewegung trat zum erstenmal eine Gegenströmung hervor, die, weite Kreise erfassend, sich wider die inzwischen stürmisch vorangeschrittene Entwicklung der Industriellen Revolution aufbäumte. Die Freideutsche Jugend nahm Eichendorffs mahnende Worte in ihr Bekenntnis zum Treffen auf dem Hohen Meißner im Oktober 1913 auf.[2] In der aus diesem Anlaß erschienenen Festschrift stellte Ludwig Klages schon fest: »Zerrissen ist der Zusammenhang zwischen Menschenschopfung und Erde, vernichtet für Jahrhunderte, wenn nicht für immer, das Urlied der Landschaft... Die giftigen Abwässer der Fabriken verjauchen das lautere Naß der Erde – kurz, das Antlitz der Festländer verwandelt sich allgemach in *ein* mit Landwirtschaft durchsetztes Chicago!« Vergeblich berief er sich auf Achim von Arnim, der bereits hundert Jahre zuvor gemahnt hatte: »... daß Deutschland nicht so verwirtschaftet werde, sei unser Bemühen!«

Noch war es mehr ein elementares Nein zum Vorhandenen, zu dem von der älteren Generation entwickelten Lebensstil, als ein wirkliches Durchschauen der durch die explosive Ausweitung der industriellen Technik verursachten Folgen. Das ganze Elend, das diese anzurichten vermag, wurde erst in den großen Kriegen erkennbar.

Die kritischen Stimmen wurden in ihrer Verurteilung immer schärfer. Für Friedrich Georg Jünger wird die Technik zu dem Unglück des Menschen schlechthin. Sie macht aus Menschen Arbeiter, und endlich vertilgt sie den Arbeiter wie die Bodenschätze, auf die jener angewiesen ist. Aber sie erlaubt keinen Halt. In rastloser Tätigkeit und unersättlicher Gier verschlingt sie alles und jeden, und »Wachstum« und »Fortschritt« werden nichts anderes als Raubbau an der Erde.[3] Ebenfalls als einer der ersten hat aus ärztlicher Sicht Bodo Manstein die gegenwärtige Generation »im Würgegriff des Fortschritts« gesehen. Mit dieser Kennzeichnung der tödlichen Gefahr nahm er unbewußt das Bild der apokalyptischen Prophetie des Arztes Lukas vom Beginn des abendländischen Zeitalters auf, der von der »würgenden Schlinge« spricht, »die über alle kommt, die auf dem Angesicht der ganzen Erde wohnen«. Nach der Diagnose des Arztes Peter Bamm ist die Technik »eine Krankheit des Menschen, eine ungeheuerliche Störung seiner seelischen Harmonie, eine lächerliche Bevorzugung einiger verrückter Möglichkeiten, die sich aus seiner durch die Experimente der Physik errungenen Macht über die Natur ergeben haben«.[4] »Macht über die Natur«, das war das Streben der Menschen; und wohin führte es? In die Abhängigkeit von der eigenen Schöpfung, in die grenzenlose Ohnmacht des einzelnen angesichts einer entfesselten Kriegsmaschinerie und der Wirkungen freigesetzter Radioaktivität.

Die Technik wurde zum Herrn unseres Lebens. Sie ist die wahre Weltmacht unserer Epoche. Das Gebot dieses allmächtig scheinenden Tyrannen diktiert gleicherweise in Ost und West unser Verhalten. Es beherrscht nahezu die ganze Erde und bestimmt unser Dasein, wie nie ein Herrscher zuvor es vermocht hätte. Denn dieser Gebieter fordert nicht nur unsere Arbeit, er bemächtigt sich zugleich und ohne, daß wir es bemerken, unserer Seelen. Unser Denken wird in seinen Bann gezogen. Seine Gebote bestimmen durch die Zwänge des Wirtschaftslebens das tägliche Verhalten der Menschen. Sie gelten für alle: für denjenigen, der sein Leben in diesen Dienst gestellt hat, und für die anderen, die nur nehmen, was durch die Arbeit ihrer Mitmenschen sich ihnen zur Erhaltung ihres Daseins oder zu ihrem Lebensgenuß bietet.

Wie einst ein Weltherrscher sich die Länder in grausamen Kriegszügen mit dem Schwerte unterwarf, so hat die Technik durch Weltverkehr und Weltwirtschaft sich alle Völker untertan gemacht, die Grenzen ihrer Kulturen eingeebnet und diese selbst langsam zerstört. Die menschlichen Wurzeln in Volkstum und Heimat rodete sie aus. Für Brauchtum, Trachten und Volkskunst hatte sie keinen Raum. Sie diktierte ihre eigenen Gesetze, forderte die gleiche uniforme Kleidung, die gleiche Formelsprache und die gleichen Arbeitsgeräte und Bauten von Chicago bis Anschuan, von Sydney bis Narvik.

Wie einst dem Herrscher das ganze Land gehörte mit allem, was darinnen war, so hat auch die Technik nicht haltgemacht vor Pflanze und Tier. Beide sind ihr auf Gnade und Ungnade ausgeliefert. Es gibt keinen Platz mehr für sie, soweit sie nicht dem Nutzen oder der Laune des Menschen ihr Überleben verdanken. Weit verhängnisvoller als die Zerstörung der Landschaft erscheint jedoch die Verwüstung des Menschen selbst. Nicht nur seine sozialen Zusammenhänge, auch seine Persönlichkeitswerte sind auf das äußerste bedroht. Der Kern der menschlichen Individualität wird gespalten. Die Forschung, welche die menschliche Psyche analysierte, das heißt, so auflöste, daß sie diese, um sie noch als Ganzes zu verstehen, zu einem Komplex der verschiedenen Komponenten von Vererbung, Umwelt, Dressur, Erfahrung, Zufälligkeiten machte, ging diesmal der allgemeinen Entwicklung voraus. Durch die Beanspruchung des Menschen als Spezialisten, als lebenden Roboter – ob Arbeiter oder Manager –, blieb nur noch ein dürftiges *residuum personale* [Gehlen][5] übrig, ein immer kleiner werdender ausgesparter Raum des Persönlichen. Und auch dieser wird durch die konformistischen Einflüsse von Presse, Film und Fernsehen geprägt – in den »westlichen« Ländern nicht weniger, als man es allgemein von den sozialistischen Ländern zu wissen meint.

Die Überfülle der Reize, die täglich, stündlich, ja minütlich auf den Großstadtmenschen einwirken, droht seine Seele so zu zerreißen, daß aus natürlichem Selbstschutz nur noch der Ausweg in die Abstumpfung gegenüber allen Eindrücken bleibt. Um der Schizophrenie zu begegnen, wird die menschliche Natur apathisch. Sie schirmt sich ab gegen die überlaut gewordene Umwelt, indem sie sich abkapselt. Die Folgen sind im sozialen Bereich Kontaktlosigkeit bis zur seelischen Vereinsamung und Gleichgültigkeit gegenüber den Aufgaben und Problemen der Gemeinschaft und damit auch gegenüber den aus der Technik aufsteigenden Gefahren.

So kann vom Standpunkt des Kulturhistorikers der Beginn der modernen Technik in der experimentierenden Naturwissenschaft des 17. und 18. Jahrhunderts allerdings wie ein gewaltiges Verkehrsunglück der Geschichte erscheinen, das die Menschheit aus den Geleisen warf – ein Vorgang also, der in seiner ganzen Folgenschwere von den geistlichen Gegnern der Kopernikus, Bruno und Galilei geahnt, wenn nicht gar vorausgesehen worden wäre. Somit kann heute zurückblickend deren heftige Abwehr gerechtfertigt erscheinen als ein Verhalten, das keineswegs nur als kulturreaktionär gedeutet zu werden braucht, sondern das von einer tief empfundenen Sorge um die menschliche Existenz veranlaßt war.[6]

Für denjenigen, der die Dinge aus religiöser Sicht sieht, treten auch heute die dämonischen Züge hervor, die die moderne Technik insbesondere dort angenommen hat, wo ein ungeheueres Potential von wirtschaftlichen Mitteln und bester Menschenkraft nur zur Vorbereitung der planmäßigen, möglichst vollkommenen Vernichtung eines vermeintlichen Gegners investiert wird. Hier scheint der Teufel sich anzuschicken, das Antlitz des Menschen als das Ebenbild der Gottheit zu zerstören – und die göttliche Schöpfung dazu.

Und dennoch! Verdankt die Menschheit der Technik nicht unendlich viel? Wer ihr nur zürnt oder sie aus geistiger Überheblichkeit geringachtet, in Notzeiten ist auch er immer wieder auf ihre Hilfe angewiesen. Denn dieser Herrscher ist zugleich der tägliche Diener seiner Untertanen geworden. Und wer nimmt seine Dienste nicht gerne in Anspruch, wenn damit eine Krankheit erkannt und geheilt, das Leben eines geliebten Menschen gerettet oder eine Einsicht in die Geheimnisse der Natur ermöglicht wird.

Es ist offensichtlich, daß die Technik nicht aus unserem

Leben fortgedacht werden kann. Und nur noch mit ihrer Hilfe läßt sich bewältigen, was durch sie heraufbeschworen wurde. Jetzt muß sie uns helfen, die Wunden zu heilen, die sie schlug, den Hunger zu stillen, der durch die von ihr geförderte Überbevölkerung entstand.

Und sind – so wird der Verteidiger der Industriellen Revolution anführen – die Menschen im ganzen nicht freier, wissender, menschlicher geworden, als sie es noch im europäischen Mittelalter waren? Dort besaßen und kannten nur Fürsten und Herren, was heute jedem Facharbeiter zugänglich ist. Es gab viele Sklaven und Leibeigene, es gab viele Arme und nur wenige Privilegierte. In Geschichte und Literatur hörte man vornehmlich von diesen.

Darum sahen nicht alle Dichter mit Eichendorffs Augen. Stifter fragt im »Nachsommer«: »Wie wird es sein, wenn wir mit der Schnelligkeit des Blitzes Nachrichten über die ganze Erde verbreiten können, wenn wir selber mit großer Geschwindigkeit und in kurzer Zeit an die verschiedensten Stellen der Erde gelangen werden, und wenn wir mit gleicher Schnelligkeit große Lasten werden befördern können? Werden *die Güter der Erde* da nicht durch die Möglichkeit des leichten Austausches *gemeinsam* werden, daß allen alles zugänglich ist? Jetzt kann sich eine kleine Landstadt und ihre Umgebung mit dem, was sie hat, was sie ist und was sie weiß, absperren; bald aber wird es nicht mehr so sein, sie wird in den allgemeinen Verkehr gerissen werden. Dann wird, um der *Allberührung* genügen zu können, das, was der Geringste können und wissen muß, um vieles größer sein als jetzt.« Auch diese Vorausschau hat sich erfüllt. Und vergessen wir nicht, die ersten Maschinen wurden hoffnungsvoll »Eiserne Engel« genannt![7]

Teufel oder Engel? Was ist das für ein Wesen, das, vom Menschen gerufen, nun mächtig vor ihn hintritt? Führt es zum Untergang oder zu einem Aufgang der Menschheit?

Betroffen, erschrocken und ratlos steht der denkende Mensch vor dieser Frage, vor dem Schicksal, das mit der Industriellen Revolution seit einem Jahrhundert hereingebrochen ist. Mehr und mehr dämmert dem erwachenden Bewußtsein die Tragweite dieses umstürzenden Phänomens. Die das Problem der Technik behandelnde Literatur ist heute Legion. Erschöpft sich ein Teil dieser Publikationen in einer Berichterstattung über die Phänomene selbst und bietet damit als Hilfe zur Urteilsfindung wertvolle Überblicke über die sachliche

Entwicklung, so beschäftigt sich in zunehmendem Maße ein anderer Teil mit den Folterungen und sucht aus negativer oder positiver Grundeinstellung nach einem Verständnis des Geschehens. Nur wenige – zum Teil verheißungsvolle – Ansätze versuchen, das *Wesen* der Technik zu erfassen. Darauf aber muß es uns ankommen. Nur aus einer Erkenntnis des Wesens dieser Erscheinung ist auch ihre Bewältigung möglich.

Emotionale Stellungnahmen helfen nicht weiter. Sie fallen je nach Herkunft, Temperament und Einsicht optimistisch oder pessimistisch aus. Diese gegensätzliche Beurteilung, die oft genug ein und denselben Menschen je nach dem jeweiligen Aspekt, von dem aus er die Sache ansieht, hin und her reißt zwischen Bewunderung und Furcht, und die den modernen Menschen geradezu in ein schizophrenes Verhalten hineindrängt, ist eine Folge des Fehlens jeglicher Maßstäbe. Die Muster und Denkkategorien einer vergangenen Epoche reichen für die unserer Generation auferlegten Probleme der Gemeinschaft und des einzelnen nicht mehr aus. Unsere Situation ist ohne Beispiel! Darum sind auch die herkömmlichen theologischen und philosophischen Begriffe unbrauchbar geworden. Die vorindustrielle Betrachtungsart sieht die Technik lediglich als Mittel zur Erhöhung der menschlichen Macht und ist ratlos angesichts der Tatsache, daß die Kontrolle über dies Mittel entgleitet. Auch Goethe stand betroffen vor dem neuen Phänomen: »Das überhandnehmende Maschinenwesen quält und ängstigt mich; es wälzt sich heran wie ein Gewitter, langsam, langsam; aber es hat seine Richtung genommen, es wird kommen und treffen. Man denkt daran, man spricht davon, und weder Denken noch Reden kann Hilfe bringen ... Wer hilft uns, die Gründe abwägen, die uns bestimmen können?«[8]

Während wir in dieser Weise zwischen Antipathie und Sympathie hin und her schwanken, arbeiten unermüdlich die Maschinen, rollen die Fließbänder und fressen sich Bagger und Bohrer in unsere Erde. Zu welchem Ende? Die Atombombe und die höchst akut gewordene Problematik der »Atomenergie« zeigen, daß eine klare Entscheidung, und damit eine Antwort auf die Frage nach dem Wesen und der Bestimmung der Technik, sich nicht mehr länger umgehen läßt. Wir haben wie die Besessenen gearbeitet, jetzt hilft uns nur noch, nachzudenken. Und das wird zumeist als sehr unbequem empfunden. Woher soll auch ein Wertmaßstab genommen werden? »An ihren Früchten sollt ihr sie erkennen!«[9] Dies Wort des Evangeliums galt bisher. Doch die Früchte der Technik erscheinen zweideutig, einmal bringen sie Tod, ein andermal Leben. Vielleicht läßt sich ihr eigenes Wesen überhaupt nicht durch die Symptome der Gegenwart darstellen, vielleicht geben diese wirklich nur ein Krankheitsbild. Das Bild einer gefährlichen Krankheit, die unser aller Leben in Frage stellt, wenn nicht alsbald die richtige Diagnose gestellt wird! Um diese zu finden, muß auf die Gesamtheit der Technik hingeschaut werden, auf ihre Ursprünge, auf das, was sie durch Jahrtausende war, und was sie wieder werden könnte. Das letztere hängt allerdings nicht nur von unserem Bild ab, sondern von unserem Willen, gemäß dem an diesem Bilde gewonnenen Maßstab zu leben.

Die Technik ist unser Schicksal. Sie ist es, indem durch sie der Mensch seine Kräfte voll entfalten konnte. Sie ist es aber auch, indem durch sie das Fortbestehen von Mensch und Erde gefährdet wird.

Der einzelne Mensch kann sich diesem Schicksal nicht entziehen, weil es über ihm und durch ihn waltet. Der Pessimist sieht es als unausweichliches Verhängnis und rettet sich je nach Veranlagung entweder in sorglosen Lebensgenuß oder in die »innere Emigration«, in ein Inseldasein geistigen Lebens.

Der Optimist will das Schicksal erkennen. Er bringt den Mut auf, in sein furchtbares Antlitz zu schauen. Er sieht die tödlichen Gefahren und versucht nicht, diese zu verharmlosen. Er bemüht sich, diese noch in letzter Stunde abzuwenden. In dieser Hinsicht werden der tätige Optimist und der wahrhaft Gläubige identisch.

Der zeitgenössische Mensch, und das heißt: der Mensch der Industriegesellschaft, läßt sich nur über das Denken ansprechen und überzeugen. Denken, um aus anschauender Urteilskraft seine Zeit zu verstehen, kann jedoch immer nur ein jeder selbst. Das kann ihm niemand abnehmen, wie auch ein jeder die Nahrung selbst aufnehmen muß, wenn er leben will. Darum müssen wir in strenger Denkarbeit gemeinsam eine Antwort suchen auf die Frage:

Was ist die Technik? Was fordert sie vom Menschen? Darüber sich Gedanken zu machen, ist heute vordringlicher als griechische und lateinische Vokabeln zu lernen[10] oder sich zum technischen Spezialisten auszubilden. Es ist lebensnotwendig, nach dem Wesen und Sinn der Technik zu fragen.

Die Technik als Voraussetzung der Freiheit

Anthropologie

II. Organ-Werkzeug

> Wer hat je des menschlichen
> Leibes hohen Sinn erraten?
> *Novalis*

Nach der Technik fragen heißt, nach dem Menschen fragen. Ein Spinnennetz läßt sich nicht aus sich selbst erklären. Die Spinne hat es erzeugt. In ihr liegt das Baugesetz des Netzes beschlossen. Den Sinn des Spinnennetzes erfaßt nur, wer sich mit Gestalt und Lebensweise der Spinne beschäftigt. Die Technik wird vom Menschen hervorgebracht. Wer also das Wesen der Technik verstehen will, muß den Menschen zu erkennen streben.

Der Mensch ist nicht durch seine Haut begrenzt. Die Anschauungsweise, die ihn aus dem Zusammenhang seiner Umwelt herauslöste und für sich zu erfassen suchte, ist längst überwunden. Ein Mensch ist nicht denkbar ohne den Mitmenschen und ohne die Natur, in der er lebt. Auch ist er mehr als ein Kraftfeld physischer Funktionen. Erst die Fülle seiner Empfindungen, Erfahrungen und Erinnerungen sowie die Ausbildung eines Bewußtseins von sich selbst und der Welt machen ihn zu der Ganzheit, die als Gestalt des Menschen sich verwirklicht. Und da der einzelne in individueller Prägung das ganze Menschengeschlecht repräsentiert, ist das Phänomen Mensch in jedem Menschen anschaubar. Es ist also als Untersuchungsobjekt auch jedem in sich selbst zugänglich.

Die Hand – Das Werkzeug der Werkzeuge

Das Organ des Menschen, aus dem seine Technik physisch hervorgeht, ist die Hand. Sie ist das sichtbare Bindeglied zwischen Menschsein und technischer Welt. Mit Recht nennt Aristoteles *die Hand das Werkzeug der Werkzeuge*. Als das eigentliche *organum technicum* birgt sie in sich die Antwort auf die Frage: Wie konnte das Werkzeughandeln des Menschen entstehen? Schauen wir uns die Hand an: Sie ist ein ideales Vielzweckorgan. In ihr sind alle Möglichkeiten der Werkzeuggestaltung veranlagt. Insbesondere ist sie durch ihre in sich bewegliche Vielgliedrigkeit und die Gegenüberstellung des Daumens das denkbar beste Greifwerkzeug. Jedoch gewinnt die Hand ihre vielseitige Verwendungsfähigkeit im Verein mit dem Arm. Der Unterarm verleiht ihr die volle Beweglichkeit, indem sich Elle und Speiche überkreuzen lassen. Durch den Oberarm und das Schulterkugelgelenk kann die Hand eine vollkommene Drehbewegung vollführen. Von der Funktion aus betrachtet, dürfen daher Hand und Arm als Einheit gesehen werden. Diese Anschauungsweise liegt der russischen Sprache zugrunde, die noch heute keine getrennten Begriffe für Hand und Arm kennt, sondern das Wort *ruka* für diese Einheit bildete. Die deutsche Sprache hingegen geht vom Erscheinungsbild aus. Sie betont die Gliederung von Hand und Arm und hat kein zusammenfassendes Wort für beide. Der Aufgliederung und Gelenkigkeit seines Vordergliedmaßenpaares verdankt der Mensch seine freie Handlungsfähigkeit. Sie ist in der Hand biologisch veranlagt.

Die Funktionen der Hand sind nicht nur allein dem Menschen vorbehalten. Die aus ihr zu ihrer eigenen Verstärkung hervorgebrachten Werkzeugformen lassen sich vielfach schon im Tierreich erkennen. Auch Tiere gebrauchen Hilfsmittel, um sich Nahrung oder eine Behausung zu verschaffen. Sie bilden diese jedoch nicht außerhalb, sondern innerhalb ihrer Leiblichkeit aus, als Organ für eine bestimmte Funktion. In ihren Gliedmaßen besitzen solche Tiere das für den jeweiligen Zweck bestmögliche Werkzeug: der Maulwurf zum Graben Schaufeln, der Seehund zum Schwimmen Paddel, der Adler zum Greifen der Zange vergleichbare Fänge. In der griechischen Sprache fand die Übereinstimmung von Organ und Werkzeug einen Ausdruck. Das griechische Wort *organon* bedeutet zugleich leibliches wie technisches Werkzeug.

Eine ungemein aufschlußreiche Entdeckung der vergleichenden Anatomie ist die Tatsache, daß die Extremitäten der höheren Tiere und das Hand- und Fußpaar des Menschen nach dem gleichen Bauplan angelegt sind. Wir stehen hier vor einem Urphänomen des Lebens, das bei den ersten Vierfüßlern [Tetrapoden] bereits zu Ausgang des Erdaltertums [Perm-Dyas] erscheint.[11] Auch bei der Flosse von Seehund und Wal, dem Flügel der Fledermaus und sogar bei der Vogelschwinge nimmt man die gleiche Grundform des Skeletts in entsprechender Abwandlung wahr. Allen diesen Werkzeugorganen, die sich der Betrachtung in so verschiedener Weise darbieten, liegt das Modell eines fünfstrahligen Organs zugrunde. Im embryonalen Zustand dieser Tiere ist es noch unspezialisiert und daher der Menschenhand, die nicht spezialisiert wird, sehr ähnlich. Erst allmählich wird es dann weiter entwickelt zum jeweils spezialisierten Organ. Im Tierreich und beim Menschen ist also für die Ausübung verschiedener Funktionen die gleiche Urgestalt eines Werkzeugs angelegt. Das Modell ist allen höheren Lebewesen gemeinsam, die Menschenhand bleibt ihm am nächsten.

Die Natur verwendet zur Verwirklichung ihrer Lebensfunktionen nur wenige Prinzipien, auf die sich ihre vielfältigen Erscheinungen zurückführen lassen. Für die Pflanzenwelt entdeckte Goethe als Bauplan das Blatt, dessen Metamorphose in Keimblatt, Blüte und Frucht er zur geistigen Anschauung brachte.[12] Die jeweilige Erscheinungsform der Pflanze wird durch ihre Umweltbedingungen bestimmt. Die gleiche Gattung Glockenblume erscheint anders im Hochgebirge als in der Ebene. Das gleiche Bauprinzip der Pflanze metamorphosiert sich in der Anpassung an die Lebensbedingungen und erzeugt so die bunte Fülle der Formen als Ausdruck der jeweiligen Umwelt. Auch wenn wir von dieser nichts wüßten, könnten wir sie nach der Methode Goethes aus den einzelnen Exemplaren erschließen. In der Abwandlung des Prinzips spiegelt sich zugleich der Lebensraum.

In entsprechender Weise wird für die höhere Tierwelt das in der Hand bewahrte Modell zum Ausgang aller organischen Werkzeuge. Es wird als vordere und hintere Extremitäten entwickelt, die in ihrem Endglied bei den Säugetieren weitgehend übereinstimmen, bei Vogel und Mensch dagegen verschiedene Formen annehmen: Flügel und Klaue bzw. Hand und Fuß.

Die »Metamorphose der Hand« ist bekanntlich besonders eindrucksvoll nachzuweisen in der Entwicklungsreihe vom Eohippos bis zum gegenwärtigen Pferd, die sich auf Grund eindeutiger Fossilienfunde nahezu lückenlos aufstellen läßt.[13] Die Verwandlung der fünfgliedrigen Vorder- und Hinterhand des Urpferdes zum Einzeher [eigentlich »Einfinger«] unter fortschreitendem Verlust der beim Laufen überflüssig oder geradezu hinderlich gewordenen Finger wird hieran deutlich.

Der Mittelfinger bleibt als letztes Glied der Hand erhalten, und sein Nagel verhornt zum Huf. Das Tier erhebt sich auf seine Zehen- bzw. Fingerspitzen und läuft fortan auf insgesamt vier »Fingern«. Doch noch immer zeugt das Überbleibsel eines zurückgebildeten Fingers, sichtbar als kleiner Stummel am Pferdebein, von der Ausgangsform.

Entsprechend gestaltete sich für die Lebensweise in der Erde das vordere Gliedmaßenpaar bei gleichzeitiger Verkümmerung der Armpartie zu Grabwerkzeugen um [Maulwurf, Wühlmaus]. Das gleiche Modell der Urhand, dem Element des Wassers angepaßt, verwandelte sich zum Paddel [Seehund]. Für das Element der Luft wird aus dem Bauprinzip der fünfgliedrigen Hand, indem sich zwischen die gespreizten Finger eine Flughaut spannt, der Flügel ausgebildet, der bei der Fledermaus noch deutlich den »Daumen« zeigt. So wird in den Gliedmaßen der Tiere das Urbild der Hand zu einem natürlichen Werkzeug spezialisiert. Jedes höhere Tier ist in der Ausbildung eines solchen Spezialwerkzeuges dem Menschen überlegen.

Diese Perfektion durch Spezialisierung wird immer nur erreicht durch Vereinseitigung. Die als Fanggerät und Waffe vorzüglich ausgebildeten Katzenpfoten zum Beispiel sind zwar auch zum Klettern recht geeignet, zum Graben in der Erde taugen sie nicht viel, und im Wasser ist das Tier mit ihnen hilflos. Eine Seehundflosse dagegen ist einseitig für dieses Element bestimmt; sie ist ein großartiges Paddel, jedoch zu graben, klettern oder zu greifen vermag sie nicht. So ist jedes Tier ein für allemal auf seine Tätigkeit und auf seine Umwelt festgelegt. Es muß die in ihm verkörperte Funktion ausleben. Es wird zum Wühler, Greifer, Schwimmer, Flieger und damit zum erstarrten Ausdruck jeweils einer Daseinsweise der Natur.

Unter allen Spezialisierungen erscheint also die Menschenhand als diejenige Gestalt, die sich dem Urbild am nächsten gehalten hat. Sie verkörpert geradezu das Modell, das Urbild selbst. Wen nicht das herkömmliche Wissen gelehrt hätte, daß die Menschenhand innerhalb der Naturgeschichte als das letzte Werkzeug erscheint, der würde aus der unbefangenen Wahrnehmung zu dem Schluß kommen, daß sie den Anfang der tierischen Spezialisierung darstellt. Lehrt doch gerade das seit Darwin geübte evolutionistische Denken, daß das Komplizierte aus dem weniger Komplizierten hervorgeht. Gegenüber dem hochspezialisierten Tierwerkzeug erscheint die Menschenhand primitiv und daher »zurückgeblieben«. Und dies trifft im wörtlichen Sinne zu.

Klaatsch bezeichnet die Menschenhand als »ein universelles Organ«. »Die Tiere ... haben es eingebüßt, indem sich Umbildungen vollzogen, die gerade diese Vielseitigkeit des Gebrauchs aufhoben. Daß der Mensch indifferent blieb, sich seine Vielseitigkeit bewahrte – darin liegt eben ein großer Teil des Geheimnisses seines außerordentlichen Erfolges ... Sein Sieg beruht darin, daß er seine Hand behielt.«[14] Die Begriffe »einbüßen« und »behalten« setzen die Annahme *eines* Urmodells der Tiere und des Menschen voraus!

Denn die Hand steht tatsächlich am Anfang: nicht als Ausführung zwar, aber als Bauplan, der sowohl aus den entsprechenden Tierwerkzeugen erschlossen als auch in ihrem Skelett erkannt und embryologisch schon in deren Keimformen angeschaut werden kann. In der menschlichen Hand *veröffentlicht* die Natur das den entwickelten Werkzeugen zugrunde liegende Bauprinzip. Man darf also sagen: *in principio erat manus* – im Prinzip war die Hand. Aus dem der lateinischen Sprache entlehnten Begriff »Prinzip« geht am deutlichsten hervor, was hier gemeint ist. Denn *principium* bedeutet sowohl das Grundsätzliche wie den Anfang. Heben wir den Begriff »Anfang« aus dem Zeitlichen heraus und verstehen ihn als »Ursprung«, so läßt sich feststellen: das Ursprüngliche ist die Hand. Durch die Hand wird zugleich der Ursprung der Tiergestalten offenbar: Deren »Urgestalt« ist in der physischen Erscheinung des Menschen bewahrt. Die Hand ist beim Menschen nicht nur im Unterschied zu dem entsprechenden Organ des Tieres nicht spezialisiert, sie hat auch keine menschliche Sonderform angenommen, sondern sie repräsentiert insgesamt für das organische Leben – und nicht nur für das technische Wirken des Menschen – das »Werkzeug der Werkzeuge«. Sie blieb die »All-Hand«. Der Menschenhand ist ihre *Allseitigkeit* also ermöglicht worden durch ihr Zurückbleiben auf einer Stufe, die der embryonalen Anlage dieses Organs beim höheren Tier entspricht. Die Menschenhand hätte aus ihrer keimhaften Anlage ebenfalls zu Schaufel, Paddel, Greifer und Flügel sich entwickeln können. Das ist im biologischen Bereich nicht geschehen. Ihre Entwicklung ist zurückgehalten. Das Prinzip solcher Zurückhaltung der gestaltenden Lebenskräfte, dem wir noch mehrmals begegnen werden, wird im folgenden, wie herkömmlich, *Retention* [Zurückhaltung] genannt. Es kann aber auch als eine Stauung der gestaltenden Kräfte verstanden werden.[15]

Dieses Stauungsphänomen bewirkt bei der Menschenhand entscheidende Konsequenzen: Durch die Zurückhaltung kommt es nicht zur spezialisierten Werkzeugbildung in Knochen und Fleisch, doch treten die in der Hand veranlagten Möglichkeiten auf andere Weise in Erscheinung. Sie fließen in die von der Hand betätigten Werkzeugbildungen. In ihnen gewinnen die im Menschen zurückgehaltenen Gestaltungskräfte eine neue Form. Wenn dies auch in einem anderen Medium geschieht – durch Aneignung anderer Substanzen aus der Umwelt zur Ausübung einer Lebensfunktion –, so werden doch auf diese Weise alle biologischen Möglichkeiten, die in diesem Organ verborgen liegen, sichtbar. Jedes Gerät, das der Mensch verfertigt, ist also eine in »fremde« [das heißt der eigenen Physis unmittelbar nicht zugehörige] Materie übersetzte Werkzeugfunktion der Hand.

Die Retention wirkt sich zugleich als Freilassung aus. Die Hand ist das einzige Werkzeugorgan, das alle Spezialgeräte, derer der Mensch bedarf, aus sich hervorbringen und anwenden kann. Hinsichtlich einer biologischen Spezialisierung erscheint die Hand unvollkommen, und für die Materialien, mit denen sie zu schöpferischer Neubildung sich befaßt, ist sie durchweg zu weich und zu schwach. Für die Ausübung bestimmter Funktionen ist sie keineswegs ein geeignetes Werkzeug, etwa zum Klopfen oder Graben. So fordert die physische Unvollkommenheit der menschlichen Hand schon durch ihre Anlage die Ergänzung durch Werkzeugbildung heraus. Und der Mensch lernt, seine Hand zu verstärken, indem er die in seiner Umwelt vorhandenen Materialien in sein Leben einbezieht und aus ihnen sich in »Vorsätzen« [Prothesen] gleichsam Ersatzglieder als eine Vielzahl künstlicher Hände ausbildet. Von der Hand gelenkt, doch diese in der unmittelbaren Berührung mit dem zu bearbeitenden Gegenstand vertretend, *verkörpern* diese Ergänzungen jeweils *eine* Funktion und diese in gesteigerter Wirkung. Die Allseitigkeit der menschlichen Hand, wie wir es nannten, findet darin ihren Ausdruck, daß diese »künstlichen Hände« für den jeweiligen Zweck beliebig ausgetauscht werden können. Der »Bergmann« Maulwurf kann nicht zum »Fischer« wie der Seehund werden, doch der Mensch fährt in den Berg ein und zur See, weil sein Werkzeug auswechselbar ist.

Die in der Natur veranlagten Funktionsmöglichkeiten – in den tierischen Gliedmaßen ausgeformt und festgelegt, in der Menschenhand zurückgehalten – erscheinen wieder in den technischen Hilfsmitteln: in Hammer und Keil, in Meißel, Zange, Schaufel und Paddel. Die geballte Hand, deren Kraft durch den Hebel des Unterarms und den Schwung des ganzen Armes verstärkt wird, setzt sich fort im Urwerkzeug Hammer. Das widerstandsfähigere Gerät ersetzt die schlagende Faust. Der rudernde Arm des Schwimmers verwandelt sich in das breitflächige und darum wirksamere Paddel. Die den antiken Maschinen zugrunde liegenden »klassischen fünf Potenzen« Keil, Hebel, Rad, Schraube und Flaschenzug entsprechen den Möglichkeiten der Hand im Schlagen, Heben, Drehen. In der Pleuelstange, durch die in der Dampfmaschine und Lokomotive die moderne Maschinentechnik angekurbelt worden ist, steigert sich die Stoßkraft des vorwärts und rückwärts bewegten Armes um ein Vielfaches und die Drehung des Rades – als des Urbewegers der Technik – erscheint im Kugelgelenk des menschlichen Oberarmes angelegt.

Beiden, den biologischen Erscheinungen und den technischen Werkzeugen, liegen die gleichen Prinzipien und gestaltbildenden Kräfte zugrunde. Noch einmal: Es sind die im organischen Bereich zurückgehaltenen, gleichsam aufgesparten und gespeicherten »Bildekräfte«, die mächtig in das Werkzeugschaffen des Menschen einströmen und in der Evolution der Technik eine neue Welt erzeugen. Der Begriff »*Bildekräfte* wurde von Rudolf Steiner verwendet, um »das bildende Leben« zu kennzeichnen, das den Erscheinungen ihre *Gestalt* gibt.[16]

Auch für die Bedeutung des Menschen in der Natur ist dieser Vorgang höchst aufschlußreich: Als sich in der Hand des Menschen deren Urbild selbst verkörperte, war dies die Vollendung einer langen Entwicklung innerhalb der organischen Natur. In der Hand umfaßt der Mensch die ganze Fülle der im Tierreich entfalteten Funktionsmöglichkeiten. Zugleich führt die Hand den Menschen zum Wirken an der Natur und über die Natur hinaus. Aus dem scheinbaren Mangel der Hand wächst die Vollmacht des Menschen, durch die sein Platz in der Welt bestimmt ist. Schiller hat dem im wörtlichen Sinne treffenden Ausdruck verliehen:

»Der Menschheit Würde ist in eu're Hand gegeben!«

Bei der Hand wird durch Retention das sonst in der Natur waltende Prinzip der Spezialisierung durchbrochen. Das Paradoxon erscheint: die Spezialisierung besteht darin, hier nicht zu spezialisieren. Bei der Ausbildung von Bein und Fuß hingegen wird auch im menschlichen Werden das für das Tierreich gültige Gesetz beibehalten. Die Beine werden ausschließlich zu Stand- und Fortbewegungsorganen ausgebildet. Sie sind sogar aufs höchste spezialisiert und für ihre ganz bestimmte Aufgabe einseitig festgelegt. Zwar zeigt auch der Fuß noch Gemeinsamkeiten mit dem Urbild der Hand, doch weisen die Extremitäten des Embryos, die sich später zu Hand und Fuß entwickeln, bereits in der vierten bis fünften Woche, also bemerkenswert früh, eine grundsätzliche Verschiedenheit auf. Z. B. ist die Haut unter den Fußsohlen schon vor der Geburt dicker als an anderen Körperstellen, obwohl sie zunächst noch gar nicht beansprucht wird. Der für das Greifen sonst so wichtige opponierbare Daumen, den der Affe auch für seine Hintergliedmaßen als Greifwerkzeug zum Klettern bewahrt, und der ihm die Fortbewegung auf dem Boden sichtlich erschwert, wird bereits im frühen menschlichen Embryonalzustand zur großen Zehe zurück- und umgebildet, so daß eine Flächenbildung mit den anderen Zehen erfolgen kann. Allein der Mensch bildet die der Handwurzel entsprechenden Fußknochen zur Ferse aus. Das ist entscheidend, denn nur so kann zwischen dem Fersenbein und den beiden sogenannten Zehenstrahlen eine Spannung entstehen, die in der deutschen Sprache auch sinnvoll der »Spann« genannt wird. Der sich so zwischen zwei Stützen wölbende Bogen wird zur tragenden Brücke. Über ihr erhebt sich die Menschengestalt. Auf ihr ruht deren ganzes Gewicht. Das Fußgewölbe fängt jedoch die ihm aufliegende Last federnd ab, indem es bei jedem Schritt einmal nach oben und unten schwingt. So wird der Fuß zu einem vollendeten Werkzeug der Aufrichtung. Auf dieser Grundlage kann die Menschengestalt mittels des gestreckten Beines und der Wirbelsäule aufrecht erhalten werden. Wie das Tier ist auch der Mensch nach seiner Geburt der Erdenschwere ausgeliefert. Dem Vogel, der das Fliegen erlernt, vergleichbar, muß er deren Überwindung erst üben. Als erste gewaltige Anstrengung seines Lebens muß die Aufrichtung von jedem Individuum neu errungen werden, bis es endlich gelungen ist, aus eigener Kraft zu stehen und zu gehen. Sichtbar erhebt sich nun der Mensch über das Tierreich. Seine Daueraufrichtung ist der unmittelbar ins Auge fallende Unterschied zwischen Mensch und Tier. Als einziges unter den Geschöpfen ist er voll aufgerichtet. Seine Zweifüßigkeit [Bipedie] begründet fortan diese Sonderstellung des Menschen in der Natur. Denn die Folgen der Aufrichtekraft sind von höchster Bedeutung. Sie sind doppelter Art: Die Hände sind frei geworden, und das Haupt wird im Schwerpunkt gestützt und frei emporgetragen. Diese Befreiung der Hand und des Hauptes ist die Voraussetzung für die volle Entfaltung des Menschseins. »Der aufgerichtete Körper mit den ausgebreiteten Armen ist *das Urkoordinatensystem* des Raumes« [O. J. Hartmann].[17]

Nirgendwo tritt das Eigentümliche der Menschengestalt so deutlich in Erscheinung wie in der verschiedenen Ausbildung von Hand und Fuß. Wir werden auf die Polarität des menschlichen Wesens hingewiesen, die hier einen physischen Ausdruck erhält. Das kann an folgendem deutlich werden: Für Hand und Fuß liegt das gleiche Modell zugrunde. Dort, wo dieses weiterentwickelt und spezialisiert wird, dem Prinzip des Tierreiches folgend, entsteht ein *spezifisch menschliches Organ.* Den Fuß hat der Mensch mit keinem Tier gemeinsam. Wie der Huf eine für das Pferd charakteristische Spezialisierung des Urmodelles Hand ist, so der Fuß eine für den Menschen kennzeichnende Sonderform. Der Fuß ist das *organum anthropologicum.*[18] Doch ist er es nur insofern, als er den Menschen innerhalb der Vielzahl der Geschöpfe als besondere Spezies zeigt. Das Organ, mit dem der Mensch die Erde berührt, ist nach den gleichen Gesetzen wie die Tierorgane gebildet. Es hat daher auch alle Kennzeichen eines tierischen Organ-Werkzeuges: Der Fuß ist das für seinen Zweck denkbar beste Hilfsmittel, er ist ein für allemal festgelegt, und er ist umweltgebunden, das heißt, nur für die Fortbewegung auf der Erde und auch hier nur unter bestimmten Bedingungen geeignet. Bei der Herausbildung der Hand wird dagegen ein dem Menschsein eigentümliches Gesetz wirksam. Die Retention führt zur Freilassung und damit zur Allseitigkeit der Hand. Es entsteht eine *spezifisch menschliche Fähigkeit:* Durch die Hand kann der Mensch – über seine physiologischen Gegebenheiten hinaus – selber schaffend neue Lebensformen erzeugen. Sie ist daher das eigentliche *organum humanum.* Denn durch ihre Tätigkeit ist der Mensch mehr als nur Geschöpf unter Geschöpfen. Mit Hilfe der Hand wird er im eigentlichen Sinne Mensch, und das heißt

Schöpfer. Um dies zu ermöglichen, mußte der Fuß auf der Stufe der Tierheit bleiben. Er wurde spezialisiert zur tragenden Stütze und als Fortbewegungsorgan. Die Verarmung seiner Möglichkeiten ist die Voraussetzung für den ganzen späteren Reichtum des Menschseins.

Somit ergibt sich, daß *spezifisch menschlich* genauso wie der Begriff »Mensch« selbst doppeldeutig ist. Einmal wird darunter eine ganz bestimmte Art von Lebewesen gemeint, die, biologisch gesehen, dem Tierreich zugehört und die kennzeichnenden Merkmale und typischen Sonderheiten aufweist, die sie als neue Art innerhalb der Gattung Säugetiere erscheinen lassen – das wären der Fuß und die Aufrichtung. Andererseits ist unter *Mensch* alles das zu verstehen, was dem Tierreich gegenüber steht. Was also nicht Tier ist und über dessen Lebenskreis unendlich hinausführt, das nennt der Sprachgebrauch *Mensch*. Hier ist das schöpferische Handeln vornehmlichstes Kennzeichen. In Fuß und Hand offenbart sich das polare Wesen des Menschen als Geschöpf und Schöpfer.

An dieser Stelle ist ein Einwand zu berücksichtigen, der gegen die Sonderstellung des Menschen in der Natur oft angeführt worden ist: die Hand des Affen. Die Ähnlichkeit der Extremitäten des Affen mit der Menschenhand ist augenscheinlich. Aus dieser Tatsache ist vorschnell die Folgerung gezogen worden, daß der Affe daher auch zu den gleichen Verrichtungen fähig sein müsse, wie sie dem Menschen möglich sind. Daß der Mensch Werkzeuge schuf, mit deren Hilfe er seine Lebensweise verbessern und seine Kultur ausbilden konnte, wird aus dieser Sicht als die Folge von günstigen Bedingungen gewertet, die dem Menschen zu Hilfe gekommen wären, während dies beim Affen nicht der Fall sei. Eine entsprechende Veränderung der Lebensumstände, so schließt man, würde auch die Affenhand zu ähnlichen Leistungen befähigen.

Beobachtungen und Experimente scheinen dies zunächst zu bestätigen. Forscher haben gesehen, wie Affen in der Wildnis sich ein Hilfsmittel suchen. Sie greifen nach einem Ast, der herumliegt oder zu diesem Zweck sogar abgebrochen wird, um sich schwer erreichbare Früchte vom Baum herunter zu holen. Auch werfen sie mit Kokosnüssen, um sich ihrer Gegner zu erwehren. Es ist jedoch nicht beobachtet worden, daß ein Affe sich durch Entfernung der Zweige eine Stange macht, diese aufbewahrt oder ständig mit sich geführt hätte.[19] Aber erst eine solche planmäßige Verwendung ließe im eigentlichen Sinne von einem Werkzeug oder Gerät sprechen. Künstliche Hilfsmittel als Ergebnis kombinatorischen Denkens und geplanten Handelns sind beim Affen nicht in Gebrauch. Seine Verhaltensweise ist die der anderen Tiere. Sie ist gekennzeichnet durch Reflex- und Instinkthandlung. Wo er sich naheliegender Hilfe bedient, ist dies dem Nestbau des Vogels zu vergleichen, der Halme und Hölzchen zusammenträgt. Auch die Möglichkeit, den Affen anzulernen, um verschiedene technische Handhabungen – wie bei den amerikanischen astronautischen Vorversuchen sogar recht komplizierter Art – zu betätigen, läßt keinen Vergleich mit dem Menschen zu. Denn alle diese Experimente nehmen das Tier aus seinen natürlichen Lebensverhältnissen heraus und »vermenschlichen« es. Dabei mag es gelingen, Tiere zu erstaunlichen Leistungen durch Nachahmung zu veranlassen. Diese sind aber nicht dem Tiere, sondern dem Menschen zuzuschreiben. Das Tier hat von der Natur einen vorzüglich funktionierenden Reflex-Automatismus zur Verfügung. Dessen bedient sich der dressierende Mensch. Das Tier, mit dem er arbeitet, wird ihm zu einer Art von organischem Werkzeug.[20] So kann der Affe auf entsprechende Veranlassung Gegenstände der Natur oder Werkzeuge des Menschen sinngemäß verwenden, aber noch immer gilt die entscheidende Feststellung von Friedrich Engels: »Keine Affenhand hat je das roheste Steinmesser verfertigt.«[21]

Die Intelligenz des Affen reicht nicht aus, um seine Hand, auch wenn sie das der Menschenhand ähnlichste Tierorgan ist, auch menschenähnlich zu verwenden. Nur die Form des Organes, nicht seine menschliche Anwendungsmöglichkeit steht ihm zur Verfügung. Und übersehen wir doch bei der Betrachtung der Form eines nicht: Die Affenhand ist der Menschenhand zwar ähnlich, aber sie gleicht ihr nicht. Sie ist bereits über die urbildhafte Gestalt hinausgewachsen. Ihre stark verlängerten Finger sind spezialisiert und in Kombination mit dem langen Arm vorzügliche Kletterwerkzeuge. Als solche sind sie für das Baumleben dieses Tieres Fortbewegungsorgane wie die Gliedmaßen der anderen Tiere. In diesem Sinne dienen sie als »Fuß«, der auf die besondere Umwelt des Affen hin spezialisiert ist. Von Affenhand zu sprechen, ist nur in der Weise angebracht, wie man von der »Vorder- oder Hinterhand« des Pferdes spricht. Dem Affen fehlt unser Fuß – als Spezialorgan für Aufrichtung. Infolgedessen wird seine Hand nicht frei. Auch sein Verhalten kann daher nicht »Hand *und* Fuß« haben – wie wir eine »vernünftige« Handlungsweise zu kennzeichnen pflegen.

Die Folgerung: »Man hat sich nun geeinigt, von *echten* Menschen dann zu sprechen, wenn gezeigt werden kann, daß die Gehirne ›human‹ funktionierten. Das äußert sich im Fundbestand durch das Auftreten von ›Geräten‹, d. h. für zukünftigen Gebrauch vorbereitete Werkzeuge. Einfache Werkzeuge benutzen Tiere auch und vielfältig. Aber *kein Tier richtet ein Werkzeug zu bestimmten vorausgesehenen Zwecken her«* [Heberer].[22]

Das Haupt – der »Ingenieur«

Da den Tieren die Extremitäten vorwiegend zur Fortbewegung dienen, sind sie im allgemeinen auf die Ausbildung auch des Kopfes zum Greifwerkzeug angewiesen. Nur in seltenen Fällen ist das Vordergliedmaßenpaar in der Lage, dem Maul bei der Nahrungsaufnahme zu helfen. Auch zur Nahrungssuche braucht das Tier den Kopf. Der Hund wird »ganz Nase«, und die Schnauze streckt sich gleichsam der Nahrung entgegen. Der Schweinekopf bildet im Rüssel einen Pflug, der zur Nahrungssuche die Erde aufwühlt. Das Gebiß des Pferdes ist wie das aller Ein- und Paarhufer zu seinem einzigen Greifwerkzeug ausgeformt, und der Vogel vereinigt im Schnabel die Werkzeugmöglichkeiten von Zange und Meißel. Die Anordnung der Sinnesorgane richtet sich nach der Werkzeugaufgabe des Tierhauptes. Auch das Gehirn ist entsprechend eingefügt. Es beansprucht ohnehin nur einen verhältnismäßig geringen Raum, da es, noch wenig ausgebildet, vornehmlich als Reflexapparat dient.

Wie ganz anders erscheint demgegenüber das Menschenhaupt! Es ist vom Werkzeugcharakter befreit. Die Aufgaben von Schnauze und Schnabel hat die Hand übernommen. Sie tastet, wühlt, stößt und übt so alle diejenigen Funktionen aus, die zur Ernährung und Verteidigung notwendig sind. Sie schützt das Haupt, das vom Tier sogar zum Angriff vorangetragen wird. Sie reicht auch dem Munde die Nahrung zu. Es ist menschlich, »von der Hand in den Mund zu leben«. Dadurch ist auch die Bezahnung humaner geworden.[23] Der Löffel ersetzt fortan die schöpfende Hand, die Gabel die greifenden Finger, und das Messer wird zum ersten Zahnersatz, indem es die Aufgabe der »Schneide«zähne vorwegnimmt.

In Übereinstimmung mit der Hand weist auch die Anlage von Tier- und Menschenhaupt auf ein gemeinsames Urbild hin. So ist in der frühen Embryonalform zum Beispiel von Affe, Kaninchen und Schwein eine unausgebildete, noch nicht auf das Endziel spezialisierte Urform erkennbar. Erst im Laufe der weiteren embryonalen und nachgeburtlichen Entwicklung werden die charakteristischen Gestalten der Tierköpfe ausgebildet. Ein Schimpansenjunges hat noch eine dem Menschenkinde sehr ähnliche Schädelbildung. Sie ist rund und harmonisch angelegt. Erst beim Hineinwachsen in die ihm eigentümliche Lebensweise formt sich die untere Gesichtshälfte zu dem bestialisch wirkenden Gebißwerkzeug. Was beim Tier embryonales Durchgangsstadium ist, wird beim Menschen bereits zur Endform. Das Tier spezialisiert, vereinseitigt und verfestigt seine Kopfform. Der Mensch bewahrt die gemeinsame Ausgangsstufe, indem wie bei der Hand das Prinzip der Retention wirkt. Die kindhafte Form und Bildsamkeit bleiben dadurch erhalten. Eine physiologische Besonderheit verdeutlicht dies: Der Schädel des Kleinkindes schließt sich sehr langsam. Indem die vorgeburtlichen Proportionen des Schädels nicht wesentlich geändert werden und auch nach dem Schließen der Fontanellen dieser bildsam bleibt, kann das Gehirn an Volumen und Gewicht bis ins zweite Jahrzehnt zunehmen. Die Erfahrungen, die der Mensch an der Umwelt in der ersten Zeit seines Lebens macht, prägen sich dem wachsenden Gehirn ein. So entsteht zum Beispiel die Sprachfähigkeit durch Aussprache. Der Mensch bleibt für Eindrücke »offen«. Er ist der ganzen Welt zugewandt. Der Allseitigkeit der Hand entspricht die Weltoffenheit des Hauptes.[24]

Durch die Entwicklung des Gehirns wächst der Mensch endgültig über das Tier hinaus. Das Menschenhirn ist zwar nicht das absolut größte im Tierreich, aber der Mensch hat das im Verhältnis zur Leibesgestalt größte Gehirn. Es ist ein Ergebnis höchster Spezialisierung und Verfeinerung. Das ist das Gegenteil von Retention. Hier wirkt das tierhafte Prinzip. Das klingt wieder paradox, doch ist auch der Schub, der den Menschen auf die höchste Stufe der Gehirnentwicklung trägt, bereits im Tierreich erkennbar. Der Mensch setzt nur eine Linie fort, die in der gesamten Evolution wirksam ist. Denn »eine Aufteilung der Tierformen nach dem Grade ihrer Hirnbildung entspricht nicht nur genau den von der Systematik geforderten Grundzügen, sondern sie verleiht auch dem Lebensbaum ein Relief, eine Physiognomie, einen Schwung, die es unmöglich machen, die Zeichen der Wahrheit zu verkennen«.[25] Teilhard de Chardin hat eindrucksvoll darauf hingewiesen, daß das im Tierreich sich entfaltende Leben unter seinen vielen Ausdrucksmöglichkeiten eine Erscheinung zeigt, die alle Geschöpfe einschließt: Die Skala der Empfindungsfähigkeit und der Aktionsimpulse steigt, von primitiver Reaktion ausgehend, Stufe um Stufe zur höchsten Entwicklung. In der fortschreitenden Differenzierung und Leistungsfähigkeit der Nervenfunktionen ist dies physiologisch erkennbar. Die folgenden Beispiele veranschaulichen das. So beträgt die Geschwindigkeit der Reizleitung in den Nerven der Teichmuschel 0,01 m/sec, im Fußnerv der Ackerschnecke 0,4 m/sec, beim Frosch bei kalter Temperatur [2°] und damit herabgesetzten Lebensfunktionen bereits 7 m/sec, bei warmer Temperatur [29°] schon 33 bis 59 m/sec, beim höheren Säugetier [Hund] 30 bis 90 m/sec und schließlich beim Menschen 60 bis 120 m/sec. Aus der ansteigenden Kurve ist ablesbar, daß die Nervensubstanz eine andauernde Verfeinerung erfährt, und daher die anfänglich »lange Leitung« immer kürzer wird. »Von einer zoologischen Schicht zur anderen gibt es ein Werden und ein sprunghaftes Wachsen, das rastlos in dieselbe Richtung drängt. Dies ist auf dem Gestirn, das uns trägt, das wirklich Wesentliche.« Diese Steigerung »gibt eine Richtung – und beweist dadurch, daß die Evolution eine Richtung hat«.[26] Diese Richtung weist augenscheinlich auf den Menschen. Er ist Gipfel, Ergebnis und daher Ziel dieser Kurve.

Eine andere physiologische Tatsache, auf die Bernhard Rensch aufmerksam macht, unterstützt diese Folgerung: Die Größe des menschlichen Körpers ist auf die Ausbildung des Gehirns abgestimmt. Unzählige Versuche hat die Natur angestellt, um den Leib zu modellieren, der für ein denkendes Wesen am besten geeignet ist. Wäre der Körper bei gleichbleibender Gehirngröße kleiner, so würde er zur Versorgung des Gehirns nicht ausreichen, wäre er größer, so würde er dieses für seine eigenen Funktionen ganz in Anspruch nehmen und damit das angestrebte Ziel einer höheren Bewußtseinsentfaltung wieder aufgeben. Auch wenn zur Erweiterung der Gehirnkapazität der gesamte Organismus einschließlich des Gehirns vergrößert würde, so träte ein anderes Mißverhältnis ein, »weil der stammesgeschichtlich in dritter Potenz anwachsende Körper von Knochen getragen wird, deren Wirksamkeit mit zunehmender Körpergröße nur in der zweiten Potenz ansteigt. Riesentiere haben deshalb unverhältnismäßig massige Knochen, und sie wären nicht zu der Beweglichkeit befähigt, die eine Entwicklung zu menschenhaft handelnden Lebewesen voraussetzt«.[27] Ein noch so kluger Elefant könnte seine Gliedmaßen nicht zum »Handeln« benutzen. Er benötigt sie als tragende Säulen für seine Körperschwere. Auf die Fähigkeit zum schöpferischen Handeln also hat die Natur alles angelegt, als sie dem zum Denken bestgeeigneten Hirn den ihm gemäßen Körper als Träger gab. Entscheidend kommt hinzu, daß die Anordnung der Augen das räumliche Sehen und damit die Zusammenarbeit von Haupt und Hand ermöglicht.

Denken tritt nur durch die Sprache in Erscheinung. Der Mensch kann nicht ohne Worte oder Begriffe und Zeichen denken. Darum bannt Taubstummheit denjenigen, dessen sich nicht ein Erzieher annimmt, auf eine primitive Stufe, die dem Tiere näher ist als dem Menschen. Außerhalb des Gehirns wird beim Menschen in Kehlkopf und Mund ein Sprechwerkzeug besonders ausgebildet. In ihm ist dem Menschen die ihm allein eigene Voraussetzung für die Ausbildung des Sprachvermögens gegeben. Um Labial-, Dental-, Gutturallaute zu ermöglichen, um Konsonanten und Vokale hervorbringen zu können, bedurfte es vor allem einer besonderen Zahnstellung und -größe, Zungenbeweglichkeit und Stimmbänderlage. Dem Mund mußte die Notwendigkeit, Werkzeug und Waffe zu sein, genommen werden, damit er ganz seiner neuen Aufgabe gemäß gestaltet werden konnte. Ist er doch beim Menschen nicht ein Organ, das nur dem Körper dient, indem es die Ernährung ermöglicht, sondern in gleichem Maße dem Denken zugeordnet, indem der Mund diesem in der Sprache physisch Gestalt gibt. Die Sprache wird zum Leib der Gedanken und der Mund als Sprechorgan zum Erzeuger der Worte.

Daß die Sprache ein spezifisch menschliches Kennzeichen ist, geht insbesondere aus den Versuchen hervor, die mit Affen angestellt wurden. So hat ein Schimpansenjunges noch die Möglichkeit, dem ersten Stadium des Kleinkindes entsprechend, Laute in Variationen hervorzubringen; doch der Affe lernt kein einziges Wort, wie er auch nie ein Werkzeug hervorbringt. Denn die Hand ist bei solcher Tätigkeit nur physiologische Voraussetzung und ausführendes Organ; sie muß jedoch planmäßig geführt werden. Nur dann kann ein Werkzeug aus ihr hervorgehen. Ist kein Organ für das erforderliche selbständige Denken ausgebildet, so kann auch kein bewußtes Handeln ausgeübt werden. Wer keinen Be»griff« hat, kann auch kein Werkzeug schaffen. Das Gerät ist das Indiz des *Menschen* und die Sprache die Voraussetzung zur Menschwerdung!

Die Ausbildung dieser spezifisch menschlichen Kennzeichen läßt sich nicht kausal voneinander ableiten. Als Ausdruck eines Entwicklungsschubes vollzieht sie sich in paralleler Weise. Das Menschenwesen will sich verwirklichen, und das geschieht, indem es die verschiedenen Funktionen aufeinander zuordnet. So lernt denn auch das Kind unter normalen Umständen zugleich mit der Aufrichtung und dem Gehen das Sprechen. Dabei werden die der menschlichen Wirbelsäule eigentümliche S-Form, die Fußmuskulatur und das Sprachwerkzeug ausgeformt. Im Erlernen und Handhaben der Sprache findet die Bestimmung des Hauptes ihre Vollendung.

In der Gestaltung des Menschenhauptes werden die bei der Entstehung von Hand und Fuß erkennbaren Tendenzen vereinigt; die Polarität des Menschseins tritt auch hier physisch in Erscheinung: Das in der Bildung der Hand wirkende Lebensprinzip der Freilassung gewährleistet ihre Allseitigkeit und Entwicklungsfähigkeit. In der Ausformung des harmonischen, sphärischen und bildsamen Schädels wirkt das gleiche Prinzip. Dadurch, daß der Schädel nicht zu einem Greifwerkzeug spezialisiert wird, bleibt er frei und weltoffen. Der Inhalt des menschlichen Hauptes hingegen, das Gehirn, folgt in seiner Entwicklung dem Prinzip des Fußes, indem es zum bestmöglichen Organ nervlicher Funktionen und des Denkens *spezialisiert* wird.[28]

Die Spezialisierung des Fußes bewirkt, daß der Mensch auf eine bestimmte Art und auf ein bestimmtes Medium der Fortbewegung festgelegt ist. Durch die Spezialisierung des Gehirns ist der Mensch ebenfalls »festgelegt«, denn der Inhalt seines Denkens wird nicht willkürlich erzeugt, sondern ist vorgegeben. Nicht der Mensch produziert die Weltordnung, sondern diese spiegelt sich in ihm. Der Umfang des Denkinhaltes, der »geistige Horizont«, variiert, der Inhalt selbst ist konstant. Die in den Naturgesetzen verdichteten und in den Lebenserscheinungen sich offenbarenden »Weltgedanken« existieren unabhängig vom Menschen, nämlich vor ihm und außerhalb des einzelmenschlichen Bewußtseins. Indem der Mensch die ganze

Welt in sein Bewußtsein hereinholen kann, wird die physische Grundlage dieses Vorgangs zum *organum universale.* Dieser Begriff kennzeichnet zum einen die bestimmende Bedeutung von Haupt und Hirn für den Menschen, zum anderen ist damit auf die Stellung des Menschen im Kosmos hingewiesen: Das menschliche Gehirn wird zum Bewußtseinsorgan des Universums.

Fassen wir das Ergebnis zusammen! Ein spezifisch menschliches *Prinzip,* die durch Retention bewirkte Freilassung, führt zu einer *Form,* die in ihrer Anlage auch bei den Tieren zu finden ist, führt jedoch weiter zu einer *Verhaltensweise,* die nur dem Menschen eigentümlich ist:

Das Entwicklungsprinzip, das der Mensch mit den Tieren gemeinsam hat [Spezialisierung], führt zu einer spezifisch menschlichen Form und weiter zu einer festgelegten [im Falle der Fortbewegung nicht nur dem Menschen zugehörigen] Funktion:

Prinzip	*Form*	*Verhaltensweise*
Retention	Hand	Allseitigkeit
	Haupt	Weltoffenheit
Spezialisierung	Fuß	Fortbewegungsart
	Gehirn	Denkvermögen

In der Gestaltung des Menschenleibes vereinen sich also zwei scheinbar entgegengesetzte Prinzipien: Spezialisierung und Retention – Ausbildung und Zurückhaltung. Es sind die beiden Kräfte, die in allem Gestaltwerden erkennbar sind. Die im Ton modellierende Hand des Künstlers muß hinzufügen und fortnehmen. Das rechte Verhältnis erst, in dem dies geschieht, läßt die beabsichtigte Gestalt hervortreten. Auch hier erweist sich die Polarität als das in allem Lebendigen waltende Gesetz.

Zugleich vereinigt der Mensch aber auch in sich Anfang und Ende aller Entwicklung im Tierreich. Er erhält sich in der Hand das Modell des Anfangs und erreicht in seiner Gehirnbildung die Endform innerhalb der Evolution der Geschöpfe. Indem er in der Hand die Fülle der tierischen Funktionsmöglichkeiten zusammenfaßt, spiegelt er ein urbildliches Allwesen, das sich in den einzelnen Tierarten in die umweltgebundene Spezialisierung metamorphosiert und auseinanderfaltet. Ist das Tierreich ein auseinandergelegter Mensch, so der Mensch das Kompendium des Tierreiches. Das letzte der Geschöpfe wird zum

Konzentrat, zur Frucht, in der die ganze erste Schöpfung zusammengezogen ist.

Wie in der Frucht sich das Pflanzendasein vollendet und zusammenfaßt, zugleich aber auch in ihrem Samen neues Werden sich vorbereitet, so wird der Mensch durch seine Ausbildung zum Gehirnwesen das Samenkorn einer anderen Schöpfung; Samenkorn allerdings nicht im Sinne einer Wiederholung des Gleichen, sondern einer Steigerung der im Vorausgegangenen wirkenden Lebenskräfte. Denn aus dem Zusammenwirken von Haupt und Hand geht eine neue Welt hervor: die Menschenwelt.

III. Bios – Techne

> Vielleicht werden später die vielen technischen Apparate ebenso unvermeidlich zum Menschen gehören wie das Schneckenhaus zur Schnecke oder das Netz zur Spinne.
>
> *Werner Heisenberg*

Der unfertige Mensch

Die Menschenwelt stellt sich sichtbar in Haus und Straße dar. In ihnen überwand der Mensch die Umweltgebundenheit und versuchte, sich frei und unabhängig von der Natur zu machen. Heute schafft er selbst sich seine Umwelt und vermag in seiner Behausung als seiner unmittelbaren Umgebung ein ihm entsprechendes Klima und günstigste Lebensbedingungen herzustellen. Somit kann das Haus geradezu als Symbol für die Menschenwelt angesehen werden, und der Baustil wird zum Ausdruck einer Kulturstufe. Die Architektur ist – wie ihr Name selber sagt – die *Ur-Technik* des Menschen.

Der Ursprung für dieses erste und vornehmste technische Werk, wie es das Haus darstellt, ist wie bei der Werkzeugbildung in dem Unvollendetsein der menschlichen Physis zu suchen. Was bei der Ausbildung eines einzelnen Gliedes, so der Hand, bestimmend wirkte, die Retention, das gilt für den ganzen Menschen, so daß der Mensch in verstärkter Weise zurückgehalten und auf Ergänzung angewiesen erscheint. Auf diese besondere Zurückhaltung in der physischen Entwicklung des Menschen hat Adolf Portmann aufmerksam gemacht.[29] Auf Grund seiner vergleichenden Untersuchungen zur Embryonalentwicklung von Tier und Mensch entdeckte er, daß jeder Mensch ein Jahr zu früh geboren wird. Diese »permanente Frühgeburt«, von der Portmann spricht, ist nicht mit der bekannten Anomalie zu verwechseln; sie ist eine allgemein menschliche Erscheinung. Mit dem Maßstab der tierhaften

Entwicklung gemessen, müßte jeder Mensch bedeutend länger ausgetragen werden, um die in seinem Leib angelegten Möglichkeiten voll ausbilden und sich ihrer bald nach der Geburt bedienen zu können. Dem wäre eine Schwangerschaft von 21 Monaten angemessen. Da dies nicht der Fall ist, muß der Einzelmensch eine Entwicklung, die eigentlich im Mutterleib hätte abgeschlossen werden müssen, nun im ersten Lebensjahr *draußen* und als Eigenwesen nachholen. Das Merkwürdige hierbei ist, daß für diese Verfrühung der Geburt keinerlei geburtstechnische Notwendigkeit vorliegt, die mit dem Wachstum des Kindes oder mit der Gestaltung des weiblichen Beckens begründet wäre. Denn in anderen Fällen schafft die Natur bei den Säugern [mit Ausnahme der Beuteltiere] im mütterlichen Organismus die Voraussetzungen für ein volles Austragen der Nachkommenschaft und ermöglicht dadurch, daß das Neugeborene auf Grund seiner vollendeten Embryonalentwicklung sich sofort oder verhältnismäßig bald frei bewegen kann. So folgen bereits kurz nach der Geburt Kalb und Fohlen der Mutter bei der Nahrungssuche zur Eingewöhnung in ihre Lebensverhältnisse. Sie sind zwar noch unerfahrene Jungtiere, aber in ihren Proportionen von den Alten nicht sehr verschieden. Auf Grund solchen Verhaltens spricht man bekanntlich für den Bereich der Vögel von »Nestflüchtern« im Gegensatz zu den »Nesthockern«. Ihre weitere Entwicklung richtet sich vornehmlich auf das Wachstum und die Ausbildung ihres Leibes; im Grunde sind sie schon »fertig« auf die Welt gekommen.

Was ist nun der Mensch als *zoon* betrachtet? Unter *zoon* wird hier der Mensch als ein dem Reich der Säugetiere [auch!] zugehöriges Lebewesen verstanden ohne Berücksichtigung seiner Sonderstellung in der Welt. Der fortgeschrittenen Entwicklung seiner Sinnesorgane nach ist er ein Nestflüchter, der bald nach der Geburt die Beziehung zu der ihm bestimmten Umwelt aufnehmen könnte. Er kann jedoch nicht »flüchten«, weil weder die Schutzlosigkeit seines Leibes im ganzen noch seine unausgebildeten Gliedmaßen dies zulassen. So wird er als Nestflüchter zum Nesthocken verurteilt. Er ist – wie Portmann definiert – als Nesthocker mit offenen, wachen Sinnesorganen ein »sekundärer Nesthocker«. Er stellt damit eine weitere nur dem Menschen eigene Besonderheit dar, nämlich einen zum Nestflüchter veranlagten, aber sehr früh aus dem Uterus entlassenen Säugling. Das bedeutet: Die ohnehin »gehemmte« und

»zurückgebliebene« Embryonalform eines Säuglings wird außerdem noch »verfrüht« aus dem Mutterschoß entlassen und der Umwelt überantwortet – der Mensch tritt also in zweifacher Hinsicht als Fragment in die Welt.

Der Kunstgriff der Natur

Bei jedem Nesthocker erfolgt die Ausreifung außerhalb des Mutterschoßes [extra-uterin]. Da die hilflosen Jungtiere nicht unmittelbar ihrer Umwelt ausgesetzt werden können, bedarf es einer besonderen Vorkehrung der Natur, sie zu schützen. Die Vögel, für die der Begriff »Nesthocker« zunächst angewendet worden ist, tun dies, indem sie ein Nest bauen. Schon das Ei, das aus dem Eierstock unmittelbar und nur durch eine Schale geschützt ins Freie ausgestoßen wird, braucht solche mehr oder minder vollkommenen künstlichen Hüllen, die sein Ausbrüten in gleichmäßiger Wärme möglich machen. Auch wenn die Jungen geschlüpft sind, bleiben sie noch einige Zeit innerhalb dieser bergenden Hülle und werden dort gefüttert. Dieser Vorgang ist in seiner Bedeutung erst ganz zu verstehen, wenn auf seine Entsprechung bei den Säugern hingeschaut wird. Hier ist er *in* den Leibesorganismus hineingenommen: Das befruchtete Ei bleibt auch nach seinem Ausscheiden aus dem Eileiter im Körper; es wird von der Gebärmutter aufgenommen und »nistet« sich dort ein. Dort wird es »ausgebrütet«, bis der Augenblick gekommen ist, der dem Schlüpfen des Vogels entspricht. Die bergende Hülle des Schoßes wird gesprengt, und das junge Wesen erblickt das Licht der Welt.

Die unterschiedlichen Größenverhältnisse des Eies und andere Besonderheiten spielen bei diesem Vergleich keine Rolle. Entscheidend ist hierbei das Wesentliche, und das ist die Verlagerung des »Brütens« nach innen. Indem auch die Nahrung für das Neugeborene in der Milch unmittelbar aus dem mütterlichen Leib gespendet werden kann und nicht wie bei den Vögeln mühsam beigebracht werden muß, ist das Säugetier zweifellos die zweckmäßigste Lösung, die die Natur für das Werden und die Versorgung der Nachkommenschaft von höheren Lebewesen finden konnte. Dort, wo diese Einrichtung nicht gegeben ist, muß die Gebärmutter durch das Nest ersetzt werden. Das Nest ist also nichts anderes als eine künstliche und nach außen verlagerte Gebärmutter.

Damit wird eine weitere wesentliche Feststellung möglich: Das Nest gehört zur Leiblichkeit des Vogels wie die Gebärmutter zum Organismus des Säugers. Die Tatsache, daß sein Baustoff [Holz, Halme, Erde – von der Schwalbe sogar vermörtelt] nicht dem tierischen Organismus entnommen, sondern *der Umwelt entlehnt* ist, widerspricht dem nicht; ebensowenig, daß das Nest in den meisten Fällen nicht beständig dem Tiere zugehört, sondern nur zeitweiliges Organ des Vogels während der Brutzeit ist.

Entsprechend läßt sich diese Anschauung auch auf die Insektenwelt anwenden: Der von den Bienen künstlich gestaltete Wabenbau wird zur Gebärmutter der Bienenbrut, wobei die Königin, als Organ verstanden, den Eierstock darstellt. Auch bestimmte Säugetiere bilden in Bauten oder Höhlen eine künstliche Erweiterung ihrer Leibessphäre aus, so der Biber und andere Nagetiere. Eine andere Form von einer über den Körper hinaus gebildeten Leiblichkeit läßt sich bei der Spinne erkennen. Hier geht das Werk des Tieres unmittelbar aus seinem Leib hervor und dient der Ernährung. Beim Spinnennetz wird noch deutlicher als beim Beispiel des Vogels, daß dieser kunstvolle Fangapparat ein Organ der Spinne ist, vergleichbar einer Vielzahl von Gliedern, in denen sich das Tier vergrößert und »Arme« in seine Umgebung zur Nahrungssuche ausstreckt, gleichsam »lange Finger macht«. Auch wenn die Spinne sich aus ihrem Netz in einen Schlupfwinkel zurückgezogen hat, gehört dieses künstliche Gliedmaßensystem noch zum Bereich ihres Leibes.

Ohne die Ergänzung durch Nest und Netz ist der physische Organismus von Vogel und Spinne nicht vollständig. Tier und künstliche Hülle müssen in einem Zusammenhang geschaut werden. Der Leib, im herkömmlichen Sinn verstanden, kann dabei als *Kern* gelten, um den eine *Hülle* gebildet wird. Beide zusammen ergeben erst die Lebensganzheit. Wir wählen mit diesen Begriffen ein Bild aus dem Pflanzenleben, wo der Same in der bergenden Hülle der Ganzheit *»Frucht«* heranreift. Auch die Rangordnung von Kern und Hülle wird an diesem Bild deutlich. Denn selbstverständlich kommt es innerhalb dieser Gesamterscheinung auf den Samen als Kern der Frucht an. Seiner Entwicklung und seinem Schutz soll die Hülle dienen.

Leibeskern und *Leibeshülle* zusammen machen also die *Lebensgestalt* aus. In beiden Erscheinungen dieser Lebensganzheit kann von *Leib* gesprochen werden, denn es sind auch die gleichen *Bildekräfte,* die zur Verkörperung sowohl den Kern wie die Hülle hervorbringen. Bei einem in sich abgeschlossenen Körper, wie er zum Beispiel der Kuh zu eigen ist, wird diese bildende Kraft gänzlich verbraucht zur Hervorbringung des Leibeskernes. Die Kuh braucht von Natur kein Haus mehr, und darum kann sie auch keines bauen. Andere Organismen, wie zum Beispiel Vogel und Spinne, erschöpfen sich nicht in der Bildung des Leibeskernes; dort wird ein Teil der Bildekräfte aufgespart und wirkt nach außen in der Hüllenbildung von Nest und Netz weiter.

Was in den geschilderten Lebenserscheinungen als unmittelbarer Zusammenhang mit den Augen angeschaut werden kann, das läßt sich durch unbefangenes Denken auch für den Menschen erkennen. Auch der als Nesthocker zu früh geborene Mensch bedarf der künstlichen Mutterhüllen. Die Tatsache seiner Hilfsbedürftigkeit in der ersten Lebenszeit fordert wie beim Vogel Nestbildung heraus. Es ist hierbei unwesentlich, ob es sich in den Anfängen des Menschen um ein einfaches, gegrabenes Erdlager, eine künstlich geschaffene Höhle aus Lehm oder gar Schnee [Iglu] oder um eine auf der Erdoberfläche errichtete, gleichsam nach außen gestülpte Höhle handelt, wie sie durch eine Laubhütte, ein Zelt, einen Kral oder eine Holzhütte dargestellt wird. Die Urtechnik des Menschen ist also Erweiterung seiner Leiblichkeit durch ein künstliches Organ. Diese Erweiterung ergänzt den Menschen und führt ihn als Gruppenwesen zu Haus, Siedlung und Stadt. Oder sie bezieht sich auf den Einzelmenschen. Dann führt sie zur Hüllenbildung verschiedenster Art. Ursprünglich bestand diese aus der entlehnten Haut anderer Wesen, den Fellen erlegter Tiere. Dann aber webte der Mensch aus Pflanzenfasern das Gewand, das auf seinen Leib zugeschnitten wird. Gewand und Wand – im Namen einander zugehörig – sind die Ergebnisse von Winden, Flechten und Weben. Wand und Gewand sind somit Flechtwerk in gröberer oder feinerer Art, Erzeugnisse einer Urtechnik, die dem Menschen das erste Dach, lat. *tectum,* als Bedeckung seiner Schutzlosigkeit in Haus und Kleid [*textilis*] lieferten. Lat. *casa* = die Hütte für die Gruppe und *casula* [das »Hüttchen«] = das Gewand für den einzelnen zeigen den gleichen Zusammenhang. Im Kultus hat sich die Bezeichnung *casula* für das christliche Priestergewand, das über den anderen Gewändern zu tragen ist, bis heute erhalten.

Diese Urtechnik ist die Antwort auf die Unvollkommenheit

des Menschen bei seiner Geburt, auf seine Hilflosigkeit und sein Ergänzungsbedürfnis. Es handelt sich also um die gleiche künstliche Hüllenbildung zur Erweiterung der Leiblichkeit wie beim Tier. Auch in diesem Fall bilden Hülle und Leibeskern zusammen erst die volle Lebensgestalt. Zu dieser Hüllenbildung ist alles das zu rechnen, was, wie bereits dargestellt, als künstliche Ausbildung von Körperfunktionen angesehen werden muß, also die gesamten Werkzeuge, die zur Herstellung der Hüllen dienen.

Techne des Menschen

In dieser von der Natur veranlagten Verhaltensweise läßt sich die Anfangsstufe von Technik erkennen, die hinfort durch das griechische Urwort für Technik: *techne* gekennzeichnet wird.[30] So kann eine deutliche Unterscheidung von der später ausgebildeten spezifisch menschlichen Technik, insbesondere der modernen Maschinentechnik, gewonnen werden. Denn *techne* in diesem allgemeinen Sinne ist nicht spezifisch menschlich. Immer dort, wo *techne* erscheint, gehört sie unmittelbar zum Wachstum, zur Leibwerdung eines Einzelwesens und damit dem Bereich des organischen Lebens und das bedeutet: der Natur oder der *ersten* Schöpfung an.

Die Etymologie des Wortes *techne* weist auf einen solchen Zusammenhang hin. Es wird auf eine Wurzel tek – zurückgeführt, deren Grundbedeutung als »zusammenfügend hervorbringen« anzusetzen ist. Aus einer solchen Grundbedeutung sind Ableitungen wie lat. *texo* = weben, flechten, griechisch *tekton* = Zimmermann, Baumeister, Arbeiter, avestisch *tasan* = Bildner, Schöpfer durchaus zu erklären. Aber es entwickelt sich noch ein anderer Bedeutungszweig aus der Wurzel tek –, zu dem die griechischen Wörter für Kind, Erzeuger, zeugen gehören, und der in der Bedeutung »Leben hervorbringen« seinen Ursprung hat.[31] »Hervorbringen« ist ein Tun, das in zwei Ebenen sich abspielt. Dem gibt die Etymologie des Wortes *techne* Ausdruck. Das Hervorgebrachte wird einmal zum *lebenden* Zeugnis, zum Kind, zum anderen zum *»toten«,* dem nachgelassenen Werk [Produkt]. Doch wer wüßte von den Kindern und Enkeln Platos oder Schillers zu berichten? Lebendiges Zeugnis vom Menschen legen allein die Werke ab. »Denn ihre Werke folgen ihnen nach!« Sie sind in Wahrheit zu den

Nachkommen, den »Geisteskindern« geworden. Die Sprache weiß, wir reden nach.

Das griechische Wort *techne,* dessen Bedeutung mit Handwerk, Kunst, Wissenschaft, List umschrieben werden kann, führt zu unserem heutigen Begriff *Technik,* der bewußt noch nicht für die oben charakterisierte Erscheinung verwendet worden ist. Denn der Begriff *Technik* scheint unendlich viel mehr zu umfassen als nur die biologisch veranlagten Verhaltensweisen, die gewisse Arten von Lebewesen zur vollen Verwirklichung ihrer Lebensgestalt ausüben. Max Eyth stellt fest: »Technik ist alles, was dem menschlichen Wollen eine körperliche Form gibt, und da das menschliche Wollen mit dem menschlichen Geist fast zusammenfällt, und dieser eine Unendlichkeit von Lebensäußerungen und Lebensmöglichkeiten einschließt, so hat auch die Technik, trotz ihres Gebundenseins an die stoffliche Welt, etwas von der Grenzenlosigkeit des reinen Geisteslebens übernommen.«[32]

Um den Zusammenhang von Mensch und *techne* voll erfassen zu können, muß neben der in der Natur vorgegebenen Notwendigkeit einer Ergänzung auch das Phänomen *Mensch* im ganzen berücksichtigt werden. Erst dann läßt sich erklären, warum Menschen, wie zum Beispiel die Feuerländer, die trotz klimatischer Erfordernisse nahezu ohne Technik ausgekommen sind, kein Gegenbeweis gegen die Zugehörigkeit von *techne* zum Menschsein sind:

Der Mensch ist mehr als Individuum, mehr aber auch als Gruppe und Volk. Die Lebenserscheinung Mensch läßt sich erst am Ende ihrer vollen physischen Entfaltung und nur unter Einbeziehung aller ihrer Äußerungen in der Geschichte bestimmen und deuten. Auch das Samenkorn reicht nicht aus, um die ganze Pflanze zu erklären. Sie muß in allen Wachstumsstufen bekannt sein; dann allerdings weiß man, was aus dem Samen zu erwarten ist. Kommt er als Keimling um, so ändert das nichts daran, daß er als Eichbaum angelegt war. Wäre Mozart als Kind verunglückt, so war doch der ganze Mozart in ihm veranlagt. Der Kretin ist kein Beweis gegen den gesunden Menschen, sondern nur ein Beispiel für eine nicht an ihr Ziel gekommene Entwicklung und daher eine Entartung. Feuerländer und Pygmäen müssen daher entweder als eine Frühstufe des Menschen, die sich erhielt, angesehen werden oder als eine Entartung, weil sie die zu menschlicher *techne* veranlagten Möglichkeiten nicht entwickelten.

Angesichts unserer Kultur erkennen wir, daß der Zustand solcher Menschengruppen nicht das Ziel der Menschheit gewesen ist. Der umgekehrte Schluß, daß alles, was als Kultur ausgebildet und als technische Zivilisation über die Erde verbreitet wurde, Zufall oder gar Mißbildung im Sinne einer nicht beabsichtigten Hypertrophie des Menschen war, erscheint ebenfalls abwegig. Aus der Tatsache der menschlichen Evolution läßt sich vielmehr rückschließend folgern, daß sie in dieser Richtung angelegt war.

In der Möglichkeit, sich wie die Feuerländer dieser Entwicklung entziehen zu können, wird ein menschliches Wesensmerkmal deutlich. Auf die *techne* des Menschen wirkt sich das von der Natur bei seiner physischen Ausformung angewandte Prinzip der Freilassung aus. Diese Freilassung durch Retention geht so weit, daß technische Entfaltung zwar vorgegeben, aber nicht wie beim Tier als Zwang wirksam ist. Der Vogel muß sein Nest bauen, der Mensch braucht das nicht. Allerdings schließt der Verzicht auf die Ausbildung der veranlagten technischen Möglichkeiten auch den Verzicht auf eine grundsätzliche Erweiterung der menschlichen Fähigkeiten und Erkenntnisse ein. Der Mensch hält sich dadurch selbst auf der Stufe des Kindes fest und bleibt *unterentwickelt.* Indem das Prinzip der Freilassung durch die permanente Frühgeburt auch noch im Werden des Individuums wirkt, erhält es eine verdoppelte Wirkung. Es wird hier zum persönlichen Freibrief, den von der Natur unter allen Geschöpfen nur der Mensch erhielt: »aufzubrechen, wohin er will« [Hölderlin]. Der Mensch der Hochkulturen wählte den Weg zur Entwicklung der Technik.

IV. Arbeit – Technik

Der Halbgeborene muß ganz geboren werden.
Christoph Wilhelm Hufeland

Die Arbeit als Wachstum

Technik ist untrennbar von Tätigsein. Sie ist immer bezogen auf menschliches Handeln. Mit der organischen Welt hat der Mensch diejenige Art des Tätigseins gemeinsam, die zum Wachstum, zur Ernährung und Fortpflanzung gehört. Den weitaus größten Teil des menschlichen Handelns bestimmt jedoch ein Tun, das nicht unmittelbar mit diesen biologischen Funktionen verknüpft ist. Wir nennen es *arbeiten.* Arbeiten ist ein spezifisch menschliches Handeln, schon weil es Denken und Planen voraussetzt. Wenn auch bei Tieren von *arbeiten* gesprochen wird, so geschieht das in Übertragung von Begriffen für menschliche Verhaltensweise auf ähnliche tierische. Bezeichnungen wie Bienenfleiß oder Faultier sind unzutreffend, denn hier handelt es sich nur um Wesensmerkmale der Art, und für das einzelne Tier ist sein Tun immer nur Selbstverwirklichung.

Der Mensch bedarf zur Verwirklichung seiner vollen Lebensgestalt – wie verschiedene Tierarten – der Leibeshülle. Diese entsteht durch sein Tätigsein. Was als notwendige Ergänzung in der Natur – zum Beispiel als »Haus« oder Fangapparat – vom Tiere unbewußt durch Wachstum [Schnecke] oder Produktion [Spinne] hervorgebracht wird, muß der Mensch *bewußt* erzeugen, wenn er sein Menschsein voll verwirklichen will. Er ist ein denkendes, bewußtes Wesen, deshalb wird auch sein Tun weitgehend vom Denken bestimmt. Dadurch bekommt seine Tätigkeit das Siegel des spezifisch Menschlichen. Dieses Tätigsein läßt sich jedoch immer noch als organisches Wachstum ansehen, wenn auch unter Berücksichtigung der besonderen menschlichen Umstände. Es ist die Weiterführung der im Tierreich gegebenen Möglichkeiten.

Das Werkzeughandeln des Menschen zur Befriedigung seiner physischen Bedürfnisse ist somit als Ausbildung der lebensnotwendigen Leibeshülle einem von der Natur veranlagten organischen Wachstum gleichzusetzen.

Diese *techne* des Einzelmenschen bleibt weder für sich isoliert bestehen noch bleibt sie gleichförmig. Sie dient der Lebenserhaltung des einzelnen und gleichzeitig der Lebensentfaltung der Art. Sie ist die Grundlage der Existenz des Menschen, und zwar einer ganz anders gearteten als der des Tieres. So wie das Tier in sich abgeschlossen ist, so lebt es auch »punktuell«, das heißt: ganz dem Augenblick hingegeben – ohne Vergangenheit und ohne Zukunft. Dieser Verhaltensweise entspricht seine Ernährung. Das Tier sucht die Nahrung in dem ihm bestimmten Lebensraum, der normalerweise die erforderliche Art und Menge bereithält. In Katastrophenfällen ist es erbarmungslos dem Hunger preisgegeben. Es weiß sich nicht zu helfen, denn es kann seine Ernährungsweise nicht einmal vorübergehend wechseln. Der Löwe, der zahnlos geworden oder infolge einer Epidemie kein Beutetier mehr fände, wäre im saftigsten Urwald zum Tode verurteilt. Er wird kein Vegetarier.

Der Mensch ist auch hier wieder freigelassen und befriedigt und sichert seine Lebensnotwendigkeiten durch planmäßiges, den Umständen angepaßtes Handeln. Man könnte als planmäßig handelnd auch jene Tiere anführen, die Vorratswirtschaft treiben. Doch läßt sich die Sammeltätigkeit des Hamsters nicht mit bäuerlicher Arbeit und das Leben in einem Ameisenhügel oder Bienenstock nicht mit planmäßiger technischer Tätigkeit des Menschen gleichsetzen. Mag die Vorratswirtschaft der ersten Sammler noch von einem dem Hamster verwandten Instinkt geleitet worden sein, die Bearbeitung des Bodens mittels dazu hergestellter und fortlaufend verbesserter Werkzeuge in der bewußten Absicht, diesem die Frucht systematisch durch Arbeit abzugewinnen, ist spezifisch menschlich.

Zur Ernährungsweise des Menschen gehört auch die Jagd. Wie die Raubtiere tötet auch der Mensch, um Leben von Leben zu gewinnen. Er blieb seit Urzeiten Jäger. Wenn Spengler jedoch den Menschen als Raubtier einstufen will, übersieht er eine Lebenstatsache.[33] Der Mensch ist nicht auf den Raub am Leben der Tiere angewiesen. Große Kulturen beweisen, daß dies nicht das bestimmende Kennzeichen seiner Verhaltensweise ist. Dem Raubtier ist von der Natur Gebiß wie Kralle, dem Insekt der Stachel als Waffe zum Zweck der Selbsterhaltung gegeben. Des Menschen Ausrüstung zur Lebenserhaltung und Selbstverwirklichung ist seine Fähigkeit, Werkzeuge zu schaffen. Spieß und Gewehr sind im »struggle for life« [Spencer] nicht das bestimmende Gerät. Sie sind nur eine in der Anwendung begrenzte Sonderform des Werkzeuges. Der Mensch ist nicht zum Räuber und Krieger, sondern zum Werkzeughandelnden bestimmt.

In der Ausbildung der Ackerbaukultur beginnt die Fülle der Werkzeugwelt zu entstehen und damit die menschliche *Kultur*. Sie steht im Zeichen von Sichel und Hammer. Die im Garten und auf dem Feld verbrachte Tätigkeit ist das dem Menschen zugeordnete Mittel zur Behauptung seiner physischen Existenz. Der deutsche Begriff »*Kampf* ums Dasein« ist nur insofern berechtigt, als damit die mit der Arbeit verbundene *Anstrengung* bezeichnet wird. In der englischen Urfassung »struggle for life« klingt das an. Erst die deutsche ungenaue Übersetzung brachte als Ausdruck einer entsprechenden Einstellung zum Leben die einseitige Verschärfung, die zu den bekannten irreführenden Folgerungen in der jüngsten Vergangenheit führte.[34] Nicht Kampf aller gegen alle ums Dasein, sondern schöpferische Arbeit miteinander und füreinander ist der Sinn unseres Lebens.

Werkzeughandeln ist noch *techne*. Arbeiten ist eine Sonderform des menschlichen Handelns. Es ist diejenige Art menschlicher Tätigkeit, die zu Technik führt. Arbeit weist über den Einzelmenschen hinaus und läßt sich für diesen nicht mehr als eine naturgegebene Notwendigkeit erklären. Denn sie dient nicht *unmittelbar* der Befriedigung physischer Bedürfnisse des Individuums. – Die Geldwirtschaft macht das deutlich: Die Lohntüte enthält keine Nahrung und ist für die Bekleidung absolut unzureichend! Der Lohn als abstrakte Bewertung der geleisteten Arbeit muß erst in die Lebensmittel umgesetzt werden. –

Von dem Augenblick an, in dem der Mensch sein Leben in Muße und Nicht-Muße aufgeteilt sah [lat. otium, negotium], wurde mit Nicht-Muße = Arbeit die Vorstellung von Anstrengung verbunden. Diese Tatsache findet schon in der sprachlichen Koppelung der Begriffe ihren Ausdruck. Das griechische Wort πόνος *[ponos]* wie das lateinische *labor* bezeichnen beide sowohl anstrengende, schwere Arbeit als auch Mühe. In die romanischen und angelsächsischen Sprachen ist *labor* in gleicher Doppelbedeutung aufgenommen worden. Das mittelhochdeutsche Wort *arbeit* bedeutet noch nicht im heutigen Sinne Arbeit, sondern vornehmlich Mühe, Anstrengung [zum Beispiel im Ritterkampf].

Im Bereich des Kreatürlichen gibt es keine dem Menschen vergleichbare zielstrebige, produktive Anstrengung. Nur in der Brutpflege nimmt das Tier Anstrengung und Schmerz auf sich, um etwas hervorzubringen, das über das einzelne Exemplar hinaus und weiter führt. Geburt heißt immer Abgabe von mütterlicher Substanz an ein neues Lebewesen und damit Schwächung der Mutter. Aber auch dieses Hervorbringen dient im Grunde der Selbsterhaltung und eigenen Steigerung, indem es die Art, innerhalb derer das Einzelexemplar im Tierreich bedeutungslos ist, erhält. Von der Art her gesehen sind die Geburtswehen des Einzeltieres Bereicherung und damit Lust.

Soweit der Einzelmensch als Geschöpf dem Bereich des Kreatürlichen angehört, ist auch er durch den Selbsterhaltungstrieb bestimmt. Anstrengung und Arbeit sind gegen seine Natur. Sie dienen nicht seiner physischen Erhaltung, sondern bauen im Gegenteil seine Kräfte ab. Sie sind schmerzlich empfundene Mühe und Schwächung. Der natürliche Mensch sucht sie daher zu vermeiden.

Andererseits nimmt er aber immer wieder freiwillig Anstrengung auf sich. Es gibt Menschen, die sich so mit ihrer Arbeit verbinden, daß diese ihnen lebensnotwendig wird und sie dahinsiechen, wenn sie ihnen genommen ist. Sie empfinden die Anstrengung nicht mehr als notwendiges Übel, sondern erleben in der Meisterung der Schwierigkeiten Freude. – Die schlimmste Strafe ist, das Leben in Gefangenschaft ohne Arbeit verbringen zu müssen. Darum wird dem freien Menschen das Grundrecht auf Arbeit verfassungsmäßig zugesichert. In der Arbeit wächst der Mensch über das *Geschöpf* hinaus. Der *Schöpfer* in ihm wird erkennbar. Ein gesteigertes, höheres Menschsein, das nur in *gemeinsamer* Arbeit zu erreichen ist und auch den einzelnen über sich hinausführt, kündigt sich hier an.

In dem Maße, in dem für den Menschen sein Geschöpfsein, die durch seine Physis bedingte Begrenzung, im Vordergrund seines Erlebens steht, ist Arbeit für ihn ausschließlich Mühe und Anstrengung; erlebt er diese jedoch in einem größeren menschlichen Zusammenhang, dann spricht in seinem individuellen Empfinden das spezifisch Menschliche, also die Art. Von dieser her gesehen sind die vereinigten Anstrengungen der

Einzelmenschen Steigerung des Lebensgefühls und daher *Freude.* Sie kann vom Einzelmenschen erlebt werden, insofern er sich als Schöpfer fühlt.

Warum ist Geburt mit Schmerz und Arbeit mit dem Empfinden von Anstrengung verbunden? In der Natur gibt es zweierlei Art Schmerz: einmal den Wund- oder Warnschmerz, zum anderen den Geburtsschmerz. Beide wecken Bewußtsein der Zugehörigkeit. In einem Fall wird innerhalb einer organischen Lebensganzheit auf ein zugehöriges Glied hingewiesen, das in Gefahr ist. Im anderen Falle wird das Gefühl der Zusammengehörigkeit mit der aus dem Organismus gebildeten, aber durch die Geburt von ihm ausgestoßenen Leibesfrucht hergestellt.

Beobachtungen scheinen dies zu bestätigen. So machte der Farmer Marais Experimente in Südafrika mit halbwilden Kaffern-Schafen.[35] In den vorangegangenen anderthalb Jahrzehnten war es nicht vorgekommen, daß unter normalen Umständen eine Schafmutter nach der Geburt ihr Junges nicht annahm. In allen sechs Fällen des Experimentes nun, in denen durch Chloroform oder Äther die völlige Anästhesie während des Geburtsaktes herbeigeführt worden war, weigerte sich das Muttertier, das Lamm anzunehmen, obwohl die Betäubung die Geburt nur um 25 Minuten überdauerte.In einem Gegenexperiment wurde das Muttertier unmittelbar *nach* der Geburt für eine halbe Stunde bewußtlos gemacht. Sofort nach Wiedererlangung des Bewußtseins nahmen alle sechs Schafmütter ihr Lamm an. Wie weit sich dies verallgemeinern läßt, bleibt dahingestellt. Jedenfalls überzeugten Marais diese und ähnliche Erfahrungen, daß es in der Natur ohne das Auftreten von Schmerz zu keiner Mutterliebe kommt, wobei der Schmerz als physische Wirklichkeit erfahren werden muß.[36]

Die Tatsache, daß das Geschöpf Mensch bei der Arbeit Anstrengung = Schmerz empfindet, läßt auf die gleiche Ursache schließen: entweder handelt es sich um Wund- und Warnschmerz oder um Geburtsschmerz. Beides trifft in diesem Fall zu: Die erste Möglichkeit wurde bereits dargestellt, indem das Geschöpf Mensch den Abbau seiner Kräfte spürt. Insofern Arbeit produktiv ist, kann sie in einen Zusammenhang mit dem Geburtsschmerz gebracht werden. Die Austauschbarkeit von produktiver Anstrengung und Geburtswehen kommt in der englischen Sprache unmittelbar zum Ausdruck. Das gleiche Wort *labour* wird hier für beides verwendet. So heißt es zum Beispiel »the labours of Hercules« [die Arbeiten des Herkules] und »a woman in labour« [eine Frau in den Wehen]. Es kann gefolgert werden: Dem Geburtsschmerz in der Natur entspricht das Empfinden von Anstrengung im Arbeitsprozeß. Somit läßt sich als Grundbedeutung für Arbeit *produktive Anstrengung* feststellen.

Der mit der Arbeit verbundene Schmerz weckt Bewußtsein der Zugehörigkeit und – soweit Arbeit als Geburtsschmerz verstanden werden kann – das Bewußtsein von der Zugehörigkeit des Produktes zum Arbeitenden. Hier liegt der Ursprung für ein erstes Eigentumsbewußtsein.

Es ist gewiß nicht schwer, sich vorzustellen, wie stark sich der Hersteller eines in unendlicher Mühe und Geduld geschliffenen Steinbeiles mit seinem Werkzeug verbunden fühlte. Er empfand es als seiner Existenz zugehörig. So wie ihn eine körperliche Leistung mit Stolz vor den anderen erfüllte, so wird ihm dieses Eigentum eine Genugtuung bedeutet haben. Er wird unter seinem Verlust leiden und es gegenüber einem, der es ihm rauben will, mit Recht verteidigen. Da es als Teil seines »Leibes« empfunden wird, gibt man auch dem Toten das Werkzeug mit ins Grab, sei es, weil man es ihm als Eigenstes zuerkennt oder weil man meint, daß er es in seinem anderen Leben gebrauchen würde.

So konnte man noch vor einer Generation die Hamburger Zimmergesellen mit ihrem eigenen Werkzeug im Bündel durchs Land ziehen sehen, und auch für die chinesischen Landarbeiter in der vorrevolutionären Zeit war es eine – aus dieser Sicht verständliche – Auflage, ihr eigenes Gerät zur Lohnarbeit bei den Gutsbesitzern mitzubringen.

Das bäuerliche Eigentumsrecht hat hier ebenfalls seine Begründung. Das Produktionsmittel und das Produkt, also Hof und Ernte, gehören demjenigen, der dafür arbeitet.

Aus dieser seit seinem ersten Werden tief in den Menschen eingeprägten Empfindung folgert die heute bewußt erhobene Forderung nach dem Gemeineigentum der Produzierenden an den Produktionsmitteln. An die Stelle des Handwerkzeuges ist heute in der Maschine das kollektive Werkzeug getreten. Ohne dieses Mega-Werkzeug keine Produktion! Dann aber gehört dieses Produktionsmittel auch in die »Hand«, d.h. in die gemeinsame Verfügungsgewalt derjenigen, die sich seiner bedienen. Das jedoch sind die Angehörigen einer Belegschaft in einem Betrieb und nicht private Besitzer oder Funktionärs-Manager als Vertreter einer abstrakten Allgemeinheit. Ebenso ist das Arbeitsergebnis als Eigentum derer anzusehen, die es hervorbrachten.[37]

Wenn ein griechisches Sprichwort sagt: »Vor den Olymp haben die Götter dem Menschen den Schweiß gesetzt!«, kann das nur bedeuten: Anstrengung und Schmerz sind die Voraussetzung für die Erreichung eines höheren Zustandes. Das ist »das Übel des Wachstums, daß in den Wehen jeder Geburt ein geheimnisvolles Gesetz wirksam ist, demzufolge sich jeder Fortschritt zu größerer Einheit vom einfachsten chemischen Vorgang bis zu den höchsten Synthesen des Geistes in die Begriffe von Arbeit und Anstrengung übersetzt« [Teilhard de Chardin].[38]

Arbeit als *produktive* Anstrengung ist aus dem einzelmenschlichen Dasein allein nicht zu erklären. Sie weist auf eine übergeordnete Daseinsform hin. Will die Natur im Menschen zu einer neuen Schöpfung – das heißt Steigerung – gelangen, so muß dies ebenfalls mit Anstrengung verbunden sein. Der Mensch als Geschöpf der Natur, der Ersten Schöpfung, der Gestalter dieser neuen Zweiten Schöpfung ist sich der Anstrengung, da sie gleichzeitig seine persönliche Anstrengung ist, bewußt.

Das Tier braucht vom ersten Augenblicke seines Daseins an nur die ihm von der Natur vorgezeichnete und geebnete Bahn zu durchlaufen. Der Mensch muß sich in einer jedesmal anders gearteten oder sich verwandelnden Umwelt seinen Pfad neu suchen. Wenn dazu der Mensch, wie an der Geschichte seiner Technik deutlich wird, von Stufe zu Stufe sich steigert, so ist es verständlich, daß dies einen Aufwand über die Kräfte des einzelnen hinaus erfordert, den das Tier zu seiner Verwirklichung nicht braucht. Daß der Mensch sich anstrengen und dadurch über sich hinauswachsen kann, hebt ihn aus dem Tierreich heraus. Angesichts dieser Lebenstatsache läßt sich die Arbeit schwerlich als Fluch oder gar als eine Strafe, von der Schöpfermacht nach dem »Sündenfall« verhängt, verstehen. Sie ist Selbstverwirklichung. Entsprechend ist für Friedrich Engels die Arbeit »die erste Grundbedingung alles menschlichen Lebens« ... »und zwar in einem solchen Grade, daß wir in gewissem Sinne sagen müssen: sie hat den Menschen selbst geschaffen«.[39] Darum kann der Mensch von seinem Leben sagen: »Ist es köstlich gewesen, so ist es Mühe und Arbeit gewesen!«[40]

Wachsen ist Tätigkeit der Natur zur vollen Entfaltung ihrer

Geschöpfe; damit bringt die Natur sich selbst hervor. Arbeiten ist die Tätigkeit des Menschen zur vollen Entfaltung des Menschseins; in der Arbeit wird der Mensch zum Schöpfer seiner selbst. Er wird jedoch nicht zum Schöpfer des Geschöpfes Mensch, sondern zum Schöpfer einer übergeordneten Stufe, eines »Übermenschen«. Denn der Sohn erzeugt nicht den Vater, sondern den Enkel.

Wachsen sowohl als Arbeiten ist mit Anstrengung verbunden. Aber nur der Mensch unter den Geschöpfen empfindet sie als solche, denn nur ihm ist denkendes Bewußtsein eigentümlich. In dem Maße, in dem er es ausbildet, erlebt er in seiner Arbeit das Wachstum seiner selbst und dadurch eine tiefe Befriedigung.

In der »Entfremdung der Arbeit« hingegen wird der Mensch um diese beglückende Erfahrung und damit um seinen Lebenssinn betrogen. Die industrielle Fron in der Takt-Straße und eine extreme Spezialisierung haben im Verein mit Fremdbestimmung und Ausbeutung das Verhältnis der Menschen zur Arbeit verhängnisvoll zerstört. Darum ist die vornehmlichste Aufgabe in der Gegenwart die Humanisierung der Arbeit. Eine dem Menschen gemäße Ausübung von Technik kann auch dieser wieder ihren eigentlichen Stellenwert in der Entfaltung des Menschseins geben. Denn Technik ist eine Voraussetzung zur menschlichen Freiheit. Sie ist dies nicht nur darum, weil sie dasjenige Komplement des menschlichen Leibes darstellt, das die physische Voraussetzung zur vollen und freien Selbstverwirklichung des Menschen ist – mit der Möglichkeit, frei von Not und überforderndem Existenzkampf sich die dazu angemessene Umwelt zu schaffen. Technik ist zugleich eine Erziehung zum Denken, indem um der Technik willen gedacht werden muß, und umgekehrt technisches Handeln präzises Denken und waches Bewußtsein herausfordert. Der Zwillings-Bruder des »Vor- und Vorausdenkers« Prometheus ist der »nachdenkende« Epimetheus! Technik übt zugleich die moralischen Kräfte, ja bildet sie im notwendigerweise gemeinsamen Handeln in besonderem Maße aus: Fähigkeit zur Zusammenarbeit, Aufmerksamkeit für das Tun des anderen, Geduld in der Durchführung einer gestellten Aufgabe, Zuverlässigkeit im Miteinander und Wachsein gegenüber möglicher Gefährdung. Die Technik wird – wie Lessing die ganze Geschichte verstanden hat – zur »Erziehung des Menschengeschlechtes«.

Alle gewaltigen Anstrengungen, die von Menschen im Laufe der Geschichte unternommen werden, führen zur Anreicherung eines Erfahrungsschatzes, der allen Menschen zugute kommt und darum allen angehört. Ein Produkt dieser vereinten menschlichen Anstrengungen ist die Technik. Da ihr die als *techne* bezeichnete biologische Tendenz zugrunde liegt, die die zur Entfaltung des Menschseins notwendigen Geräte hervorbringt, kann auch Technik im modernen Sinne in ihrer Entfaltung nicht willkürlich sein. Darauf weist Walter Rathenau hin, wenn er feststellt:

»Mechanisierung ist nicht aus freier bewußter Vereinbarung, aus dem ethisch geläuterten Willen der Menschheit erstanden, sondern unbeabsichtigt, ja unbemerkt *erwachsen.* Trotz ihres rationalen und kasuistischen Aufbaus ist sie ein unwillkürlicher Prozeß, ein dumpfer Naturvorgang«.[41]

Werner Heisenberg folgert: »Vielleicht werden später die vielen technischen Apparate ebenso unvermeidlich zum Menschen gehören wie das Schneckenhaus zur Schnecke oder das Netz zur Spinne..., dann wären die Apparate eher Teile unseres menschlichen Organismus als Teile der uns umgebenden Natur...« Für Heisenberg erscheint die »Technik fast nicht mehr als das Produkt bewußter menschlicher Bemühung um die Ausbreitung der materiellen Macht, sondern eher als *ein biologischer Vorgang* im großen, bei dem die im menschlichen Organismus angelegten Strukturen in immer weiterem Maße auf die Umwelt des Menschen übertragen werden, ein biologischer Vorgang also, der eben als solcher der Kontrolle durch den Menschen entzogen ist...«[42] Nennen wir den Inhalt der von der Menschheit unternommenen Anstrengung »Technik«, läßt sich Anstrengung = Arbeit als die Wehen zur Geburt eines neuen Wesens deuten, so folgert aus diesem Anschauen: *In der Technik wird eine neue Möglichkeit des Menschseins geboren.*

Es wird noch deutlich werden, in welchem Sinne dies verstanden werden kann. Zunächst muß von dem Besonderen dieses Vorganges gesprochen werden, das darin liegt, daß Geburt hier nicht nur Weiterschreiten des Lebens bedeutet – wie im biologischen Bereich –, sondern zugleich dessen Steigerung. Der Vorstellung Darwins folgend, kann auch im Hinblick auf die Entwicklungsstufen der Technik von einer Differenzierung der Art gesprochen werden. Von diesem Aspekt aus kann jede kulturgeschichtliche Entwicklungsstufe mit der Herausbildung einer neuen *species* verglichen werden. Der Steinzeit-Mensch wird abgelöst vom Metallzeit-Menschen und dieser vom Menschen unserer Zeit in fortschreitender Steigerung der Lebensmöglichkeiten, die in der jeweils angewandten Technik ihren Ausdruck finden.

Wenn von *dem* Steinzeit-Menschen gesprochen wird, so bezeichnet man damit die einer solchen Kulturstufe zugehörigen Einzelmenschen unwillkürlich als eine Einheit. Wir meinen den *Typos*, so wie im täglichen Sprachgebrauch von dem Unternehmer, dem Handwerker, dem Amerikaner gesprochen wird. Auch in diesen Fällen, in denen niemand die Vielseitigkeit solcher Erscheinungen in Frage stellt, weil er weiß, in wieviel unendlichen Variationen der Typos dargestellt werden kann, erscheint das Allgemeine als das Übergeordnete. Wir sehen noch in jedem einzelnen Angehörigen einer Berufsgruppe oder eines Volkes die unsichtbare *Gestalt*, die ihn prägt, und die er trotz der Eigenart seiner Individualität mehr oder weniger symptomatisch repräsentiert.

Mit dem Begriff Steinzeit-Mensch verbinden sich sehr deutliche Vorstellungen, obwohl wenig mehr als seine Technik bekannt ist. Dennoch reichen diese technischen Zeugnisse aus, um mit Sicherheit eine ältere, mittlere und jüngere Steinzeit zu unterscheiden. Die Grenzen der Epochen und Kulturen jener Völkergruppen sind vornehmlich an den Zeugnissen ihrer Technik ablesbar. Die Technik als Leitfossil des Menschseins und Zeugnis seiner Entwicklung tritt in dem Maße deutlich hervor, als sie noch nicht durch andere Aspekte unserer herkömmlichen Geschichtsschreibung, durch Völkerschicksale und Staatengründungen, durch Kriege und Einzeltaten in den Hintergrund gedrängt wird. Denn »die Technik macht Menschendasein, Menschenschicksal, Menschengeschichte viel mehr, als die Menschen Technik machen« [Friedrich Dessauer].[43]

Ihre Einheitlichkeit ist darauf zurückzuführen, daß die Menschen jener Zeit noch ganz Typos sind. Sie sind Exemplare einer Gattung, die sich in gleicher Weise verhalten. Wie jeder Vogel der gleichen Art sein Nest einer wie der andere baut, so stimmt auch beim Menschen auf dieser Stufe die *techne* weitgehend überein. Um das Besondere und Einmalige der Technik des Menschen zu erkennen, muß sie auch dort, wo sie als

Verhaltensweise eines *techne* erzeugenden Lebewesens im biologischen Bereich veranlagt ist, deutlich von diesem unterschieden werden.

In der *techne* des Tieres sind drei mögliche Verhaltensweisen bzw. Prinzipien zu erkennen. Erstens: *techne* dient der Brutpflege [als »künstliche Gebärmutter«]. Ihre Funktion ist mit dem Ende des Brutgeschäftes erledigt. Die Hüllen werden abgestoßen, das Nest wird verlassen und verfällt. Die Beziehung zur Leibeshülle wird aufgegeben. Sie war nur zeitbedingt. Zweitens: *techne* dient der Ernährung. Das Wesen, das sich ihrer bedient, ist zeit seines Lebens auf eine funktionsfähige Leibeshülle angewiesen. Die Spinne wird unermüdlich ihre als Netz künstlich gebildeten »Fangarme« erneuern. Drittens: Ein einzelnes Tierwesen benötigt *techne* sowohl zur Erhaltung der Art [Nachkommenschaft] wie zur Sicherung seiner eigenen Existenz [Ernährung]. So besitzt die Biene im Wabenbau Gebärmutter und Ernährungsorganismus in einem. Der Bau vereinigt in sich beide Funktionen und die dazu notwendigen Organe so wie der Leib eines Säugetieres, das in sich eine abgeschlossene, vollkommene Lebenserscheinung ist und daher auch – mit Ausnahme von Grenzfällen – nicht der *techne*, der vom Leib gesonderten Ergänzung, bedarf. Löwen und Pferde bauen sich weder Nest noch Haus. Eine Kuh hat keine »Wohnkultur«.

Je vollständiger der Körper eines Tieres ist, um so weniger bedarf es der *techne*. Je unvollständiger es in sich ist, um so mehr ist es auf *techne* angewiesen und um so großartigere Leistungen kann es in der Bildung künstlicher Hüllen hervorbringen. Der durch Maß und Anordnung als technische Leistung in der Natur kaum übertroffene Wabenbau wird von solchen Tieren angelegt, deren Einzelexemplar im Vergleich zu anderen Tieren verhältnismäßig primitiv erscheint. Die Natur hat hier diejenigen Kräfte, die sie in anderen Fällen in die Ausbildung eines in sich geschlossenen Leibesorganismus investierte, zur Verfügung behalten und verwendet sie zur Ausbildung eines Organismus, der aus vielen Einzeltieren dargestellt wird, die für sich allein nicht zu existieren vermögen. Ihr Bienen- oder Ameisen»fleiß« ist nur die nach außen gekehrte und daher sichtbare Lebensfunktion dieses Organismus, vergleichbar etwa dem sehr lebendigen Stoffwechselprozeß, der sich bei der nur scheinbar trägen Kuh im Verborgenen abspielt. Wo die Bildekräfte sich in der Ausformung des physischen

Leibes verausgaben, ist kein gestaltendes Wirken mit oder an der Umwelt zu erwarten.

Wird diese Lebenstatsache auf den Menschen angewendet, so steht man abermals vor der Doppeldeutigkeit des Menschenwesens, vor dem »Paradoxon Mensch«, wie es Scheler nennt.[44] Physische Nichtspezialisierung und technische Perfektion entsprechen einander komplementär: Die Unvollkommenheit des Menschen führt zu seiner »Perfektion«.

Die beim Vogelnest, im Spinnennetz und in der Bienenwabe zum Ausdruck kommenden drei Prinzipien der Natur vereinigen sich in der menschlichen Technik und bestimmen ihren biologischen Ursprung. Sie dient innerhalb der menschlichen Kultur als Mutterhülle für die Erhaltung und Entfaltung des Menschseins; im immer komplizierter gewordenen Wirtschaftsleben ist sie der Ausdruck eines Stoffwechselorganismus, ohne den sich der Mensch nicht ernähren kann. Menschliche Technik hat allerdings gegenüber der Anwendung des ersten Prinzips die Eigentümlichkeit, daß im Unterschied zum Nestbau ihre Betätigung nicht zeitgebunden, sondern permanent ist. Das zweite Prinzip wird in der Technik im Unterschied zur Spinne nicht durch ein Einzelwesen betätigt, sondern der Ernährung des Individuums dient eine Gemeinschaftsleistung. Die eigentliche Entsprechung liegt daher im dritten Prinzip: in der Vereinigung vieler Einzelglieder zu einem Großorganismus. Aber diese Entsprechung muß richtig verstanden werden, sonst ergeben sich vorschnelle Analogien, wie sie immer wieder gebildet werden, wenn man vom Bienen*volk* oder Ameisen*staat* spricht und diese Vorstellungen auf soziale Verhältnisse des Menschen überträgt.[45]

Das Bienenvolk wird in der Volkssprache als Einheit empfunden, indem es kurzweg »der Bien« genannt wird. Solche tierischen Gemeinschaftsbildungen stellen, wie bereits angedeutet, jeweils ein »zusammengesetztes Tier« dar. Die Einheit »Bien« oder »Termitenbau« ist nur dem einzelnen Löwen oder Menschen vergleichbar. Für Marais, der sich eingehend mit dem Leben der »Weißen Ameise« [Termite] beschäftigte, erschloß sich diese Ganzheit in so überzeugender Weise, daß er sagen konnte: er warte nur noch darauf, daß der von ihm als ein zusammengesetztes Tier erlebte Termitenbau sich auf Füße stelle und davongehe. Marais hatte den »wandelnden Termitenbau« nicht nur in seiner Vorstellung, sondern auch mit Augen wahrgenommen, nämlich in jedem Leibesorganismus, der in sich vollkommen und abgeschlossen ist: »Der Körper eines Säugetieres mit seinen vielen verschiedenen Organen kann als eine Gemeinschaft spezialisierter Einzelwesen angesehen werden, die zum Organismus vereinigt sind, um das zusammengesetzte Tier zu bilden. Das Gesamttier steht in der Entwicklung in dem Grade höher, in dem die Spezialisierung der Organe fortgeschritten ist«.[46]

Was ist also der Termitenbau? Er kann nur verstanden werden als Leib eines Organismus, der wie jeder andere ein kompliziertes Gefüge von aufeinander zugeordneten Funktionen ist. Dann aber entspricht seine steinhart gewordene Hülle der Schalenbildung des Einzeltieres bei Muschel oder Schnekke. Wesensgemäß ist diese dem Knochengerüst eines Wirbeltieres vergleichbar, das die dem Leib Halt gebende Struktur nach innen genommen hat. Nun besteht jedoch das zusammengesetzte Tier Termite aus ungezählten Einzelwesen. Diese sind keineswegs den Exemplaren einer Gattung vergleichbar, die selbständig oder in Gruppen existieren können. Sie sind Gliedwesen, die ihre Bedeutung und Existenzmöglichkeit in demjenigen Augenblick verlieren, in dem sie aus dem Gesamtorganismus herausgenommen werden. Die einzelne Biene oder Ameise ist ohne diesen Zusammenhang verloren, da sie nur als Organ des Gesamtorganismus leben kann.[47]

Wer das Phänomen Termite kennt, wird einen Termitenbau sofort erkennen, selbst wenn keine Termite zu sehen ist. Seine Beschaffenheit ließe ihn zwar dem Mineralreich zuordnen; man könnte ihn für ein merkwürdiges Steingebilde halten, dem Kenner wird er jedoch zum Zeugnis eines lebenserfüllten Organismus. Für eine erste und daher unbefangene Wahrnehmung aus großer Höhe würde der Blick auf eine unserer Städte ein entsprechendes Bild ergeben wie für den Betrachter eines Termitenbaues. Er würde Hüllen sehen, in denen Leben und eine ihm zwar unverständliche, aber nach bestimmten Regeln sich vollziehende Bewegung von Einzelwesen, kurzum ein Ordnungsgefüge, erkannt werden kann. Er könnte daraus ablesen, daß es sich auch hier um die Lebensäußerung eines *Organismus* handelt.

Dieser Organismus ist als Leib zu verstehen, »der einem lebendigen Wesen angehört« [Kepler].[48] In diesem Fall handelt es sich um Gebilde und Funktionen der menschlichen Technik. »Die« Technik wäre also der Leib eines Großwesens, das sich darin manifestiert. Durch sie äußert sich eine aus vielen Gliedwesen bestehende Menschengruppe als ein Ganzes. Sie wird zum Organismus, der in der jeweils spezialisierten Funktion seiner Einzelglieder seine Existenz, sein leibliches Wachstum, seine Ernährung und schließlich seine Lebensdauer sichert. Ist die Technik als biologischer Organismus damit einem Termitenbau vergleichbar? Dieser Vergleich ist dann nicht erlaubt, wenn vom einzelnen Menschen, der in ihr lebt [wie im Termitenbau die Termite], ausgegangen wird. Dieser ist nicht wie die einzelne Termite *nur* Glied oder Organ. Er ist ein selbständiger Organismus. Als solcher ist er biologisch nur dem Termitenbau als Ganzem zu vergleichen. Darüber hinaus hat er die Möglichkeit, sich zur Individualität zu entwickeln, was keinem Tier gegeben ist; denn dieses bleibt immer Exemplar seiner Gattung.

Vom Organismus Technik aus gesehen ist der einzelne Mensch Gliedwesen, damit Funktionsträger. In dieser Hinsicht ist ein Vergleich berechtigt, denn die an der Herstellung und Nutznießung der Technik beteiligten Menschen werden in ihr ebenfalls zu einer Lebensganzheit zusammengefügt. Der einzelne Mensch gliedert sich einem höheren Organismus ein. Dieser Organismus ist, da er aus Menschen besteht, ein Organismus der Organismen. Das ist der rein biologische Aspekt. Indem sich diese Organismen fortschreitend differenzieren und ihre Selbständigkeit bewahren, entsteht eine Gestalt, die im Reiche des Bios keine Entsprechung hat. Hierin unterscheiden sich grundsätzlich *techne* und Technik.

Techne ist im biologischen Bereich veranlagte Verhaltensweise bestimmter Lebewesen. Technik ist die *Gesamtheit* sowohl der einzelmenschlichen Leistungen wie auch der aus diesen hervorgewachsenen Leibeshüllen. Technik ist die Vereinigung von Arbeitsvorgang *und* Produkt, von Vollzug und Ergebnis. Als solche ist sie mehr als eine Summe im quantitativen Sinne.

Dementsprechend ist jeder Organismus [Familie, Stamm, Stadt] ein aus Organismen zusammengesetztes Großwesen; auch dies ist nicht als Summe zu verstehen, etwa wie eine Anhäufung von Termitenbauten oder Bienenstöcken, sondern im Sinne eines »Überbien«, also auf den Menschen bezogen eine Art »Übermensch«. Die Technik als Lebensphänomen umfaßt nicht nur eine Gruppe von Menschen, sondern ist ein übergeordneter Großorganismus, auf den alle Menschen angelegt sind, denn jeder Mensch lebt durch *techne*, und die spezifisch menschliche Art, *techne* zu verwirklichen, führt zu Technik. Die Lebensgestalt eines auf *techne* veranlagten Wesens ist erst vollkommen, wenn deren beide Pole voll ausgebildet sind: Kern und Hülle [Körper und erweiterte Leiblichkeit, vergleiche Vogel und Nest]. Aus der Existenz des Organismus Technik ist auf ein »*Lebewesen*« zu schließen, das diesem zugehört. Es umfaßt alle Menschen.

Die Sprache als Hinweis auf den »Großmenschen«

Damit der Einzelmensch werden kann, was er ist, damit er seine besonderen Anlagen erkennen und voll entfalten kann, bedarf er des Mitmenschen. Vom Ich zum Du gelangt der Mensch jedoch nur mit Hilfe der Sprache.

Ein Werkzeug läßt sich nicht unmittelbar aus der Hand ableiten. Ihre Ergänzungsbedürftigkeit und Bildsamkeit geben nur eine Teilerklärung. Der Mensch kann sämtliche Bewegungsmöglichkeiten seiner Hand ausschöpfen, er kann sie die verschiedenste Materie berühren lassen – ein Werkzeug wird dadurch nicht entstehen. Der erkennende und gestaltende Gedanke muß hinzukommen. Er ist der andere Faktor, welcher der Entstehung des Werkzeuges zugrunde liegt.

Für die Technik gilt ein ähnliches Gesetz. Sie ist das Produkt der vereinten menschlichen Tätigkeit. Jedoch wäre es ein Denkfehler, wollte man sie unmittelbar aus dem Tätigsein ableiten. Der Akzent liegt auf »vereint«. Die Einzelmenschen können unermüdlich, ein jeder isoliert für sich, tätig sein, Technik entsteht daraus noch nicht. Denn der einzelne würde nur sehr langsam vorankommen, jede Entdeckung würde mit seinem Tode wieder aus der Welt des Sichtbaren verschwinden, und ein jeder müßte immer wieder ganz von vorne beginnen.

Der für die Entstehung der Technik bestimmende zweite Faktor ist die Sprache. Sie muß als verbindendes und bewahrendes Mittel hinzukommen. Für die Technik hat die Sprache Werkzeugcharakter. Der Mensch bedient sich dieses Werkzeuges im Wachzustand beinahe ununterbrochen – gleichgültig, ob im Sprechen, Denken, Lesen oder Schreiben. Sein Fehlen ist für den einzelnen eine Anomalie.

In ihrer Anlage gehört die Sprache noch dem Naturreich an. Ein Grundgesetz der im Naturreich begründeten Erscheinungen ist es, daß sie funktionieren, ohne daß menschliches

Bewußtsein sie erkennt und lenkt. Zwar hat der Mensch die Möglichkeit, ihre Struktur und Gesetzmäßigkeit zu durchschauen, doch dies ist stets das Endglied einer langen Kette von Anwendung, Beobachtung und Bemühung um die Sache. Das Bewußtsein erscheint als letztes. Das trifft auch für Gerätschaften unseres Alltagslebens zu, an denen bewußt werden kann, wie sehr sie als uns zugehörig empfunden werden. So bedient sich der Mensch der Gabel oder der Forke, ohne zu erkennen, daß sie eigentlich nichts anderes sind als eine künstliche Hand ohne Daumen. Sie dienen genauso der Schonung des menschlichen Organes wie der Asbesthandschuh, den der Arbeiter zu bestimmten Verrichtungen überstreift. Beide ersparen der Hand die unmittelbare Berührung und schützen sie vor Hitze und Kälte.

Dasjenige Werkzeug, das am meisten unbewußt angewandt und zugleich vernachlässigt wird, ist die Sprache, die doch die Voraussetzung für das Wachstum der Technik ist, denn dieses erfordert ein ununterbrochenes Tätigsein der Einzelmenschen über das Maß ihrer persönlichen Bedürfnisse hinaus. Das Wachsen der Technik geschieht in einem gewaltigen Leistungsprozeß, bei dem eine Generation der anderen ihr Werkzeug in die Hand legt und ein jeder Hammerschlag dem einen Ziele dient: die verborgene Lebensgestalt des Großorganismus Mensch herauszuarbeiten. Dazu bedarf es eines beständigen Weiterreichens und Weiterentwickelns der Erfahrungen und Kenntnisse. Mit immer größerer Präzision und Sachkenntnis muß der Mensch arbeiten, je näher er dem Ziele kommt, soll nicht die Gestalt verletzt oder gar zerschlagen werden, bevor sie vollendet in Erscheinung treten kann. Kenntnisse und Erfahrungen über Generationen hinaus weiter zu vererben und zu vertiefen, das ist jedoch nur möglich mit Hilfe von Sprache und Schrift.

Nur die Verbindung von Sprache und Arbeit erzeugt Technik. In dem Wort Technik klingt die Bedeutung von »zeugen, hervorbringen« an [S. 46]. Der Begriff Zeugung aber setzt das Zusammenwirken zweier polarer Wesen voraus, die sich vereinen müssen, damit neues Leben entstehen kann. Der Kopf und die Hand müssen eine Ehe eingehen, damit eine neue Schöpfung wird. Das Zusammenwirken von Denken und Handeln wird zur Ursache der Werkzeugwelt. Die menschliche *techne* wird durch das Denken vom Kopf gezeugt und im Handeln aus der Hand geboren. Ihre Erzeugnisse sind eine Gebärdensprache der menschlichen Vernunft. Ihr verborgenes Wirken tritt durch die Hand ans Licht der Welt. Auf den Organismus Technik übertragen, werden diese beiden sich vereinenden Pole im Zusammenwirken von Sprache und Arbeit dargestellt.

Sprache und Arbeit sind die Eltern der Technik, durch die allein sich diese verwirklichen konnte. Die Sprache tritt uns als vollendete Einheit von Geist und Materie sinnlich wahrnehmbar entgegen, im gesprochenen Wort für das Ohr, im geschriebenen für das Auge. »Wie die Sprache ein Werkzeug des Geistes ist, so ist umgekehrt auch das Werkzeug eine Sprache des Geistes.«[49] [Max Eyth].

Mit Sprache und Werkzeug wächst der Mensch über den Lebensbereich des Geschöpfseins hinaus, um selbst zum Schöpfer zu werden. Indem er seinem Werkzeughandeln das Feuer und seiner Sprache das schriftliche Zeichen hinzufügt, bricht der erste Tag einer zweiten Schöpfung an, die sich durch den Menschen verwirklicht.

In der Sprache tritt uns ein anderes Phänomen entgegen, aus dem sich unmittelbar auf ein dem Individuum übergeordnetes Wesen schließen läßt. Auch in dem von der Sprachphilosophie verwendeten Begriff »Sprachgeist« spricht sich eine solche Erkenntnis aus. In der Technik wird die Arbeit, das heißt das gemeinsame Wirken vieler Hände, sichtbar, in der Sprache offenbart sich das gemeinsame Denken. Das Gemeinsame ist hier nicht an eine Generation gebunden, sondern reicht über Zeit und Raum hinaus. Schon die Anlage zur Sprache setzt ein Gemeinschaftsleben der Menschen voraus und darüber ein Denken, mag man dies übergeordnete Denken nun Sprachgeist, Volksseele oder Weltdenken nennen.

Die Sprache, deren der Einzelmensch sich bedient, ist sinnlos, wenn nicht andere Menschen da sind, die sie ebenfalls zur Verfügung haben. Dabei besitzt jeder einzelne immer nur einen Ausschnitt, der mehr oder minder wortreich sein kann. Die Summe aller dieser Ausschnitte macht erst *die* Sprache aus. Da Sprache nun der sinnlich wahrnehmbare Ausdruck eines denkenden Wesens ist, läßt sich auch aus diesem Phänomen – wie zuvor aus der Arbeit – auf ein Großwesen schließen, das in sich die Einzelmenschen vereinigt. Sprache ist mehr als Vokabularium und Syntax, die dem Einzelmenschen zur Verfügung stehen. Diese gehören zu einem geistigen Zusammenhang, der auf ein Großwesen hinweist, für das die Sprache soviel bedeutet wie für den einzelnen seine Gedanken. Dietrich Bonhoeffer betont das »*soziale* Phänomen der Sprache, das mit dem Denken in so engem Zusammenhang steht, daß man wohl sagen kann, daß es das Denken weitgehendst erst ermöglicht...« Noch wichtiger ist für uns hier seine Folgerung, »daß die Gemeinschaft als Kollektivperson aufgefaßt werden kann *mit derselben Struktur wie die Einzelperson*«.[50]

Der Prolog des Johannes-Evangeliums macht diesen Zusammenhang offenbar: »Im Urbeginne war der Logos.« Dieses griechische Wort hat bekanntlich die sinnvolle Doppelbedeutung: »das Sprechen«, daher »die Sprache« und folglich »das Wort«, zum anderen »das Vermögen zu denken«, die Vernunft. Das Doppelantlitz von Denken und Sprechen oder die Sprache als »leibgewordener« Gedanke wird hier erkennbar. In der lateinischen Übersetzung der Vulgata wird *logos* zu *verbum.* Das mag dem römischen Wesen entsprechen: das geistige Element tritt zurück hinter der Bedeutung des verbum zugleich als »Tätigkeitswort«. Aus dem durch das Wort vermittelten Gedanken zur Tat schreiten, also planmäßig handeln, ist dem Römer wichtig gewesen. Johannes nun schaut auf den Hintergrund, wenn er zunächst den Logos als Ursprung aller Dinge kennzeichnet. In der Übertragung ins Lateinische heißt es »in principio« und dies bedeutet sowohl »im Anfang« wie »im Prinzip«. Letzteres kennzeichnet also die Ursache und das Gesetzmäßige.

Johannes geht in Übereinstimmung mit Vorläufern in der griechischen Philosophie noch einen entscheidenden Schritt weiter, indem er nicht nur den Logos in der unmittelbaren Nachbarschaft des »Göttlichen« sieht, sondern ihn selbst »personifiziert«, d. h. zugleich zu einem »Subjekt« macht wie auch zur »persona«, durch die ein anderes, Größeres »hindurchtönt« (»personare«!). Die Sprache erscheint auf diesem Hintergrunde als das Denken eines höheren Wesens, das den Menschen gemeinsam ist.

In der Überlieferung der Indianer heißt es: »Gott ist der Anfang (Ursprung!) jeglicher Sprache« und »Gott schafft durch Denken«.[51] Die gemeinsame »Uroffenbarung« der Menschheit kann nicht deutlicher sein. Sie erscheint – in Übereinstimmung mit Dietrich Bonhoeffer – als eine »Ur-Person«.

Von diesem Großwesen, wie bisher üblich, als *dem* Menschen zu sprechen, erscheint unzureichend. Auch der Begriff

»Übermensch« ist irreführend, selbst wenn er nicht durch Nietzsches Charakterisierung einseitig geprägt wäre. Dort handelt es sich um eine Überhöhung des Menschseins im Sinne einer Steigerung, die durch die »große Persönlichkeit« repräsentiert wird. Hier ist weder das Genie noch die Summe der Einzelexemplare noch die Gattung gemeint. Denn während es für die Art Löwe völlig gleichgültig ist, in wieviel Exemplaren sie existiert, wenn nur »das eine Paar in der Arche« zur weiteren Fortpflanzung erhalten bleibt, ist es schon für die Lebensfähigkeit eines »Bien« durchaus nicht unwesentlich, ob eine genügende Anzahl von Gliedwesen in ihm vereinigt ist und in welchem Verhältnis sich diese innerhalb des Organismus zu den einzelnen lebensnotwendigen Funktionen spezialisieren. Das gilt erst recht für den Großorganismus des Menschen. Dieser läßt sich auch nicht ohne weiteres mit dem Begriff Menschheit gleichsetzen, da dieser im allgemeinen Sprachgebrauch als Summe der Menschen und Völker im Laufe der Geschichte verstanden wird, nicht aber als Organismus. Auch erscheint ein personaler Begriff angeraten, der die von der Naturwissenschaft verwendete Bezeichnung: »*der* Mensch« [=Gattung] aufnimmt und mit dem herkömmlichen Sprachgebrauch der Philosophie und Soziologie in Übereinstimmung bringt, die sich ebenfalls mit *dem* Menschen befassen.

In diesem Zusammenhang ist ein Wesen gemeint, das sich nicht nur in einer Vielheit auslebt, sondern das als Organismus funktioniert und sich im sinnvoll aufeinander bezogenen Zusammenwirken seiner individuellen Glieder einen sichtbaren Leib in der Technik geschaffen hat. Ein solches Lebewesen ist in der Natur *einzig-artig,* vergleichbar dem, was Johannes als den »*Einziggeborenen* vom Vater her« bezeichnet: μονογενής *[monogenés].* Wir nennen es den »*Großmenschen*«.

»War es nicht Gemeingut der alten Völker, es sei die Welt der Große Mensch?« fragt Leopold Ziegler, um festzustellen: »Unaufhaltsam setzt sich der Allgemeine Mensch fort und fort ins Werk ... als eine einzige fort-, vor- und rückläufige Gott-, Welt- und Menschwerdung ... Ich bin der Letzte und Ich bin der Erste.« Ernst Benz macht auf die »unabsehbaren Folgen« aus diesem Menschenbild Leopold Zieglers aufmerksam: »Das Bild des ›Ewigen Menschen‹ ist von Anbeginn der Welt an das Leitbild der Menschheitsgeschichte. Die Schöpfung zielt auf die *Verleiblichung* des Ewigen Menschen ab ...« Und er meint, »daß dieser ›Ewige Mensch‹ in dieser Menschheit zu seiner fortschreitenden Verleiblichung, Selbstdarstellung, zu seiner irdischen, fleischlichen Vermenschlichung drängt«. Auch Arnold Gehlen folgert: »Die Welt der *Technik* ist also sozusagen der ›große Mensch‹... Sie ist, wie der Mensch, ›nature artificielle‹.« Sie ist zugleich eine »künstliche« oder neue Natur, eine andere Schöpfung, und zugleich »Leib« des Großmenschen.[52]

V. Der Mensch – ein Werdender

Zusammenfassung

Der Mensch ist der erste
Freigelassene der Schöpfung.
Herder

Der Mensch trat als letztes der Geschöpfe der Natur in die Welt. Durch die neuzeitliche Anthropologie sind wir gleichsam zu Zeugen seines Werdens geworden. Es ist der Dämmerung der Vorzeit immer mehr entrissen. Im Vergleich mit unserer geschichtlichen Epoche beanspruchte die Ausbildung des Menschenleibes selbstverständlich außerordentlich große Zeiträume, jedoch mit biologischen Maßstäben gemessen liegt die Geburt des Menschen noch gar nicht weit zurück. Seine erste Entwicklung im »Tier-Mensch-Übergangsfeld« soll im eigentlichen Sinne vor mehr als einer Million Jahren begonnen haben. Indem vor etwa 40 000 Jahren die fünf Hauptrassen sich verfestigt hatten, waren die biologischen Geleise für alle späteren Völkerbildungen im wesentlichen unveränderlich vorgezeichnet. Sie mögen auseinander führen oder sich kreuzen, neue biologische Faktoren mischen sich nicht mehr ins Spiel. Nur eine entscheidende Entwicklung findet noch statt. Erst vor etwa 14 000 Jahren ist die Ausbildung des menschlichen Gehirns auf das heutige Durchschnittsvolumen von 1500 Kubikzentimeter bei den Nachkommen des Cromagnon-Menschen erreicht, mögen auch zuvor schon bedeutsame Zeugnisse wie die Höhlenmalereien und die ältesten Symbole auf erste Abstraktionsfähigkeiten hinweisen und dadurch den »Aufgang der Menschheit« ankündigen.[53] Damit ist der *homo sapiens* zu seiner heutigen Leiblichkeit vollendet. Die Natur hält sich von jeder weiteren Einwirkung im biologischen Bereich zurück. Das Geschöpf ist entlassen; der Mensch ist »geboren«! Das heißt: in physiologischer Hinsicht ist seine Veranlagung »fertig«. Nicht seine »Ausführung«, aber sein »Bauplan« ist abgeschlossen vor einem Zeitraum von erst 420 Generationen. Der Mensch ist noch sehr jung. »Jung« sein jedoch bedeutet: entwicklungsfähig bleiben, so wie umgekehrt Entwicklungsfähigkeit auf Jugend schließen läßt. »Fertig« ist erst der Greis, der sich aufs Totenbett legt.

Hier haben wir die wichtigsten Voraussetzungen für die Ausbildung menschlicher Technik im Blick. Denn die Frage nach dem Wesen der Technik ließ uns nach dem Menschen fragen. Die Frage nach dem Wesen des Menschen jedoch verweist immer wieder auf das Reich der Geschöpfe im ganzen, auf die Stellung des Menschen unter den Tieren. Erst durch die Unterscheidung wird das Besondere sichtbar. Im Vergleich mit den anderen Geschöpfen lassen sich nun drei Merkmale erkennen, durch die der Mensch aus der Reihe der Geschöpfe hervortritt:

Das erste hervorstechende Kennzeichen liegt in der Veranlagung des menschlichen Körpers. Die Tiere sind von vornherein spezialisiert und schon verhältnismäßig bald nach ihrer Geburt fertig ausgebildet. Sie sind ein für allemal festgelegt. Ihre Bahn ist ihnen vorgeschrieben. Während sie in ihren Werkzeugorganen gleichsam verhärten, bleibt dem Menschen – insbesondere in der Hand – das vielseitige Urmodell erhalten. Versteht man unter Alter die Unfähigkeit, sich weiter zu entwickeln, so darf man geradezu von einer »Vergreisung« im Tierreich sprechen. Seine Erscheinungen sind Endstationen einer Entwicklung. Die in einer bestimmten Richtung tendierenden Impulse sind zu einer vollendeten, auf diesem Wege nicht mehr zu überbietenden Ausgestaltung gekommen, die uns das Tier als »perfekt« erscheinen läßt. Damit ist aber auch ein Abschluß erreicht. Abschluß einer Entwicklung bedeutet Tod: Wo es nicht mehr weitergeht, können schließlich nur noch Verfall und Aussterben erwartet werden. So gesehen, sind alle Tierarten im »Aussterben« von der Zeit an, seit sich die Gestaltungskraft der Natur in ihnen erschöpft hat.

Dem Tierreich steht nun eine fortdauernde Entwicklungsmöglichkeit des Menschen [auch des einzelnen] gegenüber, die symptomatisch für das Wesen und die Bestimmung des Menschen ist. Kein anderes Lebewesen hat eine so lange Kindheit und Jugend wie der Mensch, der mehr als ein Drittel seiner durchschnittlichen Lebenserwartung auf seine Entwicklung verwenden muß. Und noch wenn der Mensch erwachsen ist, bleibt er zeit seines Lebens ein *Werdender*, der nie auslernt. Beim Menschen bleibt bis zuletzt alles »offen«. Zwar sammelt auch das Tier Erfahrungen, die einen alten Fuchs von einem jungen unterscheiden; im Grunde aber betritt es fertig seine

Bahn, vom Instinkt sicher geleitet, während zwischen einem Jüngling zu Beginn seines selbständigen Lebens und einem durch Erfahrung und Schicksal gereiften alten Mann – auch in früheren Zeiten, in denen der Typos vorherrschend ausgebildet wurde – ein tiefgreifender Unterschied besteht. Von der Art her gesehen bleibt jedoch der Mensch als ein fortdauernd Werdender im Kindheitszustand. *Er ist das Kind unter den Geschöpfen der Natur.*[54]

Kind sein, so sagen wir, heißt unfertig sein, wobei unfertig nicht negativ gewertet werden darf. Es bedeutet, daß die Stufenfolge der Entwicklungsmöglichkeiten noch nicht voll durchlaufen ist. Jedoch nur das kann unfertig genannt werden, von dem eine Vorstellung des Fertigen vorhanden ist. Von einem völlig unbekannten Gebilde läßt sich nicht sagen, ob es vollendet oder unvollendet sei. Auf den Menschen übertragen bedeutet das, daß wir ihn nur deswegen unfertig nennen können, weil wir die Idee vom fertigen Menschen haben. Wie es das Ziel des Kindseins ist, erwachsen zu werden, also die Stufe zu erreichen, auf der die einzelmenschliche Entwicklung zu ihrer größten Entfaltung kommt, so ist es das Ziel des Menschen, zu der größten ihm möglichen Vollkommenheit zu gelangen. Er bleibt der Werdende, der immer noch zwischen Erde und Himmel auf dem Wege ist zu sich selbst. Darin liegt die große Hoffnung begründet, die im Bekenntnis eines zeitgenössischen Dichters ausgesprochen wurde: »Wir sind im ›unterwegs‹ zu Haus, und unser Wappen ist der Stern.«

Zum anderen unterscheidet sich der Mensch vom Tier im *Verhalten zur Umwelt.* Die Tiere sind auf eine bestimmte Umwelt zugeordnet. Ihr Revier braucht deshalb umfangmäßig nicht geringer zu sein als das des Menschen. Der Storch hat räumlich gewiß eine größere Umwelterfahrung als der Bauer, auf dessen Dach er nistet. Doch die Art seines Weltverhaltens ist außerordentlich begrenzt. Das Tier interessiert sich nur für das Element, in dem es sich bewegt, für die ihm dienende Nahrung, für den Artgenossen, Paarung und Aufzucht der Nachkommenschaft. Das Interesse des Tieres endet an den Grenzen seiner Leiblichkeit.

Die Umwelt des Menschen ist dagegen die ganze Erde. Für sein Interesse gibt es weder eine räumliche noch gegenständliche Begrenzung, selbst in der Zeit wird jede Festlegung aufgehoben. Der Mensch interessiert sich schlechthin für alles: Nahes und Fernes, Vergangenes und Zukünftiges in Menschenreich, Erde und Kosmos. Des Menschen Kennzeichen ist seine Welt*offenheit.* Er ist als *planetarisches* Wesen veranlagt.

Trotzdem hat in weit stärkerem Maße als beim jungen Tier die Umwelt Anteil an der Entfaltung des heranwachsenden Menschen. Ihr ist er am Anfang seines Lebens geradezu hilflos und passiv ausgeliefert. Der Abschluß seiner embryonalen Entwicklung geschieht nicht wie beim Säugetier verborgen im Mutterleib, sondern »extra-uterin« unter mannigfachen Umwelteindrücken. So ist die menschliche Bildsamkeit sichtlich von der Natur veranlagt. Die Entwicklung des Menschen bedeutet eine ständige Auseinandersetzung mit seiner Umwelt. Die ganze Natur wird für ihn zum *Objekt* seines Interesses und Handelns. Der Mensch greift in die Schöpfung ein und arbeitet an ihrer fortschreitenden Verwandlung zur Menschenwelt.

Schließlich unterscheiden sich Tier und Mensch im *Verhalten zum Artgenossen:* Der Mensch ist ein *geselliges* Wesen. Den in Gruppen lebenden Tierarten und dem Geschöpf Mensch ist ein »Hemmungsinstinkt« gemeinsam, der Exemplare der gleichen Gattung hindert, sich zu fressen oder als Rivalen zu töten. Das wirkt sich wie folgt aus: In dem Augenblick, in dem während eines Zweikampfes zwischen Artgenossen der Unterliegende sich durch die sogenannte Demutsgebärde geschlagen gibt, muß ihm freier Abzug gewährt werden. Durch eine innere Sperre ist es dem Sieger unmöglich, den unterlegenen Gegner weiter anzugreifen. Der Kampf wird abgebrochen. Er endet daher normalerweise nicht mit dem Tod eines der Kontrahenten. Ziel des Kampfes ist Entscheidung, nicht Vernichtung. Die Verhaltensforschung weiß zu diesem Phänomen interessante Beispiele anzuführen.

Diese ursprünglich auch dem Menschen als geselligem Wesen zugehörende Verhaltensweise, die auch heute noch unbewußt in ihm wirkt, wie Konrad Lorenz darstellt[55], verändert sich in dem Maße, in dem der Mensch als Freigelassener aus der naturhaften Bindung heraustritt und sich damit der Führung durch den Instinkt entzieht. Fortan können sich die Menschen scheinbar hemmungslos auffressen, wie der Kannibalismus zeigt, den man heute auf Grund entsprechender Funde schon mit dem frühesten Erscheinen des Menschen in Zusammenhang bringen muß. Es kann sich dabei jedoch um das Essen bereits Verstorbener, notbedingte Ausnahmen oder um Kultus gehandelt haben. Allein aus den Funden läßt sich weder das eine noch das andere – eindeutig – beweisen. Sicher ist nur, daß der Mensch den Menschen verspeiste und sich bis heute immer noch gegenseitig totschlägt. Er hat im Unterschied zu den entsprechenden Tiergattungen augenscheinlich den Hemmungsinstinkt verloren. In seinem Instinkt erwacht im Menschen das Bewußtsein seiner selbst, und er hört fortan in seinem Innern die Frage: »Wo ist dein Bruder?« In einem höheren Bewußtsein wird der Totschlag zum Brudermord. Solange die Blutsbande allein bestimmend für das Zusammengehörigkeitsgefühl sind, gilt das nur innerhalb der Sippe, dann für die Wohngemeinschaft, für den Stammesverband und schließlich innerhalb eines Volkes. Für ein groß-menschliches Bewußtsein, das die ganze Menschheit als Familie erkennt, kann auch hier keine Ausnahme mehr gelten. Nun wird jede Tötung eines Menschen zum Brudermord, unter welchem Vorzeichen sie auch geschieht. Der Krieg als Mittel der Politik sollte heute undenkbar geworden sein. Mehr noch: er erscheint jetzt als eine naturwidrige Perversität! Die moderne Waffentechnik – einschließlich ihrer jüngsten Kreation: der Neutronenbombe – als Vorbereitung zum perfektionierten Massenmord ist zum furchtbarsten Mißbrauch der technischen Vollmacht des Menschen geworden. Wir müssen ihn aus der Erkenntnis vom Sinn des Menschseins und durch ein neues Verhältnis zu den eigenen Fähigkeiten überwinden, damit gemäß der prophetischen Forderung des Jesaias »die Schwerter in Pflugscharen umgeschmiedet« werden.[56] »Die Menschheit hat die Waffe in freier Tat erschaffen. Wir dürfen hoffen, daß sie in ebenso freier Tat, in freier Verantwortlichkeit, jene Hemmungen findet, die dem uneingeschränkten Waffengebrauch entgegenstehen und die nötig sind, um eine unmittelbar drohende Selbstvernichtung der ganzen Menschheit zu verhindern« [Konrad Lorenz].[57]

Zu dem negativen Gebot: »Du sollst nicht töten«, tritt die Erkenntnis: im Nächsten findest du dich selbst, nämlich einen Menschen. Darum »liebe deinen Nächsten als dich selbst«. Der Nächste ist jeder Mensch, mit dem du zu tun hast. Also gilt auch: liebe deinen Feind, das heißt, gewinne ihn durch dein Verhalten zum Freund. Solcherweise kann das im Hemmungsinstinkt des Tieres festgelegte passive Verhalten durch die Freilassung im Menschen eine Steigerung erfahren, indem es sich zum aktiven Helfen aus Sympathie [wörtlich übersetzt: Mitempfinden, Mitleiden] wandelt. Der Mitmensch nimmt im Interesse des Menschen einen bestimmenden Raum ein, wie er auch durch seinen langen Kindheitszustand in besonderem

Maße an seine menschliche Umwelt gebunden ist. In der Tatsache der Sprache findet dieses interessierte Hinwenden zum Du seinen sinnlich wahrnehmbaren Ausdruck. Durch Naturveranlagung ist »das Nützlichste für den Menschen der Mensch« [Spinoza].[58]

Alle *drei* unterscheidenden Merkmale weisen darauf hin, daß der Mensch mehr als nur Geschöpf unter Geschöpfen ist, und daß in seiner gesamten Veranlagung bereits die weitere Evolution des Lebens auf eine zweite Schöpfung hin als Möglichkeit vorgezeichnet ist: Aus Unfertigkeit und Weltoffenheit folgern notwendig *techne* und Technik. Denken und Sprechvermögen weisen auf Zusammenleben und Zusammenarbeiten hin. Die Natur selbst veranlagte den Menschen also als »zoon politikon«, als ein auf Gemeinschaft angewiesenes Lebewesen, und die Zusammenarbeit in der Gruppe, das »politikon«, macht Technik möglich. In Technik tritt der »Große Mensch« leibhaftig in Erscheinung, und durch sie wird allmählich die ganze Erde in seine Leiblichkeit einbezogen. Die Technik, insbesondere ihre letzte Gestalt, die Industrie, ist nach Marx »das *wirkliche* geschichtliche Verhältnis der Natur... zum Menschen: wird sie daher als die *exoterische* Enthüllung der menschlichen Wesenskräfte gefaßt, so wird auch das *menschliche* Wesen der Natur oder das *natürliche* Wesen des Menschen verstanden«.[59]

Eines läßt unsere anthropologische Betrachtung zusammenfassend folgern: Technik ist nicht nur durch »Unvollkommenheit«, richtiger: Unfertigkeit des Menschenleibes herausgefordert, sondern zugleich in der offenen Vielseitigkeit seiner Möglichkeiten veranlagt. Die Natur selbst gab ihrem Geschöpf Mensch das Mittel »in die Hand«, sich weiterzuentwickeln, seine volle Leibesgestalt und dadurch eine neue Daseinsform des Lebens auszubilden. Die Technik ist also nicht eine List des Menschen, um sein Dasein zu behaupten, nicht der Ausgleich mißlicher Umstände, durch die er »schlecht weggekommen« wäre, nicht ein »Verkehrsunglück« der Weltgeschichte, sondern alles andere, nämlich: die Gabe, die die Mutter Natur selbst ihm in die Wiege legte, die große Chance seines Lebens, der zu werden, der er werden soll, und schließlich, wenn wir es religiös aussprechen wollen: der Wille Gottes, daß der Mensch sich durch sie verwirkliche. Hier gilt Goethes schönes in seiner Schrift über Winckelmann zur Kunst der Griechen gesprochene Wort: »Hier ist Notwendigkeit, ist Gott!«[60]

Die Technik naturveranlagt, gottgewollt, das gibt ihr nun doch ein anderes Ansehen als der herkömmliche Aspekt, der ihre Zweckmäßigkeit bejahend oder verneinend bisher zur Diskussion stellen ließ.

Damit wird der Blick auf das *Werk* hingelenkt: Nach dem Menschen als Leibeskern [der vorangegangenen Begriffsbestimmung entsprechend] rückt nun die Technik als Leibeshülle in den Mittelpunkt der Betrachtung. Und wieder wird es erforderlich, Mensch und Tier – wie zuvor in ihrem Verhalten – nun auch in ihrem »Werk« zu vergleichen. Was läßt sich zum Beispiel aus der Herstellung der »künstlichen Mutterhüllen« bei Vogel und Mensch ablesen?

Der Vogel beginnt aus unbewußtem Trieb im Frühjahr sein Nest zu bauen. Er trägt Halm und Moos zusammen und verflicht sie sinnvoll zu einer einheitlichen Gestalt. Bewundernd steht der Mensch vor solchen Kunstwerken tierischer *techne*. Aus der Größe und Anlage des Nestes kann er auf den Erbauer und Besitzer schließen, denn durch Jahrhunderttausende hindurch, solange die Art besteht, wird unermüdlich die gleiche Nestform wiederholt. [Nur der menschliche Eingriff in die Natur kann Tiere gelegentlich zu einer Veränderung ihrer Lebensgewohnheiten zwingen.] Wenn die Brutzeit naht, erwacht dieser Trieb, und plötzlich reagiert der Vogel anders auf den Halm als im übrigen Jahreslauf. Dieser wird für ihn ein Teil des zu bauenden Nestes. Das Nest ist sein Ziel. Es ist für das Bestehen seiner Art lebensnotwendig. Im Erreichen dieses Zieles erschöpft sich seine *techne*. Ganz anders ist dies für den Menschen. Auch er hat das Ziel der Behausung. Aber in den Jahrtausenden seiner Geschichte wurde diese fortwährend gewandelt, während sein physischer Organismus unverändert blieb. Sein Haus bewahrt nicht wie das Nest für alle Zeiten die einmal festgelegte gleiche Gestalt, sondern es wurde in Qualität und Quantität weiterentwickelt, von der steinzeitlichen Hütte bis zum Wolkenkratzer des 20. Jahrhunderts.

Hier scheiden sich die Wege von Mensch und Tier, und ein grundsätzlicher Unterschied zwischen der *techne* des Menschen und der des Tieres wird deutlich. Die *techne* des Tieres ist festgelegt in Größe, Form und Material. Dem Vogel ist das Nest in seiner Gestalt vorgegeben. Sein Trieb ist die Fortpflanzung, und das Nest ist das Mittel dazu. Es hat keinen Eigenwert. Es wird wie das dazu verwendete Material für den Vogel wieder gleichgültig. Diese Art der *techne* läßt keine Weiterentwicklung zu. Was also für den Tierkörper selbst gilt, das gilt auch für seine Ergänzung, sie ist immer abgeschlossen, der Umwelt adäquat und nicht mehr entwicklungsfähig.

Der Mensch dagegen ist völlig *freigelassen* in der Wahl seiner Mittel. Die Natur gab ihm lediglich die Voraussetzungen zur Beschaffung und Zurichtung von zweckentsprechenden Hilfsmitteln und den Trieb, solche zu gebrauchen. Das Interesse des Menschen ist keineswegs nur das Produkt, sondern darüber hinaus das Produzieren selbst. So wird zum Kennzeichen der menschlichen *techne* das Anfertigen von Geräten, die der Herstellung der Hüllen dienen sollen: Werkzeuge für das Werk! Der Mensch beginnt also nicht unmittelbar mit dem Bau des Hauses, sondern mit der Herstellung von Hammer und Axt, die ihm das Bauen ermöglichen, erleichtern und beschleunigen sollen, die also ausschließlich Mittel zum Zweck sind. Er ist das einzige Geschöpf der Natur, das die in ihm veranlagte *techne* nicht in einer festgelegten Form gleichbleibend wiederholt. Seine *techne* ist immerfort im Werden begriffen. So spiegelt sich das Wesen des Geschöpfes auch in seinem Werk. Den ganzen wunderbaren Reichtum späterer Kulturentfaltung verdanken wir dieser Offenheit. Die Vielfalt der Kulturen wird zur Antwort des Menschen auf die jeweilige Umwelt, so wie die Entwicklung der Rassen als die erbfest gewordenen Antworten der Gattung des Einen Menschen auf die vorhandenen Eigenarten der Großräume der Erde, ihrer Klimata und gesamten Lebensverhältnisse verstanden werden kann. Im Menschen und in seinen Kulturen spiegelt sich so zugleich das Wesenhafte der großen, verschiedenartigen Lebensäußerungen der Erde. Die Freiheit der *techne* macht die *Vielfalt*, ihre Überantwortung an das nur dem Menschen mögliche kausale Denken, die ungemessene *Steigerung* der Technik möglich. Mit diesem Denken schafft der Mensch aus dem Werkzeug, dessen sich auch das Tier vereinzelt bedient, das Gerät, das ist ein Werkzeug, das nicht zufällig sich in vorgegebener Form anbietet wie ein Stock oder Stein, sondern das der Hand und dem jeweiligen Zweck angepaßt und wiederholt benutzt wird.[61] In diesem Augenblick wird der Weg zur Ausbildung der Werkzeugwelt angetreten. An seinem Ende steht die Maschine, die zu selbsttätiger Arbeit durch eine kleine Bewegung der Menschenhand in Gang gesetzt wird.

Schauen wir so das Werden dieses »Organismus Technik« und damit das physische Wachstum des Großen Menschen an, dann erst läßt sich die Frage nach Sinn und Wesen der Technik beantworten. Erst wenn das Phänomen Mensch als Ganzes innerlich anschaubar vor uns steht, kann es begriffen werden. Hier gelten die gleichen Gesetze wie in der Naturwissenschaft. Solange ein Beobachter von einer Pflanze nur die Wurzeln und den ersten Blattansatz kennt, vermag er nicht viel über sie auszusagen. Erst wenn der gesamte Ablauf ihres Wachstums, vom Keim bis zur voll ausgebildeten Gestalt, zu Frucht und zu neuem Samen bekannt ist, kann die Pflanze bestimmt werden. Es müssen alle Phasen ihres Pflanzenlebens »gegenwärtig« sein; das heißt, in die Gegenwart muß hereingeholt werden, was in der Zeit auseinandergelegt erscheint, um die *Gestalt* zu erfassen. Das gleiche gilt für die Betrachtung des Tieres. Die Kaulquappe ist keine Tierart für sich. Der Schmetterling kann nicht ohne die Raupe verstanden werden. Übt ein Tier *techne*, so muß diese in die Betrachtung mit einbezogen werden, denn sie ist genauso Teil des Ganzen wie eine bestimmte Durchgangsform seiner leiblichen Entwicklung. Der Mensch macht keine Ausnahme. Die Schwierigkeit für den Betrachter besteht nur darin, daß seine technische Verhaltensweise nicht festgelegt ist.

Mögen die Inhalte der Kulturen ebenso wie die Seelenstimmungen und Schicksale der einzelnen Menschen sich unterscheiden – die Physiologie ist bei letzteren, von Erkrankungen abgesehen, die gleiche und so bei den menschlichen Sozialorganismen auch die Physiologie der Technik. In den physischen Organen des Menschen und ihren Funktionen herrscht Übereinstimmung über alle Rassen und Völker und auch über alle Erdteile hinweg. Das läßt sich für den Einzelmenschen daraus ablesen, daß es keine russische oder amerikanische Physiologie und Chirurgie gibt, und für die Kenntnis der Materie daraus, daß sich weder eine »arabische« noch eine »deutsche« Physik denken läßt. Die eine Wissenschaft verwirklicht sich zwar in verschiedenen Völkern und durch verschiedene Menschen, doch auch in den voneinander abweichenden technischen Verfahren äußert sich die eine Entwicklung der gleichen gemeinsamen Veranlagung. So wie es keine individuelle Physiologie gibt, so auch keine völkische Anthropologie, so aber auch keine nationale Geschichte der Technik.

Zur Bestimmung des Menschen gehört somit die Fülle seiner gesamten Lebensäußerungen, alles also, was er in der Technik als künstliche Umweltgestaltung aus sich heraussetzte. Um das

Wesen der Biene zu begreifen, genügt es, den *einen* Bienenstock anzuschauen und zu untersuchen, denn jeder Bienenstock ist im Prinzip dasselbe. In dem einen Stock läßt sich die ganze *techne* dieses Tieres erkennen. Das Wesen des Menschen offenbart sich dagegen nur, wenn die vielfältigen Erscheinungsformen seiner Werke im Laufe der Geschichte angeschaut werden. Darum fordert die Physiologie des Menschenleibes eine Kenntnis von dessen Werden, also Anthropogenese; und Anthropologie als Menschenkunde wird der Ergänzung durch die Geschichte der menschlichen Kultur nicht entbehren können, soll das ganze Phänomen Mensch begriffen werden.[62] Eine Anthropologie, die ihre Aufgabe an der Schwelle zur Geschichte erfüllt sähe, würde einer Zoologie gleichen, die sich nur auf die Raupen beschränken wollte, deren Metamorphose in die Schmetterlinge jedoch außer acht ließe. Daher wenden wir uns nunmehr der *Geschichte* der Technik zu.

Die Technik als Verwirklichung des Menschen

Kulturgeschichte

VI. Der Mensch als Geschöpf

Der Mensch holt aus der ganzen
Natur sich selbst zusammen.
Eckehart

Zunächst entsteht die Fülle der ersten Geräte, die mit Ausnahme großer Räume auf der ganzen Erde Zeugnis davon ablegen, daß der Mensch begonnen hat, sich auf seinem Planeten einzurichten. Gesammelt und systematisch geordnet in mühsamster Kleinarbeit, lassen sie uns eine »*Weltgeschichte der Steinzeit*«[63] erschließen. Diese auch als Vor- und Frühgeschichte bezeichnete Epoche ist im exakten Sinne eine *Geschichte der Technik.* Denn neben Skeletten geben in dieser Zeit nur technische Produkte Hinweise auf den Menschen. So wird sie mit Recht nach den Spuren der ersten Entwicklungsstufe des Menschen, nach dem vorwiegenden Material seiner Werkzeuge, Steinzeit genannt. Daß der Prähistoriker diese Epoche als ein Ganzes sieht, hat seine tiefe Berechtigung. In der Übereinstimmung der über die ganze Erde verstreuten Zeugnisse der Menschen wird deutlich, daß es sich um eine Äußerung des einen Menschen handelt: Es ist die Kultur »Adams«.

Ihre Geschlossenheit und der Abstand, den wir von ihr haben, ermöglichen uns im Unterschied zu den nachfolgenden Geschichtsepochen noch eine Zusammenschau. Aus der Ferne zeigt sich das Gebirge als Ganzes, erst wenn wir in es eindringen, verlieren wir uns an seine Täler und in die Betrachtung der verschiedenartigen Schicksale seiner Bewohner. Die Talbewohner selbst vermögen über ihre Berge nicht hinaus zu sehen und zu denken. Das eigene Tal ist ihre Welt, und was außerhalb liegt, ist jenseits der Welt. So bleiben sie in ihrer eigenen Geschichte befangen. Die Einheit des Gebirges berührt das jedoch nicht.

So hat auch nach der Steinzeit die »Welt«-Geschichte nicht aufgehört. Wir haben nur den Abstand verloren. Indem die Vielfalt der Erscheinungen hervortrat, entzog sich die Einheit mehr und mehr dem Blick. Erst heute wird sie wieder erkennbar. Durch die Technik wird nicht nur ein räumlicher Abstand ermöglicht, aus dem die ganze Erde ins Blickfeld des Weltraumfahrers gebracht werden kann, sie selbst tritt für den geistig Schauenden als ein gewaltig gefügtes Gebirgsmassiv in Erscheinung, in dem jeder Stein, jedes Haus und eine jede Stadt ihren lebensgesetzlich bedingten Platz haben. Die *Geschichte* ist für uns wieder Weltgeschichte geworden. Ihr Thema ist die Verwirklichung der Menschheit, die sich durch ihre Verleiblichung in der Technik und ihre seelische und geistige Entwicklung vollzieht.

Der Werkstoff Stein

Es ist uns bekannt: Bereits der Sinanthropos, der Pekingmensch, dessen Alter auf eine halbe Million Jahre geschätzt wird, hat sich Werkzeuge zugerichtet. Der Neandertaler, dessen Name nach seinem ersten Fundorte, dem Neandertal bei Düsseldorf, für eine menschheitliche Entwicklungsstufe repräsentativ geworden ist und der vor etwa 120 000 Jahren [Moustérien der dritten Zwischeneiszeit] erschienen ist, hinterließ als erster Werkzeuge, Spitzen, Schaber, Kratzer und Bohrer, die zum Teil schon auf handwerksmäßige Herstellung, also eine erste Spezialisierung hinweisen. Allerdings besaß der Neandertaler sichtlich nur Faustwerkzeuge. Er ist in Asien wie in Afrika und Europa zu Hause. Überall verrät er sich durch das hinterlassene Werkzeug. Es wird zum Indiz des Menschen, wo Knochenfunde die Herkunft zweifelhaft erscheinen lassen.

Im *Stein*, der in vielen Härten, Formen und Farben zu finden ist, gibt die Natur ihrem Geschöpf neben Holz und Horn ein erstes Werkzeugmaterial. Sie selbst bietet ihm die Verstärkung seiner Hand an. Der Mensch nimmt den Stein auf und bedient sich seiner. Weil er Mensch und damit denkendes Wesen ist, begnügt er sich nicht mit dem zufällig gefundenen, er sucht und wählt den am besten geeigneten Stein und beginnt, ihm eine Gestalt nach seinem Willen zu geben. Der Stein wird der erste Diener des Menschen und als Werkzeug, das Ergebnis unendlicher Mühen, erstes kostbares *Eigentum* des einzelnen.

Für die Werkzeugbildung war der Übergang vom handlicheren Holz zu Knochen und Stein entscheidend. Zur Bearbeitung von Hartem wird etwas Härteres gebraucht. Der Stein war das

Härteste, was unmittelbar die Natur ihrem Geschöpf zur Verfügung stellte. Mit seiner Hilfe lassen sich auch Holz und Knochen bearbeiten. In technischer Hinsicht von einer der Steinzeit noch vorangehenden Holzzeit zu sprechen, erscheint als nicht erforderlich. Einer solchen Annahme liegt ein falsch angewandtes darwinistisches Denken zugrunde. Es wird gefolgert: Da der Stein am schwersten zu bearbeiten ist, werde der Mensch nicht hiermit, sondern mit einem gefügigeren Material beginnen. Denn auf das Einfache folgt das Komplizierte. Doch es kommt dem Menschen auf das Tun mit dem Werkzeug an, er stellt es nicht um seiner selbst willen her. Mit dem Stein läßt sich leichter als mit einem Stock eine Nuß aufschlagen oder ein Fell schaben. Es steht das am Anfang, was am sichersten zum Ziele führt.

Das Geschöpf beginnt also sein menschliches Handeln mit dem von der Natur bereitgehaltenen, leblosen und somit willfährigen Stoff. Die Arbeit des Menschen kann dort einsetzen, wo das Leben zurücktritt. Schon im verhärtenden Holz wird eine solche Zurücknahme deutlich. Die Sklerotisierung zum Knochengerüst ist der entsprechende Vorgang der Verhärtung im animalischen Bereich. Der Stein ist Endzustand eines einstmals glühenden Erdenlebens, das zu Mineral und Metall erstarrt ist. Auch die Tonerde, die schon in dieser frühen Zeit als Material verwendet wurde, ist nichts anderes als Mineral, und zwar in kleinste Partikeln zerfallener Feldspat oder Glimmer verschiedener Arten. Was sich nicht mehr metamorphosieren kann, versteinert, und der aus dem Lebensprozeß ausgeschiedene Stein ist starr dem bewegten Element von Wasser und Luft preisgegeben.

Auch der Mensch ist, so sahen wir, ein Endglied, und zwar in der Kette des organischen Lebens, zugleich aber ist er ein Anfang. Er ist ein ganz neues, dem Kreatürlichen entgegengesetztes Wesen, das, immer unfertig und in beständiger Wandlung begriffen, nach eigenen Gesetzen schaffend tätig ist. Als letztes Geschöpf verbindet er sich mit dem letzten Produkt einer vorangegangenen Epoche des Erdendaseins. Er greift in das Millionen Jahre währende Ruhen des Steines ein, indem er ihn zum *»Grundstein«* aller Technik macht.

Die Beziehung zwischen Stein und Mensch kann nicht überschätzt werden. Für den Werdegang der Menschheit war das unmittelbare Verhältnis zum Stein eine notwendige Voraussetzung. Wir können uns den Beginn der Technik ohne die aus einstigem Erdenleben hervorgegangenen Mineralien nicht denken. Im Mythos wurden die Steine als Knochen eines makrokosmischen Urmenschen gesehen, der sein Leben lassen mußte, damit die Erde in ihrem gegenwärtigen Zustand werden konnte. In der germanischen Überlieferung heißt es: »Bors Söhne« [die Götter Odin, We und Wili – durch ihre Namen hindeutend auf die Kräfte des Denkens, Fühlens und Wollens! –] »erschlugen den Riesen Ymir ... sie machten aus ihm die Erde, aus seinem Blute das Meer und die Seen, die Erde selbst wurde aus dem Fleisch gemacht und die Berge aus den Knochen; Gestein und Geröll machten sie aus Zähnen und Kiefern und solchen Knochen, die zerbrochen waren.«[64]

Eine Wesensverwandtschaft zwischen seiner eigenen Skelettbildung und dem Material seines Werkzeugs hat der Mensch also schon früh begriffen. In seiner Technik setzen sich nicht nur die im Skelett veranlagten Funktionen fort, sondern auch die darin wirkende Verfestigung. Durch die Auskristallisierung seines Denkens in die technischen Manifestationen hinein bildet der Mensch einen künstlichen Panzer, der, vergleichbar einer riesigen Schale oder Muschel, ihn umgibt, schützt und – abkapselt.

Seine schöpferischen Fähigkeiten kann der Mensch besonders am leblosen Material üben und ausbilden, das heißt: nur an einem Stoff, der nicht mehr eigenen Lebensvorgängen unterworfen ist. So wie aus dem Mineral das Leben der Pflanze sich aufbaut, die Pflanze wiederum dem Leben des Tieres dient, Pflanze und Tier zur physischen Grundlage des Menschen geworden sind, also ein hierarchischer Stufenbau des Lebens das Niedere dem Nächsthöheren dienstbar macht, so wird dem Menschen zunächst das Leblose untertan, später sogar das Leben selbst. Die drei Grundstoffe für die Technik: Stein, Holz und Knochen, eröffnen dem Menschen den Zugang zu den drei Reichen der Natur, dem Mineral-, Pflanzen- und Tierreich. Solange der Mensch vornehmlich noch Geschöpf ist, hat er keine Vollmacht, in deren Lebensfunktionen gestaltend einzugreifen. Erst nachdem das Schöpfertum im Menschen hervorgetreten war und bestimmend wurde, hat der Mensch die Herrschaft über die Kreatur angetreten.

Die Mineralien sind die Nahrung der Pflanzen; indem der Mensch Pflanzen ißt, ernährt er sich mittelbar aus dem Mineralreich. Der Stein wird ihm zum »täglichen Brot«. Im Ernährungs- und Wirtschaftsprozeß werden fortwährend *Steine in*

Brot verwandelt. Auch den Menschen auszeichnende seelische Eigenschaften werden im Umgang mit dem Stein ausgebildet; Selbstbeherrschung, Ausdauer und Geduld entwickeln sich bei der mühsamen Handarbeit im Schleifen, Bohren und Zerspalten am Stein. So ist der Stein nicht nur Erhalter und Diener, er wird auch der *»Stein des Anstoßes«* zum Denken hin und damit zum Erwecker und Erzieher des Menschengeschlechts.

Bis in unsere Zeit ist die gefühlsbestimmte [ästhetische] Wertschätzung des Steines bestehen geblieben. Noch immer zählen wir zum Kostbarsten die Edelsteine, die sich nicht nur durch ihre Seltenheit, Farbe, Glanz und Härte auszeichnen, sondern denen auch besonders therapeutische Wirkungen auf den Menschen zuerkannt werden. »Steinreich« sagen wir und wissen nicht mehr recht, warum. Auch die Erinnerung an den Stein als Lehrer lebt in der Vorstellung vom *»Stein der Weisen«* fort. Nicht er war verlorengegangen, sondern der Blick für seine wahre Existenz und tiefste Bedeutung. Ein Text von 1526 macht dies deutlich. Nach ihm ist der *Lapis* »allen Menschen vertraut; er findet sich auf dem Lande, im Dorf, in der Stadt, in jedem von Gott erschaffenen Ding; und doch wird er von allen verachtet. Reiche und Arme gehen täglich mit ihm um. Er wird vom Gesinde auf die Straße geworfen. Die Kinder spielen mit ihm. Trotzdem schätzt ihn niemand, obgleich er, nächst der menschlichen Seele, das wunderbarste und kostbarste Ding auf Erden ist ... dennoch wird er als das verächtlichste und elendeste aller Dinge betrachtet.«[65] Auf der Suche nach dem »Stein der Weisen« in den Alchimistenküchen des Spätmittelalters fand man zwar nicht den Stein, der magische Kräfte verliehen hätte, doch sie führte mit zu den Grundlagen der modernen Naturwissenschaft und damit zur Erkenntnis der Gesetze, die Macht über die Materie verleiht.

Noch mehr als das erste Hand-Werkzeug wird zum Ausdruck eines planvollen Handelns das Gefäß aus Tonerde. Es bietet nicht nur eine unmittelbare Hilfe beim Schöpfen und bei der Nahrungszubereitung, sondern es dient einem zukünftigen Zweck durch die Verwertung und Aufbewahrung von Vorhandenem aus Vorsorge. Einmachglas und Konservenbüchse sind die moderne Endstufe dieses Urgefäßes. Es ist eine erste Urkunde menschlicher Planung. – Das Tongefäß geht unmittelbar aus der formenden Hand hervor. Daher erhält es wie kein anderes Gerät eine »persönliche« Note. Daß diese jedoch für jene erste Zeit kaum als individuell angesehen werden kann, sondern nur Typen darstellt, durch die man die großen Kulturen unterscheiden kann, bestätigt den Gruppencharakter des damaligen Menschen deutlich. Der *eine* Mensch hat sich in die Gruppen als wenige Vertreter der Gattung Mensch auseinandergelegt. Doch wie man *den* Menschen am selbstgefertigten Werkzeug erkennt, so diese wenigen *Gruppen* an der Art ihrer Technik. Diese ist der leibhaftige Zeuge ihrer Existenz, deutlicher vielleicht als das erhaltene Gebein.

Am Tongefäß erwacht die *Gestaltungsfreude* des Menschen. Da er nicht an vorgegebene Formen gebunden ist, kann er frei schaffen. Die Herstellung des »Schaff« oder »Schöpfers« zum Schöpfen wird ihm geradezu zum Urbild »schöpferischen« Handelns. Der Mensch selbst sieht sich – wie in Altägypten und von dort ins Alte Testament Israels übernommen – als das geschaffene »Geschöpf«, als Gestaltung durch eine überpersönliche Macht und erahnt, daß er es dieser nachtut, wenn er im eigenen Schaffen selbst zum Schöpfer wird.[66]

Es war ein gewaltiger Schritt vom Faustkeil zum Metallschwert, aber nicht minder bedeutungsvoll ist der Übergang zur Verzierung des Werkzeuges oder Tongefäßes, und es werden nicht nur Werkzeug und Gerät, sondern auch die Behausung und der Menschenleib selbst geschmückt. Was veranlaßt den Menschen, eine vielfache Arbeitszeit anzuwenden, um den Stein nicht nur handgerecht und zweckmäßig, sondern auch schön zu gestalten? Mit dem *Schönheitsempfinden* tritt ein neues menschliches Wesensmerkmal in Erscheinung. Hier wird zum erstenmal der Schöpfer im Menschen bestimmend, der über sich hinaus will. Noch spielt er, aber wie beim Kind erwacht im Spiel das Eigensein. Damit wächst der Mensch endgültig über ein instinktives Handeln hinaus, das der Befriedigung einer naturgegebenen Notwendigkeit dient. Aus reiner Freude am Hervorbringen schafft er das Schöne. Und dieses wird unter seinesgleichen allgemein als schön empfunden. Es wird zum verbindenden und verbindlichen Maßstab. Der Mensch als Gruppenwesen äußert sich hinfort nicht nur in der gleichen Lebensart in Beschäftigung, Ernährung und Wohnweise, die Gruppe erlebt sich auch im gemeinsamen Schönheitsempfinden.

Wenn wir die umfassende Steinzeit sich in allmählich aufeinander folgende Stufen verschiedener Stilarten gliedern sehen, so ist das bereits eine Folge der erweiterten technischen Möglichkeiten und seelischer Differenzierung. Der *eine* Mensch der

Steinzeit legt sich in Gruppen auseinander, die wir aus Zeugnissen ihres Formgefühls als Vorläufer von ersten Kulturkreisen erkennen können. So sprechen wir mit Recht – und nicht nur aus Unkenntnis der gewiß selbstgewählten Namen jener Großstämme – von Glockenbecherleuten, Schnurkeramikern und anderen. Es beginnt in der verschiedenartigen Gestaltung der Technik die Entfaltung der Menschheit sichtbar zu werden. Ob man allerdings aus dem weit verstreuten Auftauchen einer bestimmten Form auf Wanderungen schließen muß, bleibt dahingestellt. Bei den Menhiren, die fast auf der ganzen Erde erscheinen, ist diese Theorie besonders schwer beweisbar.[67] So ließe sich für Gefäßformen von der Vorstellung ausgehen, daß eine bestimmte Formidee gleichzeitig an vielen Stätten, wo Menschen unter gleichen Bedingungen sich mit gleichem Material beschäftigen, Gestalt unter ihren Händen annahm. Auch heute werden gleiche Erfindungen völlig unabhängig voneinander an verschiedenen Orten gemacht. Wieviel mehr muß dies der Fall gewesen sein in einer Zeit, in der der Mensch noch als *ein* Mensch angesehen werden kann? Auf der hier geschilderten ersten Stufe seines Daseins bildeten Mensch und Natur eine Einheit: Der Mensch ist in seiner physischen Ausformung als »Geschöpf« gerade fertig und übt seine ersten Schritte noch aus der instinktiven Führung durch die Natur. Dementsprechend wird auch seine Entwicklung durch die langen Zeiträume des biologischen Werdens gekennzeichnet. Was er tut, geschieht aus Instinkt, keineswegs aus Ratio und Bewußtsein. Darum glauben wir, ihn für diese Zeit mit Recht als »Geschöpf« ansehen zu müssen. Er ist dies noch und er ist bereits »Mensch«. Wir bezeichnen ihn daher für diese Kindheitsepoche seiner Entwicklung als »*Geschöpfmenschen*«.

In seinem aufdämmernden Bewußtsein wird ihm die Natur zur Allernährerin und mütterlichen Führerin. Alles, was er war, so empfand er, verdankte er ihr. Überall, wo sie im steten Wandel der Erscheinungen wirkte, stieß er auf ihm unverständliche Gesetzmäßigkeiten und Phänomene, die ihm, zumal sie nicht zu durchschauen waren, Staunen und Ehrfurcht abnötigten. Nur der Stein war überschaubar und ganz in die Hand des Menschen gegeben. Daher wird für ihn das kunstvoll ausgestaltete und geschmückte Werkzeug zur Gabe einer höheren Macht.[68] Felszeichnungen und Funde kultisch verwendeter Werkzeuge – solche auch als Miniatur-Anhänger Amuletten vergleichbar – und Bilder von Händen weisen darauf hin. Der

Mensch erlebt eine im Werkzeug wirkende überpersönliche Kraft. Ein Ahnen um die Macht [Magie], die ihm in die Hand gelegt ist als Äußerung des durch ihn wirkenden Lebens, erwacht. Diese Macht wird als Geschenk einer Gottheit empfunden, und *der Mensch antwortet mit Verehrung und Dankbarkeit.*

Auf die Vorstellung von einer göttlichen Herkunft des Werkzeuges weist noch ein in unserer Zeit geübter Brauch hin: Sibirische Handwerker zerstörten, bevor sie ihr Handwerk aufgaben oder mit neuen Werkzeugen zu arbeiten begannen, ihr altes Gerät, um es »seinen früheren Besitzern«, den Göttern, in einer Zeremonie der »Heimsendung« zurückzugeben, als wäre es eine Leihgabe gewesen.[69]

In den Menhiren wird dem getreuen Diener Stein, an welchem sich das Geschöpf zum Schöpfer aufrichtete, ein Denkmal gesetzt. Ist dieses Denkmal ein Mal des Dankes? Oft erfährt es durch die Andeutung von Augen und Mund eine Gestaltung zu einem übergroßen Menschenbild. Die spätere Volksüberlieferung nennt es die »Steinmutter« oder »den Nabel der Welt«. Als »Kindlistein« waren sie der Ursprung, von dem die Menschen kommen, der eigentliche Ort ihrer Geburt. Denn von ihm empfingen – nach dem bis in unsere Neuzeit herrschenden Volksglauben – die Menschenmütter ihre Kinder. Das kann nichts anderes heißen als: deren Seelen, ihr menschliches Eigensein. Die griechische Sage spricht dies bildhaft aus: Am Anfang der neuen Welt lebte nur ein Menschenpaar, Deukalion und Pyrrha. Auf den Rat des Prometheus hin erwecken sie sich aus Steinen ihre Kinder, die Menschheit. Daß die Menschen aus »Kinder-Steinen« hervorgehen, war die Überlieferung bei Griechen, Semiten und im Kaukasus, über Kleinasien bis Ozeanien, ebenso in den Inka- und Maya-Kulturen. Auch die Götter [als die gestaltenden Kräfte!] werden aus dem Stein geboren, und selbst die Geburt Christi wurde in Rumänien als aus einem Steine vollzogen vorgestellt.[70]

Hier leuchtet im rückschauenden Bewußtsein eine Wahrheit auf. Ist nicht am Steine im Geschöpf der Mensch erwacht? Und immer noch übt sich das erste Regen der Kinderhände an Sandkasten und Bausteinen – als eine Erinnerung, die im Einzelwerden die Entwicklung des Menschseins wiederholt.

Das ruhevolle Zeitmaß der Natur und das beharrende Wesen des Steines, der der ersten Epoche des Menschseins als Werkstoff diente, bestimmten das Tempo, in dem diese langsam ausreift. Es ist die Kinderzeit der Menschheit, die Zeit ihres pflanzenhaft-natürlichen Wachstums – gleichförmig und außerhalb der späteren menschlichen Zeitmaße wie das Heranwachsen des Kindes. Sie liegt, vom Menschen aus gesehen, vor seiner Zeit. Sie ist wahrhaft »Vor-Zeit«. Das Leben vollzog sich im Ablauf von großen Rhythmen, »alles fließt«, alles scheint Wiederkehr des Gleichen. Noch ist eine Entwicklung nicht erkennbar, sie vollzieht sich im Leben des Menschen kindhaft unbewußt.

Die Kindheit und Jugend des Menschen im Einzelleben ist ebenfalls unverhältnismäßig lang, und je komplizierter die Lebensweise wird, desto länger wird sie ausgedehnt. Um den heranreifenden Menschen für das Leben im gegenwärtigen Zeitalter der technischen Perfektion vorzubereiten, müssen wir in der immer länger werdenden Ausbildungszeit gleichsam seine Jugend künstlich verlängern. Je zivilisierter eine Kultur, um so länger die Jugend ihrer Kinder. Um die kulturellen Leistungen der Geschichte im ganzen hervorbringen zu können, bedurfte es auch für die Menschheit anscheinend dieser außerordentlich langen Ausbildungszeit in der Vorgeschichte.

So werden Funde vom Menschen auf das Alter von einer halben Million Jahre geschätzt, jedoch erst um etwa 5000 v. Chr. hat sich eine bestimmbare *Kulturstufe* herausgebildet.[71] Auch an der Tatsache, daß der Mensch aus diesem Zustande der Ruhe, gemessen an seiner Gesamtexistenz, erst vor verhältnismäßig kurzer Zeit heraustrat, und daß die endgültige Ausformung seines Leibes in der Gehirnbildung kaum 14 000 Jahre alt ist – im Vergleich zum Alter der Tierarten eine verschwindend kurze Zeit –, erkennen wir, wie jung der Mensch noch ist.

Wenn nunmehr das Tempo ein so ganz anderes wird, so läßt sich gerade daran ablesen, daß inzwischen ein neues Lebensgesetz in Kraft getreten ist. Das Kennzeichen der vorgeschichtlichen Epoche [Diluvium – Quartär] ist die Vorbereitung der Geburt einer neuen Welt: der *Welt des Menschen.* Durch Zurückhaltung hatte die Natur den Menschen aus der Entwicklung zu einem neuen spezialisierten Tier herausgehalten. In Fortsetzung seiner biologischen Entwicklung hat der Mensch bis heute an der Ausbildung seiner erweiterten Leiblichkeit und damit an sich selbst gearbeitet. Der Weg ist durch die *Veranlagung* menschlicher *techne* vorgegeben. Nun mußte der freigelassene Mensch selbst in sich die Voraussetzungen für eine Weiterentwicklung erkennen und ergreifen. Er sollte handeln, um das Denken zu entwickeln, und wußte doch kaum zu handeln ohne das Denken.

Grundlegendes geschah in dieser ersten Zeit des Menschseins, von der wir an Einzelheiten so wenig wissen wie wir selbst von unserer frühen Kindheit. Eine neue Verfahrensweise der Natur wurde eingeleitet, indem der Mensch technisch zu handeln begann, vom Instinkt dazu getrieben, in der Ausformung jedoch freigelassen. Das eigene, sich verselbständigende Denken tritt mehr und mehr an Stelle des Instinktes. In dem Maße, wie dieser zurücktritt, kann sich der Intellekt frei entfalten. Der Gewinn des einen muß durch den Verlust des anderen erkauft werden. Doch dieser Verlust, diese Entlassung aus dem Befehlsbereich der Natur – wenn auch zuerst nur mit eng begrenztem Spielraum – ist die Voraussetzung der menschlichen Freiheit.

Bei der Herstellung der Geräte übt und bildet sich zugleich die Kraft aus, die den Menschen schließlich zum König der Natur macht, das Denken. Wie zur Wahrnehmung der Begriff gefunden werden muß, so entwickelt sich am Tun das Denken. Seine Abbilder sind die Geräte, die der Mensch erfindet und formt. Darauf weist Goethe im »Faust« durch dessen Übersetzung des Johannesprologs hin: auf die *gedanken-* und *sinner*füllte, *kraft*voll vollzogene, geplante *Tat* als *principium:* »Im Anfang war die Tat!«

Und es war eine große Tat, wenn der Mensch mit nichts anderem als einem primitiven Gerät und unendlicher Geduld dem harten Stein seine Vorstellung aufzwang. Immer besser gelang es ihm im Laufe der Zeit, das Material seiner Formidee anzupassen. Um der Schärfe seiner Splitter willen nahm er den Obsidian, den Feuerstein. Während er ihn hämmerte, entsprangen ihm Funken. Sind sie nicht als Sinnbild des Denkens zu verstehen, das am Handeln sich entzündet? Das Denken findet seinen »Ausdruck« in der Sprache, die neben der Werkzeugfertigung das andere Kennzeichen des Menschen ist und ihre Ausbildung in dieser Frühzeit erfahren haben muß. Der Funken wird aufgefangen und zum Feuer entfacht, dessen Erzeugung dann das dritte Wesensmerkmal des Menschen bildet.

Das gewonnene und gezähmte *Feuer* blieb fortan der unentbehrliche Helfer des Menschen. Ohne es ist die Entwicklung des Menschen über die Steinzeit hinaus genausowenig vorstellbar wie in geistiger Hinsicht ohne eine Ausbildung von Sprache und Schrift. Schon früh empfand der Mensch die Bedeutung des Feuers und seine Zusammengehörigkeit mit dem Denken.

Darum war ihm das Feuer heilig, und bis heute blieb es auf den Altären, die nach ritueller Überlieferung aus Steinen gefügt sein sollen, auch in seiner Verwandlung zum sanften Licht der Kerzen eine Erinnerung an die Geburtsstunde der Menschheit. Aus den ersten historisch bezeugten Kulten ist die Erzeugung des Feuers sowohl als technischer wie ritueller Vorgang bekannt. *Technik und Kultus* sind hier noch nicht getrennt. Beide werden noch im Griechischen mit dem einen Begriff *techne* bezeichnet.[72] Man weiß nicht: Soll man von einer Technik des Kultus oder von einem Kultus der Technik sprechen? Ritual und technische Vorschrift erscheinen auf dieser Stufe des Bewußtseins als eines. Feuerzeugung, dem Zeugungsakt verglichen und daher oft auch von zwei jungen Menschen beiderlei Geschlechts rituell zu vollziehen, verbindet Werkzeughandeln mit Andacht und magischem Wort. Nur mit Ehrfurcht rührte man an die Mächte des Lebens, die in der Technik zu mächtigen Helfern gewonnen wurden. In dieser Zeit ist die Welt noch nicht in eine geistige und eine materielle Hälfte des Seins gespalten. Der Weltengrund ist geistig und physisch zugleich. Das offenbarte dem Menschen das Element des Feuers. Es spendete Licht und Wärme wie die Sonne. So zog es die Menschen an und sammelte sie um sich. Das Feuer wurde zur Mitte menschlicher Gemeinschaft, und die Frau hütete es, bis der Mann seine verwandelnde Kraft erkannte und sich diese zunutze machte.

Technische Entwicklung und soziale Ordnung

Wie sah diese erste Gemeinschaft aus? Bedingen technische Entwicklung und soziale Ordnung einander? Gibt es, der Ur-Technik entsprechend, eine Urform der sozialen Ordnung? Vieles spricht dafür, daß sich im Unterschied zum Tier schon in früher Zeit die *Polarität der Geschlechter* in der menschlichen Lebensweise und Arbeitsteilung ausbildete. Beim Menschen ernährte der Mann Frau und Kinder! Er erscheint als »der erste Arbeitsspezialist« im Dienste der Frau.[73] Einen Hinweis darauf geben die verschiedenartigen Darstellungen in den Höhlenzeichnungen. Der Mann erscheint im Bereich seines Handelns, auf der Jagd, die Frau mit auffallenden Ausnahmen als in sich ruhendes Wesen gestaltet. Der Mann begreift sich als den Handelnden, die Frau als die Seiende. Sie vermag, was er nicht kann, und was ihr darum in seinen Augen Überlegenheit und göttlichen Rang gibt: Sie erschafft – darin nur der Natur vergleichbar – in ihrem Schoß neues Leben. Des Mannes Wert wird allein durch seine Tätigkeit gesetzt. Die seelische Differenzierung der Geschlechter und ihr verschiedenartiges Verhältnis zur *techne* wird in dieser Zeit begründet. Nicht nur, daß der Mann als der Vorwärtsstürmende, Schweifende [und Experimentierende], die Frau dagegen als die Bewahrende und Zurückhaltende erscheint. Es ist eigentümlich, daß sie sich gerade mit der *techne* beschäftigt, die ihrem Wesen – dem Hervorbringen – entspricht. Wenn die erste Gestaltung der bauchigen und bewahrenden Tonbehälter, das Flechten, Spinnen oder Weben der Hüllen für den Leib von der kulturgeschichtlichen Forschung ihr zugeschrieben wird, so spiegelt sich in diesen Tätigkeiten offenkundig das Wesen ihrer Mutterschaft wider. Da sie durch diese der »großen Weberin« [Goethe], der Natura-Gebärerin, wesensmäßig näher steht als der Mann, ist erklärlich, daß auch die Frau als Mutter, lat. *mater*, zunächst in der Bearbeitung der *materia*, des »Mutterstoffes« voranzugehen scheint. *Agricola*, das lateinische Wort für Bauer, eigentlich Ackerpflegerin, wird nicht zufällig eine feminine Endung bewahrt haben, auch wenn es später als Masculinum gebraucht wird. Die Frau ist bis heute dem Wesen der Pflanze am nächsten geblieben. Die Anlage und Pflege des Gartens und der Hackbau bestimmter Feldfrüchte sind seit frühesten Zeiten – in Sitte und Brauchtum bis in das vergangene Jahrhundert hinein – mit ihr verbunden. Doch wenn sie auch in dieser ersten Gestaltung menschlicher Umwelt führend und prägend war, dies bleibt nicht so. Schon zu Beginn der Geschichte und technischen Weiterentwicklung tritt sie in den Hintergrund. Ist dies eine Ausleseerscheinung, die so zu verstehen wäre, daß die Frau intellektuell und damit weniger begabt wäre als der Mann? Das ist immer wieder behauptet worden, bis durch hervorragende Leistungen der Frau auf naturwissenschaftlichem und technischem Gebiet in unserer Zeit der Gegenbeweis erbracht wurde.

Der Grund für die Zurückhaltung der Frau in dieser Hinsicht ist ein anderer: Sie hält sich zurück, um ihrem eigentlichen Bereich treu zu bleiben. Daher ist das Verhalten der Frau zur Technik durch die Jahrtausende hindurch bis zur Industriellen

Revolution, und im Grunde auch noch innerhalb dieser, unverändert das gleiche. Nicht, daß sie zur Ausübung und Ausführung von *techne* weniger geschickt wäre als der Mann. Damals wie heute wird sie ihn in mancher Hinsicht sogar übertreffen. Die Frau ist allem Organischen zugeordnet, der Pflanze, ihrer Frucht und Faser. Der Stein und das Metall sind ihrem Wesen fremd. Sie hegt, heilt, erzieht und waltet in der natürlichen Gruppe der Familie. Die Frau bleibt der Natur am innigsten verbunden, lebt in ihren Rhythmen und verkörpert das *erhaltende Prinzip.*[74] Sie wird immer wieder Mutter, und ihr Muttertum bedeutet beständige Wiederholung desselben natürlichen Prozesses. Zugleich bringt es eine Bindung an einen ganz bestimmten, vielfach gegliederten Wirkungskreis. Solange der Mensch viele Dinge gleichzeitig tun muß, bleibt keine Möglichkeit, eines zu verfeinern und auszubilden. Dem Wesen der Frau und ihrer mütterlichen Aufgabe entspricht es, *allseitig* zu bleiben. Somit konnte sie ein gesteigertes Ausbilden technischer Fähigkeiten und kultureller Werke nicht betreiben. Beides setzt Spezialisierung voraus. Kulturschöpferisch kann jedoch auch in einem weiteren Sinne verstanden werden. Indem eine neue kulturelle Errungenschaft erfunden wird, ist sie noch nicht bestimmend für eine Epoche. Sie muß allgemein angewandt und in den gesamten Lebensprozeß aufgenommen werden, nachdem sie aus diesem hervorgegangen ist. In der Auseinandersetzung mit dem Alten findet das Neue erst seine klare Gestaltung. Erst wenn es sich bewährt hat, wird es dem alltäglichen Leben einverleibt. Hierzu nun bedarf es der empfänglichen und bewahrenden weiblichen Verhaltensweise. Wo dieses Verhalten im Vordergrund steht, ja eigentlich bestimmend für das Menschsein ist, bleibt die Entwicklung nahezu stehen. Nicht zufällig ist die Altsteinzeit als die lange Kindheitsstufe der Menschheit mit einer *Mutterordnung* verbunden. Es ist *die Mutterzeit des Menschseins.*

Schauen wir auf das Wesenhafte dieser Epoche, so wird verständlich, daß im Mittelpunkt aller menschlichen Gemeinschaft die Frau und Mutter steht. Bis auf den heutigen Tag ist für alle Kinder die Mutter das natürlich übergeordnete und allmächtige Wesen. Zu ihr liegt eine naturgegebene, sichtbare Bindung vor, während der Vater Außenstehender ist, dessen Zusammenhang mit dem Kind zuerst ins Dunkel gehüllt bleibt. So übernimmt die Frau die leitende Rolle der Natur, die als *Mutter Erde* verehrt wird. Sie ist die Mutter und damit die Mitte von Sippe und Stamm – der in seinem Namen die pflanzenhafte Naturordnung bezeichnet.

Eine solche Ordnung um die Mitte ist noch nicht die in einer Pyramide gestufte Hierarchie, sondern ein konzentrischer Kreis, wie er in den Stonehenges erscheint. Im runden Vestatempel hütet auch in der geschichtlichen Zeit das heilige Feuer des römischen Volkes die Priesterin. Dieser Zustand läßt sich allerdings nicht mit dem Begriff Matriarchat umfassen, wie er aus der Tatsache frühen weiblichen Priestertums, aus uraltüberlieferten Volksgebräuchen und Funden von Frauendarstellungen seit Bachofen abgeleitet worden ist[75], indem vor die Zeit der sozialen Rangordnungen, der Mannesherrschaft und des Krieges die »goldene Zeit« der »Mutterherrschaft« angesetzt wird. Um sie wird seither als das verlorene Paradies getrauert, das der Mann mit seiner Streitaxt zertrümmerte. Doch für diese Urzeit, in der der Mensch nichts weiter als sein Geschöpfsein auslebte, sind Begriffe wie »Matriarchat« = »Mutterherrschaft, Mutterstaat« und »Mutterrecht« irreführend. Setzen sie doch einen abstrakten Staats- und Rechtsbegriff voraus. Beide entstehen jedoch viel später mit einer Bewußtseinsstufe, in der der Schöpfer-Mensch hervortritt und der Mann die soziale Ordnung bestimmt. Man tut daher recht daran, diesen gesellschaftlichen Zustand als »Mutterordnung« oder »Mutterfriede« zu bezeichnen.[76]

Das Bauerntum: Eine erste »Naturwissenschaft« und Technik

Innerhalb langer Zeiträume vollzog sich ganz allmählich die *Ausbildung eines Innenraumes*, in dem alle menschlichen Fähigkeiten und Möglichkeiten wurzeln, und der im allgemeinen Verhalten mehr als wir ahnen wirkt. Durch diese Tiefenschicht sind wir alle noch dem *einen* Menschsein verbunden, aus dem wir hervorgegangen sind. Ihre letzte Ausformung, Blütezeit und zugleich ihr Ziel, findet diese menschheitliche Entwicklung in der Begründung und Ausbildung der Bauernkultur in der »Neuen Steinzeit« [Neolithikum]. Dadurch erfährt das Verhalten des Menschen zur Natur eine tiefgreifende Wandlung. Er tritt ihr beobachtend gegenüber und erfaßt ihre Zusammenhänge. Einen ersten Hinweis auf ein gegenständliches Naturbeobachten geben vielleicht schon die Höhlenmalereien. Hier hat der Mensch, zuerst rein intuitiv, aus einem inneren Schauen, später gewiß auch aus seiner Naturbeobachtung heraus, sein Gegenüber erfaßt und dargestellt. Das aber fordert Abstand vom Gegenstand.

Indem der Mensch seßhaft wird, dauerhafte Siedlungen gründet und neben Holz und Stein nun auch die Erde selbst in seinen Dienst nimmt, stellt er sich auf die eigenen Füße. Zuvor schmiegte er sich wie das Tier seiner Umwelt ein, beugte sich den Fügungen der Natur und folgte ihr, wie das Kind der Mutter. Nun tritt er selbständig handelnd neben sie. Um diesen Schritt tun zu können, mußte er noch eine Erfahrung gemacht haben. In den nördlichen Breiten war unzählige Male der Wechsel von Winter und Sommer mit seinen Übergängen von Frühling und Herbst an ihm vorübergegangen, ohne daß Ursache und Wirkung im Leben des pflanzlichen Wachstums ihm bewußt geworden wären. In der denkenden Beobachtung begreift er den Zusammenhang von Samen und Keim, von Blüte und Frucht der Wildgräser, deren Samen ihm zur Nahrung geworden war. Die *Metamorphose der Pflanze* wird ihm deutlich. Das Werden des »Getreides« – und das heißt »das, was [Samen] *trägt*« – ist innerhalb eines Jahreslaufes überschaubar. Der Mensch erfährt, wie aus dem in die Erde gelegten Samen die neue Pflanze hervorgeht und neuen vielfältigen Samen schenkt. Er entdeckt die Kausalität des Lebens und zieht eine sein Leben umwälzende Schlußfolgerung aus dieser entscheidenden Entdeckung, indem er sie sich selbst zunutze macht. Was die Natur allein bisher vollzog, wenn sie alljährlich eine Unzahl von Samen willkürlich und verschwenderisch verstreute, kann fortan auch der Mensch. Er hat dies gewiß zunächst *intuitiv* getan und ist dann zunehmend zum Beobachter der Natur erwacht. Die Überlieferung von der Einweihung des »Urkönigs« Triptolemos durch Demeter und Kore, wie sie in Eleusis alljährlich gefeiert wurde, macht dies deutlich. Immer mehr aber lernt er, es bewußt und planmäßig zu tun. Der Jäger war zum Gärtner geworden, und der Gärtner wurde zum Bauern. Der Mensch, der bisher zwar räumlich ungebunden, in seiner Ernährung aber auf das Tier und die Früchte des Waldes angewiesen war, dort, wo diese sich ihm boten, wurde in seiner Lebensweise unabhängiger und freier. Er begann die Eroberung der Erde und konnte durch seine neue »Technik« den Hunger bannen. Er legte Hand an die Erde und griff in ihren Lebenshaushalt ein. Er lenkte ihr Wachstum nach seinem

Willen und Plan. Durch fortgesetzte Auswahl wurde aus Wildgräsern Brotgetreide gezüchtet, das seither für große Kulturen zur Nahrungsgrundlage geworden ist. Der wilde Obstbaum wurde zum Gartenbaum, die Heckenrose schon früh zur Gartenrose veredelt. Überall regten sich fortan neue Kräfte, wurde entdeckt, entwickelt und von der Erde Besitz ergriffen.

Der Ackerbau forderte ein anderes Gerät, als es die Hacke war, mit der der Garten bearbeitet wurde. An ihre Stelle trat der von Mensch oder Tier gezogene Pflug.

Er wird zur eigentlichen Erfindung des Neolithikums. Er erscheint zunächst einfach in Gestalt eines Baumes mit gekürztem Astansatz, indem das Prinzip der Hacke wiederholt wird. Am Ende der Entwicklung steht schon verhältnismäßig früh der eiserne Pflug, der die Erde schneidet und zu Schollen aufwirft und so die mühsame Arbeit des Grabens um ein vielfaches erleichtert. Im Grunde konnte dann nur noch das Material verbessert und die Fortbewegungsart verändert werden. Der Pflug war »fertig«.

Die Werkzeugkultur zeigt eine Perfektion der Technik der Steinzeit, wie sie auch heute noch unser Staunen und unsere Bewunderung erregt. Und dies nicht nur darum, weil dem zur Verfügung stehenden Material – vorwiegend dem Stein, aber auch dem Ton und der zum Gewebe verwendeten Faser – das Beste abgerungen wurde, was es hergeben konnte, sondern darüber hinaus deswegen, weil dies in einer Weise geschah, die um ihres vollendeten Stilgefühls willen auch jetzt noch entspricht und vorbildlich erscheint.

Der Mensch, der seßhaft geworden war, mußte zu seiner Ernährung in größerem Ausmaß die Erde bebauen. Dies ließ ihn sich nach Hilfsmöglichkeiten umschauen. In der Kraft des Tieres fand er sie. So zähmte er sich Rind und Pferd – wurde damit wirklich zum »Herren der Tiere« – und spannte sie vor seinen Pflug. Methode und Umfang seiner Technik wurden erweitert und die Entwicklung eingeleitet, die zum modernen Mähdrescher führte. *Ackerbau und Viehzucht wurden die beiden Pfeiler der neuen Technik.* Es ist dabei unwesentlich, was zuerst ausgebildet wurde. Für beide Auffassungen lassen sich gewichtige Gründe anführen. Der Mensch hatte auf der Erde »Fuß gefaßt«. Indem er zum erstenmal Besitz vom Boden ergriff, bildete sich auch ein anderes Verhältnis zur Erde aus, das von nun an charakteristisch für den Menschen blieb.

Ausdruck und Symptom dieses neuen, grundsätzlich veränderten Verhaltens ist die Polarität von *Haus und Hof*, die feste Siedlung innerhalb eines bebauten Landes. Bauer im Sinne von Feldbebauer heißt bei den Griechen »Erdwirker«, bei den Römern ursprünglich »Erdpflegerin«, im Germanischen trägt er zugleich den Namen der ihn kennzeichnenden Wohnweise. [Das Vogel*haus* wird in der deutschen Sprache noch heute »das *Bauer*« genannt.] Für diese Zeit läßt sich zum erstenmal der Begriff Kultur berechtigt anwenden; er konnte auch sprachlich erst jetzt gebildet werden, bedeutet er doch ursprünglich ausschließlich Ackerbau, *agri-cultura* = Pflege der Erde.[77]

Der Mensch als Pfleger des Feldes und Heger des Tieres wird in Verhalten und Bewußtsein ein anderer als der Wildbeuter und Jäger: Der Bauer ist hinfort nicht nur Konsument, sondern, wenn auch zunächst nur für den persönlichen Bedarf, *Produzent.*

Mit Recht wird man sagen dürfen, daß die Zähmung des Rindes und Pferdes zugleich eine Selbstbezähmung bedeutete. Das Tier fordert aus dem Menschen durch Erziehung und Pflege große moralische Qualitäten heraus. Es wurde damit – stellvertretend für die Natur – selbst zum Erzieher des Menschen.

In der Imagination des Mythos heißt das: Die Urkuh Audumlah leckt sich Buri, den Ur-Bauern aus dem Salzstein heraus, bis er schließlich in seiner ganzen Gestalt sichtbar ist: Die Natur schafft sich den Menschen, auf daß er sie pflege und mehre.

Neben die Erweiterung und Verbesserung der Werkzeugwelt tritt eine *Ausgestaltung des sozialen Lebens.* Die Felderwirtschaft fördert den Zusammenschluß in einer Dorfsiedlung zu gegenseitigem Beistand. Sodann führt sie zu einer ersten *Arbeitsteilung*, durch welche die natürliche Spezialisierung der Geschlechter fortgesetzt wird. Mann und Frau sind in verschiedenen Wirkungskreisen als Partner nebeneinander tätig. Immer waren der Bäuerin Haus und Garten zugeordnet, während Viehzucht und Ackerbau vornehmlich Angelegenheit des Mannes wurden.

Der Mann bildet nun die durch die Entfaltung der Bauernkultur notwendig gewordenen Tätigkeiten aus und erreicht damit seine bisher größte Vielseitigkeit. Es ist allerdings noch kein Nebeneinander, sondern ein Nacheinander verschiedener Funktionen, die daher noch von einem Menschen ausgeführt werden können. Der Bauer ist zugleich Werkzeugmacher,

Zimmermann, Jäger und Fischer. Entsprechend kocht, backt, spinnt, webt und schneidert die Frau; das heißt: beide üben Tätigkeiten, die sich später erst in die einzelnen Berufe auseinanderlegen, in einer Person aus. Gegenüber der männlichen Spezialisierung der späteren Stadtkultur hat die Frau in einem gewissen Maße bis heute die Vielseitigkeit jener Epoche bewahrt.[78]

In der bäuerlichen Familie ist eine erste großmenschliche Gemeinschaft angelegt. Die Familie der Menschheit, die »family of man«, wird hier vorgebildet. Alles, was sich heute noch Familie nennt, ist, da es vom gemeinsamen Boden und Werk gelöst ist, blasser Schatten dieser urtümlichen Einheiten. Nur noch in alten bodenständigen Adelsgeschlechtern oder in den Werkgemeinschaften bürgerlicher Handelshäuser vergangener Jahrhunderte und moderner industrieller Dynastien erhielt sich ein gewisser Abglanz, der in den großen Fürstenhäusern bereits längst verblich und nur teilweise noch als Relikt aus jener Gründerepoche der Menschheit künstlich erhalten worden ist. Der Hof wurde zum Vorbild aller künftigen Sozialordnung. Sein Bild wirkte weiter im »Hof« des Königs, von dem aus der »Landesvater« gemeinsam mit der »Landesmutter« das »Land« verwaltet und beherrscht, und der das Beispiel einer »höfischen« Gesittung und »höflichen« Verhaltensweise gab. In den »Ministern« lebt das »dienende« Personal, im Marschall der »marschalk«, der Pferdeknecht von einst, heute begrifflich fort.

Die frühe Bauernkultur ist die Schule, in der das Geschöpf von seiner Mutter Natur belehrt und zum *Verwandler der Erde* vorbereitet wurde. Noch ist sein Schaffen kein Eigenschaffen im strengen Sinne, sondern ein Mitschaffen. Der Mensch erscheint als Hand der Natur, deren »Ziele« er verwirklichen hilft. Sie entließ ihn, indem sie physisch nicht mehr an ihm formt, er bleibt jedoch ihr Kind und weiter abhängig von ihr, indem sie ihm Vorbild ist, das er nur nachahmt. In dieser Lehrzeit erwirbt der Mensch die Fähigkeit, später sich weiterspezialisierend und damit steigernd, in das natürliche Leben einzuwirken. Zweifellos ist der Cox-Orange-Apfel, den wir heute essen, dem bitteren Holzapfel um vieles überlegen. Auch der Weizen ist gegenüber den Wildgräsern eine Veredelung. Wenn auch diese qualitative Bewertung vom menschlichen Standpunkt aus erfolgt, so ist die quantitative Vermehrung der Unterarten der Natur durch die Menschenhand eine objektive

Tatsache. *Durch den Menschen erreicht die Natur ihre höchste Vollendung als erste Schöpfung.*

Im Bewußtsein des Menschen ist die Natur nicht länger nur das Ehrfurcht gebietende, jenseits aller menschlichen Erreichbarkeit ruhende Wesen, sie wird jetzt zur personalen Gottheit.[79]

Das *numen*, bisher unpersönlich erlebt, wird zur *Dea* und damit zu einem auf den Menschen bezogenen und ihm zugänglich erscheinenden großen Du. Dieses übermenschliche Du wird wie die Erde als mütterlich empfunden. Daher wird zur Gottheit dieser Epoche die unter verschiedenen Namen verehrte Eine Große Mutter: Gäa, Kybele, Demeter, Nerthus.

Der bäuerliche Mensch des Neolithikums ist *Allmensch.* Er ist es im Hinblick auf sein Verhältnis zur Natur, zum »All« und in bezug auf seine eigene Ganzheit: Nie wieder war der einzelne Mensch so allseitig, allfähig und unabhängig wie zu jener Zeit. Eine entsprechende Einheitlichkeit menschlichen Lebens ist erst wieder am Ende der Industriellen Revolution, in unserer Zeit, erreichbar geworden, nun aber nicht mehr in einem Einzelwesen, sondern nur in einem Großorganismus. Er allein vermag im sorgfältig geplanten Zusammenwirken der Menschheit die auseinandergefalteten und perfektionierten Fähigkeiten technischen Handelns in einer Einheit zu umfassen.

Der freie Bauer hatte in seiner täglichen Arbeit den Sinn seines Lebens und Schaffens vor sich. Der Sinn seines Menschseins und seines Berufes fiel für ihn noch zusammen. Er erlebte sich als Sohn dieser Erde. Indem er ihr durch seiner Hände Arbeit diente, wurde er unmittelbar ihres Segens teilhaftig. Mochte ihm der Himmel gewogen sein oder eine Mißernte ihn treffen, immer war es das Schicksal der Erde, das er teilte. Auch arbeitete er mit denen zusammen, in deren Blutsgemeinschaft er geboren und aufgewachsen war. Sein Betrieb und seine Familie fielen in eins. Die Menschen arbeiteten für- und miteinander. Der gleiche Takt des Blutes verband sie.

Der Sinn des Menschseins war ihnen noch keine Frage. Wer die Pflanze hegte, wußte sich selbst als ein aus dieser Erde Wachsender, Werdender, der in Blühen und Fruchttragen, in der Entfaltung und Weitergabe des Lebens seinen Sinn hat. Der *Lebensbaum* als Bild der Erde und des Menschen, das Wahrzeichen unvergänglichen Lebens war das Sinn- und Leitbild dieser Daseinsstufe. Arbeit war Leben, und niemand hätte sie, so gerne man ruhte und feierte, als etwas außerhalb des Lebens

Stehendes, als etwas, was daraus fortzudenken wäre, empfunden. Der Reichtum der Sitten und Bräuche und Lieder zeugt von einem noch ungespaltenen Menschsein, indem der Mensch sich in seiner Arbeit erlebte wie das Kind im Spiel, und in der Arbeit auch seinen Gott fand – dem er die letzte Garbe band, der ihm auf dem Acker so nahe war wie am Herdfeuer und Altar –, bis diesem im Gottes*haus* ein besonderer Raum zugewiesen wurde und damit der verhängnisvolle Schnitt zwischen »sakralem« Handeln und »profaner« Arbeit vollzogen war. An ihm ging unsere Arbeitsmoral zugrunde. Einst war alle Arbeit Kultus. Und *cultus* hieß Arbeit an der Erde und für den Mitmenschen im Angesicht der Gottheit. *Laborare* und *orare* waren eines.

Das ganze Leben war Gott nahe. In Baum und Wasser und Wind schaute der Mensch nicht nur göttliches Wirken, sondern den Gott selbst immanent. In Menschengestalt verkleidet, konnte dieser ihm überall begegnen. Daher die oft bei Homer gestellte Frage: Bist du ein Mensch oder ein Gott? Die Bilder, die aus dieser frühen Zeit in der Erinnerung weiterlebten und die uns als Mythen und Sagen überliefert sind, schildern Menschen im Kindheitszustand, die sich die ersten Hütten bauten, die Erde bestellten und sich auf ihr einzurichten begannen.[80] Hier war für eine gewisse Zeit Wirklichkeit, was aus der Rückerinnerung das *Paradies* genannt wurde. Die Vorstellung Paradies – altpers. »das Umzäunte« – setzt dieses erste Seßhaftwerden geradezu voraus. Denn sie schließt das Erlebnis »Geborgenheit« in sich ein. Aus der verwirrend großen und fremden Welt ist ein Teil herausgenommen, umzäunt und behütet, in dem der Mensch zu Hause ist. In der Liebe zur *Heimat* ist das alles zusammengefaßt, das Vertrautsein mit Landschaft und Menschen, denen man sich zugehörig fühlt.

Paradies als Umzäuntes, aus der Welt »Herausgeschnittenes«, entspricht dem griechischen Begriff »temenos«, der die Bezeichnung für »heiliger Bezirk«, ursprünglich »heiliger Hain«, später »Tempel« war. Sakralraum und Garten, Götter- und Menschenreich sind für das Bewußtsein dieser Stufe noch identisch. Und bis heute hat sich eine geheime Sehnsucht nach dieser Kindheit in den Menschenseelen erhalten. Auch wenn er sich dessen nicht bewußt ist, führt sie den Bewohner der modernen Großstädte hinaus in die Natur, die längst ihre einstige Unberührtheit verloren hat. Dennoch empfindet er nach, was Hölderlin im »Hyperion« intuitiv als das Lebensgefühl dieses »Arkadien« ausdrückt, nach dem sich schon die Griechen zurücksehnten:

»Der Mensch kann's nicht verleugnen, daß er einst glücklich war wie die Hirsche des Forsts, und nach unzähligen Jahren glimmt noch in uns ein Sehnen nach den Tagen der Urwelt, wo jeder die Erde durchstreifte, wie ein Gott, ehe, ich weiß nicht was, den Menschen zahm gemacht; und noch, statt Mauern und totem Holz, die Seele der Welt, die heilige Luft allgegenwärtig ihn umfing.«

Auch in der Germania des Tacitus schwingt in der Beschreibung urbäuerlichen Lebens ein erkennbares Verlangen des Römers aus der Weltstadt nach solchem Menschentum mit.[81]

Doch so sehr diese erste Kultur in sich selbst gerundet war in der »Geschlechter ewiger Kette« [Goethe], war sie doch kein fester Endzustand. Schon früh scheint der Mensch empfunden zu haben, daß er noch nicht ans Ziel gelangt, daß sein Werden mit ihr nicht abgeschlossen war, sondern erst begann.

Älteste Mythen[82] erzählen davon, wie der Mensch freiwillig das Paradies verließ: Er hatte alles, was er brauchte, aber er wollte mehr. Darum ging er an einem frühen Morgen zu dem Baum der Mitte, in dem er die Gottheit in Gestalt der Großen Mutter wußte, die ihn alltäglich an ihren Brüsten nährte. Er bat sie, hinausziehen zu dürfen in die unbekannte Welt, um Abenteuer zu bestehen und eigene Taten zu vollbringen. Und die Große Mutter segnete ihn und schenkte ihm für seine Fahrt ins Erdenland den Apfel der Erkenntnis, der wissend und weise macht.

So begann der Weg in die Geschichte!

VII. Der Mensch als Schöpfer

Ihr seid Götter.
Johannes X, 34

Der Menhir ist der Grenzstein, der den Beginn des *Imperium Humanum,* der Herrschaft des Menschen auf der Erde, anzeigt. Von ihm aus führt der Weg in die *Geschichte* der Menschheit. Wie diese steinernen Male auf der ganzen Erde verstreut zu finden sind, so auch die Spuren des neuen Elementes, das von nun an begann, die technische Entwicklung zu bestimmen. Neben dem Stein erscheint das *Metall:* Zuerst das Kupfer und damit zur Bronze verbunden das Zinn, später das Eisen, das zuletzt zum Stahl gehärtet wird.

Vorerst war alles Erz verschiedenartig gefärbter »Stein«. Beide unterscheiden sich wenig in äußeren Merkmalen. Nur mittels des Feuers wurde das grundsätzlich andere Wesen des Metalls offenbar. Während Stein in seiner Struktur unveränderlich ist und nur in festem Zustand vorkommt – vom Riesenblock eines Felsen bis zum winzigen Sandkorn –, läßt sich aus dem Erz durch Erhitzen das Metall gewinnen. *Das Metall ist »beweglich«,* läßt sich verflüssigen, mischen und in neue Formen gießen. Vereinzelt liegt es an der Erdoberfläche, sein eigentliches Vorkommen ist verborgen in der Erde, die es in dünnen Adern durchzieht. Solange der Mensch sich mit dem begnügte, was er auflas – wie den Stein, der von jedem gesehen werden konnte –, können wir noch nicht von einer Metallzeit sprechen. Diese rechnet von der Zeit an, da er gelernt hatte, den verborgenen Schatz zu finden, zu heben und sinnvoll anzuwenden. Das wird zunächst das Privileg weniger gewesen sein.

Noch heute gibt es wasser- oder metallfühlige Menschen, die die unsichtbaren Adern mit der Wünschelrute zu erspüren vermögen. Sie erscheinen als unglaubhafte oder bewunderte Zeugen einer fernen Vergangenheit in einer Zeit, die feinste Meßgeräte kennt, das verborgene Metall anzuzeigen. In ihnen hat sich noch eine Fähigkeit aus jener Frühstufe der Technik erhalten, in der das Vorkommen von Metall oder Wasser nur gefühlt werden konnte, wenn nicht ein Zufall es zutage förderte. Das Auge allein genügte also nicht, um den neuen Werkstoff zu finden, es bedurfte dazu besonderer Kräfte. So verweist uns das Metall auf den Menschen, der es zur Grundlage seiner Kultur machte. Der Mensch mußte sich verändert haben. *Der Metallschmied* ist nicht mehr der gleiche Mensch wie der Steinschleifer. In ihm müssen ganz neue Fähigkeiten erwacht sein; Fähigkeiten, die dem Wesen des Metalls entsprechen. Der Mensch wuchs gleichsam dem Metall entgegen. Darauf weist die Tatsache der neuen Technik hin.

Das erste Metall, das der Mensch als Werkstoff entdeckte, war das *Kupfer*. Aber es bedurfte eines langen Zeitraumes [nahezu 2000 Jahre], ehe es nicht nur als Schmuck, sondern in Werkzeugen sich mehr und mehr durchgesetzt hatte. Denn um Werkzeug sein zu können, mußte das Kupfer vorerst zu Bronze gehärtet werden.

Zunächst scheint das Kupfer überhaupt nicht beachtet worden zu sein. Sofern es an der Erdoberfläche gefunden wurde, hätte es auch schon viele Jahrtausende früher verwendet werden können. Als Kupfererz erscheint es in einem reichen Spiel der Farben: Blau, grün, rot oder purpurn weckt es die Freude an der Schönheit seiner Substanz, die unter den Mineralien ihresgleichen sucht. So wurde von den Griechen das in Cypern gewonnene *cuprum* [von Cyprium] mit der aus den Wassern schaumgeborenen Aphrodite in Beziehung gebracht, die selber auch Cypris hieß.[83] Gediegenes, also in der lauteren Substanz vorhandenes Kupfer, daneben gediegenes Silber und Gold, müssen stets begehrte »Steine« gewesen sein. Sie waren geschmeidig und biegsam und ließen sich ziehen und hämmern, mithin auf »kalte« Weise bearbeiten. Als Schmuckstücke und in edlen Geräten finden wir sie daher zeitlich vor anderen Metallen, durch Seltenheit und Wertschätzung ihnen überlegen und neben ihnen bis in die Neuzeit hinein verwendet.

Wie der Mensch auf den Gedanken kam, planmäßig Kupfer zu schmelzen und durch Beigabe von *Zinn* zu härten, wird trotz aller technischen und kulturhistorischen Deutungsversuche ein Geheimnis der Geschichte bleiben. Zufälle mögen eine gewisse Rolle gespielt haben, zur Begründung solcher komplizierten Verfahren reichen sie keineswegs aus. Wir werden immer nur die Voraussetzung und Folgerung, nicht aber die Entstehung der neuen Technik erkennen können.[84]

Die Erzeugung und Verarbeitung von *Bronze* fordert ein folgerichtiges Denken. Sie setzt die Fähigkeit voraus, aus Beobachtungen und Erfahrungen Schlüsse zu ziehen und sich diese auch zu bewahren, um sie jederzeit aus der Erinnerung hervorholen und beliebig nutzen zu können. Es war die Anwendung der an dem Umgang mit der Pflanze gewonnenen Erfahrung: Der Same verschwindet, löst sich auf in der Erde, und aus der Erde tritt ein Halm zutage. Er ist eine neue Gestalt des Samens. Dessen Verwandlung bewirkte die Wärme der Sonne als des großen Weltfeuers. Der in der Frucht des Halms gewonnene neue Same wird zermahlen und mit anderen Substanzen versetzt als Teig der Wärme überantwortet. Er wird gar im Verwandlungsprozeß des Feuers und aus dem Backofen hervorgezogen als Brotlaib. Dieser ist das verwandelte Samenkorn. Der Backofen wird zur ersten chemischen Retorte und zum Vorbild für den Schmelzofen. In ihm verschwindet das Erz, löst sich auf in der Hitze, und daraus hervor fließt der glühende Guß als neuer Zustand des Erzes. Zu seiner Verwandlung brannte das von Menschenhand entfachte Feuer. Mit Zinn vermengt erstarrt die Kupfer»speise« – wie der Teig in dem Backmodel Form gewinnt – in den bereit gehaltenen Gußformen zur beabsichtigten Gestalt. Durch die Hand des Menschen ist der Werkstoff in einen neuen Zustand verwandelt und hat zugleich einen Sinn erhalten, den sein Schöpfer ihm bestimmt als Werkzeug, Waffe oder Schmuck.

So konnte das Metall vom Menschen erst in dem Augenblick ergriffen werden, in dem die Möglichkeit zu einer Bewältigung des neuen Elements vorgegeben war. Erst auf dieser Stufe öffneten sich die Augen für den Wert des schon immer vorhandenen Stoffes. Über die organische Welt gewann der Mensch den Zugang in die *anorganische.* Er schuf einen neuen Stoff in der Bronze. Mit ihr wurde zum erstenmal eine bisher auf der Erde nicht vorhandene Substanz künstlich durch die Menschenhand hervorgebracht. Im Glänzen der ersten Bronze leuchtet das Frühlicht des menschlichen Schöpfertums auf. *Das Geschöpf wandelte sich zum Schöpfer.* Durch ihn wird in der nun anhebenden Epoche die Menschheit repräsentiert.

Die Bronzezeit wird zur Hohen Schule für alle Metallurgie. Ihre bis heute zum Teil noch unbekannten Verfahren [wie beim Guß der Luren] bildeten die praktischen und intellektuellen Fähigkeiten des *homo faber,* des Handwerker-Menschen aus.

Mit der Entdeckung der im Kupfer veranlagten Möglichkeiten bekam der Mensch die Gebrauchsanweisung für seine gesamte Metalltechnik in die Hand. Der Unterschied zwischen dem damaligen und heutigen technischen Handeln liegt nicht im Wesen, sondern in der Entwicklungsstufe. Damals bestimmte die Erfahrung an der Materie, soweit diese sichtbar zu erfassen war, das Tun, heute liegt unserem technischen Handeln die Erkenntnis der Naturgesetze, nach denen sie aufgebaut ist, zugrunde. Aber erst nachdem der Mensch das Eisen erkannt hatte, konnte er seine Gedankenwelt weiter verstofflichen. Als Brauneisen- und Raseneisenstein war es viel häufiger als das Kupfer, auch war es ohne Legierung schon härter als dieses. Dennoch begann die Metallbearbeitung nicht mit dem Eisen, sondern mit Kupfer und mit Bronze. Die Herd- und Backofentemperatur, die tierische und pflanzliche Produkte wandelte, war zu gering, um das Eisen schmelzen zu können. Untrennbar sind die technischen Stufen miteinander verkettet und notwendige Durchgangsform. So mußte das Getreide angebaut werden, um die Metamorphose zu erkennen, so mußte Brot gebacken werden, um Kupfer schmelzen zu können, und Bronze gegossen werden, um Hochöfen für die Verhüttung des Eisens zu erfinden.

Das *Eisen* hat einen anderen Charakter als das Kupfer und fordert andere Umgangsformen. In aufgelöstem Zustand ist es universal und im ganzen Erdenhaushalt zu finden. Es gibt fast keine Quellen, Flüsse oder Seen, in welchen nicht Spuren von Eisen nachgewiesen werden könnten. So ist es auch in den Pflanzen enthalten und als einzige Metallsubstanz im Blut. Das Eisen ist einer der wichtigsten Stoffe im menschlichen Organismus.[85] Es ist hart und kalt und hat nichts mehr vom warmen Glanz des Kupfers. Es spricht nicht durch seine Schönheit an, sondern empfiehlt sich durch seine nüchterne Nützlichkeit. Das eiserne Zeitalter beginnt, in dem die Menschen Panzer aus Eisen tragen, einen »eisernen Willen« haben und endlich hart und kalt wie Stahl zu sein sich rühmen. Ein Zusammenhang zwischen der Verwendung des Eisens und dem Erwachen des ego, des Ich-Bewußtseins in der Eisenzeit wäre einer eingehenden Untersuchung wert. »Eiserne Zeiten« wurde der Name für harte Zeiten in der Geschichte, im Gegensatz zum »Goldenen Zeitalter«. Schon Hesiod empfindet dies, spricht von dem eisernen Geschlecht, das nun heranwächst, und schaut trauernd zurück auf die Goldene Zeit der Vergangenheit [»Werke und Tage«].

Einige Völker scheinen daher zum Eisen überhaupt kein Verhältnis finden zu können. Die Ägypter, welche die Ackerbau- und Bronzekultur zu einer ersten Blüte und Vollendung führten, verbanden das Eisen mit dem Teufel ihrer Götterwelt. Es war Knochen des Seth.[86] Das reiche Kulturvolk ging unter, als die Söhne des Mars, dem das Eisen geweiht ist, es mit Krieg überzogen. Mit dem Eisen eroberten sich die Assyrer Gold und Bronze. Das Schicksal Asiens im vergangenen Jahrhundert, dessen Reichtümer bis zur Zeit seines Erwachens der stärkeren Zivilisation Europas zum Raube wurden, ist hier vorweggenommen. Wie die Ägypter sich gegen das Eisen und seine Herrschaft als »Teufelsmacht« sperrten, so hat auch das alte Indien als die repräsentative Kultur Mittelasiens sich diesem Element gegenüber zurückgehalten: »Bei diesen Mythen... fällt uns der Haß auf das Eisen und die Metallurgie auf... Das Eiserne Zeitalter ist als eine ununterbrochene Folge von Kriegen und Massakern, als eine Zeit der Massensklaverei und der allgemeinen Verarmung charakterisiert worden.«[87] Die ältesten mythischen Schmiede tragen bezeichnenderweise einen den Asuras, den dämonischen Widersachern der vedischen Hymnen, verwandten Namen: Asûr.

Für die Metallbearbeitung werden mehrere Urherde angenommen. Sie sind durch Meere getrennt, dennoch ist innerhalb verhältnismäßig kurzer Zeit die Metallurgie auf verschiedenen Kontinenten bekannt. So erscheint das Eisen als Werkstoff in mehreren Gebieten: in Ägypten und in Kreta aus meteoritischer Herkunft, in den Bergen Armeniens und im Donaugebiet, von wo es über den Kaukasus nach China kam. Es gibt eine anscheinend autochthone paläonigritische Eisenkultur in Afrika, die vom Süden Ostafrikas bis zum Norden des Kongo reicht und Abessinien mit dem Oberlauf des Nils umfaßt. Manches spricht dafür, daß eine in der Menschheitsevolution fällige Wandlung sich an vielen Stätten zugleich vollzog.[88] Hier deutet sich ein verborgener Zusammenhang in der Weltgeschichte an, der uns wieder auf die Einheit des Menschen hinweist. Er ermöglicht es, von der *einen* Menschheitsentwicklung zu sprechen, trotz aller Vortrupps und Nachzügler.

Aber selbst wenn diese Entdeckung nur an einem Orte gemacht worden wäre und dann sich langsam die Welt erobert hätte, ist die Tatsache festzuhalten, daß die Menschheit insgesamt – spätestens bis 1000 v. Chr. – mit dem neuen Element in Berührung gekommen war. Was machten die einzelnen Völkergruppen nun damit? In Afrika zum Beispiel – aus Südrhodesien datieren einige der ältesten Funde von Eisenverarbeitung in Herdöfen – entwickelte der Mensch die neuen Möglichkeiten über ein anfängliches Stadium nicht hinaus, wie, um das Leben des Naturkindes, des Geschöpfes weiterführen zu können. Bis in die Neuzeit hat der Afrikaner sich diesen Zustand erhalten, um ihn erst heute aufzugeben und nun die Entwicklung nachzuholen.

Auch China kannte schon früh die Metallbearbeitung, zunächst vor allem die Herstellung von Bronze. Aber es hielt sich sodann im Vergleich zur europäischen Entwicklung ebenfalls zurück und bildete zunächst die aus dem Neolithikum überkommenen Mittel der Technik zur höchsten Vollendung aus. Die Chinesen spezialisierten sich auf Knochen- und Holzgeräte, Stoffe – vornehmlich Seide – und irdene Gefäße. Die Erzeugung von Papier und Porzellan ist nur eine Fortsetzung dieser Richtung. So erreichten sie schon früh die erstaunliche Fertigkeit in einer – verglichen mit dem Mineral und Metall – insofern als »organisch« zu bezeichnenden Technik, als diese vorwiegend organische Stoffe benutzt. Das Wesen einer Kultur und die von ihr geübte Technik hängen, wie später noch auszuführen sein wird, innig zusammen. Zugleich mit den Materialien wurde in China auch die entsprechende soziale Form beibehalten und vervollkommnet. Es war die aus dem Hof hervorgegangene, frühe patriarchalische Ordnung, bei der der Mann das Haupt und damit das überschauende Bewußtsein der Gemeinschaft verkörperte und wie der Herrscher Philosoph und Weiser sein sollte, während die Frau weiterhin eine Mittelstellung innehatte, das Herz darstellte, und uneingeschränkt dem inneren Hauswesen vorstand. Sie war die verborgene, geschmückte Mitte.[89]

Im Mittelmeerraum der Antike und endgültig im christlichen Abendland wurde diese Stufe zurückgelassen. Eine große Unruhe bemächtigte sich hier der Menschen und eine unbezwingbare Lust, die Geheimnisse der Erde zu enträtseln. So machten sie mit ihren Erfindungen immer neue Entdeckungen zu Wasser und zu Lande und gewannen daraus Ansätze zu neuen Erfindungen, zu neuen Entdeckungen. Bis heute die ganze Erde von ihrer Unrast und ihrem Wissen erfaßt worden ist und nun kein Volk sich der großen Entwicklung länger entziehen kann. Denn es war Schicksal und Aufgabe des Menschen, »erwachsen« zu werden. Das aber war im physischen Bereich, also in technischer Hinsicht nicht möglich ohne das Metall. Die Maschinen, die als Weiterbildung des Werkzeugs konstruiert wurden, sind ohne den neuen Werkstoff nicht denkbar. Das hölzerne Mühlrad wurde durch das eiserne Rad, schließlich durch die Turbine verdrängt und der Bogen steinerner Brücken durch Stahlkonstruktionen ersetzt. Insofern ist erst heute der Scheitelpunkt einer Epoche erreicht, die vor etwa sechs Jahrtausenden mit den ältesten Kupfergeräten begann. Seither blieb das Metall in seinen vielfältigen Erscheinungen der Begleiter des Menschen.

Am Metall erwachte der Schöpfermensch

Der Name Metall ist abgeleitet aus dem griechischen: μέταλλον *[métallon] = Grube bzw. Bergwerk*; als Verb *metalláo* = schürfen, neugierig sein, forschen. Damit ist das Wesen des Menschen und sein Verhältnis zu dem neuen Stoff angedeutet. Der Mensch hatte das Paradies verlassen, um zu forschen und zu wissen. Als erstes prüfte er den »Stein«, der sich im Feuer weich und flüssig machen ließ. Er befriedigte die Neugier nicht, sondern stellte nur vor immer neue Überraschungen und Aufgaben. So wurde das metallhaltige Mineral zum Prüfstein des im Menschen veranlagten Schöpferseins; dieses konnte sich daran entzünden und weiter ausprägen, aber es konnte auch vor den neuen Möglichkeiten zurückschrecken und ungenutzt verdämmern.

Die Herausbildung der Metalltechnik konnte nicht Angelegenheit eines einzelnen oder weniger sein. Viele Hände müssen beim Guß zusammenwirken. Eine gegenseitige Verständigung und Weitergabe des Erkannten und Geübten als Lehrgut, das von Generation zu Generation laufend verbessert wird, ist unerläßlich. So erweitert sich das Wissen in seinem Inhalt, indem die Zahl der Menschen, die an ihm teilhaben, wächst. Doch der Mensch mußte mit seiner Allseitigkeit und seiner wirtschaftlichen Unabhängigkeit dafür zahlen. Wenn er sich auf das neue Handwerk einließ, mußte er sich als Schmied ungeteilt seinem Werk widmen, wollte er es beherrschen lernen und es zur Meisterschaft bringen. Von nun an war nicht mehr die Befriedigung physischer Bedürfnisse oder ein plötzlicher Einfall Grund für sein Tun. Jetzt bestimmte das *»Werk«* sein Handeln, es war Ziel und Aufgabe für den *Handwerker* und trieb ihn unermüdlich vorwärts. Neugier, und der Wunsch, immer mehr zu können, förderten und führten ihn. Denn es konnte nur die Neigung und noch nicht eine vorgestellte Pflicht sein, die ihn »von Wort zu Wort, von Werk zu Werk« trieb, wie es Odin, der nordische Geistgott und Prometheus, in der Edda von sich selbst bekennt.[90]

Wie der Künstler von einem Schaffensdrang »besessen« ist, der ihn zwingt, seinen Visionen Gestalt zu geben und ihn verzweifeln läßt, wenn es ihm nicht gelingt, sie zu fassen, so auch jene Ur-Künstler. Sie waren erfüllt von einem Enthusiasmus des Entdeckens und Schaffens, der sie voranriß. Sie sprachen von dem Gott, der sie leitete. Nicht sie waren es, die das Werk vollbrachten, sondern der Geist, der sie inspirierte und ihre Hand führte. Sie waren die Söhne des Prometheus, Hephaistos, des Vulkan, wie in mythischen Bildern die Griechen zunächst dieses *daimonion*, diesen »Gott in sich« nannten. Ein solcher Zustand war *enthousiasmos*, wörtlich = Gott-Innesein. Alle diese Bilder machen uns deutlich, daß der einzelne einen höheren Impuls in sich wirken fühlte, darum wußte, ja, sich ihm nicht einmal hätte entziehen können. »So mußt du sein, dir kannst du nicht entfliehen!« Das bedeutungsschwere Wort des Dichterphilosophen Goethe findet eine schöne Ergänzung durch den Ingenieur Max Eyth: »Der Mensch wird in diesem irdischen Dasein nie zur Ruhe kommen, solange er bleibt, was er ist: ein Ebenbild des Schöpfers, ein Wesen, in das Gott einen Funken seiner eigenen schaffenden Kraft gelegt hat.«

In der europäischen Volksüberlieferung gibt es die Vorstellung von Christus als Schmied, der die Kranken heilt und die Alten verjüngt, indem er sie in einen brennenden Ofen steckt oder auf einem Amboß schmiedet.[91] Man sollte hierin nicht nur eine Übertragung von Eigenschaften heidnischer Gottheiten auf die Mittelpunktsgestalt des neuen Glaubens sehen, sondern die Identität Christi mit dem »Schaffenden« erkennen, die hier ebenso gemeint ist wie in den Darstellungen des Christus als Schöpfer der Natur. Er schafft im Bereich des Kreatürlichen als der »Herr der Elemente« wie als Menschengott: der »Christus aller Erde« verbindet die Erste und die Zweite Schöpfung. Es ist der gleiche Urimpuls, der durch beide gestaltend wirkt.

Wir können es auch anders aussprechen: Das Leben selbst drängte im Menschen weiter. Es suchte daher nach neuen Möglichkeiten, sich Ausdruck zu verschaffen. Unter den Geschöpfen war der Mensch zum »Gehirn-Tier«, zum denkenden

Wesen, spezialisiert worden, dessen Vorderextremität indes »allseitig« blieb: die Menschenhand. Was die Natur bei der physischen Ausformung der Hand zurückgehalten hatte, wurde nun mittels dieses »prometheischen«, das heißt »vorausschauenden« Denkens verwirklicht. Die in der Hand veranlagten Fähigkeiten wurden aufgefächert und entfaltet. Ihre besondere Ausbildung macht aus der einen, gleich konstruierten Hand des Säuglings die Faust des Schmiedes oder die gelenkigen Finger des Geigenspielers. In seiner Hand spricht sich das Wesen des Menschen aus. Sie greift in die Umwelt ein, gestaltet und verändert sie; so ist auch in die Hand eingegraben, wie sie dies tut. Die Spezialisierung ihrer Funktionen führt zu den in Berufsgruppen spezialisierten Menschen. Auf Adam folgten Abel und Kain, und aus Kain gingen alle Berufe hervor. So schildert es die Bildsprache der Bibel: Kain selbst ward Städtebauer, einer seiner Nachfahren nahm zwei Weiber, von denen die eine, Ada, zur Stammutter der in festen Wohnstätten hausenden Viehzüchter, dazu der Geiger und Pfeifer wurde, während die andere, Zilla, den Thubalkain gebar, den »Meister in allerlei Erz- und Eisenwerk«. Nun erst beginnt im eigentlichen Sinne die Fortsetzung der Schöpfung mit anderen Mitteln, auf neuen Wegen: eine andere Schöpfung.

Dazu meint als Interpret der Genesis Emil Bock: »Die unerhörteste der neu auftauchenden Aufgaben ist die, den toten Stoff ... zu meistern ... Die Kainssöhne sind die Menschen des Wagnisses, des Entdeckermutes, des Kampfes gegen die Todesmacht.«[92]

In den Brüdern Abel und Kain und ihrem Verhalten jedoch ist das polare Wesen des Menschen erfaßt, wie es fortan die Geschichte bestimmt. Es sind der Geschöpf-Mensch Abel und der Schöpfer-Mensch Kain. Sie sind Brüder; sie sind durch gleiche Herkunft im Blut verbunden. Sie lassen sich im Menschsein nicht einer zugunsten des anderen vernichten. Doch immer erhebt sich im Leben der »einzelnen« der eine gegen den anderen. Wenn der Mensch zum erstenmal vom Schaffensdrang überfallen wird, und solange er sich diesem ganz hingibt, erschlägt er rücksichtslos das Geschöpf in sich und in anderen. Dennoch wird der »Kain« von der Gottheit sanktioniert: »Wer Kain totschlägt, das soll siebenfältig gerächt werden. Und der Herr machte ein Zeichen an Kain, daß ihn niemand erschlüge ...« Der Schöpfer selbst prägt Kain sein Siegel auf und macht ihn dadurch zum Mit-Schöpfer. Jemanden zeichnen heißt, ihn segnen, wie der lateinische Ursprung des Wortes Segen von *signum* anzeigt. »Und die Gottheit segnete ihn...« berichtet uns der sibirische Mythos vom Auszug des Menschen aus dem Paradies; denn sie selbst will die Evolution, den »Fortschritt« des Menschen. »Also ging Kain von dem Angesicht des Herrn und wohnte im Lande Nod, jenseits Eden, gegen Morgen« [!] – er wandte sich einem neuen Sonnenaufgang der Menschheit zu!

Doch die polare Spannung bleibt unruhevoll im Menschen, und in der Geschichte wird sie ausgeprägt und in den sich erst heute verwischenden *Gegensatz von Land und Stadt* projiziert. Abel und Kain werden repräsentiert durch den Bauern und den Handwerker. Im Märchen heißen sie meist der tölpelhafte Bauer – gutmütig und dumm – und das kluge Schneiderlein.

Immer wieder brechen Konflikte zwischen ihnen aus, weil die Existenz des ersten durch den anderen fortwährend bedroht ist. Das Denken der Stadt will sich das Land unterwerfen. Es kann an keiner Grenze haltmachen, soll es sich nicht selbst untreu werden. Der Bauer aber muß sich wehren, will er sein Wesen nicht aufgeben. Er ist das beharrende Sein, während in der Stadt das sich ewig metamorphosierende, weiterdrängende Leben wirkt. Auf dem Hintergrund solcher Urgegensätzlichkeiten verstehen wir die Zähigkeit und Leidenschaft, mit denen auf beiden Seiten bis in unsere Zeit verborgen oder offen gekämpft wird. Es sind die *pagani,* die Landleute, die sich jahrhundertelang als *Heiden* gegen die christliche Stadtreligion wehren, bis sie, wie im Beispiel der Sachsen, durch das Schwert »bekehrt« wurden. Es ist ihr Sieg, wenn später die Heidengötter als Heilige verkleidet in die Kirchen einzogen.[93] Letzten Endes aber müssen sie immer den kürzeren ziehen, von den Periöken, den Landbewohnern Spartas und Athens über die Zentralisation Frankreichs zugunsten der einen Stadt Paris bis zu den durch die ländliche Industrialisierung in den Kolchosen oder den Produktionsgenossenschaften zusammengeschlossenen Bauern des 20. Jahrhunderts. Ihre Stärke beruht darin, daß sie bis in unsere Zeit eine in uralten Traditionen wurzelnde Einheit bildeten, während die Handwerker in zahllose Gruppen sich aufsplitterten und einander gegenseitig den Rang abliefen. Ihre Schwäche liegt in ihrer Abwehr von Neuerungen. So kämpften sie gleichsam mit Stecken gegen Schwerter, die von den gegenseitig sich vorantreibenden und steigernden Handwerkern und Technikern geschmiedet wurden. In diesen tritt der Schöpfermensch in Erscheinung. In ihm wirkt die

Unrast des Kain fort. Doch es ist eine Unruhe, die auf dem Weg zum Ziel vorantreibt und an diesem festhalten läßt. Der erste Alleingänger, der diesen Weg suchte, war der *Schmied.* Wie er das Metall im Feuer seiner festen Verbindung mit dem Stein entriß, um es dienstbar machen zu können, so mußte er sich selbst aus den uralten Überlieferungen der Mütter und einer naturgegebenen Ordnung herausreißen. Auch aus der bergenden Gemeinschaft bäuerlichen Seins schied ihn seine Arbeit aus. Um seine Erfahrungen und Fähigkeiten zu erweitern und zu steigern, mußte er sich auf das Metall konzentrieren und die damit verbundene Vereinseitigung und Festlegung auf sich nehmen. So war der Schmied tatsächlich das, als was er von seinen Mitmenschen empfunden wurde und sich wohl auch selbst empfand: ein Fremder, ein »Außenseiter« und für uns deutlich erkennbar: ein *neuer Typos Mensch.* Als solcher ist er eine Prophetie und steht stellvertretend für den *homo faber:* Der Urschmied ist Entdecker und Forscher, Erfinder und Konstrukteur in einem, er ist das *Urbild des Ingenieurs.*

Die Schmiede, die gefürchtet und bewundert, Magiern gleich, das Metall handhabten und nach ihrem Willen zwangen, wurden *Wegbereiter eines neuen Bewußtseins.* Prometheus war Schmied, und er wurde zum Symbol des Schöpfermenschen. Wir dürfen auf ein Bewußtsein schließen, das, unserem heutigen technischen Denken entsprechend, im Umgang mit der Materie sich ausbildete.

Die alten Sagen von den großen Schmieden Wieland (germanisch) und Ilmarinen (finnisch) oder Daedalos (griechisch) – welche Namen diese eine Gestalt in den verschiedenen Völkern und Kulturkreisen auch tragen mag – zeigen, wie der Schmied einerseits als Beherrscher ungewöhnlicher Kräfte und Fertigkeiten geachtet und umworben, andererseits aber gefürchtet wurde oder als Brecher von Herkommen und Blutsbanden Widerstand und Bann auf sich zog. Er lebte darum am Rande der Gesellschaft, draußen im Niemandsland von Utgard, irgendwo in einem großen Walde, in einer Hütte, zu welcher der Zugang nicht leicht zu finden war. Noch im Prometheus-Mythos der Griechen schimmert deutlich das Bild des Einsamen durch, der zum Feind der Götter und Menschen geworden war.

Indem der Handwerker nach den von ihm benötigten Rohstoffquellen selber suchen muß, wird er zum Forscher. Der Schmied kann aber nicht seine Kräfte auf das Werk richten und zugleich Erz schürfen. So spezialisiert sich der Bergmann. Der Mensch, der sich in die Eingeweide der Erde hineingräbt, um ihre verborgenen Schätze zu finden, ist der Vorfahre des Alchimisten, der die *materia,* den Mutterstoff der Erde, untersucht, um den Stein der Weisen zu finden, aus dem sich Gold und Macht gewinnen lassen. Er wird zum Ahn des modernen Naturwissenschaftlers, der seine »Scheidekunst« als Chemiker heute noch mit dem Begriff der Alchimisten benennt und als letzter in eine Reihe tritt, die von den Priestern Altägyptens begonnen wurde, seit diese sich, in der Anleitung zum Ackerbau, der »schwarzen Erde« [= *khemi*] zuwandten, nach der sie damals ihrem ganzen Lande den Namen gaben.

Isolierung und Spezialisierung waren also die Folgen der Metallarbeit. Ebenso wie zum Umgang mit dem Feuer und dem neuen Element gehörten viel Mut und seelische Stärke dazu, die Einsamkeit auf sich zu nehmen, die bis heute Voraussetzung für das schöpferische Tun und den abenteuerlichen Pioniergang in das Unbekannte, Unerforschte blieb. Hier wurden erstmals Kräfte der Einzelseele abgefordert, die dazu befähigten, das Nicht-Herkömmliche und Außergewöhnliche fern vom wärmenden Herdfeuer der Gruppe, nur auf sich gestellt, zu wagen. Wer dies unternahm, war von einem unruhigen und beweglichen Geist gezeichnet, der ihn »unstet und flüchtig« von der Herde wegtrieb. Die Veranlagung dazu war innerhalb der Differenzierung der Geschlechter zweifellos dem Manne mehr als der Frau zu eigen. Im Unterschied zum Übergang von der nomadisierenden Jäger- zur seßhaften Hackbau- und Gartenkultur, die von der Frau [agricola!] eingeleitet wurde, wird daher die neue Epoche ausschließlich vom Mann heraufgeführt.

Das von Natur aus beweglichere Wesen des Mannes entspricht der Wandelbarkeit des Metalls. Indem er den feurigflüssigen Stoff in die Hohlform des Model leitet, in welcher dieser eine vorgegebene feste Gestalt annimmt, wird er zum Formgeber des Lebens und bringt das eigene Handeln in Beziehung zur Erschaffung der Welt. Das Bild des Schöpfergottes tritt hervor. Auch hier wieder war eine Erfahrung Voraussetzung, die der Mensch im Neolithikum gemacht hatte. Er hatte den Zusammenhang von Zeugung und Geburt erkannt, was für ihn – wie die völkerkundlichen Berichte zeigen – keineswegs ein selbstverständliches Wissen war. Von nun an senkte der Mann den Pflug in die Erde, nicht allein weil er der Kräftigere gegenüber der Frau war, sondern weil man glaubte, daß nur sein der Zeugung verglichenes Tun die Erde fruchtbar machen konnte.[94] Dadurch trat der Mann im jungsteinzeitlichen Bauerntum ebenbürtig *neben* die Leben hervorbringende Frau. Im Umgang mit dem Metall fühlte er sich *über* sie hinaus gehoben. Jetzt war er allein derjenige, der durch den Guß in die Mutterform – heute noch *matrix* oder *mater* genannt – zahllose neue Geschöpfe, die seiner erweiterten Leiblichkeit zugehören sollten, erzeugte. Noch einmal klingt die Grundbedeutung von *techne* an, die sowohl für das Hervorbringen von Lebendigem als auch für das Hervorbringen von Werken gebraucht wird. Im Deutschen wird ebenfalls das Wort »zeugen« als »erzeugen« im Sinne der Produktion von »Erzeugnissen« oder »Zeug« verwendet.

Daß es sich hier nicht um nachträgliche Spekulationen aus gegenwärtigem Denken handelt, geht aus den Bräuchen und Mythen hervor, die das Bewußtsein in der Zeit der alten Metallbearbeitung spiegeln. Die Vergleiche, die zwischen den Prozessen der Metallurgie und dem menschlichen Leben gezogen wurden, lassen sich nicht als Allegorien aus Anthropomorphismus abtun. Diese Art des Bewußtseins vermochte die Übereinstimmung im Wesenhaften zu schauen. Diese liegt hier für solche Anschauungsweise augenscheinlich vor: Stoffe werden kopuliert und verbinden sich, so wie Mann und Frau einst nach bestimmten Prinzipien einander zugeführt wurden. Aus ihrer Vermählung geht hier wie dort eine neue Gestalt hervor.

Von nun an fühlte sich der Mann als der Herr des Lebens, der den *»hieros gamos«*, die heilige Hochzeit, mit der Erde und ihren Elementen vollzieht. Sein Kennzeichen ist die Axt, die Werkzeug und Waffe zugleich bedeutet. In der Urschrift der Menschheit wird sie zum Symbol für »Denken«.[95] Man gewann sie durch Denken und kennzeichnet in ihr intuitiv das Wesen des Denkens. Die Axt spaltet, und das Denken spaltet. Es trennt, was es erfassen will, aus dem Lebenszusammenhang heraus. Die Sprache weiß: Die Axt macht Holz*scheite* und das Denken macht ge*scheit*. Und erst das Abgespaltene kann Baustoff zum Wohnraum für den Menschen werden – im äußeren und inneren Sinne. Eine schwedische Felszeichnung zeigt eine eindeutig männliche Gestalt, die segnend eine Axt, die als Metallwerkzeug erkennbar ist, über ein sich vermählendes Paar hält. Noch anderthalb Jahrtausende später wurde im Namen des »Hammergottes« Thor die Ehe geweiht, indem man der Braut als Fruchtbarkeitszauber einen Hammer in den Schoß legte. Die in das Werkzeug eingeflossene zeugende Kraft wirkt, so meinte man, darin weiter und geht auf den Menschen über.

Auch der Prozeß des Ein- und Umschmelzens wird auf den Menschen übertragen und im Totenkult gefeiert. Der Tote wird nicht mehr in der Erde bestattet, sondern den Flammen übergeben, zu denen der metallbearbeitende Mensch ein neues Verhältnis aufgenommen hatte. Wie im Läuterungsprozeß des Metalls soll die Seele, durch das Feuer gereinigt, in ein neues Sein übergehen. Der Mensch will sich selbst der Verwandlung anheimgeben, die ihm in seiner Arbeit vertraut und erstrebenswert geworden ist.

Mit der Metallurgie beginnt *das Zeitalter des Mannes.*[96] In der Frau geht das naturhafte Leben weiter, wird die Gattung erhalten, durch den Mann beginnt das eigentliche Menschenwerk. Und damit geht die uralte Mutterordnung zu Ende. Männer vollbringen die neuen Werke, durch die das Leben leichter, angenehmer und bunter wird. In dem Maße, wie die Bedeutung des Mannes in den Augen der Gesellschaft wächst, verändert sich seine soziale Stellung. In einer Gemeinschaft, die sich nicht mehr bluthaft-instinktiv verhält, sondern Regeln aufstellt und nach einem Plan zu handeln beginnt, fällt dem Voraus-Handelnden von selbst die Führung zu. Fortan gilt in der Tat Treitschkes Wort: »Männer machen die Geschichte!« Denn mit dem veränderten technischen Verhalten geht Hand in Hand eine Veränderung der sozialen Form. Am Ende dieser Entwicklung steht die auch rechtlich sanktionierte väterliche Führungs- und Verfügungsgewalt – *patria potestas* – nicht nur über die Arbeitsvorgänge, sondern auch über die Gemeinschaft, welche diese vollzieht. Der Mann wird zum Oberhaupt der *familia*, das ist: »der Genossenschaft«, in der sich um die blutsgebundene Sippe die in den Arbeitsverband aufgenommenen sippenfremden Helfer gliedern. Arbeitsgemeinschaft heißt in diesem Zustand: Lebensgemeinschaft.

Diese neue Ordnung bleibt nicht auf das Handwerkertum begrenzt, sondern wird auch auf die überkommene Form bäuerlichen Lebens übertragen. Der Sohn, und nicht die Mutter, bestimmt von nun an das öffentliche Leben, und damit wird auch die Mutter-Gottheit durch den Sohn verdrängt. Apoll, der Sohn der Leto, trat die Herrschaft im Bergheiligtum zu Delphi an. Delphi bedeutet »Mutterschoß«. Ursprünglich war diese

Stätte der »Mutter Gäa« [= Erde] geweiht. Ihr wurden Altar und Laubblüten zum Fest der Erde errichtet. Nach der Überlieferung stürmten später fackelschwingende Jünglinge diesen uralt-heiligen Bezirk, steckten die Hütten in Brand und stürzten den Altar um:[97] ein Bildersturm, der eine religiöse Revolution einleitete, und dessen darum in der nachfolgenden Zeit durch ein regelmäßig alle sieben Jahre wiederholtes historisches Festspiel gedacht worden ist. Apollo, der Lichtbringer – *phosphoros* –, wurde nun Herr der Welt, und die Inschrift seines Tempels verkündete sein Gebot: »Erkenne dich selbst.« Denken und Bewußtsein anstatt »ahnungsvolle Scheu«[98], mit der die Menschen bisher auf die Geheimnisse des Lebens geschaut hatten, sollten nun das Dasein bestimmen.

Dieser Übergang in das Zeitalter des bewußt handelnden Mannes vollzog sich nicht ohne Geburtsschmerzen. Jene Jünglinge von Delphi sind dem Orestes zu vergleichen, der den Mord an seiner Mutter mit der Verfolgung durch die Erinnyen büßen mußte. Mit dieser Tat war die alte Mutterordnung zerbrochen. Der Brecher der bisher gültigen Ordnung gilt zwangsläufig als Verbrecher, solange bis eine neue Ordnung begründet ist. Doch das ist nicht nur ein sozialer Konflikt, er vollzieht sich in den Seelen selbst. Mit der Mutter hatte Orestes zugleich in sich das Geschöpfsein erschlagen, so wie Kain den Hirtenbruder Abel. Aber es war kein willkürlicher Frevel, sondern in furchtbarer innerer Auseinandersetzung aus höherer Gesetzmäßigkeit der Lebensentwicklung heraus geschehen, und Apollo sprach ihn frei. Es ist eine Schuld, die der Mensch auf sich nehmen muß, die er zwar zu büßen hat, die jedoch gesühnt werden kann. In der Lösung von der »Mutter« zeigt sich ein Vorgang, der sich in jedem einzelnen Menschenleben wiederholt. Er ist schmerzhaft, aber unumgänglich notwendig auf dem Wege des Menschen zu seinem Eigensein. Wollte der Mensch zum Schöpfer werden, so mußte er die Natur in sich überwinden und den Mut haben, im Äußeren Hand an sie zu legen. Dies war keine Selbstverständlichkeit. So sprach sich eine Art Schuldgefühl gegenüber der Natur darin aus, wenn die Griechen den Flußgott um Verzeihung baten, ehe sie eine Brücke über das Wasser schlugen, und die Tiroler Holzfäller bis ins vorige Jahrhundert dem Baum Abbitte taten, bevor sie ihm »das Leben nahmen«.[99]

Dieses Urproblem des Schöpfermenschen der neuen Epoche hat Goethe beantwortet, indem er Orestes durch die Schwester erlösen läßt, nicht durch das Weib, sondern durch die in einem neuen Sinne Mensch gewordene Frau, die mit den Worten der Antigone des Sophokles sagen kann: »Nicht mit zu hassen, mit zu lieben, bin ich da.« Denn »alle menschlichen Gebrechen sühnet reine Menschlichkeit«. In der solcherart »ewigen« Frau können das »Geschöpf« und der »Allmensch« sich erhalten. So bleibt die Frau die allseitige, aussöhnende Mitte, die die in Neigungen und Berufe, Nationen und Weltanschauungen sich aufsplitternde Welt des Mannes »im Innersten zusammenhält«. Die Mittelstellung, die ihr in neuer Weise zukommt, ist nicht mehr der sichtbare Mittelpunkt eines Kreises, sondern eher die verborgene Mitte einer Kugel, deren Oberfläche gestaltet wird durch die Taten des Schöpfermenschen, und die durch ihre Buntheit ins Auge fällt.

Der Schöpfermensch ringt um die ihm gemäße Sozialgestalt

Die Auseinanderfaltung des *einen* Menschen der Urzeit und in die geschlechtliche Polarität in Rassen und Kulturkreise setzt sich im Handwerk fort. In ihm beginnt eine erste *Typenbildung.* Der von der bäuerlichen Lebensordnung sich absondernde Mensch vervielfältigte sich in bestimmten Berufsgruppen, die von nun an zum Leben der Gesellschaft gehören. Der Schmied, der Bäcker, der Weber, der Arzt oder der Priester, sie alle bildeten besondere Funktionen aus als Glieder eines anfänglichen sozialen Organismus. Da sie nicht als einzelne bestehen konnten, sondern miteinander arbeiteten und gegenseitig Erfahrungen austauschten, organisierten sie sich in Bünden, die sich selbst als Repräsentanz eines *Typos* und damit *einer* Gestalt verstanden. Das galt nicht nur für die jeweilige Generation, sondern auch über diese hinaus, weil es gerade auf die Weitergabe der Erfahrungen ankam. Der einzelne fügte sich in die durch den Typos vorgeschriebene *Rolle.* Sie erlegte ihm in zum Teil strengen Vorschriften Verhaltensweisen auf, nach denen er Arbeit und Leben einrichtete. In den Standessitten zum Beispiel *des* Offiziers, *des* Arztes, *des* Priesters erhielt sich bis in unsere Zeit die Bedeutung der Rolle, die das Glied einer Berufsgruppe zu beachten hatte. Noch heute weisen gewisse Familiennamen auf die einst blutsgebundene und daher vererbliche Rolle der ältesten Berufe hin: Bauer, Schmidt [Hammer], Weber, Schneider, Müller, Bäcker [Beck], Zimmermann,

Tischler, Gerber, Schuhmacher und viele andere, deren Herkunft nicht mehr so ohne weiteres erkennbar ist. Diese Sonderung ist insofern ein gänzlich neues Prinzip, als sie an sich nicht auf natürlichen Grundlagen beruht wie die Gemeinschaft des Blutes [Sippe, Stamm] oder der Geschlechter [Männerbünde] und Altersklassen [Knabenund Jünglingsbünde bzw. Jungfrauenschaften]. Die neue Sozialgestalt ist durch die *Arbeit* bestimmt.[100] Eine gemeinsame Aufgabe, ein vorgegebenes Ziel führt diese Männer zusammen und schafft zwischen ihnen eine neue Art der Beziehung. Man erkennt sich am Werkzeug und unterscheidet sich allein durch den Wert der Leistung. Nur die Meisterschaft befähigt zur Führung: die Kunst, das Können bildet den Maßstab.

Diese Herausbildung eines Typos, der in den erbgebundenen Kasten Indiens sogar eine religiöse Begründung und Bedeutung erhielt, entspricht im Stellenwert der Lebensordnung den Unterarten einer Species im Tierreich: dort wie hier erbfest gewordene Spezialisierung. Und wie dort ist eine bestimmte Sonderfunktion – also Schmied, Gerber usw. –, in vielen Einzelexemplaren vertreten. Im Grunde ist es nur *einer*. Erst ganz allmählich wirkt im Laufe dieser Entwicklung das Prinzip der Differenzierung auf den einzelnen zurück und in einer personhaften Ausformung weiter. In der besonderen Hingabe, im Fleiß, in der unterschiedlich werdenden Begabung und in der Art, sie zu nutzen, bilden sich individuelle Eigenschaften aus. An der Arbeit erwacht nicht nur, wie in der Urzeit des Paläolithikums, der Mensch zu sich selbst, sondern auf einer weiteren Stufe auch die *Individualität,* die Persönlichkeit. Immer mehr wird sich der Künstler und Handwerker seiner Eigenleistung bewußt. An ihr wächst das Gefühl: Das habe ich gemacht, das kann nur ich. »Immer häufiger spricht der Mensch das Wort ›ich‹ aus. Die Zeit ist längst vorbei, wo es dem Menschen schien, als arbeite er nicht selbst, sondern als werde mit ihm gearbeitet.«[101] So wird die Arbeit an der Technik zur Bildnerin und Erzieherin des Menschengeschlechtes, in jenem Sinne, wie Lessing die gesamte Geschichte verstanden wissen wollte. Sie wird es auch als Erwekkerin des individuellen Bewußtseins und Führerin zur Mündigkeit. Immer mehr wächst mit der Technik zugleich der Freiheitsraum des Menschen. Doch nun muß er zunehmend auch selber entscheiden und gestalten, dort wo zuvor die Natur ihm dies abgenommen hatte. Das wird deutlich, wenn wir zusammenfassend noch einmal die menschheitliche Evolution überblicken:

Im biologischen Bereich beginnt die *Individuation* mit der Ausbildung der fünf Grundrassen und der verschieden geprägten Entwicklung der Geschlechter. Diese erste Spezialisierung ist vorgegeben und steht noch außerhalb des menschlichen Einflusses und Freiheitsraumes. Die erste im menschlichen Handeln begründete Aufteilung ist die Auseinanderlegung in die beiden Urtypen Bauer und Handwerker. In dem Spannungsverhältnis, das hierin gegeben ist, findet die Anlage des Menschen zur Polarität sichtbaren Ausdruck. In ihm liegt ein treibendes Moment der geschichtlichen Entwicklung. Aber erst die darauf folgende Differenzierung der Berufstypen bis hin zur Individualisierung ist ausschließlich dem Eigenbereich des Menschen zugehörig und in seine Freiheit gestellt. Mit ihr vollzieht sich gleichzeitig ein Ringen um die soziale Gestalt. Der Schöpfermensch muß fortdauernd nach der ihm gemäßen sozialen Lebensform suchen. Es liegt in seiner veranlagten Freiheit begründet, daß die gesellschaftliche Form seines Daseins sich nicht zwangsläufig aus der neuen Technik entwikkelte, sondern in mannigfachen Experimenten und Irrtümern erst geschaffen werden muß. An dieser Aufgabe kann er sich nicht vorbeidrücken.

Die Aufeinanderfolge der technischen Mittel und Methoden ist notwendig gegeben. Hier kann nur eins aus dem anderen entwickelt werden. Wohl ist es der Mensch, der handelt, aber es ist das Leben selbst, das ihn leitet und treibt. Die ihm gemäße soziale Ordnung aber entwickelt er selbst. Das persönliche Empfinden und Denken gibt hier den Ausschlag. Adäquat ist jeweils nur *eine* bestimmte Ordnung. Aber sie muß nicht eingeführt werden, kann sowohl frühzeitig vorweggenommen oder überhaupt nicht erreicht werden. Letzteres bedeutet jedoch ein Aufhalten der Weiterentwicklung und führt zum Untergang von Kulturvölkern. Ein Beispiel dafür war Ägypten.

Für die Entwicklung einer ersten Sozialgestalt des Schöpfermenschen bietet Ägypten ein deutliches Bild: Der schwarzen Erde, die der Nil alljährlich schenkte, verdankte Altägypten die Fruchtbarkeit seines Landes. Sie verbürgte dem Menschen, der die Feldbestellung gelernt hatte, ein von Sorge um die tägliche Nahrung freies Leben. Die Ernte mußte dem Boden nicht mühsam abgerungen werden, sie füllte seine Speicher im Überfluß. Die Kräfte des Menschen, der zu einer neuen

Entwicklung seines Daseins gedrängt wurde, konnten sich anderweitig entfalten; sie flossen in die Ausbildung von Technik. Die Pyramiden sind nur *ein* Ausdruck dieses Überströmens freigewordener Bildekräfte. In ihnen werden in gigantischer Steigerung die »Menhire« Ägyptens errichtet. Wie jene als Ausdruck eines neuen Bewußtseins und des Zusammenwirkens vieler Menschen zu sehen sind, so erst recht die Pyramiden als Ergebnis einer sorgfältigen Organisation, die über Jahrzehnte hinaus plante. Diese Zeugen einer ersten staatlichen Gestaltung sind nur ermöglicht worden durch eine bereits konsequent durchgeführte Arbeitseinteilung. Die Massen der Lastträger und Bauleute konnten durch die Bauern gestellt werden, die zu bestimmten Jahreszeiten von Landarbeit frei waren. Eine Vielzahl von Bauhandwerkern mußte jedoch zusätzlich aus den Bodenerträgen mit ernährt werden. Das setzte eine feste Abgabepflicht von Erzeugnissen für die Bauern, zudem eine sorgfältige Verwaltung und gerechte Verteilung voraus.

Wo für den Handwerker in auskömmlicher Weise gesorgt werden konnte, waren dessen Kräfte freigestellt für die Ausbildung seiner Fähigkeiten. Der schöpferisch arbeitende Mensch – und das waren die Handwerker-Künstler der Frühzeit – bedarf der Muße, aber nicht des Reichtums. Er strebte allenfalls nach Ruhm, jedoch nicht nach Gewinn. In dieser Form eines »Ur-Kommunismus« konnte er sich entwickeln und gedeihen. Die hohe Kultur Ägyptens oder auch der Inkas und Mayas ist ein Zeugnis für die Möglichkeiten, die in einem solchen Zustand liegen.

Das Beispiel Ägyptens ist keine historische Einmaligkeit. Es wurde zum Urbild für jede Monarchie, die dort, wo sie noch echt vertreten wird, immer Theokratie, eine Herrschaft »von Gottes Gnaden« ist. In der Sozialgestalt Ägyptens erhielt sich der *Allmensch* – der Mensch auf der Schwelle zwischen Geschöpf und Schöpfer – als »der Herr« des Landes oder »Vater« des Volkes am längsten. Er lebte auch in der Zeit der Differenzierung in Typen und Individuen weiter als der Träger des Geistes der Gruppe, aus der heraus die Aufgliederung sich entfaltete. Er blieb das Haupt für die Glieder. So wie im Bewußtsein des Einzelmenschen die Glieder des Körpers als ihm zugehörig, als Eigentum und als Vollstrecker des eigenen Willens erkannt werden, so wird im Patriarchen anschaubar und bewußt die Einheit der Familie, deren Mitglieder gleichsam Leibesglieder für ihn sind. Er ist der Träger der Gruppenseele und deren Ich, das durch ihn als *persona* »hindurchtönt«. Darin liegt seine Rechtmäßigkeit begründet und seine vorbehaltlose Anerkennung durch die Gruppenglieder, die noch nicht zum Eigensinn erwacht sind oder ein solches noch nicht beanspruchen. Es gäbe ein verzerrtes Bild, wenn man Ägypten als einen Sklavenstaat verurteilen würde. Sklaverei ist nicht nur eine Sozialform, sondern ebenso ein Bewußtsein. Das meint: Sie ist nicht absolut, sondern relativ. Der Sklave entsteht im Selbstverständnis. Der freiwillige Rekrut wird sich nicht als Sklave des Ausbildungsgefreiten verstehen, obwohl er ihm »ausgeliefert« erscheint wie der antike Sklave seinem Herrn. Der Widerwillige hingegen wird ihn als »Tyrannen« ansehen. Das gilt nicht nur für militärische Kategorien, sondern auch für politische Systeme. Die ägyptischen Arbeitskolonnen, die – wie zeitgenössische Berichte angeben – singend zu ihren Arbeitsplätzen zogen, haben sich kaum als Sklaven empfunden. Sie hatten, was sie brauchten. Wenn wir nichts von ihnen wüßten, so könnten wir an der Freudigkeit, mit der durchweg die Angehörigen des einfachen Volkes in China heute die ihnen angewiesene Arbeit aufnehmen, etwas für den Bewußtseinszustand jener Zeit und ihrer Menschen ablesen. Und welches Kind würde sich als Sklave seiner Eltern empfinden? Selbst wenn es darben muß oder geschlagen wird, würde nur ein Vergleich mit anderen es aufbegehren lassen. Diese Möglichkeit war in den alten Kulturen nicht gegeben. »Die persönliche Freiheit war noch nicht erfunden«, [H. E. Jakob]. Sie entsprach noch nicht dem Entwicklungsstand der Menschheit. Die Landeskinder fühlten sich als Kinder des Landesvaters. Es war sein Land, das »Vaterland«, an dem sie arbeiteten, und nur er hatte einen Überblick über das Ganze. Sie wirkten in ihm wie die Familienmitglieder auf dem Hof, miteinander und füreinander. »Das größte Rittergut der Geschichte« nennt H. E. Jacob zutreffend Ägypten. Das Gemeinwesen war ein einziges »Haus des Pharao«, in dem wie unmündige Kinder alle um den einen Tisch saßen und frei von Nahrungssorgen blieben. Ägypten ist für uns das Vaterland der Vaterländer geworden und das Vorbild der Monarchie »von Gottes Gnaden«.[102] Der Pharao war so selbstverständlich Herr über Leben und Tod seiner Landeskinder, wie der Vater das Leben seiner Kinder in der Hand hält. Das Volk Ägyptens ist im Grunde nur *ein* Mensch. Dieser Mensch ist nur polar vorstellbar, darum wird er durch Pharao und Pharaonin als Bruder und Schwester repräsentiert.

Dieser bipolare Mensch fühlt sich identisch mit dem Gott, zu dem er betet. Der Pharao ist nicht ein Stellvertreter des Osiris, des auferstandenen Gottes. Er ist Osiris selbst, der als Urkönig Ägyptens vorgestellt wird und im Pharao weiterlebt. Und jeder Ägypter, soweit er der Oberschicht angehörte, das heißt zu einem höheren Bewußtsein aufgestiegen war, sagte in der Grabinschrift von sich: »Ich bin der Osiris N. N.« Er war nicht nur der Göttlichkeit und damit der Unsterblichkeit teilhaftig, um derentwillen sein Leib mumifiziert wurde, er war auch identisch mit dem Pharao. Der Pharao hätte aussprechen dürfen: Ich in euch und ihr in mir!

Die Handwerker erscheinen somit als die Glieder oder »die sprechenden Werkzeuge« des inkarnierten Gottes Pharao. Das gleiche gilt für China, das bis in unser Jahrhundert Altägypten widerspiegelte. Auch dort war der Handwerker ein Organ des Kaisers, des Himmelssohnes. Die oft festgestellte Abhängigkeit des Handwerkers vom König ist nicht eine Folge skrupelloser Ausnutzung, sondern des natürlichen Angewiesenseins auf diesen als »Brotgeber«. Der Pharao war es in Ägypten im wörtlichen Sinne, da in dieser Gemeinwirtschaft nicht mit Geld, sondern mit Brot entlohnt wurde. Jeder bekam für sich und seine Familie an Lebensmitteln, was er brauchte. Für besondere Leistungen erhielt er Geschenke und Ehrungen.[103]

Die Konservierung des bäuerlichen Gemeinschaftslebens, das Verhältnis des Landesvaters zu seinen Untertanen, welches der Überlegenheit des Familienvaters gegenüber seinen unmündigen Kindern entspricht, war der Entwicklung des Schöpfermenschen in derjenigen Zeit nicht mehr gemäß, wo dieser sich in seinen Handwerkern und freien Kaufleuten mündig zu fühlen begann. Ein neu aufkommendes Bewußtsein läßt den einzelnen nach Selbständigkeit und Bewegungsfreiheit fragen, ihn sein Dasein daher als Sklaverei empfinden. Von solchem ersten Aufbegehren wissen wir aus der Zeit 1800–1700 v. Chr. Die Bauern und Handwerker Ägyptens erhoben sich gegen ihre Herren. Sie rüttelten damit an den Grundfesten der bisherigen Weltordnung. Diese Ordnung wurde dadurch zwar noch nicht äußerlich, jedoch im Menschen selbst in Frage gestellt. Es war der Aufstand gegen eine Hierarchie, die starr an etwas festhielt, was einst in seiner Übereinstimmung von Gesellschaftsform und Bewußtseinsstufe gültiger Ausdruck einer Menschheitsepoche gewesen war. In Ägypten wurde diese Lebensform wie der Leib der Verstorbenen mumifiziert. An diesem Festhalten einer der Kindheit vergleichbaren Entwicklungsstufe mußte Ägypten schließlich zugrunde gehen.

Wie das neolithische Bauerntum Übergang auf der Schwelle vom Geschöpf- zum Schöpfermenschen war, so ist auch das Pharaonentum Ägyptens nur Übergang. Neben ihm entwickelte sich eine andere Form des Königtums. Seine Insignien waren nicht mehr Hirtenstab und Geißel, sondern das Zepter als Lebens*baum* und der Reichs*apfel.* Die aus der bäuerlichen Arbeitswelt stammenden Zeichen wurden von Symbolen des Schöpfermenschen abgelöst, in denen seine Macht und sein Eigensinn Ausdruck fanden. Es ist der Heerkönig, der sich mit dem Schwert »die Welt« erobert. Er begann zugleich mit dem Handwerker sich aus der archaischen Gemeinschaft herauszuheben.

Heerkönig und Handwerker ermöglichten sich gegenseitig. Es liegt im Wesen der Funktionen, die sie ausüben, begründet, daß der eine zum abhängigen Menschen, der sich nach Gegebenheiten und Weisungen richten mußte, wurde, der andere dagegen zum abhängigen Menschen, der Weisungen erteilte und Tatsachen schuf. So galt es als Zeichen von Entartung, wenn ein König meinte, sein Königtum bestünde darin, daß er tun könne, was er wolle. Darum war es in China ein Bauernrecht, einen solchen Kaiser zu stürzen.

Der absolutistische König von Preußen, Friedrich Wilhelm I., gab diesem Bewußtsein der Abhängigkeit Ausdruck, wenn er sagte: »Ich habe einen gestrengen Herrn über mir, le roi de Prusse.«

Vorerst aber war diese Abhängigkeit nicht ethisch begründet, sondern praktisch vorhanden. Ohne die Waffen der Handwerker, ohne die Gefolgstreue der Mannen, ohne Reichtum und eigene Tüchtigkeit ließ sich Königtum nicht verwirklichen. Die endgültige Form der Herrschaft wurde der *Staat.* Er ist nicht wie Ägypten ein gewachsener Organismus, sondern planmäßige Organisation. Daran erinnert der für diese Einrichtung herkömmlich verwendete Name: lat. *status* ist Zustand, frz. *état* bedeutet Plan. Der Staat wurde durch einen einzelnen oder durch eine Gruppe gegründet. Ihre Größe und die treibende Willenskraft bestimmten die Schnelligkeit seines Aufbaues. Daher die Spontaneität, mit der Staatengründungen aus dem Dunkel der Geschichte auftauchen können, aber ebensoschnell auch wieder verfallen, wenn der Herrscher stirbt oder die tragenden Kräfte erlahmen.

Der *Staat* hat seinen Ursprung im Kriegerbund, der sich um den Tapfersten und Tüchtigsten als anerkannten Führer sammelt. Dieser ist als »Feldherr« der Anführer einer Gruppe, die blutsmäßig bestimmt sein kann, es aber nicht zu sein braucht. Die Heeresordnung ist die älteste Staatsverfassung. Der Krieg, der einst zur Landnahme als planmäßiger Überfall auf einen Nachbarstamm oder als Verteidigung gegen einen solchen geführt wurde, wird zum Selbstzweck. »Der Kampf als inneres Erlebnis« wird zur Steigerung der Eigenkräfte gesucht. Die Prahlreden, wie sie die homerischen und germanischen Helden mit streitenden Knaben gemeinsam haben, dienen der Stärkung des Eigenbewußtseins. Ein erstes Ich-Gefühl entzündet sich an der erfolgreichen Überwindung eines Gegners oder einer Gefahr.[104] In der dadurch gewonnenen Ehre und im »Tatenruhm«, der den Täter überlebt [Edda], wird dessen Existenz nicht nur im biologischen Sinn, in der Folge der Geschlechter, sondern auch als Individualität lebendig erhalten. Die Bedeutung des Kampfes für das Selbstbewußtsein des einzelnen wie für das der werdenden Völker ist – ungeachtet unserer heutigen so ganz anderen Auffassung – als historisches Phänomen nicht gering zu veranschlagen, ebensowenig wie für die moralische Entwicklung der Menschheit.

So breitete sich die christliche Religion besonders unter den Soldaten aus. Das ist nicht allein religionsgeschichtlich aus der Verbreitung des Mithraskultes unter den römischen Legionären zu erklären. Vielmehr ist dieser als Vorbereitung eines ersten Ich-Bewußtseins zu verstehen. Wenn eine erstaunliche Zahl der christlichen Märtyrer Soldaten waren, so beruht das gewiß auch auf dieser Ausbildung der Ich-Kräfte.

Der Heerkönig unterwirft sich mit seinem »Volk in Waffen« die Gebiete anderer Stämme und Völker und errichtet als höhere Ordnung das *Reich*. Es ist Befehlsbereich: *imperium*. Babylon, Assur und Rom sind Beispiele dafür. Als Machthaber wird der oberste Kriegsherr zum Gestalter einer bis dahin nicht dagewesenen Lebenserscheinung. Im Schmelztiegel seines Reiches werden die verschiedenartigen Stämme zu einem *Volk* verschmolzen. Als Ausdruck seines einheitlichen Bewußtseins entwickelt es eine eigene Volkssprache. Mit Recht wird daher vom »Schöpfer« eines Staates gesprochen. Auch für Zeiten, aus denen historische Dokumente nicht vorliegen, berichtet die Überlieferung von solchen großen Begründern eines Volkes: Lykurg, Moses, Romulus z. B.

Im Staatsführer findet der Schöpfermensch eine großartige und extreme Möglichkeit der Selbstverwirklichung. Da der Gegenstand seines Gestaltens der Mensch selbst ist, scheint seine Macht zunächst unbegrenzt. Ihm ist alles Leben untertan: Pflanze, Tier und Mensch. Zum erstenmal prägt sich die Individualität aus, und das Eigenbewußtsein des Schaffenden steigert sich in ihm zum Erlebnis gottähnlicher Vollmacht:

»Hohe Berge sprengte ich, Steine zerschmetterte ich, einen Weg für die Cedern ließ ich zurichten ..., wie Rohr flößte ich sie durch den Kanal« [Nebukadnezar].

»Vom großen Meer der aufgehenden Sonne bis zum großen Meer der untergehenden Sonne erstreckt sich die Gewalt meiner Hand« [Salmanassar].

Der König wird zum Wegbereiter des Großmenschen. Oft ist es in der Antike sein Ziel gewesen, sein Reich über alle Völker auf den Umkreis der ganzen Erde auszudehnen. Indem er sich als die Mitte betrachtete, der alle anderen tributpflichtig waren, lebte in ihm das Bewußtsein auf von der einen, unteilbaren Menschheit, wenn auch in übersteigertem Herrscheranspruch. Kennzeichnend für das Denken aller Herrscher im Zeitalter des Schöpfermenschen ist das Gebet Nebukadnezars: »Alle Völker der Erde werden in das Tor Gottes – *bab-ilu* [= Babylon] – kommen.«[105]

Neben dem Bewußtsein von sich selbst und von der Menschheit wurde noch eine bedeutende Fähigkeit im Heeres- und Staatswesen ausgebildet, die ebenfalls in die Zeit des Großmenschen hineinweist. Es ist die Kunst der Menschenführung, ohne die jeder Erfolg in Frage gestellt wird. Der Feldherr oder soldatische Führer, der es nicht verstand, die von ihm geführten Männer von der Notwendigkeit eines Unternehmens zu überzeugen oder ihr Vertrauen für die Richtigkeit seiner Entscheidungen zu wecken, der nicht Begeisterung für ein gemeinsames Tun hervorzurufen vermochte, mußte bei aller Klugheit und einsichtsvollen Planung ohne Erfolg bleiben. Es sind ähnliche Eigenschaften, die heute im Betrieb gefordert werden. Die Praktiken, die in der Heeresverfassung und in der Organisation des römischen Staates ausgebildet wurden, sind unabdingbare Voraussetzung für die Organisation industrieller Unternehmungen. Damit ist nicht die zeitgebundene Form, sondern das *Wesen* der Disziplin und Organisation gemeint, das im Laufe der Geschichte eingeübt und dem Menschen »einverleibt« worden ist.

Doch der Staat und seine Macht sind unsichtbare Kräfte. Sie mußten Fuß fassen auf der Erde, um sichtbar in Erscheinung treten zu können. Dies geschah in der *Stadt.* Sie ist die andere soziale Neuschöpfung jener Epoche. Im Staat findet der Krieger und Heerführer seinen ihm gemäßen Ausdruck, in der Stadt der Handwerker. Seine Kunstfertigkeit macht sie blühend und reich, und damit geeignet zum Sitz des Königs, dessen Anwesenheit ihr Würde und Glanz verleiht, Kauflustige herbeilockt und den Warenaustausch fördert. Beide bedingen einander: Staat und Stadt, Krieger und Handwerker, gemeinsam begründeten sie Weltreiche und Kulturen. Der Krieger bahnte die Wege und baute die Straßen, die zur Einen Welt hin führen. Was der Herrschaft über die Völker dienen sollte, diente zugleich ihrer Verbindung und dem Kulturaustausch. Über die Straßen der Soldaten zogen die Händler mit den Erzeugnissen der Handwerker.

Die *Stadt* baut auf der Voraussetzung der im Neolithikum entstandenen umfriedeten Siedlung auf, innerhalb derer sich viele Sippen zu gegenseitiger Hilfe und Schutz als dörfliche Lebensgemeinschaft miteinander verbanden. Schon früher als 5000 v. Chr. sind erste Ackerbaudörfer am Nordrande Mesopotamiens bezeugt. Die Siedlungsgemeinschaft ist *eine* Voraussetzung für die dauernde Arbeitsteilung. Ihre Bewohner ernähren sich vorwiegend vom Ackerbau – wie noch die Bürger vieler späterer Städte im Mittelalter bis in die Neuzeit hinein. Ihre Zahl war groß genug, um Handwerkerspezialisten unterhalten zu können. Produktion und Konsum ergänzten einander. Der Markt als Umschlagplatz der bäuerlichen und handwerklichen Waren wurde zum Mittelpunkt der Stadt. Diese Herausbildung des Handels war eine weitere Vorbedingung und Begleiterscheinung der technischen Evolution.

Der Handwerker wird zum *Händler,* wenn er das von seiner Hand Erzeugte weitergibt, um dafür Nahrung oder Rohstoffe, deren er zu seiner Arbeit bedarf, einzutauschen. Schon früh spezialisierte sich der Händler, den wir als »Sohn« von Handwerker- und Jägertum ansehen können. Vom Jäger hatte er die Lust am Umherwandern und Entdecken und die Freude am Wagnis. Der Kaufmann ist in dieser frühen Zeit der Unternehmende, der auf seinen weiten Fahrten immer wieder Gut und Leben aufs Spiel setzte, ob er nun in unbekannte Länder vordrang oder sein Schiff auf hoher See den Stürmen aussetzte. Als derjenige, der Stämme und Völker, Länder und Kulturen miteinander verband und den Kreislauf des wirtschaftlichen Austausches als Vermittler in Bewegung hielt, ist er eine in der Auffächerung des Schöpfermenschen unentbehrliche Gestalt.

In der *Marktwirtschaft* beginnt eine grundsätzlich neue Wirtschaftsform. Sie wird im Unterschied zur Planwirtschaft Ägyptens durch Angebot und Nachfrage bestimmt. Der Markt ist das Herz der Stadt, die einem einzigen Organismus zu vergleichen ist. Das Herz impulsiert den Kreislauf. Im Dorf bildete jeder Bauernhof einen Organismus für sich, der sich wirtschaftlich selbständig erhielt. Aus Zusammengehörigkeitsgefühl und Sicherheitsbedürfnis heraus entstanden diese Organismen nebeneinander. Sie schlossen sich nicht aus wirtschaftlichen Gründen zusammen. Die Stadt hingegen ist einem einzigen erweiterten Bauernhof vergleichbar. Ihre Bewohner sind Organe dieses neuen Wirtschaftskörpers. Die auf dem Bauernhof von jedem einzelnen noch allseitig nacheinander ausgeführte Arbeit wird in der Stadt in ihre verschiedenen Funktionen auseinandergelegt und in den Berufen spezialisiert.

Die *Persönlichkeit*, die sich mit der Spezialisierung ausbildet, findet in der Stadt den für ihr Wachstum förderlichen Boden. Haben sich die Handwerker eine wirtschaftliche Macht erworben und sind sie sich der Bedeutung bewußt geworden, dann ist der Weg in die Demokratie der antiken Stadtrepubliken nicht mehr weit. Es sind die Städte, die zuerst durch einen mächtigen König reich und groß werden, aber es sind auch die Städte, die sich zuerst vom Königtum zu befreien suchen.

Die vornehmste Blüte der Stadt als sozialer Erscheinungsform in der Antike ist Athen. Hier erwachte zum ersten Male in den bisher ausschließlich als Gliedern funktionierenden Einwohnern das Bewußtsein ihrer eigenständigen Menschlichkeit. Daher gehen alle Sehnsüchte derer, die in der Neuzeit die Demokratie vertreten, zu dieser ihrer Geburtsstätte zurück. Nur allzuoft wird dabei das hierarchisch geordnete Staatswesen der drei Klassen übersehen – ein verhängnisvoller Fehler der modernen Betrachtungsweise! Denn auch in Athen galt die Sklaverei, und die Frau, die auf das Hauswesen beschränkt blieb und in der Öffentlichkeit der sonst ausschließlich männlich bestimmten Gesellschaft nur als Hetäre erschien, hatte eine völlig untergeordnete und abhängige Stellung inne.

Im *Imperium Romanum*, dessen Mittelpunkt Rom als die »Ewige Stadt« bis in die Spätzeit der Geschichte blieb, vollendete der Schöpfermensch in seiner europäischen Gestalt seinen Wirtschaftsleib und schuf zugleich ein Modell und Symbol für den erst in der Gegenwart möglichen Welt-Organismus der Menschheit. Die historische Mission Roms als Schule der Menschheit wird damit nicht in Frage gestellt. Für die Entwicklung Europas und damit der Menschheit bleiben die drei Jahrhunderte der Pax Romana grundlegend. Sie bedeuten für den Mittelmeerraum und seine Ausstrahlungsgebiete [darunter insbesondere Westeuropa, d.h. das heutige Frankreich und Süd-England] für 300 Jahre einheitliche Verfassung, einheitliche Amtssprache, einheitliches Recht; im wirtschaftlichen Bereich einheitliche Währung, freien Verkehr und Handel ohne Visum, Zölle und Landesgrenzen. Sie ermöglichten einen entsprechenden zivilisatorischen Fortschritt: Erst mit der Befriedigung der damaligen [europäischen] Ökumene durch Augustus wurde die Stadt Rom aus einer halbbäuerlichen Ackerbürgergemeinde zum glanzvollen Zentrum der Welt. Der primitive hölzerne Jupitertempel auf dem Capitol wurde durch einen prunkvollen Marmorbau ersetzt. An die Stelle provisorischer Holztribünen traten die ersten monumentalen Theater. Die Einwohnerzahl wuchs auf 800 000 Menschen. Selbstverständlich benötigte der jetzt aufkommende Handel und Wandel den Ausbau der bisherigen Militärstraßen zu einem staatlichen Fernstraßennetz, das 100 000 km betrug. Eine Straßenbaukunst wurde entwickelt: Der Damm wurde mit Kies oder Schotter auf dünner Packlage gewölbt und gefestigt, die Entwässerung durch Straßengräben gesichert und die Gradlinigkeit durch die Ausbildung der Geodäsie zur Straßenvermessung ermöglicht. Zwischen Neapel und Puzzuoli wurde 36 v. Chr. für die Via Flaminia ein 708 km langer Straßentunnel gebaut. Die Reichspost [*cursus publicus*] konnte mit Hilfe leichter Wagen immerhin 200 km in 24 Stunden bewältigen. Die unter- und oberirdischen Wasserleitungen in der Stadt Rom hatten eine Gesamtlänge von 400 km. Um dem späteren Köln frisches Trinkwasser aus der Eifel zuzuführen, wurde eine Wasserleitung von 78 km Länge gebaut. Der Flachguß von Glas machte Fensterscheiben möglich, und hochfeuerfeste, hartgebrannte Ziegel konnten zum Material für die Hypokausten als zentrale Warmluftheizungen mit einer Leistung von 600–800 Grad C dienen. Für die Landwirtschaft blieb der damals aufkommende Radpflug bedeutsam.[106]

Die *Pax Romana* der Kaiserzeit beschließt den Weg vom

Pharaonentum über die athenische Republik. So wie Ägypten zu einem einzigen Bauernhof unter dem Pharao als Haupt geworden war, so wuchs Rom zu einer einzigen »Weltstadt«, die sich als »Reich« nach den gleichen Prinzipien verhielt wie einst die Stadtburg auf den sieben Hügeln. Die Bedeutung und Dauer Roms liegt darin begründet, daß hier in klassischer Weise eine Großgemeinschaft freier Bürger ausgebildet wurde. Rom erhob sich nach seinem Fall in der Völkerwanderungszeit aufs neue und dauerte als Idee des Reiches und der Kirche, als Sitz der Cäsaren und der Päpste, bis der aus ihm hervorgehende Leib des Großmenschen in Gestalt der europäischen Zivilisation zu seiner Vollendung gelangt ist. Das altbekannte Sprichwort: »Alle Wege führen nach Rom«, kann unter diesem Aspekt auch heißen: »Alle Wege kommen von Rom.« In dem Augenblick, in dem die Menschheit als Einheit ersteht, ist »Roms« Aufgabe erfüllt und seine Bedeutung endgültig erloschen.

Das demokratische Prinzip der Antike lebt in den freien Reichsstädten des Abendlandes wieder auf. In der Stadt entzog sich die heranwachsende Individualität der patriarchalischen Führung durch den Adel. Das Wort: »Stadtluft macht frei«, kennzeichnet diesen Anspruch auf Mündigkeit.

Athen und Rom wurden zu Vorbildern für die Französische Revolution und die Unabhängigkeitsbewegung in den englischen Kolonien Nordamerikas. Das »Capitol« Washingtons schließt an die Tradition Roms an, und der Adler und die Rutenbündel (die *fasces*, die der »Bündigung« des *Faschismus* ihren Namen gaben!) leben als Embleme der US-Demokratie weiter. Die Stadt als Lebensform des Schöpfermenschen wird zur Keimzelle und zum Urbild aller weiteren sozialen Entwicklung. Es ist nicht zufällig, daß eine Stadt einem Weltreich seinen Namen gab. Rom wurde zum *orbis mundi*.

Auch Babylon wurde im Bewußtsein seiner Zeitgenossen zur »Welt« und in der Apokalypse als die »Große Hure« gar zum Inbegriff aller negativen Erscheinungen der Zivilisation. Daß dies nicht dem Wesen der Stadt galt, sondern nur ihrer Entartung, geht aus der Vision der Heiligen Stadt, des »Himmlischen Jerusalem«, hervor. Auch das Gegenbild einer durchgeistigten Gemeinschaft wird also wieder im Bilde einer Stadt beschrieben. Mit diesen Symbolen greift der Mensch einer Entwicklung voraus, die erst im Zeitalter des Großmenschen ihre Vollendung findet. Wir selber sind Zeugen, wie die sozialen Formen und das Denken der Stadt bereits weitgehend das Land erobert haben. Durch die Erschließung und Kultivierung der öden und bisher unwirtlichen Gebiete für die zunehmende Bevölkerung wird schließlich die ganze Erde zu einer einzigen Stadt. Am Anfang steht der *Garten* des Paradieses, am Ende die *Stadt* des Menschen.

Im Räumlichen wird heute der Gegensatz Stadt–Land mehr und mehr aufgelöst. Jetzt erscheint er im Bewußtsein der Menschen und besteht hier fort, indem jeder Geschöpf und Schöpfer zugleich ist. Dies gilt nicht nur hinsichtlich seiner persönlichen Existenz, sondern zugleich für eine soziale Ordnung. Auch in dieser gehört der Mensch hinfort zugleich der Naturordnung [Familie] und der Menschenordnung [großmenschliche Gemeinschaft] an. Letztere beansprucht ihn in vielfältiger Weise in Betrieb, Stadtgemeinde und Staat. Die soziale Gesundheit wird in Zukunft daran abzulesen sein, inwieweit diese beiden Ordnungen für die jeweilige Entwicklungsstufe einer Menschengruppe in Harmonie gebracht werden können.

Die »Sklavenhalter-Gesellschaft«

Großartige Zeugnisse ihrer Macht und Kunst haben uns die Kriegerkönige und die Patrizier hinterlassen. Ihre Herstellung erscheint ohne Präzisionsapparate und Maschinenkraft ein Wunder menschlicher Fertigkeit und Ausdauer, und immer noch bewundern die nachkommenden Geschlechter die Taten ihrer großen Vorfahren. Doch diese alle konnten nur ausgeführt werden, weil unzählige Menschen versklavt und zur Arbeit gezwungen wurden. Ihre Tränen und Seufzer sind verweht, vergessen – geblieben sind nur die Werke. Der Parthenon und die anderen Kunstwerke der Antike, die er heute bewundert, verdankt der moderne Mensch den Sklaven. Wie Atlas das Himmelsgewölbe, so tragen ihre gekrümmten blutigen Rücken den stolzen Bau menschlicher Zivilisation und Kultur.

Wie deuten wir dies Doppelantlitz der Technik? Die Entwicklung der Technik forderte eine immer umfangreichere Werkzeugwelt, um die selbstgestellten Aufgaben zu bewältigen. Im Paläolithikum hatte der Mensch als erstes Werkzeug den Stein in die Hand genommen. Im Neolithikum trat zum

»stummen« Werkzeug das »brüllende«: Die Kraft des Tieres wurde dienstbar gemacht. Der Schöpfermensch unterwirft sich den Mitmenschen als das »sprechende Werkzeug«.[107]

Durch Kriege oder Raubzüge wurden die Sklaven gewonnen, über die ihr Herr verfügen konnte wie über ein technisches Gerät. Er konnte es auf dem Sklavenmarkt kaufen und verkaufen und in jeder Hinsicht mit ihm tun, was er wollte. Es lag ihm ebensowenig wie einem Viehhalter daran, das lebende Eigentum hungern und damit von Kräften kommen zu lassen, humanitäre Gründe gaben dazu allerdings keine unmittelbare Veranlassung. Je mehr der Sklave gelernt hatte, desto wertvoller war er. Entlief er oder war er ungehorsam, konnte er im wörtlichen Sinne »gebrandmarkt« und sogar gekreuzigt werden. Der Totschläger eines Sklaven wurde nicht zur Verantwortung gezogen. Der Sklave war kein Mensch und keine Person, er war eine Sache.

Das Elend dieser Menschen ist kaum vorstellbar, handelte es sich doch oft gerade um Menschen, die aus Unternehmergeist und Freiheitsgefühl als Kaufleute oder Krieger in die Fremde gezogen waren. Die orientalischen Sagen erzählen bis heute davon. Besonders grausam war das Leben der Staatssklaven, die als Kriegsgefangene eingebracht worden waren. Straßenbau, künstliche Bewässerung, der Bau von Kanälen und öffentlichen Gebäuden, Steinbrucharbeit und Bergbau, alles, was unter den Begriff »öffentliche Arbeiten« gehört, wurde ihnen auferlegt. Zusammengefaßt in Arbeitskolonnen, ohne Familienleben kaserniert und unzureichend verpflegt, von unbarmherzigen Fronvögten, die die vorgeschriebenen Leistungen erfüllen und so viel wie möglich für sich selbst gewinnen wollten, angetrieben, hatten sie das schlimmsteLos der Sklaverei zu tragen. Die Sklavenhalterordnung gehört zu den dunkelsten Seiten der Geschichte. Aber ohne sie wäre die Evolution nicht vorangeschritten. Daß es sich hier um eine unumgängliche Durchgangs- und Entwicklungsstufe der Menschheit handelt, hat bekanntlich selbst Karl Marx ausgesprochen.

Die Leistung des Sklaven war das Opfer, das einem großen Teil der Menschheit abgefordert wurde, damit der Mensch werden konnte, was er werden sollte: Großmensch. Die Schicksale der Sklaven gehören zu den Leidensstationen einer unermeßlichen Passion auf dem Wege zu diesem Ziel. Auch der Sklave trug das Kreuz der Menschheit, das ihrer Erhebung vorangehen mußte. Er vollbrachte durch seinen Opfergang die größte Leistung im Zeitalter des Schöpfermenschen. Daher wurde später von seinem Befreier gesagt: »Er nimmt an eines Knechts Gestalt, der Schöpfer aller Ding'.«[108] Die Kreuzigung war die Hinrichtungsart für Sklaven. Als Spartakus mit seinem Aufstand – der größten Erhebung der Unterdrückten im Altertum – gescheitert war, wurden nach seinem heldenhaften Tod Tausende seiner Anhänger zu beiden Seiten der nach Rom führenden Straßen ans Kreuz geschlagen. Im Kreuze *Christi* wurde zugleich der Sklave erhöht und sein Opfer aller Welt sichtbar gemacht. Fortan mußte jede Art von Sklaverei als dem Menschen nicht mehr gemäß und unerträglich erscheinen.

Doch es sollten noch nahezu zwei Jahrtausende vergehen, bevor dies Bewußtsein allgemein das Handeln der Menschen bestimmte. Immer wieder mußten Sklaven, Leibeigene und zuletzt Proletarier den Weg für den Großmenschen bereiten. Amerikas blühende Wirtschaft ist nicht zuletzt das Werk von Negersklaven. Allein auf englischen Schiffen wurden in den Jahren 1680–1780 mehr als zwei Millionen Neger von Afrika nach Amerika gebracht und damit weite Teile Afrikas entvölkert.[109] Auch die Industrielle Revolution begann mit der Ausbeutung von Menschenkraft. Diese Menschen arbeiteten jedoch letzten Endes an ihrer Befreiung, denn unter ihren Händen entstanden die Maschinen, die schon Aristoteles als die einzige Möglichkeit sah, um der Sklavenarbeit, dem Sklavenleben der Menschen ein Ende zu bereiten. Er hatte einst die resignierende Feststellung getroffen, daß es erst dann keine Sklaven mehr zu geben brauche, wenn die Webstühle von selbst zu arbeiten beginnen – das hieß für ihn zu jener Zeit noch: niemals.

Ein Beispiel für eine Wahrheit in der Menschenwelt: Die Utopien von gestern sind die Realitäten von heute, und die Utopien von heute können die Realitäten von morgen sein.

Der Schöpfermensch im Spiegel seines Bewußtseins

Das Schicksal des Sklaven war in der Epoche des Schöpfermenschen nicht nur das Los einer Minderheit. Es wird sogar die überwiegende Mehrheit gewesen sein, die es zu tragen hatte. Unter dem Aspekt der Menschlichkeit gesehen, stellt sich somit schon für die damalige Zeit die gleiche skeptische Frage, wie sie heute immer wieder zur modernen Technik geäußert wird: ob Opfer und Ergebnis in einem rechten Verhältnis zueinander stehen. Anders ausgedrückt: ob wirklich in der Entwicklung von Technik und Kultur mehr gesehen werden darf als ein zwar buntes, doch im Grunde sinnloses Spiel des Lebens. Wo läßt sich hier ein Sinn erkennen, um dessentwillen diese menschlichen Opfer gerechtfertigt erscheinen? Der Mensch der Antike stellte sich selbst diese Frage, als ihm zum ersten Male der Verlust seines Geschöpfseins bewußt wurde. Die Skepsis späterer ägyptischer Dichtungen, das Buch Hiob und die griechischen Tragiker trauern dem nach und sprechen von der Eitelkeit menschlichen Strebens. »Möchte doch schneller das Ende kommen. Daß niemand mehr empfange und gebäre, daß jeder Laut auf Erden ersterbe und jeder Streit sich lege!« [Ägyptischer Papyros].[110]

Sie alle sehen in der den Menschen verliehenen Schöpfergabe das Pandorageschenk mit allen darin enthaltenen Übeln.

In charakteristischer Weise wurde diese Verneinung des Schöpferseins zum Kodex einer Religion erhoben durch ein Volk, das selbst das bittere Schicksal der Unterworfenen erfahren hatte: in der Fronarbeit Ägyptens und in der babylonischen Gefangenschaft. Als Hirtenvolk scheint *Israel* sich schon früh der technischen Entwicklung entzogen zu haben. Abraham verließ mit seiner Familie die damalige Kulturmetropole Ur.

In der *Genesis* des Alten Testaments wird der Aufbruch der Menschheit aus dem Zustand der naturhaften Geborgenheit in ein selbstverantwortliches Eigenwirken als Sündenfall beschrieben. Wenn die Schlange zu Adam spricht: »Ihr werdet sein wie Gott«, so wird damit nicht nur die Erkenntnisfähigkeit gemeint sein, sondern auch die daraus folgernde Vollmacht des Handelns. Denn mit der Gottesvorstellung wurden Allwissenheit und Allmacht verbunden. Um die Gabe der Schöpferkraft an den Menschen geht es also bei der Verheißung der Gottähnlichkeit durch die Schlange. Diese Gottähnlichkeit ist vom Schöpfer selber veranlagt: »Da Gott den Menschen schuf, machte er ihn nach dem Bilde Gottes.«[111] Der Gott der Bibel aber ist Schöpfer, also muß auch das Schöpfersein des Menschen von Gott gewollt sein. Im Grunde ist es Gott selbst, der den Menschen in Versuchung führt, würde es doch einem allmächtigen Gott widersprechen, die Schlange gegen seinen Willen im Paradies zu dulden. Zudem ist er selbst es, der den

Baum der Erkenntnis in das Paradies pflanzte und den Menschen darauf aufmerksam machte. Auch der Forscherdrang, der den Menschen nach der »verbotenen Frucht« greifen ließ, kann nicht widergöttlich sein.

Allerdings setzt sich der Mensch durch ihren Genuß selbst aus dem Paradies heraus. Jede Erkenntnis der Natur setzt Abstand von ihr voraus. Nur vom Gegenüber kann der *Gegenstand* richtig erfaßt werden. Um also das Paradies als solches zu erkennen, nämlich als die harmonische Ganzheit des Lebens, mußte der Mensch es zuvor verlassen, das heißt: den Einklang mit der Natur zerstören. Für ihn gilt, was der unsichtbare Geisterchor in Goethes Faust spricht: »Weh! Weh! Du hast sie zerstört, die schöne Welt, mit mächtiger Faust; sie stürzt, sie zerfällt! Ein Halbgott hat sie zerschlagen!« Aber auch das andere: »Mächtiger der Erdensöhne, prächtiger baue sie wieder, in deinem Busen baue sie auf! Neuen Lebenslauf beginne mit hellem Sinne...!« Daß dazwischen der Gang durch den Abgrund der Hölle liegt, weiß der Schöpfermensch. Darum bittet er die Schicksalsführung: »Führe uns nicht in Versuchung.«

Die Genesis zeigt nur die negative Auswirkung dieses Vorganges. Sie schildert Kain als Ackersmann »im Schweiße seines Angesichts« auf einem Acker, der um des Erkenntnisstrebens willen verflucht ist.[112] Aus dieser Haltung heraus wird verständlich, daß die Priester-Verfasser des Alten Testamentes bei der Beschreibung des langen Aufenthaltes ihres Volkes in Ägypten kein Wort übrig haben für die Kultur dieses Landes und nicht einmal für die Pyramiden als die gewaltigsten Denkmale zeitgenössischen Schöpferwillens. In der Geschichte vom »Turmbau zu Babel« kommt diese negative Kulturkritik unverhohlen zum Ausdruck.[113]

Durch das Alte Testament ist diese ablehnende Haltung in das religiöse Empfinden des Abendlandes und damit eines großen Teiles der heutigen Menschheit eingegangen. Es beeinflußt weitgehend – wenn auch oft unbewußt – das Verhalten des gläubigen Christen der Gegenwart zur Technik.

Ein solcher Skeptizismus konnte sogar zum Erlahmen der Schöpferkräfte und der Schaffensfreude führen. So blieb das jüdische Volk trotz seiner hervorragenden intellektuellen Veranlagung im Altertum auf technischem und künstlerischem Gebiet unentwickelt und nur reproduktiv: Salomo mußte sich zum Bau seines berühmten Tempels die Baumeister ausleihen;

die Bibel selbst berichtet von phönizischen Bauleuten, und die Architekturgeschichte bestätigt vorderasiatische Vorbilder.[114]

Daß ein solches kulturfeindliches Bewußtsein das Ende der menschheitlichen Entwicklung bedeuten konnte, geht aus einer Tatsache hervor, die nicht nur, wie bisher geschehen, aus einem Versiegen der biologischen Kräfte erklärt werden kann. So zeigen nach einem steilen Anstieg die alten Hochkulturen hinsichtlich ihrer äußeren Entfaltung und Weiterentwicklung einen Stillstand, in dem sie durch lange Zeiträume verharren. Das mag seine Ursache in einer seelischen Erschlaffung und in der Einsicht in die Fragwürdigkeit des Errungenen haben. Man bewahrt es, man verwaltet es und lebt mit ihm weiter, die oberen Zehntausend genießen seine Annehmlichkeiten, und die Massen ertragen ihr Schicksal in dumpfer Ergebung. Die Zustände zu ändern und weiterzuentwickeln, fehlen Wille oder Möglichkeit. Der Strom des Lebens ist träge geworden, er scheint gar still zu stehen.

In den Jahrhunderten um Christi Geburt scheint dieser Zustand – trotz aller Turbulenzen in Rom – in weiten Provinzen menschlicher Kultur allgemein geworden zu sein. Die Entfaltung des Schöpfermenschen, wie sie durch die Ausbildung der antiken Technik innerhalb der beiden Sozialgestalten von Stadt und Reich sich vollzogen hatte, ist in dieser Zeit auf ein annähernd gleiches Niveau, zumindest in den Kulturzentren, gelangt, ob wir nun auf die große hellenistisch geprägte Ökumene des *Mittelmeers* und *Vorderasiens* oder auf die Kulturkreise *Indiens* und *Chinas* hinschauen. Obwohl sie sich weitgehend unabhängig voneinander entwickelt hatten, stimmten sie in ihrer Technik und sozialen Gestaltung überein, auch wenn der kulturelle Ausdruck und die Anschauungsweise sich wesenhaft unterscheiden. Auch die Bewußtseinshöhe ist vergleichbar. Buddha – Siddhartha, Pythagoras und Lao-tse, Sokrates und Kung-tse leben nicht nur im gleichen Zeitraum, sondern sind auch vom gleichen geistigen Rang.

China erscheint als ein selbständiger Gegenpol zum Imperium Romanum der westlichen Ökumene. Das »Reich der Mitte« entwickelte zu gleicher Zeit eine hohe Kultur und technische Perfektion, die in nichts gegenüber dem Westen zurückstand, sondern diesen teilweise übertraf. Die Große Mauer, die über 2000 km zum Schutze des Reiches in den nördlichen Gebirgen unter Chi' Shi Huang errichtet und von späteren Dynastien immer wieder erneuert wurde, ist bis heute ein großartiges Denkmal der technischen Fähigkeiten für einen Kulturraum, der bis ins 19. Jahrhundert in jeder Weise ebenbürtig die menschheitliche Evolution repräsentierte. Das muß jedem euro-zentrischen Denken gegenüber nachdrücklich betont werden. Auf diese Tatsache gründet sich mit Recht das Selbstbewußtsein der neuen Weltmacht. Durch seinen »Großen Sprung nach vorn« wird das moderne China eine Entwicklung nachholen, an der es zunächst nicht teilhatte und in die es jetzt – auf dem Wege vom gemeinsamen Ursprung über die historische Trennung zur gemeinsamen Einen Welt – wieder einmündet.

Diejenigen Menschheitsgruppen, die sich auf den Weg der kulturellen Entwicklung begeben hatten, waren in einer *Achsenzeit* der Menschheit auf gleicher Stufe der Ausbildung ihrer [technischen] »Leiblichkeit« und ihres Bewußtseins angelangt. Gemeinsam repräsentierten sie die eine Menschheit auf der Höhe des Schöpfermenschen. Karl Jaspers begründet den Begriff der »Achsenzeit«, die in der Mitte eines zwischen 800–200 v. Chr. stattfindenden geistigen Prozesses als »der tiefste Einschnitt der Geschichte« um 500 v. Chr. zu liegen scheint: »Es ist *eine* Welt, die die Grundlage der Achsenzeit wurde ... Die Achsenzeit ist die einzige, die weltgeschichtlich universal eine Parallele im Ganzen ist und nicht bloß eine Koinzidenz besonderer Erscheinungen ..., eine eigentlich geschichtliche, einmalige Tatsache ... von einem allumfassenden, alle geistigen Erscheinungen in sich schließenden Charakter. Den Tatbestand der Achsenzeit wirklich zu sehen ..., das heißt, etwas gewinnen, was *der ganzen Menschheit,* über alle Unterschiede des Glaubens hinweg, *gemeinsam* ist.«[115]

Für das Bewußtsein der Kulturen in *China und Indien* wurde charakteristisch ihr beständiges Zurückschauen auf die eigene Vergangenheit. Wie im Naturreich die einmal ausgebildeten Formen nur noch ausgelebt werden, so bewegten sich diese Kulturen im zivilisatorischen und sozialen Bereich auf den einmal vorgezeichneten Bahnen. Und ihr Kennzeichen war ein müder Skeptizismus, der sich in Buddha von der Welt abwendet. Die römisch-hellenistische Kultur des jungen Europa hätte das gleiche Schicksal geteilt, das Indien und China bis in dieses Jahrhundert bestimmte, wenn nicht in diesem Raum ein neuer Impuls zur Verwandlung des gesamten Lebens sich durchgesetzt hätte, der nicht nur auf die einzelnen Menschen und die gesellschaftliche Ordnung einwirkte, sondern schließlich auch in der Technik den physischen Bereich ergriff und die ganze Erde umgestaltete.

Der Schöpfermensch hatte sich in seinen Möglichkeiten zu Ende gelebt. Der König, der Schmied, der Baumeister, der Künstler, der Philosoph und alle anderen Spezialisierungen hatten ihre bis dahin höchst mögliche Steigerung erfahren. Die Weiterbildung des Menschen konnte nun nicht mehr in Berufen, sondern nur noch in den Menschen als Individuen fortschreiten. Die differenzierende Evolution des Lebens hatte jetzt nur noch die Möglichkeit, in einzelnen Seelen sich zu »spezialisieren«. Das heißt: der Weg in die *Individualisierung* begann. An seinem Ende steht für den abendländischen Menschen das Ziel: »Höchstes Glück der Erdenkinder ist nur die Persönlichkeit« [Goethe].[116] Die eigentliche Spezialisierung des Menschen ist fortan die Ausbildung der Individualität. Der äußerste Punkt im Pendelschlag des Lebens, der in Differenzierung und Spezialisierung führte, ist schließlich *das Ichbewußtsein.*

Dazu bedurfte es einer inneren Bereitschaft. Eine solche Aufgeschlossenheit und Wende zur Zukunft hin finden sich weniger in Asien als im Mittelmeerraum, wie aus der religiösen Entwicklung dieser Kulturen abzulesen ist. Während China die Verzichtlehre des Buddha – Entäußerung vom Irdischen – aufnahm, entstand im Römischen Imperium die Soldatenreligion des Sonnenhelden *Mithras,* in dessen Exerzitien der Wille und das mitmenschliche Verhalten geläutert und auf die Erde hingewendet werden sollten.[117]

Alle Mysterienreligionen der Antike sprechen von dem, »der da kommen soll«. Diese Erwartung lebte nicht nur in Israel als Hoffnung auf seinen Messias-Befreier, sondern auch in Rom. Vergil gab ihr in einer Dichtung Ausdruck, die geradezu christliche Züge trägt.[118] In dem Bilde von der Geburt des Kindes steigt aus dem Unterbewußtsein eine Ahnung davon auf, daß der Mensch ein ewig Werdender ist. Das Heraufkommen seiner neuen Gestalt, der *»Prototyp«* für das kommende Menschsein, verdichtet sich in diesen Prophetien.

Die am meisten verbreitete Mysterienreligion der vorchristlichen Zeit im Mittelmeergebiet hatte ihren Mittelpunkt in *Eleusis,* unfern von Athen. Sein Name ist lat. *adventus* = Ankunft. Der Inhalt der Eleusinischen Mysterien war die Einweihung in das »Stirb und Werde« einer ewigen Metamorphose, deren Sinnbild das Samenkorn ist.

Viele Kulturhistoriker stimmen in der Annahme überein, daß das Geheimnis des Samenkorns, also eine erste Landwirtschaftskunde, durch entsprechende Schulen verbreitet worden ist, die gemäß der ursprünglichen Ganzheit des Lebens zugleich einen sakralen Charakter hatten. In ihnen wurden die Schüler in die Erkenntnis und Handhabung der neu gewonnenen Möglichkeiten »eingeweiht«. Eleusis war nicht nur religiöse Weihestätte, sondern auch »Landwirtschafts-Akademie«. Die Bezeichnung ist nicht entscheidend, wesentlich ist vielmehr, daß wir solche »Mysterienstätten« der Menschheit als verdichtende Zentren des sich ausbildenden Bewußtseins erkennen. Sie wurden als solche zu Quellorten für die gesamte kulturelle Entwicklung in ihrer Zeit, die zivilisatorisch-technische einbezogen, vergleichbar den späteren Benediktinerklöstern des abendländischen Mittelalters.[119]

Jeder, der in Eleusis eingeweiht wurde, war wie dessen sagenhafter Urkönig Triptolemos, »ausgesandt in alle Welt«, um an der Erde zu arbeiten. Solche Frömmigkeit war der Erde nicht abgewandt, sie entsprach der Verkündigung, wie sie im gleichen Bilde des Samenkornes Jesus von Nazareth im Tempel zu Jerusalem zur Offenbarung seines Wesens aussprach: Er war von Griechen – die also das weit verbreitete Mysterienwesen von Eleusis kannten – gesucht worden. Sie wollten ihn gern sehen. Zwei Jünger, die griechische Namen tragen, sagten ihm dies. Darauf läßt sich Jesus von Nazareth – nach der Überlieferung durch Johannes[120] – in einer ihm eigentümlichen Weise »sehen«. Er spricht das denkwürdige Wort: »Es sei denn, das Samenkorn fällt in die Erde, dann bringt es viele Frucht ...« Er identifiziert sich und sein unmittelbar bevorstehendes Schicksal mit dem Gesetz des Samenkorns und weist damit zugleich darauf hin, daß alles Menschensein der Erde überantwortet werden muß. Er hatte zuvor als das einzige Leitbild, »das diesem Menschengeschlecht gegeben ist, das Zeichen des Jona« bezeichnet. Jener war im *Bauche* des Walfisches, der in der mythischen Bildsprache die durch den Weltenäther schwimmende Erde vorstellt. Der Jonas-Mensch erfährt seine Einweihung, indem er in die Eingeweide, in das Stoffwechselsystem des Erdorganismus, aufgenommen wird. Im menschlichen Zusammenhang entspricht diesem der Bereich des Wirtschaftslebens, von dem der Mensch unserer Epoche ganz »verschlungen« wird. Der »Sohn des Menschen« – der Repräsentant des neuen Menschen – hingegen werde, so sagt Jesus von Nazareth,

»in das *Herz* der Erde« eingehen, das heißt: sich ganz und gar mit der *Seele* der Erde verbinden.[121]

Auf dem gleichen Volksboden, auf dem die Mythe vom Sündenfall in der den Schöpfermenschen verneinenden Weise entstand, wird ein neues Menschenbild aufgerichtet, das von der göttlichen Berufung des Menschen zur Gestaltung an der Erde zeugt. Die Verurteilung des Schöpfermenschen wird dort wieder aufgehoben, wo sie ausgesprochen worden war. Damit wird keineswegs das Leid der Sklaven, als der im eigentlichen Sinne »Mühseligen und Beladenen«, übersehen. Es wird vielmehr als notwendige Stufe in der Entwicklung der Menschheit bejaht, indem dem Leiden an sich eine positive Bewertung für die Persönlichkeitsbildung zuteil wird. Doch es wird nicht als Selbstzweck und Endzustand heiliggesprochen, es soll überwunden werden. Das gilt auch für den sozialen Zustand. Denn »es ist leicht, ein Heiliger zu sein, wenn man nicht Mensch sein will« (Marx). Das ist nur möglich durch eine Wandlung des mitmenschlichen Verhaltens und durch eine bewußte Gestaltung des Erdenlebens. Das Evangelium läßt die Flucht in ein »Jenseits« nicht zu. Es zeigt dem Menschen die ihm gestellte Aufgabe, mit sich selbst die Welt zu verwandeln.[122] Novalis verdeutlicht es: »Wir sind auf einer Mission; zur Bildung der Erde sind wir berufen!«

Hier wird das Tor aufgestoßen zu einem neuen Bewußtsein des Menschen von sich selbst. Paulus begründete eine christliche Anthropologie, wenn er in seinem Brief an die Römer hervorhob: »Ihr habt nicht den Geist der Sklaverei empfangen, der in die Furcht führt, sondern einen Geist der *Sohnschaft*... Derselbe Geist gibt Zeugnis unserem Geist, daß wir Kinder Gottes sind. Sind wir denn Kinder, so sind wir auch Erben, nämlich Erben Gottes und Miterben Christi...[123]

Das Wort von der Sohnschaft – oder Kindschaft –, das nicht nur Paulus, sondern auch Jesus betont, sollte nicht überhört werden. Die Sohnschaft ist nach Paulus allen Menschen möglich. Sie ist eine Bewußtseinsfrage. Wenn der Begriff »Gottes Sohn und Miterbe Christi« eindeutig auf die Menschen bezogen ist, so wird damit auch auf die Partnerschaft des Menschen im Schöpfungswerk hingewiesen. Was für Jesus gültig ist, erhält auch für den Menschen Gültigkeit. Jesus aber sagt [nach Johannes] anläßlich der ihm vorgeworfenen Übertretung des Sabbat-Gebots [= Verbot der »Sonntagsarbeit«!] von sich selber: »Mein Vater wirkt bisher und ich wirke auch.« Wobei bemerkenswert ist, daß Johannes hier das allgemein für »arbeiten« geltende griechische Wort verwendet. Als ihn um dieser Aussage willen die Juden zu töten trachten, fügt er hinzu: »Der Sohn kann nichts von sich selber tun, sondern, was er sieht den Vater tun; denn was dieser tut, das tut gleicherweise der Sohn. Der Vater aber [›der Schöpfer‹] hat den Sohn lieb und zeigt ihm alles, was er tut, und wird ihm noch größere Werke zeigen, daß ihr euch verwundern werdet.« Kurz zuvor heißt es: »Der Vater hat den Sohn lieb und ihm *alles in die Hand gegeben.«*[124]

Es ist erklärlich, daß solche Aussagen, die einen so gewaltigen Anspruch und eine nahezu unerfüllbare Anforderung an den Menschen stellen, immer wieder abgeschwächt oder auf ein Jenseits bezogen werden. Dennoch können wir, ohne sie verallgemeinern oder vereinfachen zu wollen, darin die Übertragung der Schöpfervollmacht auf den Menschen – in der Wandlung vom Kind zum Sohn, vom Geschöpf zum Schöpfermenschen! – erkennen. Hier ist »frei und öffentlich« ausgesprochen worden, was zuvor schon das Weiherelief der eleusinischen Mysterien, doch nur in der Verborgenheit des Heiligtums, darstellte und nicht in Worten, sondern im Bild dem Einzuweihenden ins Bewußtsein bringen wollte: Die Schöpfermacht des Lebens selbst, in Gestalt der mütterlichen Gottheit, überträgt ihre Kraft auf den Menschensohn. Sie hat alles in seine Hand gelegt. Im Bilde von Eleusis übergibt sie ihm in die geöffnete Hand das Samenkorn, mit dem der Schöpfermensch innerhalb der Ersten Schöpfung einen Menschengarten pflanzt. Die erste *Schöpfung der Natura* setzt sich fort in einer anderen: der *Schöpfung der Cultura.* Das Leben schafft fortan nicht mehr »biologisch«, sondern durch die Hand des Menschen »technisch«. *»Terra editus«,* aus dem Schoße der Mutter Erde – wie Tacitus die Geburt des Mannus als des großen Menschen, des Heilbringers beschreibt – oder – dem christlichen Sprachgebrauch entsprechend: aus der Welt des »Vaters«, des »väterlichen Urgrundes allen Seins«[125], geht die neue des »Sohnes« hervor.

Das Evangelium offenbart das Gegenteil einer kultur- und damit technikfeindlichen Haltung. Es bejaht die Erde und spricht von der Arbeit an ihr. Seine Gleichnisse sind durchweg der Arbeitswelt entnommen [Sämann, Ackersmann, Weingärtner, Fischer und Händler].[126] Die Überlieferung sagt, daß Jesus wie sein Vater Zimmermann gewesen sei, also ein Architekt seiner Zeit. Gewiß werden die von ihm gebrauchten Bilder als Gleichnisse für das geistige Leben gedeutet werden müssen, aber warum sollen sie nicht auch so gemeint sein, wie sie ausgesprochen wurden: »Arbeitet, solange es Tag ist, denn es kommt die Nacht, da niemand wirken kann«, und »jeder Arbeiter ist seines Lohnes wert«.[127] Das sind Aussagen, die auch wörtlich verstanden ihren tiefen Sinn haben. Auch die Sonntagsarbeit ist für Jesus nicht verdammenswert, sofern sie nicht dem Eigennutz, sondern dem Dienst am Nächsten gilt.[128] Der faule Knecht, der nicht mit dem ihm anvertrauten Talent wirkt, wird gescholten. Wird aber in dem Auftraggeber, dem Hausvater oder dem Herrn des Weinberges die göttliche Lebensmacht gesehen, so wird der Mensch dadurch, daß er von ihm zur Mitarbeit aufgerufen wird, zu dem, was Zarathustra aus altpersischem ersten Bewußtsein als seine Würde kennzeichnete: *Genosse des Schöpfers.*[129]

Nichts anderes meinte die Edda, wenn sie die Rune *man* = Mensch mit dem »die Erde mehrenden Gottessohn« gleichsetzt.[130] Bemerkenswert ist, daß der Genius oder Repräsentant der Menschheit, der hier zweifellos gemeint ist, der durch den Menschen »Schaffende«, im Runenspruch sowohl im Zusammenhang mit der Vermehrung der Erde durch bäuerliches Wirken wie auch mit dem Schiff als technischem Werk gesehen wurde.

Wenn Olaus Wormius [17. Jahrh.] die Rune erläutert als *virum extensis ad coelum brachiis astrorum miracula contemplantem,* als »einen Menschen, der die Arme in Betrachtung der Sternenwunder zum Himmel erhebt«, so liegt zwar diese Ausdeutung als Adoration durchaus nahe, scheint aber im Hinblick auf die Kennzeichnung als Sinnbild des »Heilbringers« [und damit »Kulturheros«] zu einseitig. Die entsprechenden auf frühgeschichtlichen Felszeichnungen erhaltenen Darstellungen zeigen das Bild eines Menschen, der seine Arme erhebt, mit überdimensional vergrößerten Händen. Auf diese sollte der Betrachter hingewiesen werden. Schon der Mensch der Frühzeit wird sie nicht nur als betende oder segnende Gebärde empfunden haben, sondern als Kennzeichnung des »Schaffenden« und damit als Spiegelbild seiner selbst. Die Hände waren für ihn nicht nur da zum *orare,* sondern zum *laborare.*

Entscheidend ist hier in Runenspruch und Felsbildern die Gleichsetzung von »Mensch« und Gott. Sie kommt zum Ausdruck in dem diesem Kapitel vorangesetzten Rätselwort bei Johannes: »Ihr seid Götter.« Als Zitat von Psalm 81,1 spielte es bereits in der christlichen Anthropologie der ersten drei Jahrhunderte eine höchst bedeutsame Rolle.[131] Auch nach Meister Eckehart wirkt der Mensch mit Gott an der Weltschöpfung und Welterhaltung mit, »indem wir nämlich bisher Geschöpfe waren, und nun Söhne Gottes werden sollen«.[132]

C. S. Lewis kommentiert: »Jetzt ist der kritische Augenblick gekommen; Jahrhunderte um Jahrhunderte hat Gott die Natur zu dem Punkt geführt, daß sie Geschöpfe hervorbringt, die, wenn sie wollen, aus der Natur herausgehoben werden und in ›Götter‹ verwandelt werden können. Werden sie selbst es zulassen? Es ist eine Krisis ähnlich einer Geburt.«[133]

Auch die deutsche Bauernphilosophie der beginnenden Neuzeit versteht das Menschenwesen in gleicher Weise. Am Ende des Oberuferer Paradeisspieles[134] spricht Gottvater, nachdem er das erste Menschenpaar nach dem »Sündenfall« von den Ketten des Teufels, also aus einer Krisis, befreit hat

Wie ist Adam worden so reich,
einem Gotte ist er worden gleich,
erkennt das Böse und das Gut,
wenn er *seine Hände aufheben* tut
und lebet danach ewiglich.

VIII. Der Großmensch

Erst die ganze Menschheit ist
der wahre Mensch.
Goethe

Während in anderen Kulturkreisen mit der Vollendung des Schöpfermenschen in der Achsenzeit ein Stillstand in der Entwicklung eintrat, »wächst« in Europa *der Mensch* weiter. Im abendländischen Kulturkreis, der sich nach den Stürmen der Völkerwanderungszeit langsam ausformte, wird eine fortschreitende Verwandlung nicht nur im geistigen, sondern auch im technischen und sozialen Leben erkennbar.

Hier vollzieht sich, gleichsam stellvertretend für die ganze Menschheit, die Auseinandersetzung mit den dem Schöpfermenschen auf der Höhe seiner Kultur gestellten Problemen.

In bezug auf Werkstoff und Technik verändert sich zunächst wesentlich nichts. Neugestaltet wurde nur das *Verhältnis von Technik und Sozialgestalt.* Diese Umgestaltung war fällig geworden, weil beide einander nicht mehr entsprachen. Der Wille des Schöpfermenschen zur Verwirklichung seiner Möglichkeiten, vor allem der Wille einzelner jetzt hervortretender Individualitäten, der sich für die vielen zum Gesetz machte, war überspannt worden. Die menschlichen Kräfte, die ihn durchführen sollten, waren überfordert. Da keine anderen technischen Hilfsmittel vorhanden waren, konnte nur Menschenkraft die selbstgestellten Aufgaben bewältigen. So mußte die Sklavenhalterordnung immer mehr menschliche Energie zu mobilisieren versuchen und in die Kulturzentren zusammenziehen. Auf der anderen Seite begann, bedingt durch die fortschreitende Individuation auf ein Eigenbewußtsein des Menschen hin, der Widerstand derer, die sich nicht mehr als Werkzeug benutzen lassen wollten. Eine Steigerung der Kultur und die Anteilnahme aller Menschen an ihr war nicht möglich. Es mußte also der Zeitpunkt eintreten, an dem die Sklavenhalteordnung an ihre Grenze gelangte.

Mit der *Verbreitung des Christentums* und damit der Anerkennung der Individualität in ihrem Eigenwert wurde es immer mehr Menschen innerlich unmöglich gemacht, die Sklavenhalterordnung aufrechtzuerhalten. Ein Ausgleich des Mißverhältnisses zwischen Technik und Mensch konnte jedoch nur dann erreicht werden, wenn die eine oder die andere Seite verändert wurde. Auf der Seite der Technik war dies zunächst unmöglich. Hier war man an die vorgegebenen Formen gebunden. So blieb nur die Wandlung der Sozialgestalt, und auch dies war nur in der gleichen Richtung möglich, in der sich inzwischen ein neues Bewußtsein herausgebildet hatte. Dieses konnte in zweifacher Weise wirken:

Entweder: die Angehörigen der Führungsschicht, die sich auf Grund ihres christlichen Bekenntnisses nicht mehr zu der bisherigen rücksichtslosen Ausbeutung des Mitmenschen imstande fühlten, entsagten ihrer Führungsaufgabe, indem sie sich aus dem sozialen Zusammenhang herausnahmen und für sich oder in kleinen Gruppen ein isoliertes Leben führten. Hierdurch bewahrten sie sich ihren eigenen Seelenfrieden, dem sozialen Organismus wurde dadurch jedoch in keiner Weise geholfen. – In einer solchen passiven Abkehr von als falsch und schlecht erkannten Zuständen stimmen die Anfänge des Abendlandes und religiöse Verhaltensweisen in Indien und China bemerkenswert überein. Durch diese Haltung wurde dem Christentum das asketische und weltabgekehrte, das heißt: ein im eigentlichen Sinne »buddhistisches« Element eingeimpft, an dem es heute noch leidet.

Oder aber: die Christen fühlten sich verantwortlich für die Weiterentwicklung der Menschheit und suchten in Denken und Praxis nach einer neuen sozialen Möglichkeit. Dieser Weg wurde von all denjenigen vorgeschlagen, die für die Frohe Botschaft von der Gotteskindschaft des Menschen mit ihrem ganzen Leben zeugen wollten. Für sie wurde das Beispiel ihres Meisters maßgebend. Er hatte als letztes seinen Schülern den bis dahin nur von Sklaven geübten Dienst der Fußwaschung erwiesen. »Ein Beispiel habe ich euch gegeben«: Durch diese Handlung wurde jede Dienstleistung zu einer freien Tat und mit der Würde jedes Menschen vereinbar.[135] Arbeit als Last und Mühe wurde nicht aufgehoben, aber sie wurde von nun an als das Mittel des Menschen, sich selbst zu erhöhen, erkannt.

Das andere Wahrbild, das in den Seelen der ersten Christen weiterlebte, war das sich an die Fußwaschung anschließende Mahl, in dem die Gaben der Erde brüderlich geteilt wurden: die κοινονία [*Koinonia*] des Brotbrechens. Sie wurde in den urchristlichen Gemeinden nicht nur zur kultischen Handlung, sondern zu einer das ganze Leben durchdringenden Praxis. »Die Praxis der Apostel« [später einfach »Apostelgeschichte« genannt] berichtet: »Alle aber, die gläubig geworden waren, waren beieinander und hielten *alle Dinge gemein*. Ihre Güter und Habe verkauften sie und verteilten sie unter alle, so wie jedermann not war« [oder wörtlich: »Einem jeden nach seinem Bedürfnis!«].[136] *Koinonia* heißt Gemeinschaft. Dem griechischen Wort entspricht das lateinische *commune* = Gemeingut, Gemeinwesen, Gemeinde. Diese Bezeichnung ist bis heute für das religiöse wie für das politische Leben gebräuchlich geblieben.

Indem die Urchristen ihre Gemeinschaft auch auf das wirtschaftliche Leben ausdehnten, entstand eine soziale Ordnung, die als christlicher *Urkommunismus* bezeichnet worden ist. Von dieser Lösung glaubten damals die Christen, daß sie dem Vorbild ihres Herrn am meisten entspräche. Daß dieser historische Tatbestand, der von den Urchristen selber bezeugt wird, in der Geschichte der Christenheit bis heute mit Ausnahme der Orden oder entsprechender Gemeinschaften durchweg verleugnet wurde, kann nichts von seiner beispielhaften Bedeutung hinwegnehmen.

Der römische Landedelmann Benedikt von Nursia nahm dieses soziale Prinzip auf, verband es mit den zivilisatorischen Gegebenheiten seines Zeitalters und machte es in umfassender Weise praktisch. Benedikt ist der Lehrer des Abendlandes genannt worden. Er ist mehr: er ist sein geistiger Begründer. Die Botschaft vom Reiche Gottes suchte er auf dieser Erde zu verwirklichen. Auf dieses Fundament ist das Abendland gebaut. Hier setzte die *Weiterentwicklung des Schöpfermenschen* ein.

Das Christentum war nicht nur eine neue Verkündigung von Sinn und Aufgabe des Menschseins, es wollte nicht weniger als die Verwandlung der Welt. Der entscheidende Satz des Credos der Christenheit ist: »*Et incarnatus est.*« Es entspricht der Johanneischen Aussage: »Und das Wort ward Fleisch.« Die Erwartung von der Geburt des Menschensohnes war für die Christen erfüllt. Sie wurde jedoch nicht nur als einmaliges historisches Ereignis aufgefaßt, sondern als eine sich ständig wiederholende Geburt Gottes in der Menschenseele und in der Welt.[137] Die Krypta, in der – den Mysterienhöhlen vergleichbar – die Geburt des Kindes gefeiert wurde, ist das Symbol dieser Kultur. Ihre Stimmung ist weihnachtlich. Die Geburt einer neuen Gestalt des Menschen wird hier erlebt. Um seine Verwirklichung ging es Benedikt.

Im Mittelpunkt des christlichen Gottesdienstes steht die Eucharistie. In ihr feiert der Christ die Vermählung des »Wortes« mit dem »Fleisch«, der Idee mit der Materie. Auf eben diese »Vermaterialisierung« der Idee kommt ihm alles an. Es genügt ihm nicht die geistige Kommunion, die bloße Vorstellung, er will seinen Gott als Priester mit Händen greifen und als Gläubiger schmecken und sich gar einverleiben, auf daß er »in ihm Wohnung nehme«. Dinglicher konnte keine Religion realisieren, was der Grieche »*enthousiasmos*«, die göttliche Einwohnung im Menschen, den »Gott in mir«, nannte. Zarathustra hatte in den Anfangszeiten des Persertums verkündet: »Wer Weizen baut, ist gut!«; das Christentum hätte aussprechen können: »Wer Weizen baut, schafft an Gottes Leib.« Dem Staufer Friedrich II. wird die Aussage zugesprochen, die er angesichts eines Ährenfeldes getan haben soll: »Wie viele Götter wachsen doch hier!« Das war eine ungewohnte Sprache, aber keine frivole Ketzerei. Denn auch Gott »wächst«, indem er sich in die Fülle der Lebenserscheinungen inkarniert.

Wer die Erzeugnisse menschlicher Arbeit als Voraussetzung für die Verwirklichung des Göttlichen in den Mittelpunkt des Kultus stellt, wird nicht umhin können, auch dem gesamten Wirtschaftsleben eine hervorragende Bedeutung zuzugestehen. Ist nach christlicher Auffassung »alle Geschichte Heilsgeschichte«, das heißt: Vorbereitung und Vollzug der Inkarnation Gottes auf Erden, so ist im Grunde diese spiritualistische Betrachtungsweise nicht allzu weit entfernt von der marxistischen These, daß »alle Geschichte Wirtschaftsgeschichte« sei. Religiöser und philosophischer »Materialismus« als polare Aspekte, durch die gemeinsame abendländische Wurzel einander verwandt, treffen sich in der Bejahung der Erde.

Die Transsubstantiation soll durch den Menschen die Materie ergreifen als Rückverwandlung irdischer Stofflichkeit in durchgeistigte Substanz. Benedikt begrenzte sie nicht auf einen ausgesparten Raum, welcher der göttlichen Präsenz Messe und Sakramentenhäuschen vorbehalten hätte. Das ganze Menschsein, alle Materie, die Erde mit Stein, Kraut und Tier sollte zum Leibe Gottes verwandelt werden. Nichts anderes bedeutet die *consecratio mundi*, die Weihe und Heiligung der Erde. Für diese Aufgabe wird bezeichnenderweise der gleiche Ausdruck verwendet wie für die Konsekration der Hostie, die Verwandlung von Brot und Wein in der heiligen Handlung.

Wenn der Mensch nach der Aussage des Evangeliums Freund und Bruder Christi ist, dann ist auch sein Platz »zur Rechten Gottes, des Allmächtigen«. Als ein neuer Adam wandelt er wieder an Gottes Seite durch den Erdengarten der Schöpfung. Das verlorene Paradies, in dem sich der Mensch als Geschöpf unter Geschöpfen in der großen, untrennbaren Einheit des Lebens erfahren hatte, kann wiedergewonnen werden auf einer höheren Stufe. Er ist zum Gehilfen des Schöpfers berufen. Nach Benedikts Auffassung durch die Gnade der Arbeit, denn »ohne Arbeit wird keiner ein vollkommener Mensch, ohne Arbeit keine Heiligkeit«. Darum hat Benedikt selbst den Pflug geführt und in der Reihe seiner Mönche die Sense geschwungen.[138]

Benedikt ist ganz von einem religiösen Bewußtsein erfüllt, welches das Christentum seiner Zeit prägte. Dieses Bewußtsein erzeugt in ihm einen Willen, der sich nicht nur auf die Entwicklung des einzelnen, sondern auf die der Gemeinschaft richtet. So unternimmt er wie Plato und Kung-tse den Versuch, Ideale in der »Welt« zu realisieren. Doch er ist ein Sohn Roms. Das bedeutet: er gibt keine Philosophie, sondern eine Richtung, keine Theorie, sondern eine Praxis. Und das Wichtigste: er zeigt ein in weite Zukunft weisendes Ziel.

In der Begründung seines Ordens faßte Benedikt eine entschlossene Elite zusammen und stellte ihr Aufgaben für ungezählte Generationen. Die von ihm geschaffene neue Sozialgestalt ist das benediktinische Kloster. Das Kloster hatte als Lebensform schon zuvor bestanden und verschiedene Gesichter gehabt. Auch der Hinduismus und die Schüler Buddhas begründeten Gemeinschaftssiedlungen solcher Menschen, die sich aus ihrer Zeit herausnehmen wollten, um in die Zeitlosigkeit einzugehen, die ihrer Zivilisation entflohen, um bedürfnislos ein naturnahes Leben zu führen, die also wieder als »Geschöpf« leben wollten, weil sie des Schöpferseins überdrüssig geworden waren. Von solcher Art waren Benedikts Gründungen nicht. Sie gleichen vielmehr jenen uralten Mysterienstätten, die als geistige Zentren ihrer Zeit aus der Verborgenheit planmäßig wirkten, indem sie die fällig werdenden Entwicklungen in der Stille vorwegbildeten und einleiteten. Die ägyptischen Priesterschaften, die Pythagoräer, die eleusinische Mysterienschule, das alles waren Einrichtungen, von denen entscheidende Impulse für die kulturelle und zivilisatorische Weiterentwicklung der Menschheit ausgegangen waren. So wollte auch Benedikt keine Schlupfwinkel für müde Seelen schaffen, sondern Pflanzstätten eines neuen Lebens, nicht Rückzugsorte einer geistigen Beschaulichkeit, sondern Burgen eines tatkräftig in die Welt wirkenden Geistes. Monte Cassino, der Petersberg bei Fulda, Siegburg bei Bonn sollten wie viele andere Klosterstätten die Stadt sein, »die auf dem Berge liegt und nicht im Verborgenen bleiben kann«.[139]

Benedikts Ordensregel enthält als tragendes Grundgesetz die Pflicht der Arbeit für alle. Hatte die Oberschicht der politischen und geistigen Führung in der europäischen Antike wie in Indien und China die Handarbeit den Dienern und Sklaven überlassen, um sich die Freiheit und *Allmenschlichkeit* zu erhalten, so machten sich die Benediktiner den Sklaven gleich, indem sie sich das Haupt schoren, wie es deren Kennzeichen war. Wie diese gingen sie selbst auf die Felder, um durch das Handeln an der Erde »im Weinberg des Herrn« zu dienen. Benedikt hatte das Evangelium verstanden. Er gründete die neue Kultur auf die brüderliche Arbeit. Der benediktinische Appell hieß: *orare et laborare* – beten und arbeiten! In der Arbeitssiedlung der Klöster war jeder Typos menschlicher Funktionsmöglichkeiten vertreten: der Bauer und Schmied, der Zimmermann und Schneider, der Schuhmacher und Bäkker, Müller und Brauer, Schreiber und Verwalter, der Gärtner und Naturforscher, der Arzt und Apotheker, der Künstler, Architekt und Ingenieur, der Philosoph und Historiker, der Lehrer und Politiker. Dieser wirtschaftliche Organismus war autark. Er spiegelte im dezentralisierten, kleinen Rahmen die vielfältigen Möglichkeiten des Schöpfermenschen. Darüber hinaus gab er der fortschreitenden Individuation Raum. Die Einzelzelle des Mönches ist ein Symbol dafür, daß die Bedeutung der Individualität anerkannt wurde. Doch es ging Benedikt um mehr als um das Heil der einzelnen Seele. Es ging ihm um die Verwirklichung des *homo christianus* in der Gruppe, durch die Gruppe.

Wie wurde dieses Ziel angestrebt? Der dreifach gegliederte Arbeitsplan des Tagewerkes weist der Liturgie nur ein Drittel der Zeit zu, obwohl sie für das religiöse Bewußtsein im Vordergrund stand und gerade das Benediktinertum für die Gestaltung des *Kulturwerkes*, der »λειτουργία« [Liturgie] maßgebend geworden ist. Das zweite Drittel der Arbeitszeit wurde der wissenschaftlichen Arbeit gewidmet, die keineswegs auf christliche Inhalte begrenzt blieb, sondern die »heidnische« Philosophie mit einbezog. Es war von unschätzbarer Bedeutung für die spätere Entwicklung Europas und damit der Menschheit, daß sich hier auf dem neuen christlichen Boden eine erste Renaissance der Antike vollzog.

Das letzte Drittel galt der Arbeit an der Erde. Indem Benedikt zu Messe und Gebet – als dem spirituellen Handeln – das physische Wirken an der Erde hinzufügte, machte er deutlich, worauf es hinfort ankommen sollte: Nicht nur das *opus Dei* verbindet den Menschen mit dem Göttlichen. Das *opus humanum*, die Tätigkeit in Landbau und Wirtschaft, in Technik und Kunst, in Lehramt und Politik, ein Wirken mitten in dieser Welt ist der andere der Pfeiler, von denen aus der christliche Mensch die Brücke »zwischen beiden Welten«, zwischen Glaube und Tat, wölbt. So erst wird er wahrhaft *pontifex* – und dies Wort, das Brückenbauer und Priester zugleich bedeutet, kennzeichnet damit als »priesterlich« das Handeln eines jeden Menschen, der den Bogen zwischen den beiden Polen Geist und Materie, zwischen Ideal und irdischer Gestaltung, zwischen sozialer Vorstellung und politischer Verwirklichung spannt. Darum trugen auch der Kaiser und die Könige zum Zeichen für die »Kraft der priesterlichen Würde« die Stola, darum waren Äbte und Bischöfe als »Seelenhirten« zugleich Heger des ihnen anheimgegebenen Landes, und der »romanische« Rundbogen wurde zum Wahrzeichen eines christlichen Zeitalters, in dem »Himmel« und »Erde« noch miteinander verbunden waren. Das »Heilige Reich« war in beiden Sphären begründet. Diese selbst wurden als Pole einer umfassenden Einheit, als Brennpunkte einer vereinigenden Ellipse erfahren.

Die benediktinischen Klöster wurden zu Mittelpunkten eines neuen wirtschaftlichen und technischen Wachstums. Das frühe Mittelalter brachte den Nachholprozeß für die damals »unterentwickelten Länder« Mittel- und Nordeuropas, die zwar nie in das Römische Imperium, nun aber in die römische Zivilisation einbezogen wurden. Die Priestermönche waren nicht nur als Wissenschaftler und Lehrer berühmt, sondern auch als Landwirte geschätzt. Ihre Mustergüter waren für die Agrarwirtschaft

Europas beispielhaft. Auf ihnen wurden neuartige Methoden zur Bodenverbesserung ausgebildet. Ebenso stellten die Benediktiner hervorragende Wasserbauingenieure und Deichbauer. Was an technischen Fortschritten damals entwickelt wurde, war weitgehend ihrer Tätigkeit zu danken. Unter ihnen waren die einfallsreichsten und kühnsten Architekten ihrer Zeit. So bauten sie seit dem 11. Jahrhundert mit Kreuzgewölben und wurden wahrscheinlich auch die Schöpfer des Spitzbogens.[140] Viele Städte führen ihren Ursprung auf benediktinische Gründungen zurück. Die Namen Münster, München, Mönchen-Gladbach und andere sprechen bis heute davon.

Als Berater und Helfer der Könige wirkten die »Söhne Benedikts« an der politischen Gestaltung des neuen Europas wesentlich mit und bereiteten damit tätig die Verwirklichung des Großmenschen vor. Im Benediktinertum ist der Großmensch zum erstenmal in einer größeren Gemeinschaft als allgemeines Kulturbewußtsein vorempfunden worden. In den Klöstern trat er keimhaft in Erscheinung. Jedoch konnte dies nur in den vom Schöpfermenschen vorgegebenen Formen der antiken Zivilisation geschehen. Seine unmittelbare »Verleiblichung« konnte noch nicht erfolgen. »Denn die Schöpfung wartet mit Sehnsucht auf das Offenbarwerden der Söhne Gottes.« Erst die Vermählung dieses männlich-geistigen Elementes mit dem weiblichen Pol des Lebens, der »vrou werld«, machte dies möglich. Christlich-paulinisch gesprochen bedeutet das die Hingabe an die »harrende Natur«[141], nämlich an die *materia.* Erst der faustische Mut, »sich in die Welt zu wagen, der Erde Weh, der Erde Glück zu tragen«, kann den Großmenschen hervorbringen und das *Imperium Humanum* begründen. Die Benediktiner erkannten wie die Urchristen, daß dies nicht mit dem Schwert möglich war. Die von ihnen angestrebte *pax Christi* mit den Mitteln friedlicher Arbeit zu verwirklichen, hatten sie den richtigen Weg beschritten. Das Ziel zu erreichen, blieb ihnen versagt, weil sie in ihrem eigenen Ordo und durch das Fehlen der technischen Mittel an eine Grenze stießen. Vor allem wurde die Überwindung einer als Abkehr von der »Welt« mißverstandenen Askese fällig. Das galt damals wie heute, denn »es gibt Menschen, die es für unernst, Christen, die es für unfromm halten, auf eine bessere irdische Zukunft zu hoffen und sich auf sie vorzubereiten. Sie glauben an das Chaos, die Unordnung, die Katastrophe als den Sinn des gegenwärtigen Geschehens und entziehen sich in Resignation oder frommer

Weltflucht der Verantwortung für das Weiterleben, für den neuen Aufbau, für die kommenden Geschlechter« [Bonhoeffer].[142]

Die Weiterentwicklung setzte dort ein, wo Männer den Mut hatten, die bisherigen Grenzen des *Bewußtseins* zu überschreiten und nach neuen technischen Mitteln zu suchen.

Dazu trug eine weltgeschichtliche Begegnung entscheidend bei: In den Kreuzzügen wurde die Sehnsucht, die bisherigen Grenzen der christlichen Welt zu sprengen, zum dramatischen Ereignis. Indem man an die Stätte des geistigen Ursprungs der christlichen Kultur zurückstrebte, suchte man zugleich nach einer Erneuerung des alt gewordenen Glaubens. Wie später in der Reformation wurde von der Rückkehr zum Anfang das Heil erwartet. Das Ergebnis war zunächst ein anderes: West und Ost, bisher durch die religiösen und kulturellen Grenzen scharf voneinander getrennt, begegneten sich. Ihre Repräsentanten nahmen das Gespräch auf, als Denker und Mitmenschen. Beide wurden durch den anderen reicher. Seit unter Friedrich II. von Hohenstaufen die Waffengewalt der Verhandlung und dem geistigen Austausch gewichen war, schien eine Versöhnung zwischen Abend- und Morgenland möglich. In der Bildsprache des zeitgenössischen Wolfram von Eschenbach hieß es: Der christliche Zweifler Parzival und der heidnische Ritter Feirefiz erkannten sich als Brüder.[143]

Zu den Gaben des Ostens gehörte der für das Abendland verschollene und für die Araber inzwischen zum Lehrer gewordene Aristoteles. Zunächst geht die Christenheit in ihren führenden Vertretern den Weg in die Ausbildung des Denkens durch die Schule des Aristoteles mit. Diese übernehmen dessen »Organon« und »Systematik« und gewinnen dadurch die Mittel für die Weiterentwicklung der Wissenschaften. Für das Abendland kam es darauf an, den arabischen Aristotelismus zu verchristlichen.

In der Einsamkeit ihrer Zellen schauten die Mönche die Bilder einer neuen Zeit. Wie vor dem Knaben das Bild dessen steht, der er werden soll, so erschien dem neuen Menschentum, das sein Leben beginnen wollte, die Vision seiner Zukunft. In wem sollte sie aufsteigen, wenn nicht in den geistlichen Denkern und Gelehrten als den damaligen Trägern des Bewußtseins ihrer Zeit? So sieht der englische Franziskaner Roger Bacon Mitte des 13. Jahrhunderts bereits voraus, daß »Wasserfahrzeuge gemacht werden können, welche ohne Menschen rudern, so daß sie wie die größten Segelschiffe dahinfahren. Ebenso können Wagen gebaut werden, die von keinem Tiere gezogen sind und doch mit unermeßlichem Ungestüm daherbrausen. Der Mensch kann es dahin bringen, sich in die Mitte einer Flugmaschine zu setzen, um die Luft wie ein Vogel zu durcheilen. Auch können Apparate gebaut werden, an sich klein, und werden doch imstande sein, die größten Lasten zu heben.«[144] Bacon ist nicht nur Visionär, er suchte auf dem Wege des Denkens die Naturgesetze zu erfassen und nutzbar zu machen. Er wollte nicht nur mit geistigen Augen schauen, sondern mit Leibesaugen sinnlich wahrnehmen. Darum untersuchte er anatomisch die Eigenschaften des Auges, wobei er erkannte: »Der Sehprozeß geht nicht im Auge, sondern im Nerv vor sich.« Er beschäftigte sich mit der Natur der Strahlen, um zu verstehen, was Licht ist. Indem er die Brechung des Lichtes in Glaslinsen untersuchte, arbeitete er an den Grundlagen der Optik als der Voraussetzung moderner naturwissenschaftlicher Erkenntnisse. Der Turm, in dem er am Rande Oxfords hauste, soll oft von geheimnisvollen Explosionen erschüttert worden sein, wohl Folgen kühner Versuche, die er wie viele andere Zeitgenossen zur Erforschung des Wesens der Stoffe als einer anfänglichen Chemie anstellte. Die Tatsache, daß er die Entdeckung der Explosivkraft des Pulvers geheimhielt, zeigt, welches Wagnis und welche Verantwortung es den Menschen jener Zeit bedeutete, sich der in der Natur erkannten Kräfte auch zu bedienen. Dennoch ist es bezeichnend für das Selbstbewußtsein dieses neuen Aufbruchs, daß Bacon seine Erfahrungen unter dem Titel zusammenfaßte: *opus majus* = »das größere Werk«.

Waren diese von ihren ängstlichen Mitbrüdern als Teufelswerk verschrieenen Experimente nur müßige Spielereien, ein privates Anliegen von Außenseitern ihrer Ordensgemeinschaft? Für den christlichen Priester, der in der kultischen Handlung Geist und Materie zur Einheit zu vermählen hat, kann es keinen Widerspruch zu seinem Auftrag bedeuten, sich mit dem Wesen der Erde und dem Dienst an ihr zu verbinden. Indem er ihre Stoffe forschend in die Hand nahm, setzte er nur den zur *consecratio mundi* begonnenen Weg fort. Der Charakter dieser Liturgie der »Erden-Weihe« selbst wird verwandelt: der *Gottes*dienst wird zum Dienst am *Menschen*, zu einer Menschen-Weihe-Handlung.

Dazu bemerkt Paul Krannhals: »Alles, was wir von der

Außenwelt erkenntnismäßig in uns aufnehmen, ist nichts anderes als Selbsterkenntnis, wie alle Selbsterkenntnis wieder letzten Endes Gotteserkenntnis ist. So ist denn auch aller Dienst am Leben, den auch das *unverfälschte* Wesen der Technik kündet, seinem metaphysischen Sinne nach Gottesdienst.«[145] Und Oswald Spengler erläutert: »Wenn irgendwo, so offenbart sich hier der religiöse Ursprung allen technischen Denkens. Diese inbrünstigen Erfinder in ihren Klosterzellen, die unter Beten und Fasten Gott sein Geheimnis abrangen, empfanden das als einen Gottes*dienst*... So schufen sie die Idee der Maschine, als einen kleinen Kosmos, der nur noch dem Menschen gehorcht.«[146] Vergegenwärtigt man sich den Dienst, den diese Maschinen zur Befreiung des Menschen von der Sklavenarbeit geleistet haben, so sind ihre Erfinder und Konstrukteure ebenso konsequente Jünger Christi wie aufmerksame Schüler des wieder entdeckten Aristoteles. Dieser hatte schon [wie später Fichte] empfunden, daß »das Vernunft tragende Wesen nicht zum Lastträger bestimmt« ist. Doch er mußte erkennen: »Die Sklaverei wird erst aufhören, wenn die Webstühle von selbst weben.«[147] Das war zu seiner Zeit selbstverständlich als Illusion anzusehen, nicht einmal als eine Utopie, wenn dieser Begriff – abgeleitet von griech. οὐτοπία – das bezeichnet, was »nirgends« ist, weil es noch »keinen Ort« hat, also: eine Idee, die ihrer Verwirklichung harrt. Als Schüler des Aristoteles mußte man also darüber nachdenken, wie die Webstühle dazu gebracht werden konnten. Denn als Christ mußte man auf die Befreiung der Menschen von der Sklaverei sinnen. Der Priester hatte dem Volke die frohe Botschaft von der Nächstenliebe zu verkünden. Beim Lesen des Evangeliums erfuhr er durch die Philosophie des Paulus von der herrlichen Freiheit der »Söhne Gottes« und der Erlösung der seufzenden Kreatur durch die dazu verwandelten Menschen. Durfte er dann zusehen, wie Tier und Mensch unter der Sklavenfron der täglichen Arbeit seufzten? Aus den geschundenen Menschen, die die ganze Last der auf ihrem Lebensopfer aufgebauten Kultur zu tragen hatten, die oft genug wie die Tiere leben mußten, konnte die Freiheit der Söhne Gottes nicht hervorblühen. Auch sie waren wie Ritter und Bürger zu dieser Gotteskindschaft geboren. Gerade für die Mühseligen und Beladenen war die Verheißung des Evangeliums gesprochen! Sollte dieses nur ein Trost bleiben, der als Entschädigung für ein trübseliges Dasein auf ein besseres »Jenseits« wies? Was helfen hier fromme Sprüche, wenn die einen auf den Höhen im Licht und die anderen endlosen Scharen, wie in allen diesen Hochkulturen des Abendlandes – und in Indien und den Ländern der »Dritten Welt« bis heute – in Schatten und Schlamm leben?[148]

Die in den benediktinischen Klöstern vorgezeichnete Sozialordnung galt es nun für alle zu verwirklichen, für alle Stände, für Frauen wie Männer. Innerhalb der Ordensregel war das nicht möglich. Eine allgemeine *Verweltlichung* mußte zwangsläufig eintreten. Mit anderen Worten: Das Christentum mußte »weltlich« werden, d. h. es mußte beginnen, sich in der *Welt* zu verwirklichen. Auf diesen Weg begaben sich die Mönche, die Naturwissenschaftler und Ingenieure wurden.

Nun aber trat eine neue Erstarrung ein. Das gewonnene Denkwerkzeug des Aristoteles, von den Arabern – insbesondere Averroes[149] – weiterentwickelt, wurde nicht angewendet, um das Blickfeld zu erweitern – wonach die ganze Zeit drängte –, sondern es wurde auf die alten Inhalte gerichtet. Die Scholastiker machten die Erdentatsache des Christentums einseitig zu einem Gegenstand des Denkens und der Lehre. Das Religiöse wurde aus den erwachenden Kräften der Ratio bis an die Grenze des Möglichen erklärt, festgelegt und schematisiert. Die Bibel wurde exegetisiert, das kultische Leben abstrahiert und kanonisiert. Was einst lebendig erlebt worden war und nun in einer neuen Entwicklungsstufe verblaßte, wurde in Dogmen festgehalten: »Du sollst glauben!« Damit entstand eine dem sich ewig wandelnden Leben widersprechende mosaische Gesetzestreue und stellte sich der Entwicklung des selbständigen menschlichen Denkens entgegen. Der Glaube wurde in das Bewußtsein aufgenommen und in den neu gewonnenen Begriffen systematisiert.

Ein ganzes Gebäude von Dogmen – ein intellektuelles Gegenbild zum gotischen Dombau – wurde errichtet. Die *Gottesweisheit* [Theosophie] erstarrte zur *Gotteslehre* [Theologie]. Dadurch entstand zwar die Theologie als Wissenschaft im modernen Sinne, fällig jedoch war die Erkenntnis des Wesens der Natur und ihrer Gesetze. Anstelle einer Sakramentenlehre von der Transsubstantiation hätte es einer Substanzlehre bedurft, die die Erscheinung, die Gesetze und das Wesen der Materie erforschte. Gott wurde jedoch von der Materie transzendiert, in die – gerade nach dem christlichen Credo – er sich selbst hinein inkarniert hat. Fortan trennten sich die Wege!

An der Überlieferung einer Legende läßt sich dieser Riß

verdeutlichen: Albertus Magnus, der »*Doctor Universalis*« und Zeitgenosse Friedrichs II. von Hohenstaufen, hatte nicht nur Pflanzen und Tiere beschrieben und die Eigenschaften der Metalle erforscht, wie auch zum erstenmal die Milchstraße als eine Häufung von Sternen erkannt, sondern auch Maschinen konstruiert. So schuf er einen »künstlichen Menschen«, einen ersten Roboter, der vielfache Dienste verrichten konnte. Eines Tages wurde Albertus überraschend von seinem Schüler Thomas von Aquin aufgesucht. Der Roboter, der als dienendes Mädchen gestaltet war, öffnete dem Ankömmling die Tür. Thomas wurde zunächst getäuscht, erkannte dann aber – bezeichnenderweise an der Sprache des mechanisch produzierten Grußwortes, die der menschlichen Wärme entbehrte –, daß es sich um eine Maschine handelte. Da bemächtigte sich seiner die Furcht, ein Blendwerk des Teufels vor sich zu haben, und er zerschlug mit seinem Stock das Kunstwerk in hundert Stücke. Albertus soll ausgerufen haben: »Bruder Thomas ist ein sonderbarer Mensch, er zerstört in einem Augenblick, was mich eine Arbeit von dreißig Jahren gekostet hat.«[150] Heute haben unzählige Haushaltsgeräte als stumme Diener den einstigen Traum des Albertus oder von den Kölner Heinzelmännchen längst verwirklicht.

Der Roboter aus der Hand des Priesters Albertus war christlich legitimiert und kein Teufelswerk. Dazu haben ihn erst diejenigen Christen gemacht, die die Maschinen nicht als das verstanden, als was sie gemeint waren, und wie man sie zu Beginn der Industriellen Revolution zuerst genannt hatte: »die eisernen Engel« als Helfer des Menschen. Der Roboter des Albertus ist die erste Imagination eines solchen eisernen Engels.

Nicht deutlicher kann die Scheidung der Geister sichtbar gemacht werden, die bis in unsere Zeit hinein wirkt. Fortan gibt es ein *arcanum* und ein *profanum*, das heißt eine sakrale und eine säkularisierte Welt, einen religiösen Sonderbezirk und eine technisch-wirtschaftlich-politische Realität.

In dieser Entwicklung des abendländischen Denkens liegt eine tiefe Tragik, mehr noch: ein Verhängnis. Denn in dieser Zeit des Umbruchs gründet nicht nur die Entstehung der modernen Welt, sondern zugleich deren unheilvolle Problematik. *Die Spaltung des Menschen*, an der wir heute leiden und für die der gegenwärtige ideologische und politische Weltkonflikt nur ein äußeres Symptom ist, hat hier ihren Ursprung. Sie wird vertieft, wo man diesen nicht erkennt, und überwunden, wenn man ihn als Anlaß einer Fehlentwicklung begreift, die wieder ausgeglichen werden muß und kann.

Folgerichtig treiben die erwachten Verstandeskräfte den Menschen, die Materie zu untersuchen und wie zuvor in den heiligen Schriften der Überlieferung nun ebenso in ihr die Offenbarung des göttlichen Gesetzes zu erforschen. Die moderne Naturerkenntnis wird begründet. Die starre Vereinseitigung, in die sie zum Teil einmündete, stellt ihre Bedeutung und Notwendigkeit für die Menschheit nicht in Frage. Allerdings wird es darauf ankommen, die ausschließlich auf das Zählbare, Meßbare, Wägbare, d. h. auf die materielle »Oberfläche« der Natur bzw. ihre »Leibeserscheinung« eingestellte Naturforschung zu ergänzen durch eine auf das Wesenhafte der Naturerscheinungen zielende Naturerkenntnis, wie eine solche von Goethe inauguriert und von Steiner entscheidend vorangetrieben worden ist.[151]

Seit Thomas mußte dieser Weg außerhalb der Kirche und damit außerhalb des offiziellen Christentums beschritten werden. Die Klosterschulen wurden von den Universitäten abgelöst. Das neue Bewußtsein konnte sich nur unter größten Opfern gegenüber den hierarchischen Mächten und ihrer zähen Verteidigung der überlieferten geistigen und sozialen Ordnung durchsetzen. Die beiden zunächst noch durch das Christentum vereinigten Vertreter polarer Aspekte wurden zu Todfeinden. Allenthalben rauchten die Scheiterhaufen der im verzweifelten Abwehrkampf zuschlagenden »heiligen Inquisition«, die im gleichen Jahre der Proklamation der *Magna Charta Libertatum*[152], dem Grundgesetz der Freiheiten, 1215 auf dem Lateranskonzil eingesetzt worden war. Sie konnte sich auf Thomas, den »*Doctor Angelicus*«, berufen, der es als ein »Gebot der Gerechtigkeit« gefordert hatte, die Ketzer zu verbrennen, wo auch nur man sie der »Linienabweichung« als Ketzerei überführen könne.

Das war eine zweite Christenverfolgung, der Zehntausende zum Opfer fielen, weil sie die Stimme des »Himmelslichtes der Vernunft« in sich nicht überhören konnten und draußen in der Welt nicht verleugnen wollten. Sie starben, weil sie der Meinung waren, daß die Erde rund, ein Stern unter Sternen, sei und die bisherige Rangordnung des Menschen neu im Bewußtsein begründet werden müsse, weil sie – wie der Arzt Servet[153] durch seine Entdeckung des Blutkreislaufes – der Menschheit in ihrer Erkenntnis von sich selbst voranhelfen und die Leiden des einzelnen und schließlich des sozialen Organismus zu heilen versuchten. Sie starben als die Märtyrer einer neu heraufsteigenden Welt, unserer Welt, der Welt des Großmenschen. Es war eine Verfolgung von Christen, denn auch die konsequenten Schüler des Aristoteles, die nicht Scholastiker, sondern Naturwissenschaftler wurden, standen in der Nachfolge Christi. Sie waren es zunächst noch durch ihr Bekenntnis, und sie blieben es auch, indem sie in ihrem Forschen – wie Otto von Guericke es begründete – Gott in den Erscheinungen und Gesetzmäßigkeiten der Natur suchten.

Ihr Schicksal ist eine einzige Passion. In vielen Fällen waren sie Kleriker, wie Roger Bacon, Albert von Bollstädt, Nikolaus Kopernikus, Pico della Mirandola, Giordano Bruno. In ihrer zweifelnden Seele wurden sie hin- und hergerissen zwischen überliefertem Glauben und neu gewonnener Erkenntnis, zwischen dem Totalitätsanspruch einer übermächtigen Institution und ihrem dagegen aufbegehrenden Ich. Sie erkannten teilweise sogar, daß auch die Vertreter der Kirche aus berechtigter Überzeugung handelten, aus der Verantwortung ihres Hirtenamtes gegenüber dem noch »jugendlichen« europäischen Menschen. Einige zerbrachen wie Mirandola, andere sollten durch Verfolgung und Folterqualen gebrochen werden und widerstanden dennoch wie Giordano Bruno. Alle versuchten bis zur letzten Möglichkeit, den Zusammenhang mit der kirchlichen Gemeinschaft zu wahren. Kopernikus widmete sein umwälzendes Werk dem Papst, und auch Galilei hatte sich dessen Schutz unterstellt. Alle blieben Christen bis zum letzten Augenblick ihres Lebens. Es waren die Bekenner eines ersten *Erkenntnis-Christentums*, die um ihrer Erkenntnis willen ihr Leben einsetzten. Ihre späteren Schüler allerdings konnten zumeist nicht mehr Christen sein, sondern mußten Atheisten werden. Als Naturwissenschaftler waren sie aus der Kirche – und das bedeutete damals aus der Menschheit – exkommuniziert. Eine Kirche, die für sie keinen geistigen Raum, sondern nur das Feuer hatte, bot ihnen keine Heimat mehr. Und folgenschwerer noch: Indem Gott und der Heilige Geist zu einem kirchlichen Monopol gemacht worden waren [extra ecclesiam nulla salus!], mußten sie in die Vorstellung einer Welt emigrieren, in der es keinen Gott gab. Denn die Wahrheit, die sie in ihrer Erkenntnis fanden, war nicht mit dem Gott der Kirche in Übereinstimmung zu bringen. Ein Infragestellen ihrer Erkenntnis, die sich sinnfällig beweisen ließ, hätte für sie ein Infragestellen ihrer menschlichen Existenz und der Vernunft bedeutet. Auch die Theologie benutzte das menschliche Erkenntnisvermögen. Wurde ihm eine absolute Gültigkeit abgesprochen, dann fiel mit der naturwissenschaftlichen Erkenntnis auch die Scholastik. Denn diese will keineswegs auf den naiven Glauben gegründet bleiben, sondern bemüht sich mit Hilfe des Intellekts um logische Beweisführungen. Wer einen Gottesbeweis mit dialektischen Mitteln zu führen sucht, muß in Kauf nehmen, daß er mit gleichen Mitteln widerlegt wird. So geschah es, daß durch das Verhalten der Scholastiker selbst das exakte Gegenbild ihrer Theologie: der moderne Atheismus heraufgerufen wurde.

Die Schüler des Aristoteles, die Naturwissenschafter geworden waren, wandten das von ihrem Meister übernommene »Organon«, das Denkwerkzeug der Logik, auf die Erkenntnis der *Welt* an. Dazu konnten sie sich berechtigt wissen durch das Wort des Lukas-Evangeliums: »Euch ist gegeben, zu erkennen das Geheimnis des Reiches Gottes.«[154] Reich Gottes – das ist doch auch die Schöpfung! In ihnen vollzog sich zugleich der Durchbruch des »Ich«, das sich nun mündig fühlte. In der Befreiung vom Gewissenszwang kollektiver oder einzelmenschlicher Bevormundung trat die Individualität vollends in ihre Entscheidungsfreiheit und machte sich selbst zum Maß und Gesetz. Das aber war nichts anderes als ebenfalls Sinn und Ziel des Christentums. Auch in Naturerkenntnis und Persönlichkeitsbildung wurde die unmittelbare »Nachfolge Christi« möglich. Von dieser Zeit an ist Christentum nicht mehr an ein Bekenntnis oder die Zugehörigkeit zu einer Institution gebunden. Es beweist sich in der Teilhaberschaft an der Menschheitsevolution und im Einsatz für das, was fällig ist. Die Entscheidung hierüber ist dem eigenen Erkennen und Gewissen anheimgestellt. In solchem Sinn gehören auch noch die »Irrenden« zu den Jüngern Christi, insofern an ihrem Irrtum die Abweichung von der Bahn und damit diese selbst deutlich werden kann. Auch ihre Erfahrung, deren Möglichkeit sich um ihres Seelenheiles willen die anderen von vornherein entzogen haben, ist für die Erkenntnis der Evolution notwendig. Wer Christ ist oder nicht, das wird deutlich bei Matthäus im Bilde vom Weinberge, in den der Vater seine beiden Söhne sandte. Der eine sagt »ja« und geht nicht hin, der andere verweigert zunächst den Gehorsam und geht dann doch hin und arbeitet für den Vater. »Welcher tat den Willen dessen, der ihn gesandt hat?«[255]

Luthers weltgeschichtlicher Beitrag zur Verwirklichung des Großmenschen war es, daß er das Ich auf sich selbst stellte und dadurch der Weg frei wurde auch zu einer Erkenntnis, die über die bisher vom vorgegebenen Glauben gezogenen Grenzen hinausführte. Es ist kein Zufall, daß die Ausbreitung der modernen Technik vornehmlich von protestantischen Ländern ausging, wobei das Frankreich derAufklärung einzubeziehen ist. Indem Luther sein Mönchsgelübde und den Zölibat brach, wirkte er gegen eine religiöse Spezialisierung, in der das Mönchswesen erstarrt war. Durch das von ihm verkündigte »Allgemeine Priestertum aller Gläubigen« wurde der Weg zur Ganzheit des Lebens und zur einheitlichen Gesellschaft neu beschritten. Die »Reichsunmittelbarkeit« dem Reiche Gottes gegenüber, von der Friedrich Rittelmeyer spricht, gilt seitdem für jeden – auch für den Atheisten.[156]

Im ausgehenden Mittelalter hatte der Begriff des »*Schisma*« [= Spaltung] eine Rolle gespielt. Damit wurde die innere Spaltung der Christenheit in eine westliche und östliche Kirche bezeichnet. Ein anderes Schisma, das sich innerhalb der abendländischen Christenheit vollzog, ist die Trennung zwischen Katholiken und Protestanten. Die geschichtlich erkennbare Tendenz der fortschreitenden Individuation setzt sich in dem protestantischen Teil fort, der damit im Fluß der Entwicklung bleibt. Sie äußert sich in der Kristallisation immer neuer religiöser Gruppen, so daß eine Zeit zu erwarten ist, in der es legitim so viele Christentümer wie Christen gibt. Dasjenige Schisma, das für den europäischen Menschen der Neuzeit das folgenschwerste wurde, ist die Trennung der Wege von Religion und Naturwissenschaft. Es führte schließlich zu einer Spaltung in den Seelen der einzelnen Menschen. Diese Trennung geht mitten durch denjenigen europäischen Menschen hindurch, der materialistisch denkt, aber noch christlich zu fühlen meint und durch diesen inneren Widerspruch dem in sich geschlossenen Monismus der »Materialisten« so hilflos unterlegen scheint. Kierkegaard hatte schon 1846 diesen Zustand ironisiert: »Der Mann der Wissenschaft betet zum Beispiel – und sein ganzes Streben ist nun emsig dabei, Gottes Dasein zu beweisen. Wie aber kann er da innerlich beten, wenn sein Wesen in diesem Selbstwiderspruch zerspalten ist? Und wofern er betet, ist zu fragen, wie er vom Beten übergeht zu seiner wissenschaftlichen Arbeit, es ist zu fragen, wie er als Mann der Wissenschaft sich selbst im Beten versteht und wie er als Betender es versteht, daß er ein Mann der Wissenschaft ist.«[157]

Das Wachstum des neuen europäischen Menschen, das sich im naturwissenschaftlichen Bewußtsein und in der Technik zeigt, ließ sich nicht hemmen. Es äußert sich in der Industriellen Revolution durch eine radikale Verwandlung der Arbeits- und Wirtschaftsweise. Sie gestaltete das tägliche Leben jedes einzelnen um. Selbst die widerstrebenden Kleriker und die konservativen Bauern wurden von dieser Entwicklung erfaßt, da sich keiner dem immer dichter werdenden Geflecht entziehen kann. Sie alle werden Nutznießer der neuen Technik, gleichviel ob sie ihren Ursprung bejahen oder nicht. Doch der Technik, die alle verbindet, wird immer noch ein Heimatrecht im spirituellen Bereich verwehrt. In einseitiger Weise war einst von Christen der Menschenleib, das Geschlecht, die Frau und damit die erste Schöpfung verfemt worden. Die Freude an der Schönheit war zur Sünde geworden. Erst in Renaissance und Barock wurde der Menschenleib als göttliches Abbild wiedererkannt und durch Novalis in den Bereich christlicher Frömmigkeit einbezogen: »Es gibt nur *einen* Tempel in der Welt, und das ist der menschliche Körper. Nichts ist heiliger als diese hohe Gestalt. Man berührt den Himmel, wenn man einen Menschenleib betastet.«[158]

Die erweiterte Leiblichkeit des Menschen jedoch, die Technik, steht nach wie vor außerhalb des religiösen Bezugs. Obwohl von christlichen Mönchen in entscheidender Weise neu begründet, und obwohl in ihr die Möglichkeit liegt, den Menschen zu seiner wahren Würde als Ebenbild Gottes wieder zu befreien, wird sie immer noch von den geistigen Nachfahren der Scholastiker als teuflisches Werk verkannt. Wie soll angesichts einer solchen Einordnung der Mann, der am Sonntag vor dem Altar steht, die Maschine, die er am Werktag bedient, in sein Weltbild und Leben einfügen? Wie soll er ein Verhältnis zu seiner technischen Arbeit finden?

Die weltweite Problematik der modernen Wirtschaft und Technik, in der wir heute stehen, ist im Grunde die Fortsetzung dieses abendländischen Schismas. Der unheilvolle Dualismus zwischen einer esoterischen und exoterischen Anschauungs- und Verhaltensweise blieb bis heute bestehen. Der vereinigende Blick, der die unteilbare Welt nicht gespalten sieht in

Geistiges und Ungeistiges, in Himmlisches und Irdisches, in Religion und Wirtschaft, in christliches und politisches Verhalten, ist verlorengegangen. Das Abendland hat diesen Zwiespalt nicht bewältigt. Es hat zu der von ihm in der neuzeitlichen Technik ausgebildeten Leibesgestalt des Großmenschen weder eine adäquate Sozialform noch ein entsprechendes Bewußtsein hervorgebracht. Es hat die Maschinen produziert und in die ganze Welt geschickt und überließ es den von der industriellen Technik überraschten Völkern, damit genausowenig wie es selbst fertig zu werden. Die Gebrauchsanweisung für das von ihm Hergestellte ist Europa bis heute der Welt schuldig geblieben. Diejenigen, die sie nachzuliefern trachteten, wurden in Europa bis heute nicht gehört. Wo die Entwicklungsländer durch Kommunismus ein eigenes Rezept entwickeln, ist man erstaunt oder gar entrüstet, weil dies den herkömmlichen und liebgewordenen Vorstellungen nicht entspricht.[159] Gerade die Entwicklungsländer bieten aber die Möglichkeit, eine innerlich wieder ganzheitliche Welt vorzubereiten.

Die Evolution, die damals begann, läßt sich nicht aufhalten, weil in ihr nicht nur Naturgesetze entdeckt wurden, sondern weil sie selbst naturgesetzlich ist. Wo die Christenheit kein inneres Verhältnis zu dieser menschheitlichen Entwicklung und damit zur aufgekommenen Maschinentechnik findet, wird ihr Kampf zu einem Rückzugsgefecht, und sie verliert geistig immer mehr an Boden; es liegt jedoch in der Hand von Christen, allem Geschehen das positive Vorzeichen des Kreuzes zu verleihen. Das Schicksal der Welt können nur solche Menschen gestalten, die – im Unterschied zur einstigen scholastischen Verneinung – sich in Positivität mit der Entwicklung der Menschheit verbinden.

Der Mensch findet Gesetz und Energie

De Revolutionibus Orbium Coelestium – »Über die Umdrehungen der Himmelskörper« – heißt das Buch, das im Todesjahr seines Verfassers 1543 die nach diesem benannte *»Kopernikanische Wende«* einleitete. Es störte die Geister auf und zertrümmerte den Kosmos der Antike und des Abendlandes. Mit ihm beginnt die Weltrevolution unserer Zeit. Kopernikus hatte sein Buch noch dem Papste gewidmet. Ein gefälschtes Vorwort seines Verlegers versucht, seine Ansicht als Hypothese abzumildern. Trotzdem war der Sturm unter den Zeitgenossen beiderlei Konfession außerordentlich. Luther nannte ihn einen »Narren«, und Melanchthon bezeichnete die neue Lehre als einen Verstoß gegen die guten Sitten. Doch Kopernikus bringt die letzte Befreiung: Der Mensch sucht sich aus der Bindung an die mütterliche Natur zu lösen und geht abermals »auf große Fahrt« [Brecht].[160]

Die *Renaissance*, die eine Wiedergeburt der römischen und griechischen Antike sein wollte, ist in Wahrheit weit mehr. In ihr wird noch einmal der Aufbruch des Menschen aus einer Mutterordnung wiederholt, wie er als Übergang vom Geschöpf- zum Schöpfersein sich im *Neolithikum* [Jungsteinzeit] vollzog: Der Mensch bricht jetzt aus der erstarrten Ordnung der Mutter Kirche aus. Er ringt sich frei von alten Vorstellungen und Tabus, und er beginnt die Erde zu erforschen. Es war ein geistiger Umbruch, und er wiederholte erkenntnismäßig, was die Menschen jener Frühzeit in ihrem religiösen Empfinden zum Ausdruck gebracht hatten. Damals hatte sich der Blick des Menschen von der Mutter Erde weg der Sonne zugewandt. Sie wurde in den nun erst entstehenden solaren Religionen als das Weltenfeuer und der Sonnengott als der »*Phosphoros*« gefeiert, der nicht nur das Licht des Tages schenkt, sondern auch das Geisteslicht im Menschen entzündet. Die prometheische Kultur des Schöpfermenschen hatte sich aus diesem Glauben an das Licht der Welt begeistern und zu ihren Großtaten entflammen lassen. Indem Kopernikus die Sonne in den Mittelpunkt unseres Weltsystems stellte, richtete er unbewußt die alten Altäre des Helios wieder auf. Kepler begriff diesen Vorgang. Er schrieb in seiner »Kosmischen Harmonie« [*Harmonices mundi*] als Vorwort zum V. Buch: »Ja, ich bin es, ich habe die goldenen Gefäße der Ägypter geraubt, um meinem Gott aus ihnen ein Heiligtum zu errichten, fern von den Grenzen Ägyptens«, und er fügte, stellvertretend für viele Träger des neuen Bewußtseins, hinzu: »Wenn ihr mir vergebt, werde ich mich freuen, wenn ihr zürnt, werde ich es tragen; hier werfe ich den Würfel und schreibe dies Buch für den heutigen wie den dereinstigen Leser – was liegt daran? Und wenn es auf seinen Leser hundert Jahre warten muß: Gott selbst hat sechstausend Jahre dessen geharrt, der sein Werk erkennend erblickt.«

Eine neue Verbindung zum physischen Sonnenwesen und dem Element des Feuers wird hergestellt. Das in den Alchimistenküchen brennende Feuer diente der Verwandlung der Stoffe, es ließ die Explosivkraft des Pulvers entdecken, es verwandelte Wasser in Dampf und erzeugte damit die neue in Bewegung umgesetzte Energie. Im Grunde ist alle Energie auf unserem Planeten von Sonnenenergie gewonnen. Es sind ebenfalls Sonnenvorgänge, die durch die Atomzertrümmerung im Erdenzusammenhang von Menschen künstlich ausgelöst werden. Im exakt physikalischen Sinne ist die moderne Technik ähnlich auf die Sonne bezogen, wie einst für die entsprechenden Kulturen die Sonnenverehrung im Mittelpunkt stand. Die Technik ist es auch als Entfaltung der Logik, deren Ergebnisse »sonnenklar« sind, des Denkens, das »einleuchtet«. Denn mit der Sonne ist das logische Denken Mittelpunkt des menschlichen Bewußtseins geworden. Der neuzeitliche Rationalismus wurde eine neue Art von Sonnenreligion! Die Barockkirchen in Weiß und Gold sind eine Verherrlichung des Lichtes. Der darin oft zu findende Anruf: *Soli Deo gloria,* herkömmlich verstanden als »Allein Gott die Ehre!«, kann im Lateinischen zugleich bedeuten: »Der Sonne als einem Gotte die Ehre!«

Das moderne Bewußtsein, das Wissen von der Welt, ist gegründet auf eine ungeahnte Steigerung des Sehvermögens. Der Mensch dehnt seinen Horizont bis in fernste Weltenräume aus. Giordano Bruno ruft sich und den geistigen Bahnbrechern seiner Zeit zu: »Zerschlage diese kristallenen Wände und wirf sie klirrend zu Boden. Beweise den Menschen, daß es nicht eine Welt, sondern daß es ungezählte Welten gibt. Öffne das Tor, daß alle die andern Sterne sehen können, die unserer Sonne gleichen.«[161] Galilei ließ die Zweifler diese Behauptungen mit eigenen Augen sehen; er zeigte ihnen mit Hilfe der eben erst konstruierten Fernrohre die Monde des Jupiter und löste vor ihren fassungslosen Blicken die Milchstraße in unendlich viele Sonnen auf. Doch auch in die verborgenen Räume der Erde, in die unsichtbaren Zusammenhänge des Lebens trägt nun der forschende Mensch Licht. Zum Teleskop gesellt sich bald schon das Mikroskop, das die kleinsten Vorgänge im vegetabilen und animalischen Leben wie auch in der Retorte sichtbar macht. Erst infolge der Verstärkung des Auges durch die mit den holländischen Linsenschleifern des 17. Jahrhunderts im eigentlichen Sinne beginnende und unter anderen durch Fraunhofer, Abbe und Leitz ausgebaute moderne Optik wird diese großartige Erweiterung des menschlichen Sehfeldes möglich. Sie verwirklicht das Wesen des Menschen, wie Goethe es im Türmerlied des Lynkeus besingt: »Zum Sehen geboren, zum Schauen bestellt!«

Die Begründung der Mittelpunktstellung der Sonne durch den Priester und Domherrn von Frauenburg, Nikolaus Kopernikus, fand eine Entsprechung in dem künstlichen Licht, das der amerikanische Selfmademan Edison in seiner Glühbirne aufleuchten ließ. Von dieser Zeit an hat das elektrische Licht der Nacht die Herrschaft streitig gemacht. Der Mensch verdankt diesem Licht Wertvolleres als das buntlärmende Spielzeug der die Straßen seiner Städte erfüllenden Lichtreklame, er verdankt diesem neuen Licht Erkenntnis und Lebenshilfe. Die winzige Reiskorn-Glühlampe, die der Arzt in den Magen einführen kann, und vieles mehr hat Ungezählten ihre physische Existenz und damit die Möglichkeit zur Verwirklichung ihres Selbst gerettet. Wenn unsere Scheinwerfer die Finsternis der tiefsten Gründe des Ozeans erhellen und das seit Urzeiten Verborgene sichtbar machen, ist das ein Sinn-Zeichen für die Bedeutung menschlichen Forschens: Auch hier erfüllt sich ein Teil seiner Bestimmung, »daß er sähe und den Dingen ihren Namen gäbe«[162], trägt doch der Mensch im buchstäblichen Sinne als ein *Phosphoros* Licht in eine ohne ihn finstere Welt.

Das andere Ereignis, das der kopernikanischen Wende des Jahres 1543 in seiner wahrhaft revolutionären Bedeutung entspricht, ist die künstliche Auslösung solcher Vorgänge auf der Erde durch den Menschen, die innerhalb unseres Planetensystems sonst nur auf der Sonne stattfinden. Das Jahr 1945 zeigt diesen Griff nach der Atomenergie – und zugleich dessen erschreckende Fragwürdigkeit. Der moderne Mensch, der wie Prometheus das Feuer der Sonne raubte – das dieser dem Schmied zu schöpferischem Wirken schenkte –, entfachte mit seiner Fackel einen unheilvollen Brand, der die Menschheit in Furcht versetzt und ihr wie vor vier Jahrhunderten ein neues Denken auferlegt. Denn nun ist es politisch ebensowenig wie zuvor naturwissenschaftlich möglich, in den alten Kategorien zu denken.

So ist das Zeitalter der modernen Naturwissenschaft gekennzeichnet durch eine ins Unendliche wachsende Erweiterung unseres optischen und rationalen Blickfeldes. Nur scheinbar entthronte Kopernikus mit der Erde den Menschen. Zwar wird der oftmals dem Hochmut und der Selbstüberschätzung verfallene Schöpfermensch gedemütigt, der in festen Vorstellungen nur allzu sicher Gewordene in seinem Glauben erschüttert. Er konnte sich nicht länger als Mittelpunkt des Alls empfinden, um dessentwillen der Schöpfer alles geschaffen habe, um den als Achse sich die Sonne und alle Sterne drehen. Der Bewohner des Staubkornes Erde wird in die bescheidenere Rolle eines Zuschauers im Weltgeschehen versetzt. Aber nur so kann der Mensch sich erneuern und weiter wandeln. Das Alte muß zerbrechen, wenn das Neue in Erscheinung treten will. Der Mangel und das Ungenügen, das der Mensch durch seine Absetzung erlebt, lassen ihn ungestüm danach drängen, nun alles *wissen* zu wollen.

Im Erkenntnisakt beginnt sich die Erste Schöpfung vor seinen Augen, die nun erst im eigentlichen Sinne »aufgetan«[163] werden, noch einmal zu wiederholen. Er dringt in ihre Geheimnisse ein, erkennt ihre Gesetzmäßigkeiten und beobachtet ihre Verfahrensweise, ihre Versuche und Korrekturen, ihr Suchen nach solchen neuen Formen, die den sich wandelnden Bedingungen immer besser entsprechen; er denkt ihre »Gedanken« nach, die in den Abwandlungen von Pflanze und Tier sichtbare Gestalt angenommen haben: Das Welttheater, von keinem Drama oder Mythos je erreicht, weil es das Leben selbst ist, die Erste Schöpfung läuft vor ihm ab. Noch dazu unter seiner Regie, denn er ist nicht nur Zuschauer, er ist unmittelbar beteiligt, weil er die Lebensprozesse selbst in seinem Denken und Handeln zu wiederholen vermag. Zum erstenmal ist es dem Menschen verstattet, sehend, beobachtend, denkend einen Blick in die Schöpferwerkstatt des Lebens zu tun. Stufe um Stufe enthüllen sich ihm die Geheimnisse des Daseins. Die Naturerkenntnis wird zur Religion unserer Zeit. Ihre Jünger treten mit der gleichen Überzeugungskraft, mit der die Christen ihren Glauben bekannten und lehrten, für ihre neu errungene Wahrheit ein und stehen durch ihren Einsatz in nichts hinter den urchristlichen Märtyrern zurück. Das Glück des Entdeckens und die Gnade der Erkenntnis werden im Zeitalter des Großmenschen zu dem, was in der Epoche des Schöpfermenschen das Gebet der Heiligen war. Der Blick in die Mysterien der Natur, mit Sinnesaugen getan und im Erfassen des Wesens der Erscheinung durch die rechten Begriffe ergänzt, wird zur Einweihung des Menschen in unserem Äon. In der Natur berührt der ehrfürchtige Mensch das ewig wirkende Leben und der Christ den »Leib des Herrn«. So spricht Novalis von der »Allfähigkeit des Irdischen, Fleisch und Blut des ewigen Lebens zu sein«.[164]

Die Tatsache, daß die naturwissenschaftlichen Forscher die von ihnen unter unsäglichen persönlichen Mühen gewonnenen Erfahrungen nicht geheimhielten, sondern in der Freude am Entdeckten und in selbstloser Hingabe an das gemeinsame Menschenwerk einander mitteilten, zeigt sie auf dem Wege zum Großmenschen. Die Naturwissenschafter sind heute nahezu die einzigen, die auf ihren internationalen Tagungen sich noch [oder schon] in einer gemeinsamen Sprache verständigen können. Es ist nicht nur die Sprache ihrer Formeln und Gesetze, die sie verbindet – es ist die Sprache des Denkens und der anschauenden Urteilskraft. Sie ist auf Erfahrungen gegründet, die in sich eindeutig sind. Aus ihrem Wissen wächst ihnen große Verantwortung zu. Die Forschungen der Naturwissenschafter und ihre Erfindungen gelten letzten Endes alle dem *Einen Menschen*, der hinter den bunten Masken der Rassen, Völker, Kulturen und Weltanschauungen erscheint. Der Mensch schlechthin ist die gemeinsame Sorge der Verantwortungsbewußten und ihre Sprache daher großmenschlich.

Das neue Wissen ist seinem Wesen nach kein Geheimwissen mehr, es will vielmehr möglichst viele Menschen erreichen. Durch die moderne Pädagogik wird es grundsätzlich allen vermittelt und dem einfachsten Menschen verständlich dargestellt. Der Bürger einer nördlichen Stadt hat die Möglichkeit, zu erfahren, daß »die Wüste lebt«, »Serengeti nicht sterben darf«, und wie die Forscher in die Tiefe des Meeres tauchen. Er kann teilhaben an der Lebensweise anderer Völker und fremde Kulturen verstehen lernen, ohne einer der wenigen bisher Privilegierten dieser Erde zu sein. So erscheint ihm wie nie zuvor das Antlitz des *Menschen.* Die Optik – mit ihren vielfältigen technischen Möglichkeiten: Mikroskopie und Teleskopie, Photographie, Kinematographie und schließlich Television – ist zum Spiegel der Welt und der Menschheit geworden. Ihre Wirkung ist dreifacher Art. Für eine Vielzahl moderner Forschungsergebnisse ist sie Voraussetzung. Ihre Möglichkeiten, visuelle Eindrücke festhalten und wiedergeben zu können, machen sie zu einem menschheitlichen Gedächtnis- und Mitteilungsorgan. Mit ihrer Hilfe kann sich der Großmensch anschauen und erkennen und dadurch *ein großmenschliches Bewußtsein* gebildet werden. Spengler nennt »menschliches Denken Augendenken ... ›Ich‹ ist ein Lichtbegriff«.[165]

Eine Fülle von Eindrücken überwältigte den Menschen, der sehend geworden war. Um sie bemeistern zu können, mußte er versuchen, sie zu ordnen. Beobachtung und Vergleich zeigten innere *Gesetzmäßigkeiten*, die im Walten der Natur wenige große Prinzipien erkennen lassen. Nach diesen Prinzipien begann der Naturforscher nun seine Systeme aufzubauen, Schemata zu entwerfen, in denen – Schubfächern gleich – das Gefundene untergebracht werden konnte.

Vorerst mußte aber eine genügend große Anzahl von Einzeldingen zusammengetragen sein. Am Anfang der Naturerkenntnis steht das Sammeln. Die Stufe des Sammlers der Vorzeit wird wiederholt. Schon Aristoteles legte Sammlungen von Naturgegenständen an, und Alexanders Gelehrtenstab hatte die Aufgabe, bemerkenswerte Funde in den eroberten Ländern zu registrieren und nach Griechenland zu bringen. Die ersten Museen entstanden, und die Alexanderzüge erhielten dadurch zugleich den Charakter von Expeditionen. In seine Fußstapfen trat zu Beginn unseres Zeitalters Friedrich II. von Hohenstaufen, ein anderer Alexander und diesem in vielem ähnlich.[166] Sein Interesse galt bis zu seinem Lebensende der Naturforschung. Wenn er sich nach eigenen Aussagen darum bemühte, »die natürlichen Dinge zu erkennen, wie sie wirklich sind«, und von seinen arabischen Freunden »der beste Beobachter alles mit dem *Auge* Wahrnehmbaren« genannt worden ist, so wird daran deutlich, wie sich in ihm, als einem Vorläufer unserer Zeit, die neue Erkenntnismethode ankündigt. Friedrichs berühmtes Buch »Über die Kunst, mit Vögeln zu jagen« ist eine umfassende Vogelkunde, von der gesagt wird, daß sie noch heute Gültigkeit besitze und nur von einem Kenner auf Grund jahrzehntelangen Beobachtens verfaßt werden konnte.[167] Bemerkenswert ist die Tatsache, daß das gesamte Schrifttum aus allen Zeiten und Ländern berücksichtigt und kritisch verarbeitet ist, wobei Friedrich auch nicht vor der Autorität des damals unantastbaren Aristoteles zurückschreckt. Über die Naturbeschreibung und Systematik hinaus stieß Friedrich bereits, wenn auch in naiver Weise, zum Experiment vor. Entgegen den mittelalterlichen Tabus ermutigte er die Ärzte an der Akademie von Salerno, die Geheimnisse des menschlichen Leibes anatomisch zu erforschen, indem er selbst bei den ersten Sektionen anwesend war. Später begründete Otto Guericke diese Methode: »Ein Beweis, der auf Erfahrung beruht, ist jedem Beweis aus Vernunftschlüssen vorzuziehen.« [»Neue Magdeburgische Versuche« 1672.]

Goethe kennzeichnet diese Wende in seinem »Philosophischen Vermächtnis« mit den Worten: »Den *Sinnen* hast du dann zu trauen, kein Falsches lassen sie dich schauen, wenn dein Verstand dich wach erhält!« Hierin besteht die eigentlich kopernikanische Wende des europäischen Menschen, der in der Natur nicht nur Maja sieht wie der alte Osten oder Symbolum wie der alte Westen. Beide suchten dabei das Eigentliche hinter der Verhüllung, und beide vermochten darum nicht zur Erforschung der Natur und zu ihrer Beherrschung vorzustoßen, weil ihnen deren materielle Erscheinungen im Grunde gar nicht wichtig waren. Wer die Natur ernst nimmt, sucht sie heute zunächst mit den Sinnen ganz zu erfassen.

Aus ihrer systematischen Ordnung in Arten, Klassen, Stämmen wird schließlich die *eine* gemeinsame Gestalt erkennbar, die sich zwar in unzähligen Variationen, immer aber nur nach dem in ihr veranlagten Gesetz entfalten kann. Im Experiment werden die gemachten Beobachtungen und Erfahrungen angewendet. Die Versuchsreihe hat die vermutete Gleichmäßigkeit im Verhalten der Natur und damit das Gesetz zu bestätigen. Die Kenntnis des Gesetzes läßt den Ablauf eines Naturprozesses vorher erkennen und darüber hinaus lenken. Damit wird aus Erkenntnis Vollmacht. Das »magische Wort« ist gefunden. Einst sollte es dem Magier dienen, um, anfänglich aus intuitiver Weisheit, später in willkürlicher Weise, in die Natur eingreifen zu können. Heute zwingt die Anwendung einer physikalischen oder chemischen »Formel« die Natur, dem Menschen zu Willen zu sein.

Auf diesem Wege von der Naturbetrachtung zum Naturgesetz standen zwei wichtige Helfer Pate: Der *Arabismus* lieferte die Schulung des exakten rationalen Denkens, das imstande ist, Schlüsse zu ziehen. Im *römischen Rechtsdenken*, als Erbe einer autochthonen Leistung Europas, wurde die Fähigkeit ausgebildet, Normen, Regeln und Gesetze aufzustellen und anzuwenden. Die Dogmen der Scholastiker sind eine Übertragung dieser Denkweise auf religiöse Inhalte. Sie sind inadäquat, wenn sie zu Glaubensvorschriften werden dort, wo es um das persönliche Verhältnis des einzelnen zu Gott und Welt geht. Die Gesetze der Naturwissenschaft sind die Anwendung dieser Denkart auf die Natur. Sie sind ihr adäquat, wenn es darum geht, die Verhaltensweise der Natur zu erfassen, bleiben unzulänglich jedoch, wo deren *Wesen* erkannt werden soll. Die Natur hat ein System, doch sie ist kein System, weil sie mehr ist als ein System! Römische Systematik, arabische Ratio [insbesondere Naturwissenschaft] und *christlicher Inkarnationswille* mußten zusammenkommen, um die geordneten Naturerkenntnisse auch praktisch machen zu können. Das ist der Grund dafür, daß nur im Abendland der Weg in die moderne Welt begonnen worden ist und auch nur hier begonnen werden konnte.

Es ist eine Kennzeichnung dieses geistesgeschichtlichen Vorgangs, wenn Goethe den im Faust dargestellten modernen Menschen danach fragen läßt, »was die Welt im Innersten zusammenhält«, und damit nach dem *principium*, dem »Urbeginne« allen Seins, den er in der Übersetzung des Prologs des Johannes-Evangeliums zu fassen sucht. Er glaubt, ihn in der »Tat« zu erkennen und charakterisiert damit zielbewußtes Handeln, auf ein vorgegebenes Ziel zustrebende Verwirklichung. Das Prinzip des Lebens ist Verleiblichung einer geistigen Gestalt. Im *Handeln* wird Faust auf der Höhe seines Lebens »der Weisheit letzter Schluß« offenbar.

Die mit Kopernikus eingeleitete Wandlung des Bewußtseins war nicht nur für das Denken, sondern auch für das praktische Leben von tiefgreifender Bedeutung. Indem der Blick des Menschen auf die in der Bewegung der Gestirne waltende Gesetzmäßigkeit einer Himmels*mechanik* gerichtet wurde, erhielt auch die irdische *Mechanik* neue Antriebe. Das mathematisch Errechenbare, der präzise Ablauf von Bewegungen, die abstrakte Konstruktion traten in den Vordergrund des Interesses. Die Sonnen-, Sand- und Wasseruhren wurden abgelöst durch die minuziös zuverlässige, die Zeit teilende, mechanische Uhr.

Die Räderuhr mit Hemmrad ist vermutlich schon um 1300 in Italien bekannt gewesen. 1352 wird dann die erste Kunstuhr für das Straßburger Münster hergestellt. Die Entwicklung der mechanischen Uhren begleitet und fördert in den folgenden Jahrhunderten das Bemühen um die Erkenntnis der Himmelsgesetze.

Die Uhr spiegelt als ein kleiner selbständiger »Kosmos« den berechenbaren Ablauf der Planetenbewegung. Sie ist »fällig« im Augenblick der Emanzipation des Erdenbewußtseins. Man benötigt nicht mehr die Sonne als kosmischen Zeiger. Der Mensch macht selbständig »Zeit«. Er wird zum »Herrn seiner Zeit« – nur daß heute, wiederum als Symptom für den gegenwärtigen Stand der Evolution, die Zeit ihn »hat«. Das selbstgeschaffene Werk jagt ihn.

Das Uhrwerk als Zeitmesser ist zugleich ein sinnfälliger Gegenstand und äußerste Abstraktion, eine Berührung von Materiellem und Geistigem. In ihrer eigenständigen Funktion ist es ein erstes künstliches Organ, auf dessen Prinzip sich fortan alle höhere Technik aufbaut.

Auch hier ist eine *geistige Wiederholung* erkennbar. Schon einmal fand ein Bewußtseinswandel auf verschiedenen Gebieten, die in keinem Zusammenhang zu stehen scheinen, seinen Ausdruck. In der Zeit, in der der Mensch seine Verehrung der Sonne zuwendete, erschien das *Rad*. Das Rad darf hier nicht mit der *Rolle* verwechselt werden, die sicher schon früh als Baumstamm eine Hilfe zur Fortbewegung schwerer Lasten [Steinblöcke] bot. Gemeint ist das um einen festgelegten Mittelpunkt [Achse] schwingende Rad. Sachkenner vertreten die Annahme, daß das Rad und der Wagen aus der Sonnenverehrung abzuleiten seien. »Alles Profane aus dem Sakralen« [Eduard Hahn]. Tatsache ist, daß die am Himmel beobachtete Umdrehung, sei es der Sonne oder der Gestirne, um die feste »Achse« des eigenen Standorts auf der Erde in alten Kultspielen und -geräten nachgeahmt worden ist und zum Rad-*Symbol* abstrahiert als Zeichen für Himmel, Sonnenlauf, Jahr oder Sonnen- und Weltengott erscheint. Im Bilde des Zeitenkreises fallen die Zeit und Bewegung zusammen. Es ist denkbar, daß das Erlebnis der Sonnenbewegung – wie viele andere Naturvorgänge, von deren Nachahmung in alten Volkstümern wir wissen – zur Herstellung sich um eine Achse drehender Räder veranlaßte. Erst die Intuition, dann ihre Verwirklichung – erst das Symbol [als bildhafte Verdichtung der Intuition], dann seine Übertragung in Technik – genau so, wie die moderne Naturwissenschaft ihrer praktischen Anwendung voranging. Das ist die Auffassung, die sich in dieser Hinsicht immer mehr durchgesetzt hat und u. a. von Mumford vertreten wird: »Lange Zeit hindurch blieb die Entwicklung des technischen Werkzeugs hinter der des Symbols zurück.«[168]

So entstand der Sonnenwagen, der – mit allerdings auffälliger Ausnahme der südamerikanischen Inkakultur – allgemein zum mythologischen Bestand der Sonnenreligion gehört. Bemerkenswert in diesem Zusammenhang ist, daß der Wagen in Ur zuerst als kultisches Gerät [3500 v. Chr.] erschien und zunächst der Benutzung durch den Priesterkönig vorbehalten blieb. Für allgemeine Zwecke wie für Transport, Jagd und Kampf wurde er erst ab 2500 v. Chr. in Babylon verwendet.[169]

Wie es im Reich der Natur nur wenige Prinzipien gibt, so auch in der Technik. Das Rad gehört zu den entscheidenden Faktoren der Mechanik. Als handwerkliche Fertigung ist es immer verleiblichte Mathematik. Es erfährt zahllose Metamorphosen: das primitive Scheibenrad, das sorgfältig konstruierte Speichenrad, Flaschenzug und Zahnrad, Mühlrad und Turbinenrad und schließlich die zahllosen Variationen des Rades in der Feinmechanik, sie alle sind Abwandlungen des gleichen Prinzips, ohne das die Technik undenkbar wäre. Der *Wagen* ist die älteste Maschine. Er ist der Ahnherr der bereits im Altertum bekannten und bis in die Neuzeit verwendeten Maschinen. Das älteste Fortbewegungsmittel, den Einbaum, wird man nicht als solche bezeichnen, wohl im eigentlichen Begriffssinne die später gebauten Schiffe.

Die Maschine war der Helfer des Menschen durch die Multiplizierung seiner Kraft. Sie ersetzte sie jedoch nicht. Wo es möglich wurde, trat als Beweger an die Stelle der menschlichen Muskelkraft neben anderen Zugtieren die schnellere, kräftigere und ausdauernde *Pferdestärke*. Sie ist als PS das Maß auch für den mechanischen Beweger, den Motor, bis vor kurzem geblieben. Man hätte diese Bezeichnung, die dem treuen Helfer des Menschen von einst ein Denkmal setzte, aus Dankbarkeit beibehalten sollen.

Nach der Zeitwende setzt sich im römischen Zivilisationsbereich eine neue Kraft anstelle der Muskelkraft durch. Mehr als anderthalb Jahrtausende lang waren in Mesopotamien schon die Schöpfräder zur Bewässerung der Felder von Mensch oder Tier in Bewegung gehalten, jetzt wurde das *Wasser* als Treibstoff benutzt für den ersten Motor: das Wasserrad. Seit dieser Zeit drehen sich, von der Elementarkraft bewegt, die Räder, um Schöpfmühlen oder Mahlwerke, schließlich im ausgehenden Mittelalter Walkemühlen, Papiermühlen, Schleifereien und Eisenhämmer zu bewegen – eine erste motorische Technik im abendländischen Raum. Sie benötigt im buchstäblichen Sinne den »Kraftstrom«, der aus den Flüssen in besonderen Kanälen durch die Städte den Werkstätten zugeführt wurde. Diese Energie wird durch eine neue Triebkraft ergänzt, die im 14. Jahrhundert für die Mechanik entdeckt und, vom Segelschiff auf diese übertragen, seitdem die Windmühlenflügel dreht: die *Luft*. Heute ist die Windkraft nach der übereilten allgemeinen Demontage der Windmühlen wieder im Kommen und wird gegenüber anderen z. T. höchst fragwürdigen Verfahren der Energiegewinnung zunehmende Bedeutung erhalten.

Auch ein drittes Element, das *Feuer*, wurde in der Mechanik der Antike bereits verwendet, indem es mittelbar durch die Erwärmung von Luft oder die Erzeugung von Dampf zum Beweger wird. Daß diese Möglichkeit zuerst nur zu technischen Spielereien oder »Zauberkünsten« diente, zeigt, wie abhängig die durchgreifende Wirkung einer technischen Neuerung davon ist, daß sie durch den Schub der Entwicklung fällig wurde.

Mit der im 13. Jahrhundert beginnenden Evolution, die bereits in den neuen »Wasser-Motoren« der verschiedenartigen Mühlwerke in Bewegung geriet, wird die Frage nach dem *Motor*, dem »Beweger« der Maschinen und Apparate, neu gestellt. Die Visionen der Mönche von den selbsttätig fahrenden Wagen und Schiffen fordern sie heraus. Einst hatte Archimedes nach seiner Entdeckung des Hebelgesetzes selbstbewußt gefordert: »Gib mir einen Punkt, und ich will die Welt aus den Angeln heben.« Jetzt beginnt die Suche nach dem beständigen Beweger; so berichtet der englische Ingenieur Wilars 1245 von einem *perpetuum mobile*, und die Versuche, es zu verwirklichen, beschäftigen die Erfinder bis in unser Jahrhundert. Noch 1913 liefen zahlreiche Anmeldungen beim deutschen Reichspatentamt ein. Das *perpetuum mobile* zwar wurde nicht gefunden, aber auf der Suche nach ihm wurden die umwälzenden Möglichkeiten der motorischen Technik entdeckt.

Der Motor wurde um so dringender benötigt, als auf dem Felde der Mechanik Fortschritte gemacht wurden. Waren die Maschinen immer mehr in der Lage, die Menschenhand in der Fertigung zu ersetzen wie bei den mechanischen Webstühlen, so fehlte doch noch der künstliche Antreiber, der diese Mechanik in Bewegung zu bringen vermochte. Die Funktionsart der alten Kräne ist ein Symbol für den Menschen als Glied der Maschine: als lebendiger Motor stand er im Tretrad – einst der Sklave, später der Tagelöhner. So wurde der Mensch schon mit seinen ersten Maschinen zum »Arbeitstier«. Seine Arbeit war nicht nur eintönig und unschöpferisch – wie auch heute noch in vielen Fabriken –, sie war darüber hinaus zumeist harte körperliche Anstrengung.

Der Engländer Cartwright, 1743 geboren, Dichter und Geistlicher, wurde daher durch die Not der Weber dazu getrieben, über einen mechanischen Webstuhl nachzusinnen.

Arkwright, ein armer Barbier in Bolton, baute die zur Garnbelieferung der Weber erforderliche Spinnmaschine. Damit war jedoch die Bedingung des Aristoteles, daß die menschliche Sklavenarbeit erst aufhören könne, wenn die Webstühle »von selbst« [αὐτομάτως, automatisch] arbeiten würden – zu seiner Zeit eine Utopie –, noch nicht erfüllt. Die neuen Maschinen produzierten zwar schneller und mehr, aber nach wie vor forderte ihre Bedienung Menschenkraft. Da sie es in geringerem Maße taten, förderten »aufgeklärte« Regierungen als »Freunde des Volkes« die Kinderarbeit! So war Friedrich der Große bei einer Besichtigung der Hirschberger Spinnereimanufakturen so sehr beeindruckt, daß er zur Förderung des Wirtschaftslebens in seiner schlesischen Provinz den verdutzten Kaufleuten tausend Kinder im Alter von zehn bis zwölf Jahren aus den königlichen Waisenhäusern Preußens als Arbeitskräfte anbot.[170]

Einen entscheidenden Schritt auf dem Weg zum *Motor* hatte der Aufruf des Stiftshauptmanns von Zödtenburg eingeleitet, der im Jahr 1687 in den »Nouvelles de la République des lettres« [Neuigkeiten der Republik der Wissenschaften] unter dem Titel »In majorem Dei gloriam« veröffentlicht wurde und an die Ingenieure seiner Zeit gerichtet war. – Er könnte an die Ingenieure aller Zeiten gerichtet sein. – »Zur höheren Ehre Gottes« waren im Dreißigjährigen Krieg nicht lange zuvor ganze Länder verwüstet worden und Millionen von Menschen umgekommen oder ins Elend gestürzt. Nun sei es aber nicht der Wille Gottes, daß der Mensch Mordmaschinen ersinne, um sich gegenseitig zu vernichten. Wie in aller Natur, so liege auch im Schießpulver eine göttliche Kraft, sie solle wirklich zur höheren Ehre Gottes verwendet werden. Die Explosivkraft der Gase sei auch in anderem Sinne verwendbar als nur zur Zerstörung. Zödtenburg verwies dabei auf entsprechende Versuche des berühmten Physikers Huygens in Paris. Der Aufsatz des Stifthauptmannes erregte großes Aufsehen. Er veranlaßte den technikfreudigen Landgrafen Karl von Hessen, einen gewissen Dr. Denis Papin, den er sich als einen Schüler des Professors Huygens nach Marburg geholt hatte, mit der Konstruktion eines Explosivmotors zu beauftragen.[171] Die Frage nach dem künstlichen Beweger, nach der Kraftmaschine, war erneut gestellt. Papin erfüllte diesen Auftrag nicht. Vom Unglück verfolgt, wurde er trotz aussichtsreicher Ansätze von James Watt überflügelt, der am Hofe des Königs von England mit größerem Erfolg gesegnet war. So ging dieser als der »Erfinder der Dampfmaschine« in die Geschichte ein.

Zu ihrer Entwicklung mußte eine Vielzahl von Faktoren beitragen. Es genügte nicht, die Ausdehnungsfähigkeit des Dampfes erkannt zu haben und den Rückstoß des Kolbens durch eine entsprechende Anordnung von Ventilen zu erreichen, es galt auch die Übertragung dieser Bewegung auf ein Schwungrad zu bewerkstelligen, das nun seinerseits die Kurbel drehte, die sonst von Mensch oder Tier bewegt werden mußte. War die Kraftmaschine einmal im Prinzip gewonnen, dann konnte es nur noch eine Frage der Zeit und der durch Forschung und Praxis ermittelten anderen Möglichkeiten sein, um schließlich den Dampf durch die Explosion von Gasgemischen abzulösen oder die Energie durch den Dynamo zu erzeugen. So bemerken wir die ungeheure Geschwindigkeit der technischen Entwicklung, die einsetzte, nachdem einmal das Problem der künstlichen Bewegung gelöst worden war. Je schneller die Maschinen arbeiteten, die Apparate Hilfsdienste leisteten und die Räume der Erde überwunden wurden, desto schneller wurden auch die selbstgestellten Aufgaben bewältigt, Erfindungen entwickelt und das Leben technisiert. Solange der Motor fehlte, fehlte den Maschinen das Herz. Ihre Leistungsfähigkeit und Anwendungsmöglichkeit blieb zu eng begrenzt. Denn das Maß der Kräfte von Mensch und Tier ist festgelegt, und die Elemente sind launenhaft. Heute treiben Motoren Maschinen, kontrollieren Maschinen Maschinen, und der Mensch kann in kühnsten Konstruktionen seine Träume verwirklichen, seit er Gesetz und Energie in der Natur aufspürte und in seinen Dienst stellte.

Der Mensch entdeckt sich selbst

Im Zeitalter der *Gotik* hatten sich noch einmal die Sphären von »*vita contemplativa*« und »*vita activa*« miteinander verbunden, bevor sie endgültig auseinanderbrachen. Die *Gotik* erscheint als Ausdruck eines neuen, gewaltigen Inkarnationswillens. Seit den ägyptischen Pyramiden und den Zikkurats Babylons war eine solche Monumentalität nicht mehr verwirklicht worden. In den gotischen Domen will der Menschengeist, dem inzwischen die souveräne Beherrschung des Steins gelungen war, nun mit Hilfe neu erworbener technischer, in diesem Falle architektonischer Methoden, wie des Kreuzgewölbes und der Strebepfeiler, einen Triumph über die Schwere erringen. Die Bemeisterung der Materie durch den Menschen ist hier in einer Prophetie aus Stein vorweggenommen. Der Urbaustoff, der am Anfang des menschlichen Schöpferseins steht, wird in der Gestaltung des gotischen Domes in höchster Vollendung gehandhabt. Die Dome der Gotik sind – wie einst Menhire und Pyramiden – Zeichen des Aufbruchs in eine neue Zeit.

Sie sind nicht aus dem Willen eines einzelnen getürmt, sondern aus der kollektiven Anstrengung einer neuen Sozialgestalt, die zum Bewußtsein ihrer selbst erwacht. Insofern sind sie eine Willenskundgebung des Großmenschen, der jetzt seinen eigenen Weg beginnen will. In den Türmen, die sich mächtig wie nie zuvor zum Himmel strecken, erhebt sich der Mensch. Wie entschieden das Neue ergriffen wurde, zeigt zum Beispiel die Tatsache, daß in Köln der romanische Dom abgerissen wurde, um dem Zukunftswillen an altgeweihter Stätte Raum zu geben.

Es waren die Städte – und nicht mehr wie vorher adelige Stifter, Könige und Kaiser –, die in diesen Monumenten ihre Kraft erprobten. Hier entstehen großartige Zeugen eines demokratischen Gemeinwillens. Durch die Tüchtigkeit des Handwerks und den Unternehmergeist der Kaufleute waren diese Städte so reich geworden, daß sie sich diese Bauten leisten konnten. In ihnen äußerte sich nicht ein Abwenden von der Welt, sondern die Freude am irdischen Gestalten. In freiwilliger Gemeinschaftsleistung wurde über die gegenwärtige Generation hinaus in die Zukunft geplant. So errichtete Ulm als eine Stadt von 5000 Einwohnern ein Münster, das 15 000 Menschen fassen kann. Alle sollen in der einen Kirche sich vereinen können. Und auch das Wachstum der Stadt in kommenden Generationen ist vorausgesehen, so wie der Plan des ganzen Unternehmens deren Mitarbeit einbezieht. [Die Pyramiden Ägyptens wurden in einer Generation bewältigt!] Diese unerhörten Anstrengungen zeugen von einem mächtigen Gruppenbewußtsein der sich im Bürgertum der Stadt miteinander verbindenden Individualitäten. Es ist der Stolz des einzelnen, einer dieser miteinander wetteifernden Städte anzugehören. Das »civis Romanus sum« hat sich abgewandelt und ins Vielfache multipliziert.

Die spätmittelalterliche Stadt ist eine Wiederholung der in den alten Stadtrepubliken vorgelebten Sozialform. Sie ist nicht

Schöpfung von Pharaonen und Heerkönigen, deren Völker oder Sklavenmassen sie wie Heliopolis oder Ninive auf ihren Befehl errichteten. Die mittelalterlichen Reichsstädte erscheinen als die *Assoziationen freier Bürger*, die nach anfänglicher Differenzierung ihrer Rangordnung und harten Kämpfen gegen das Patriziat schließlich gleichberechtigt nebeneinander stehen; jedenfalls ist die Sklaverei und der Feudalismus in dieser neuen Sozialform endgültig überwunden. Es gab zwar noch abhängige Bürger, aber nicht mehr Leibeigene oder Untertanen. Auch in der Führung dieser Gruppen setzt sich ein neues Prinzip durch: Die Gemeinschaft wird nicht durch einen einzelnen »Machthaber«, sondern durch den *Rat* – also eine Führungs*gruppe* – repräsentiert.[172] Erst später wurde dieser Begriff – wie heute im »Geheimrat« oder »Landrat« – entgegen der ursprünglichen Bedeutung individualisiert.

Für das Sozialbewußtsein des Großmenschen ist diese Entwicklung von nicht zu überschätzender Bedeutung. Auch der Protestantismus ist aus ihr heraus verständlich. In den Meistern des Handwerkertums und in den wagemutigen Kaufleuten erwachte das Bewußtsein des Ich, das sich selbst als Mittelpunkt einer eigenen Welt fühlte und daher den Anspruch stellte, alles selber zu prüfen und zum selbständigen Verstehen der geistigen Überlieferungen vorzudringen. Die in den Städten gedruckten Bibeln und Bücher verbreiteten das zuvor auf wenige Zentren begrenzte Wissen. Es war fortan nicht mehr ein Privileg weniger Bevorrechtigter, sondern allen denen zugänglich, die danach strebten. Die Städte wurden zu Inseln, auf denen das moderne Bewußtsein heranreifte. Die *Demokratie*, nicht nur als Staatsform und Selbstverwaltung, sondern als Kulturgesinnung verstanden, ist in den Städten geboren. Indem die spezialisierten menschlichen Tätigkeiten in der Stadt zu einem Organismus vereinigt werden, wurde diese zur Vorform des Großmenschen. Der Begriff Organismus schließt in sich ein, daß jede Lebensfunktion notwendig und zu gegenseitiger Ergänzung auf die Vielzahl der anderen Funktionen hingeordnet ist. Das Prinzip der Stadt breitet sich schließlich mit dem neuzeitlichen Wirtschaftsleben über die ganze Erde aus und macht diese zu einer einzigen Stadt.[173]

Die in den Domen als Frucht des abendländischen Mittelalters noch einmal geballte Kraft wird der Same für eine weitere Stufe der Menschheitsevolution von einer heute noch nicht absehbaren Wirkung. Ein unbezähmbarer Wille zur Erde erwacht. Das Zeitalter der Entdeckungen beginnt. Die Städte und die Fürsten Europas rüsten die Schiffe aus, auf denen unerschrockene Abenteurer neue Seewege für den auf Expansion bedachten und nach Absatzmärkten und Rohstoffquellen suchenden Handel erschließen wollen. Zugleich vom erwachten Forscherwillen getrieben, entdeckten sie die Erde in ihrer ganzen Ausdehnung. Die Taten der Columbus, Vasco da Gama, Magellan sind im Hinblick auf die ihnen zur Verfügung stehenden technischen Mittel von symptomatischer Bedeutung. Die »Nußschalen«, mit denen sie die Weltmeere kreuzten, boten keine günstigen Vorbedingungen für ihre kühnen Unternehmungen. Sie waren für ihre Aufgabe nicht mehr und nicht weniger geeignet als die [technisch vorzüglichen] Wikingerschiffe, mit denen Erich der Rote bereits im Jahre 1000 an den Ufern Amerikas landete. Doch damals wurde Amerika noch nicht »entdeckt«. Solche Weltfahrten blieben Einzeltaten kleiner Gruppen. Noch war die Entwicklung nicht reif. Nicht die Vervollkommnung der Mittel also, sondern die Fälligkeit bestimmte den Aufbruch des Columbus. Dem bereits drei Jahrhunderte zuvor bekannten Kompaß darf dabei keine allzu große Bedeutung zugebilligt werden, da die Überquerung der Meere durch die Orientierung nach Sonne und Sternen vorher ohne diesen möglich war.[174] Im Grunde sind die wagemutigen Entdeckerfahrten in einem inneren Zusammenhang mit dem in den Kreuzzügen bereits sich äußernden Ausdehnungstrieb der europäischen Menschheit und als eine Entsprechung zum Entdeckerwillen der neu aufkommenden Naturwissenschaft zu sehen.

Die gegenwärtige Weltwirtschaft ist ein Ergebnis bürgerlichen Handelns. Die Märkte der Hansestädte des Mittelalters, die oft nicht mehr als die Einwohnerzahl einer heutigen Kleinstadt in ihren Wällen bargen, sind zum Weltmarkt der Menschheit zusammengewachsen. Wie einst die Städte Griechenlands Kolonien [Pflanzstätten!] begründeten, so breitete sich die bürgerliche Kultur durch den europäischen Kolonialismus über die ganze Erde aus. Zur Industrialisierung hat der Bürger den größten Beitrag geleistet. Er stellte die meisten Forscher und Erfinder; in den Werkstätten der Städte wurden die ersten Apparate der neuen Technik entwickelt, und die im Handwerk zur Meisterschaft entwickelte Präzisionsarbeit lieferte die Voraussetzungen für die Fertigung der neuen Maschinen. Selbst der größte neuzeitliche Gegner und Kritiker des »Bürgers«,

Karl Marx, bekundet im »Kommunistischen Manifest« gegenüber dieser weltgeschichtlichen Leistung seinen unverhohlenen Respekt.[175]

Dabei darf eines nicht übersehen werden: Jetzt erst wurden die Dampfschiffe möglich, die den Entdeckern gute Dienste geleistet hätten. Hieran wird deutlich: Die Evolution schafft sich die ihr adäquaten Mittel, und nicht umgekehrt lösen die Mittel die Evolution aus. Nicht deutlicher kann der in der Technik verborgen wirkende Schub des Lebens selbst erkennbar werden, der sich zunächst im Wandel des Bewußtseins ankündigte. Die Erde wird rund. Ihre erkenntnismäßig ermittelte Kugelgestalt wird »erfahren«. Juri Gagarin, der junge russische »Kosmonaut«, sah sie für uns alle bei seiner Erdumkreisung in einsamer Kapsel als erster Mensch mit Augen. – Ein Netz von Schiffahrtslinien umspannt den Globus. Es setzt die Linien der Eisenbahnen und Autobahnen fort. Die Routen der Düsenflugzeuge lassen die Entfernungen zwischen den Kontinenten zusammenschrumpfen und machen den Erdball kleiner. Man ißt in Frankfurt zu Mittag und trinkt seinen Fünf-Uhr-Tee in New York. Zu Lande, zu Wasser und in der Luft wird im Weltverkehr der Planet zu einer Einheit.

Die Erde ist durch den Handel auf den gleichen Straßen »erobert« worden, deren Bau die großen Kriegsherren für ihre Feldzüge und die Verwaltung der unterworfenen Länder begonnen hatten. Der Bürger vollbrachte als Kaufmann und Ingenieur, was noch keinem Heerkönig geglückt und weder dem christlichen noch dem islamischen Missionswillen gelungen war: Der Bürger begründete als das größte Weltreich der Geschichte das *Imperium Technicum*. Die Industrielle Revolution prägt heute das Antlitz der ganzen Erde.

IX. Geschichte als Biographie des Einen Menschen

Zusammenfassung

Was der Mensch ist, kann man
nur aus der Geschichte erfahren.
Dilthey

Die Evolution des Menschen als Weltgeschichte

Die Evolution der Technik und des sozialen Organismus als Verkörperung des Großmenschen ist der eigentliche *Inhalt der Weltgeschichte.* Hier und in der Entwicklung des Bewußtseins finden wir den Leitfaden, der uns angesichts der verwirrenden Fülle von Ereignissen und Kulturerscheinungen bisher fehlte. In der Betrachtung der historischen Vorgänge ging es uns ähnlich wie dem Naturwissenschaftler, der in der Entfaltung des Lebens nur ein sinnloses Spiel vor sich zu sehen glaubte. Dem als zufällig erscheinenden Nebeneinander der Arten entsprach die seitherige Darstellung der einzelnen Nationalgeschichte. Durch ihre einseitige Ausbildung erlebte sich jedes Volk als den Mittelpunkt schlechthin. Es gab noch andere Völker daneben, gewiß, doch das war eine, oft unbequeme, Tatsache, mit der man sich abzufinden hatte. Sie führte, entsprechend dem Ringen der Arten um ihr Dasein, in Politik und Krieg zum permanenten Kampf der Völker um ihre Selbstbehauptung. Daher widmet man alle kollektive Anstrengung dem Ziel, in diesem »von der Natur auferlegten« Ringen erfolgreich und »ehrenhaft« bestehen zu können.

Charles Darwin hat nun durch seine zusammenfassende Schau innerhalb der Natur eine Evolution erkennbar gemacht. Doch blieb Darwins genialer Wurf nur eine Geschichte der Entwicklung der *Arten.* Nachdem also diese nicht mehr für sich gesehen werden konnten und hinter dem scheinbaren Nebeneinander größere Lebenszusammenhänge sichtbar wurden, hat Pierre Teilhard de Chardin auf den eigentlichen Trend der Naturentwicklung im Ansteigen der Bewußtseinskurve hingewiesen: »Von einer zoologischen Schicht zur anderen gibt es ein

Werden und sprunghaftes Wachsen, das rastlos in dieselbe Richtung drängt... Suchen wir also die Lebewesen nach dem Grad der ›Hirnbildung‹ aufzuteilen! Was geschieht? Eine Ordnung, eben die Ordnung, die wir wünschten, ergibt sich – und zwar automatisch.«[176]

Nicht anders bemühte sich die Geschichtswissenschaft nach Darwin, eine »Ordnung« in der Menschheitsgeschichte zu erkennen. Wie ist sie zu finden? Spenglers großartige Zusammenfassung der Völkergeschichte zu Kulturkreisen läßt uns diese als Organismen verstehen, die wie eine Pflanze dem Ablauf von Keimen, Blühen, Fruchten und Welken unterworfen sind. Auf Grund der Beobachtung früherer Vorgänge glaubte er, anhand entsprechender Symptome den Kulturtod ablesen zu können, der zum »Untergang des Abendlandes« führt. Eine Kulturepoche löst die andere ab, denn immer warten Reserven eines gesunden Barbarentums darauf, das Erbe einer abgestorbenen Kultur anzutreten. Auch hier das Bild eines Kampfes aller gegen alle ums nackte Dasein, in dem sich der Mächtigste behauptet. Spenglers Geschichtsbild gleicht einem Walde, in dem aus jungen Stämmen die weit verästelten Bäume der Völkerkulturen aufwachsen, Samen ausstreuen, verdorren und stürzen, während jüngere um sie aufstreben. Doch Spenglers »Kulturwald« ist ein Nebeneinander, keine Ganzheit. Auch läßt sich das Menschsein nur bedingt mit dem Pflanzensein vergleichen. Vergleich und Maßstab für das menschliche Sein bietet nur der Mensch.

Angesichts der technischen und sozialen Entwicklung der Menschheit öffnet sich der Blick für die bisher nur geahnten, aber noch nicht präzise erfaßbaren Zusammenhänge. Wir können in der Geschichte das *Werden der Einen Gestalt* wahrnehmen, die wir als den Großen Menschen begreifen. In Völkern und Kulturen äußert sich eine Entelechie, in der das Wesen Mensch durch die *technische Evolution* zielstrebig seiner Verwirklichung entgegengeht. Damit offenbart uns heute die Historie ein gänzlich neues Gesicht. Sie erscheint nicht länger als *chronique scandaleuse*, als Archiv der *Haupt-* und *Staatsaktionen*, als Drama der Völkerschicksale und heroischen Taten und Leiden einzelner Menschen, sondern als *Biographie des Großen Menschen*, nämlich als Schilderung seines Wachstums, als Geschichte seiner Kindheit und Jugend und seines Erwachsenwerdens. Sie zeigt einen einzigen Trend im Auf und Ab, im ständigen Wechsel ihrer Schauplätze und Personen, und diesen im Bilde einer ansteigenden Kurve, die derjenigen in der Entwicklung der Nervensubstanz und Empfindungsfähigkeit innerhalb des Naturreiches entspricht, ja diese geradezu fortsetzt: in dem mit der Ausbildung des Denkens als Technisierung sich vollziehenden physischen Wachstum dieses Großmenschen. Die Charakterisierung der Geschichte als Wirtschaftsgeschichte durch Karl Marx gewinnt eine neue Bedeutung, die über das zunächst mit dieser Feststellung Gemeinte noch weit hinausgeht. Handelt es sich doch auch nach seiner Ansicht um nichts Geringeres als die »exoterische Enthüllung der menschlichen Wesenskräfte«[177] in unserer Zeit, die dem einseitigen Blick auf die Völker und ihre Geschicke [und Ansprüche] vorenthalten bleibt: »Die sogenannte Weltgeschichte ist nichts anderes als die Erzeugung des Menschen durch die menschliche Arbeit« [Marx].

Um in der Apokalypse der Geschichte die Eine Gestalt immer deutlicher zu erkennen, zeichnen wir das zuvor Angeschaute noch einmal in konturierenden Strichen nach: In drei große Stufen gliedert sich die Geschichte der Technik, wenn man auf das jeweils ihrer Verwirklichung dienende *Mittel* hinschaut: die Stein-Zeit, die Metall-Zeit und die Zeit der Kraftmaschine. Auf das tote, verharrende Material *Stein* folgt das veränderliche, unter der Hand des Menschen sich verwandelnde, *Metall.* Daran schließt sich als neues »Bauelement« die durch Beherrschung der erkannten Gesetzmäßigkeiten gewonnene *Energie.* Der Mensch wird also zu Beginn seiner Laufbahn in eine vorgegebene Welt hineingeboren, ergreift und formt sie zunächst in ihren natürlichen Gegebenheiten, zerlegt dann die Materie in ihre Elemente und macht diese unmittelbar sich gefügig. Indem er ihre innere Struktur erkennt, gelingt es ihm, die Materie selbst zu verwandeln und vorhandene Strukturen der Materie nachzubilden oder neue zu schaffen. Die Natur brachte den Diamanten hervor, und der Mensch erzeugt ebenfalls den Diamanten, dessen künstliche Bildung sich von dem natürlichen Vorbild weder in Aussehen noch Qualität unterscheidet. Wenn der Mensch aus Erkenntnis der Gesetzmäßigkeiten Erscheinungen der Ersten Schöpfung als seine Produkte herzustellen vermag, ist er an *einer* Stelle zum »Weltendenken« durchgestoßen. Noch sind es in diesem Beispiel nur Mineralien, aber schon wird unermüdlich daran gearbeitet, Eiweiß und Chlorophyll künstlich zu erzeugen und damit die Schöpfermöglichkeit des Menschen auf den biologischen Bereich auszudehnen.[178]

Das andere sichtbare Kennzeichen der letzten Stufe, auf der

der Mensch über sein bisheriges Maß hinauswächst, ist die nahezu grenzenlos erscheinende Steigerung seiner physischen Leistungsfähigkeit durch die Kraftmaschine. Mit ihr tritt eine grundsätzliche neue Möglichkeit auf. Denn bisher konnte Bewegung nur die Natur hervorbringen. Bewegung war synonym mit Leben. Alles Lebendige äußert sich in Bewegung, und bewegungslos gilt als Kennzeichen für tot. Nun gelang es menschlichem Denken, das selbstverfertigte Gerät zu bewegen. Der Mensch entdeckte die Wirkung von Dampf und Gasen, erzeugte elektrischen Strom und entwickelte den *Motor.* Von nun an bedurfte er nicht mehr des Tieres, des Wassers oder des Windes, jener elementaren Kräfte, die ihm bisher geholfen hatten. Den leblosen Werkzeugen wurde das bewegende Moment hinzugefügt. Hierin erfüllte sich das Schöpfersein des Menschen. Die Webstühle arbeiten »von selbst« [Automation], die Sklaven *können* frei sein! Dem Prometheus-Menschen blieb nur noch vorenthalten, seinen Geschöpfen den lebendigen Odem einzuhauchen, doch indem er ihnen Bewegung verlieh, übertrug er auf sie den Schein des Lebendigen.

Die Stufen des Reifens

Da das Werk eines Menschen den Bewußtseinszustand und das Denkvermögen des Handelnden widerspiegelt, läßt sich aus jeder Stufe innerhalb der Evolution der Technik auf ein jeweils gewandeltes Bewußtsein der Menschheit schließen. Gewandelt, nicht grundsätzlich neu, denn es ersteht nicht mit jeder Stufe eine völlig neue Menschheit. Nur eine neue Möglichkeit des Menschseins tritt in den Vordergrund und ist bestimmend für die Zeit, in der sie entfaltet und ausgebildet wird. Gehen wir allein von dieser bestimmten Qualität aus, so können wir allerdings sagen: Ein *»neuer Mensch«* ist geboren, der sich von dem vorherigen ebenso wie von dem späteren wesenhaft unterscheidet. Gehen wir aber von dem Träger dieser Qualitäten aus, so muß die Menschheit als Ganzes gesehen werden, die sich fortlaufend wandelt und als *ein* Organismus und damit als *ein* großer Mensch sich entwickelt.

Am Beispiel der Entwicklung des Einzelmenschen kann dies deutlich werden. Er ist zuerst Kind, und Kindsein ist etwas grundsätzlich anderes als Erwachsensein. Das Kind wächst heran, ein Neues tritt damit unverkennbar hervor. Dies ist nicht nur eine gänzlich andere Art, Mensch zu sein, sondern sie ist noch in sich gespalten in das Männliche und in das Weibliche, die sich als die polaren Möglichkeiten des Menschen entgegengesetzt sind und ergänzen können. Doch auch jetzt ist der Mensch noch nicht vollendet. Nun erst zeigt sich die letzte Entwicklungsstufe an. Der Dualismus wird wieder aufgehoben, denn das Ich, das sich mit fortschreitender Reife herausarbeitet, ist mehr als Mann oder Frau, es ist schlechthin Mensch und damit das gleiche wie jedes Du. So steht am Ende das menschliche Ich, wie am Anfang der kindhafte Mensch stand; wobei in beiden Fällen das Geschlecht hinter dem Allgemein-Menschlichen zurücktritt.

Schauen wir nun auf die Menschheit hin, so sehen wir sie in einer ähnlichen dreifach gegliederten Stufung heranwachsen. Es entspricht der Einzelentwicklung ein Verhalten des Menschen zur Natur, das als *Naturkindschaft, Naturverbrüderung* und *Naturbeherrschung* bezeichnet werden kann [Menghin].[179]

Zuerst ist der Mensch ganz *Geschöpf*, das seine physischen Kräfte und naturhafte *techne* [erste Werkzeuge und Geräte] ausbildet. Höhepunkt und Abschluß dieser Zeit ist die Bauernkultur, in der das Geschöpf sich brüderlich neben die Natur stellt, ihr sich harmonisch einfügend und ihr verbunden, aber immer noch ganz Gruppenwesen. In diesem Zustand ist die einzige Ordnung die durch die Natur gegebene Bindung Mutter-Kind, die in ihrer unverfälschten Form ohne Gesetze, ohne Herrschaftsansprüche, die über die eigene Sippe hinausreichen würden, vorzustellen ist. Auf dieser Stufe seiner Vollendung als Geschöpf ist der Mensch im wahrsten Sinne des Wortes »Allmensch«. Der Bauer ist, vom Menschen als Geschöpf her verstanden, die Erfüllung und letztmögliche Steigerung des Allmenschen, vom Menschen als Schöpfer her betrachtet, ist er Ausgangspunkt für alle Spezialisierung

Die Zeit der Vollendung wurde zugleich der Beginn eines neuen Äons. Auf der zweiten Stufe des Menschseins erfährt jetzt der *Schöpfermensch* seine Ausbildung. Die im Allmenschen vorhandenen Anlagen werden im Einzelmenschen für sich gesteigert und ausgebildet. Diese Abspaltung hat eine Differenzierung des Menschseins zur Folge, indem in den Spezialisierungen bestimmte Fähigkeiten zur höchsten Ausbildung gelangen. Sie werden erbfest. Es entstehen die Berufe als Verselbständigung der Eigenschaften des Allmenschen.

Die Spezialisierung machte eine gegliederte soziale Ordnung

notwendig, denn je größer sie ist, desto größer wird die Abhängigkeit, desto notwendiger der Plan. Das Opfer der allmenschlichen Unabhängigkeit des Bauern wurde notwendig, um den Großmenschen zu ermöglichen, der nicht nur auf dem Geschöpfmenschen aufbaut, sondern den höchstspezialisierten Schöpfermenschen voraussetzt. Kastenwesen und Sklaverei der Antike sind in der menschheitlichen Entwicklung eine Notwendigkeit. Auch der Sklave ist als »Spezialist« wie die Arbeitsbiene zur Funktion im gesellschaftlichen Organismus verurteilt.

Die Sozialordnung der ersten Gott-König-Staaten ist ein sich entfaltender Allmensch. Der Träger seines Bewußtseins ist der König [*Häuptling*]. Später wird zunächst in Gruppen, zuletzt im einzelnen *ego* das ursprünglich nur im König vorhandene Menschheitsbewußtsein wach. Das Bewußtsein der Menschen ist im Zeitalter des Allmenschen nicht nur übereinstimmend, es ist qualitativ trotz der Vielzahl der Exemplare eines. Der König als Repräsentant eines Volkes bleibt der Träger dieses einen Bewußtseins in einer Zeit, in der sich der Allmensch in die Typen aufspaltet. Die Handwerker erheben sich. Die Folge ist, daß die *»Stände«* [gleich Berufe] den *Status = Stand*, der zu *Staat* wird, bilden [Athenische Republik, Rom usw.]. Damit wird die Urform der zunächst auf Gruppen [Ständen, Parteien, Gewerkschaften], zuletzt auf den einzelnen basierenden *Demokratie* [»Volksherrschaft« = »*Gemein*-Herrschaft«] im Sinne von Mitverantwortung aller wahrhaft Mündigen begründet. In der Begriffsbestimmung der *res publica*, der »öffentlichen Sache«, wird erkennbar, daß inzwischen viele, nämlich die verschiedenen Typen, zu Trägern unterschiedlicher, also nichtgemeinsamer und daher nicht-»öffentlicher« Bewußtseinsqualitäten geworden sind. Erst jetzt sind sie miteinander zur Kommunikation in der Bildung eines übergeordneten »gemeinsamen« Staatsbewußtseins zu bringen.

Aus dem Handwerkertypos entwickelt sich die Individualität. Der Philosoph spricht als erster einzelmenschliches Bewußtsein aus. Für ihn ist nicht der Typos [Blutsverwandtschaft, Beruf] die menschliche Einheit, sondern das Individuum, das im großen Spaltungsvorgang nun nicht mehr spaltbar ist. »Erkenne dich selbst« heißt: erkenne dein Selbst, dich als Entität, als letzte Einheit, als Einmaligkeit und Selbstwert, der nicht in deinem Tun, sondern in deiner Existenz liegt. Erkenne dich als Menschen und damit auch den Nächsten als das, was du bist, nämlich als Menschen. Die Philosophie wird zur Selbsterkenntnis des Menschen. Mit der Individualität wird die Macht des Denkens erkannt. Denn denken kann nur der einzelne! Die großen Philosophen der »Achsenzeit« weisen auf die Welt der Ideen, auf das Unzerstörbare im Leben und der Seele des Menschen hin. Natur und Mensch, Idee und Materie stehen sich am Ende dieser geistigen Entwicklung als unüberbrückbar scheinender Gegensatz gegenüber. Aus der monistischen Welt ist eine dualistische geworden. Der Schöpfermensch ist an die äußerste Grenze seiner Ausbildung gelangt, und wieder wird damit gleichzeitig ein Neues so weit vorbereitet und entwickelt, daß es in Erscheinung treten kann.

Der Übergang in das dritte Äon vollzieht sich nicht allmählich und im Verborgenen wie der Übergang vom Geschöpf zum Schöpfersein, sondern scharf akzentuiert durch eine bewußte Auseinandersetzung innerhalb der damaligen »Ökumene«, das heißt der europäischen Menschheit in der christlichen Frühezeit. Dieser Übergang bedeutet, vom technischen Verhalten her gesehen, noch weniger als das Neolithikum einen endgültigen Abschluß der vorangegangenen Epoche. Stein und Metall sind Substanzen, die sich zwar grundlegend unterscheiden. Das Naturgesetz jedoch wirkt in ihnen beiden. Als Gestaltungsprinzip ist es allen Substanzen immanent. Wer die Gesetze der Natur erkennt, hat mehr als ihre Mineralien und Metalle erfaßt und hält doch nichts Neues in der Hand. Er hat die Verhaltensweise der Dinge erkannt, doch die Dinge sind dieselben geblieben. So entsteht auch nicht, biologisch gesehen, ein neuer Mensch. Zur Polarität Geschöpf und Schöpfer kommt jedoch die Spannung zwischen Gruppe und Individualität als neuer Faktor hinzu, und fortan steht unsere Epoche im Zeichen der Auseinandersetzung zwischen diesen Gegensätzen. Das Ringen um eine dem *Großmenschen* adäquate Sozialgestalt hat im Weltmaßstab begonnen.

Die Entfremdung von der Natur

Zu dieser zwischenmenschlichen Aufgabe tritt heute ein ganz neues Problem, dessen Lösung zu einer Existenzfrage des Menschen geworden ist: die »*Entfremdung*«.

Die Natur selbst hatte dem Menschen die Mittel in die Hand gegeben, durch die er sich mehr und mehr von ihr befreien konnte. Sie hatte ihn zur Freizeit veranlagt. Die Emanzipation oder »Entfremdung« von der Natur ist also Veranlagung des Menschseins. Sie begann bereits in der Zeit des Schöpfermenschen, vollzog sich jedoch im eigentlichen Sinn erst während der Entwicklung zum Großmenschen. Sie hat heute ihren Höhepunkt erreicht. Der Mensch als solcher scheint in einem größtmöglichen Maße von der Natur unabhängig geworden zu sein. Von ihr sich gänzlich zu lösen, ist undenkbar, da er in seiner einzelmenschlichen physischen Existenz als Geschöpf ihr nach wie vor zugehörig bleibt. Als Menschheit hat er sich die Natur als Ganzes zur Leibeshülle umgestaltet. Der freien Verfügungsgewalt des Menschen scheinen keine Grenzen mehr gesetzt. In gewissem Sinne ist er allmächtig geworden – »den Göttern gleich«.[180] Und er lebt und handelt im Bewußtsein dieser Freiheit.

Dennoch ist dieses Ergebnis nicht unser Verdienst, weder das der Technik schaffenden Kulturvölker noch der großen Einzelnen noch der Menschheit als Ganzes. Der Mensch folgte der *Entelechie*, die durch ihn wirkte.

Solange die einzelnen technischen Errungenschaften des Menschen noch vorwiegend als *techne* zu verstehen waren, also unmittelbar einem Einzelwesen oder einer Gruppe zugehörten, war der größere Zusammenhang, auf den das Ganze zielte, noch nicht erkennbar. Das kann an einem Bilde verdeutlicht werden: An vielen Stellen wurde gleichzeitig gebaut. Der Bauherr und Architekt war unsichtbar. Ein Zuschauer konnte nur Teile, scheinbar ohne Verbindung und Sinn, sehen. Diese aber wuchsen langsam aufeinander zu und wurden endlich alle unter einem Dach vereint. Jetzt tritt der Sinn ihrer Anordnung zutage. Das hier über das Menschenwerk Gesagte ist auf die Entwicklung des Menschseins anzuwenden. Erst wenn ein Einzelmensch erwachsen ist, treten seine Gestalt und seine Fähigkeiten hervor. Jetzt erst wissen wir, wer er ist. So wird eine Erkenntnis vom Sinn der Technik erst möglich, seit wir in der Lage sind, deren ganze Entwicklung zu überschauen. Nur aus ihr läßt sich das *Wesen* der Sache ablesen, der unsere Betrachtung gilt. Die technischen Einzelerscheinungen werden immer mehr zu Gliedern eines Ganzen. Heute ist ihre Zugehörigkeit zu einem einzigen Organismus deutlich zu erkennen. Dieser breitet sich über die ganze Erde aus, und jeder Handgriff der arbeitenden Menschen könnte seinem Wachsen dienen. Wo immer wir leben, finden wir seine tief sich eingrabenden

Fußspuren. Aber es sind fragwürdige Spuren. Sie weisen zwar in eine Richtung, jedoch in eine noch unbekannte Ferne. Auch geht von den Spuren ein Todeshauch aus, denn das Leben der ersten Schöpfung erlischt unter ihnen. Der Mensch, der diese Erfahrung macht, fragt erschrocken, ob sie nicht in einem Abgrund enden.

Um hierauf eine Antwort finden zu können, soll in folgendem die Zweite Schöpfung in ihrem Verhältnis zur Ersten Schöpfung und auf die in ihr wirkende eigene *Gesetzmäßigkeit* und *Wesenheit* hin angeschaut werden. Wenn hier von einer Zweiten Schöpfung gesprochen wird, dann verstehen wir diese allerdings nicht als abgeschlossenes Werk, das – dem Werke eines Künstlers vergleichbar – für sich existieren oder gesondert betrachtet werden könnte. Die Technik kann nur im Zusammenhang mit dem Menschen gesehen werden. Dabei wird nun eine deutliche Unterscheidung notwendig:

Allgemein von Technik zu sprechen, ist unmöglich. Es besteht ein wesensmäßiger Unterschied zwischen der vorindustriellen und der motorischen Technik. Wenn heute der Sprachgebrauch von Technik spricht, meint er damit durchweg die motorische Technik. Ihre Ausdehnung auf alle Lebensbereiche durch die Industrielle Revolution nennt er schlechthin *das technische Zeitalter.* In ihm entstehen in jäher Entwicklung die Maschinen, die seine Kraft um ein ungeahntes Maß – scheinbar grenzenlos – potenzieren und damit die bisher für die Handhabung der vorindustriellen Technik verwendeten Kräfte frei machen. Sie können nun für andere Arbeitsvorgänge und Interessen benutzt werden. Der Handwerker wird zum Techniker, und der einzelne Techniker überrundet das durchschnittliche Bildungs- und Leistungsniveau der vorindustriellen Epoche. Denn nicht nur manuelle, auch geistige Fähigkeiten werden entwickelt.

Solange jedes technische Produkt unmittelbar aus der Menschenhand hervorging und ausschließlich der Befriedigung natürlicher Bedürfnisse diente, gab es für das Bewußtsein des Menschen noch kein Problem Technik. Mit der gleichen Notwendigkeit, mit der die Erde in jedem Frühjahr die Pflanzen hervorbringt, schuf der Mensch seine handwerklichen Erzeugnisse. Es war dies ein selbstverständlicher, in das ganze Leben eingebetteter Vorgang. Dem Schöpfermenschen erschien seine Technik als notwendige Umhüllung durch eine künstliche Umwelt und als Mittel, sich selbst zu verwirklichen. In ihr etwas

Verderbliches zu suchen, hätte für ihn bedeutet, sich selbst in seiner Existenz zu verneinen. Wer seinen Leib mißachtet, verneint zugleich sein Leben auf der Erde. Er verfehlt damit den Sinn seines Menschseins. Darum gab es keinen Zweifel gegenüber der Technik. Dieser Zustand gilt im großen gesehen bis in das 19. Jahrhundert hinein. Sein Kennzeichen war, daß *das Werkzeug* dem Menschen bei der Arbeit *diente*. Es war verhältnismäßig einfach. Was damit zu leisten war, die Ausführung des Produktes, hing von der Geschicklichkeit der Hand und von dem Phantasiereichtum des Handwerkers ab.

Wenn wir heute von einer Krise der Technik sprechen, so kann sich das nur auf die motorische Technik und die durch sie heraufgeführte Industrielle Revolution beziehen. Erst von dem Augenblick an, in dem das Werkzeug zur Maschine geworden war, die *der Mensch* bei der Arbeit *»bediente«*, bekam die Technik ein selbständiges Dasein und wurde zur heute am meisten umstrittenen Erscheinung der Menschenwelt. Entsprechend den in ihr treibenden Motoren entwickelte sie sich in rasender Geschwindigkeit und durchdrang nahezu alle Lebensbereiche. Heute kann sich der Mensch kaum noch etwas vorstellen, was nicht mit Hilfe der Technik erforscht, verwertet oder gar künstlich hergestellt werden könnte. Andererseits ist dem Verbraucher und gleicherweise dem technischen Spezialisten immer nur ein verschwindend kleiner Ausschnitt der modernen Technik in Herstellung, Funktion und Auswirkung überschaubar und verständlich. Das schließt nicht aus, daß er sich ihrer bedienen kann. Denn die Anwendung der Maschinen und Apparate ist, verglichen mit ihrer Struktur und Herstellung, geradezu lächerlich einfach.

So durchschaut der einzelne Mensch, der sich der verschiedensten technischen Mittel bedient, nicht mehr den Zusammenhang zwischen sich und seinem Werk. Die technische Entwicklung hat ihn überrannt, er steht ihr hilflos gegenüber und verliert jeden Maßstab.

Aus dieser Hilflosigkeit entstehen die widersprüchlichsten Urteile über das Phänomen Technik, das zum *Problem Technik* geworden ist. Sie lassen sich alle auf zwei entgegengesetzte Ausgangspositionen zurückführen: Die Beurteilung der Technik schwankt zwischen Triumph und Verdammung.

Die Technik ist heute jedoch unser aller persönliches Schicksal geworden, und der Mensch fragt, wenn er sich seiner selbst bewußt geworden ist, nach dem Sinn seines Schicksals. In das Geschehen eingefügt, von ihm mitgerissen und bedroht, findet er von außen keinen Halt. Er gewinnt ihn nur durch eigenes Nachdenken über die Phänomene, ihre Ursachen und Entwicklungsmöglichkeiten. Nach der Aneignung der modernen Technik ist jetzt die Bildung eines Bewußtseins von diesem Vorgang fällig geworden. Jeder, der mit der Technik zu tun hat – und wer hätte das heute nicht –, steht vor dieser Aufgabe. Ihr kann sich am allerwenigsten derjenige entziehen, der verantwortlich innerhalb des Arbeitsprozesses der modernen Industrialisierung mitwirkt. Er muß wissen, was er tut!

Für das Denken über den Menschen und seine Bestimmung steht also dieses Thema heute im Vordergrund. Eine immer notwendiger werdende *Philosophie der Technik* bedeutet einen entscheidenden Beitrag unserer Zeit für die Selbsterkenntnis des Menschen, der wir heute nicht mehr ausweichen können. Das Ziel einer solchen Philosophie würde jedoch verfehlt, wenn sie aus einem vorindustriellen Bewußtseinszustand und aus einer vorgegebenen Weltanschauung heraus entwickelt würde. In dem Bemühen, der Technik gerecht zu werden, kann uns Goethe zum Lehrmeister einer zeitgemäßen *Erkenntnismethode* werden: Er forderte in seinem naturwissenschaftlichen Bemühen, für das jeweilige Objekt das adäquate Organ in sich auszubilden.[181] Das ist nur möglich, wenn man sich vorbehaltlos auf den Gegenstand einläßt und ihn miterlebend von innen zu erfassen trachtet. Darum bedarf es einer »*Technosophie*« als einer aus dem Selbstverständnis des modernen Menschen und seinen gegenwärtigen Erfahrungen wachsenden *Weisheit zur Bewältigung der industriellen Technik* und zur Erfüllung ihrer Weltmission.

Die andere Schöpfung

Philosophie der Technik

X. Technik – Schicksal von Mensch und Erde

Alles geht vollkommen aus
der Hand der Natur hervor.
Alles entartet unter den
Händen der Menschen.
Rousseau

Die Eroberung der Erde durch den Menschen

Die Industrielle Revolution gipfelte in der totalen Mobilmachung aller menschlichen Reserven und Fähigkeiten für die Perfektion der Technik. Die Wirtschaft führte mit ihrer Hilfe einen Eroberungsfeldzug über die ganze Erde, der bisher nicht seinesgleichen hat. Herkömmliche Grenzen von Völkern und Staaten wurden überrannt und neue Imperien der Wirtschaft begründet, denen die Staaten dienstpflichtig geworden sind. Die gewachsenen Kulturen wurden eingeebnet und die wurzellos gewordenen Massen in den industriellen »Arbeitsprozeß« eingeordnet und bis in Kleidung und Gehabe uniformiert. Und dies alles geschah mit der Erbarmungslosigkeit und Konsequenz einer Fremdbestimmung, die jener der ersten geschichtlichen Eroberer in nichts nachsteht. An die Stelle der assyrischen Heerkönige, der Tamerlans und Pizarros sind die Konquistadoren der Wirtschaft getreten. Der Terror der Technik schafft »Sachzwänge«, denen sich die Völker und deren Regierende zu beugen haben.

Damit ist das Ziel der Industriellen Revolution verfehlt. Zwei Komponenten ihres Ursprungs hatten wir erkennen können. Die eine: Der Mensch, in seiner Erscheinung als Individualität, soll aus dem Tretrad der täglichen Fron, wo sie ihm zu einer unerträglichen oder seine Entfaltung hemmenden Last wird, befreit werden, befreit zu seiner Selbstverwirklichung in voller Mündigkeit. An die Stelle der Sklaven und Entrechteten sollten die Maschinen treten, die nicht mehr »bedient« werden, sondern »sich selbst bewegen«. Automation und Kybernetik im Dienste des Menschen – aller Menschen und nicht für Herrschaft und Reichtum einzelner. Die andere Komponente: Das Ziel der Technik ist der Große Mensch, die »Leibwerdung« der Menschheit, das Zusammenwachsen der Einen Menschheitsfamilie in dem gemeinsamen Einen Haus Erde zur wahren Ökumene, der brüderlichen Wohngemeinschaft auf ihrem Heimatstern.

Jedoch die Menschen begannen, die Fundamente ihres eigenen Hauses zu erschüttern.

Die willkürlichen Eingriffe in die Natur durch den Menschen haben in ihren Auswirkungen und Konsequenzen den wohlausgewogenen Haushalt der Natur zerstört und zugleich erkennen lassen: Hier greift alles ineinander, und nichts kann durch den Menschen verändert werden, was nicht Folgen für das Ganze mit sich brächte, Folgen, die oft erst nach vielen Jahrhunderten zu sehen sind und auf Zusammenhänge hinweisen, die der Mensch noch nicht erkannte.

Dadurch hat er schon im Altertum die griechische Halbinsel, Italien und Dalmatien der Verkarstung anheimgegeben, Nordafrika buchstäblich »ver-wüstet« – so wie es mit der Sahelzone heute weitergeschieht –, schließlich im Mittelalter Irland und England entwaldet und heute seinen Planeten in einer rigorosen Weise ausgeplündert, wie es der Bericht des Club of Rome über »die Grenzen des Wachstums« und Herbert Gruhl's Darstellung bestürzend veranschaulichen.[182] Der »Gewinn« des Menschen an Wissen, Wohlstand und Zahl ging auf Kosten der Natur, wie wir jetzt klar erkennen können.

»Erst vor etwa 200 Jahren brach ein Teil der Menschheit einen ebenso gigantischen wie rücksichtslosen Eroberungskrieg gegen die wehrlos gewordene Natur vom Zaun. Sie wurde plötzlich nur noch als Objekt der Ausbeutung gesehen.«

Mit Hilfe der Dampfmaschine erreichte Großbritannien bereits im Jahre 1870 eine Potenz von etwa 4 Millionen Pferdestärken (PS), das ist die Kraft von 40 Millionen Menschen. Sie war von 1840–1896 von 620 000 auf 13 700 000 PS, also um mehr als das Zwanzigfache angestiegen. Braunbek kennzeichnet »die unheimliche Wachstumsformel«, indem er errechnete, daß jedem Menschen heute 20 »technische Sklaven« zu Gebote stehen. Solche Ermittlungen des Durchschnittes täuschen. Denn allein der einzelne Bürger der USA gebietet mit 255 kWh täglich über die Kraft von 100 Arbeitssklaven. Gruhl bemerkt mit Recht: Das ist hundertmal soviel, wie ein

Mensch für die Erhaltung seines nackten Lebens benötigt, und er zitiert: »Die Entwicklung der mechanisierten Industrie, die sich in großen Produktionseinheiten konzentrierte, wäre nicht ohne eine Energiequelle möglich gewesen, die die menschliche und tierische Kraft bei weitem übertraf und nicht von den Launen der Natur abhing.«[183]

Was über die Polarität innerhalb des Menschseins gesagt wurde, gilt für die andere Polarität: Menschenwelt – Natur. Die eine wächst und dehnt sich aus auf Kosten der anderen, und beide sind doch aufeinander angewiesen, beide können sich also nicht unbegrenzt entfalten. Ein »Zurück zur Natur« bedeutet heute für unendlich viele Menschen die Entziehung ihrer Lebensmöglichkeiten. Umgekehrt nimmt eine rücksichtslose Technisierung der Erde dem Menschen die Voraussetzung seiner biologischen Existenz. Zuerst ein Hinweis auf die biologische Seite der »Humanisierung der Natur«: Spekulative Vorstellungen von dem, was noch alles entstehen könnte, ohne daß es sich schon heute für uns erkennbar abzeichnete, müssen hier außer acht gelassen werden. Von der Besitznahme der Erde durch den Menschen – erfaßt von Anthropologie, Archäologie und Historie – läßt sich feststellen: Das Menschenreich löste das Pflanzen- und Tierreich ab. In diesen beiden Bereichen hörte mit dem Erscheinen des Menschen – zumindest für den von uns überschaubaren Zeitraum – die spontane Neubildung von Arten auf. Wir kennen heute einen großen Katalog bereits ausgestorbener Pflanzen und Tiere, und die Technisierung verurteilt in immer schnellerer Folge bestimmte Arten zum Tode. Die Bildekräfte der Ersten Schöpfung scheinen deshalb aber nicht erloschen, sie wirken nur in einem anderen Zusammenhang, sie brechen mit großer Kraft in der Menschenwelt durch, und zwar als exponentiell ansteigender Bevölkerungszuwachs: als die biologische Explosion des Menschen.

Insbesondere die Jahrzehnte bis zum Jahre 2000 »werden im Hinblick auf die Steigerung der Bevölkerungszahl einen Abschnitt in der Geschichte darstellen, der alles bei weitem übertrifft, was die Menschheit auf diesem Gebiet erlebt hat.«[184] Nach Baade betrug die Erdbevölkerung in den Anfängen der menschlichen Geschichte, also etwa um 7000 v. Chr. mindestens 5 Millionen, höchstens 20 Millionen Menschen. Dudley Stamp nimmt einen mittleren Wert von 10 Millionen Menschen an. Erst in zweieinhalb Jahrtausenden hat sich diese Bevölkerungszahl auf 20 Millionen verdoppelt. Die nächste Verdoppelung brauchte nur 2000 Jahre, die dritte etwa 1500 Jahre. Die vierte, die um Christi Geburt abgeschlossen ist, benötigt nur noch 1000 Jahre. Das Tempo der Verdoppelung wird sodann immer schneller, die Kurve der Bevölkerungszahl immer steiler. Die siebente Verdoppelung auf 1,2 Milliarden Menschen war im Jahre 1850 erreicht, sie vollzog sich im Zeitalter der beginnenden Industrialisierung in 150 Jahren. Nur noch ein knappes Jahrhundert war für die achte Verdoppelung nötig, die 1960 den Stand von 2,77 Milliarden erbrachte. Eine weitere Verdoppelung beansprucht nur noch 40 Jahre: Ein Bericht der Vereinten Nationen schätzt, daß die Menschheit um das Jahr 2000 mindestens auf 6 Milliarden, vielleicht auf 6,5 Milliarden ansteigen wird.

Eindrucksvoller kann die Lebensflut als Begleiterscheinung der Industriellen Revolution nicht verdeutlicht werden! »Begleiterscheinung« deswegen, weil der Ursprung dieses erstaunlichen Phänomens keineswegs allein in den *Folgen* der modernen Technisierung gesehen werden kann. Gewiß sind die erleichterten Lebensbedingungen, die hygienischen Fortschritte und damit die Herabsetzung der Kindersterblichkeit und das Ansteigen der Lebensdauer daran beteiligt. Eine ausreichende Erklärung geben diese Umstände nicht. Denn wie soll man sich die rapide Bevölkerungszunahme in jenen Gebieten deuten, die, wie China, überhaupt noch nicht – oder erst allmählich durch den Kommunismus – in die Industrialisierung einbezogen worden sind? Hier wird ein Trend erkennbar, der zunächst Rätsel aufgibt und auf eine verborgene Bewegung in der Geschichte der Menschheit hinweist. In der Zurücknahme der Gestaltungskräfte, die das Tierreich in einer großartigen Vielheit und Fülle hervorbrachten, scheint sich die Natur seit einigen Jahrtausenden ausschließlich auf das Hervorbringen des Menschen zu konzentrieren. Zunächst tritt er in einer verhältnismäßig geringen Zahl auf, bis mit dem Beginn seiner technischen Entwicklung seit der »neolithischen Revolution« der Pendelschlag des Lebens zu einer neuen Evolution ansetzt, die wir als die Verleiblichung des Großmenschen verstehen können, als einen einzigartigen Inkarnationsprozeß, in dem sich das Menschsein physisch voll verwirklicht.

Und zwar geschieht dies mit den beiden möglichen Faktoren: in der Technik und in dem Anwachsen der Bevölkerung, das heute schon dazu führt, auszurechnen, wann die Menschheit keinen Platz mehr auf ihrem Planeten haben werde. Der Mensch hat mit der Aufforderung: »Macht euch die Erde untertan!« ernst gemacht. Er konnte es nur mit Hilfe dessen tun, was ihn von allen anderen Lebewesen unterscheidet, mit seinem bewußten Handeln, seinem Denken. Das ist bestimmend für die ganze Zweite Schöpfung. So begegnen wir dem Paradoxon, daß diejenigen, die nur die Materie als Realität anerkennen wollten, eine neue Welt aus dem Denken erstehen ließen.

Auch hier wird eine Grenze zu erkennen sein, deren Überschreitung für die Menschheit lebensgefährlich ist. Es ist dies die Grenze zwischen dem Menschenreich mit seiner Technisierung und dem Naturreich, dessen intakter Bestand Voraussetzung für das Menschenleben bedeutet. Unsere Aufgabe ist es, zu ermitteln, wo die Grenzsteine des Imperium Technicum stehen. Sie zu ignorieren heißt Selbstzerstörung.

Das verlorene Maß

Die Bevölkerungsflut erscheint einerseits als überquellendes Leben, auf der anderen Seite droht sie zum Tode der Erde zu werden. Auch die Zellen des Karzinoms sind Zeugnisse für Leben, jedoch sie zerstören, je aktiver sie sind, um so mehr und schneller den Organismus.

Die autonom gewordenen, d. h. nur noch ihre eigene Wachstumstendenz auslebenden Zellen, fügen sich nicht mehr in die vorgegebene Gestalt ein, sie sind buchstäblich »außer Rand und Band geraten«, sie haben »die Grenzen des Wachstums« überwuchert und sind durch keine Bindung mehr aufzuhalten. Diese Krankheitserscheinung am menschlichen Einzelorganismus ist symptomatisch für die gegenwärtigen Prozesse im gesellschaftlichen Organismus. Das Karzinom ist zum Symbol für die Wucherung des Großleibes Technik geworden: Die allenthalben aus ihren bisherigen Grenzen ausfließenden und in ihrer Struktur amorph gewordenen Zentren menschlicher Siedlungen in Amerika und Europa, in Asien und Afrika, die unüberschaubar gewordenen Großtechniken, die multinationalen Riesen-Konzerne, die sich der Kontrolle durch die in den Staaten organisierte Gesellschaft längst entzogen haben, sind Auswirkungen dieser Gigantomanie: immer größer, immer schneller, immer reicher, immer mächtiger.

Diese Entwicklung entspricht als gesellschaftliches Gestaltungsprinzip dem Kapitalismus, sei es als »soziale Marktwirtschaft«, sei es als »Staatskapitalismus«. Sichtbare Kennzeichen sind die exponentiell zunehmende Ausbeutung der Erde und ihre fortschreitende Vergiftung. Diese Wirtschaftsexpansion hat nichts mehr zu tun mit dem von der Natur veranlagten Wachstum des Großorganismus Mensch.

Wie die Krebszellen zunächst – den Parasiten vergleichbar – auf dem Körper ihres »Wirtes« gedeihen, dann aber mit diesem sterben, so wird auch der Mensch – falls die »Krankheit« unheilbar sein sollte – mit seinem ausgepowerten und korrumpierten Planeten voraussehund berechenbar zugrunde gehen. Auf dem gegenwärtig eingeschlagenen Wege ist der Untergang der Menschheit durch schleichende Selbstvergiftung oder durch eine ihren Selbstmord besiegelnde kriegerische Katastrophe unaufhaltsam.

Der moderne Mensch ist auf dem Wege zu seiner »Verleiblichung« in Technik – individuell als Selbstverwirklichung empfunden – mehr und mehr der Maßlosigkeit verfallen.

Das bekannte plattdeutsche »Märchen vom Fischer un syner Fru« ist die Geschichte der Versuchung gegenüber Möglichkeiten, die dem Menschen die Erfüllung eines jeden Wunsches zu gewähren scheinen. Es ist eine gute Macht, die ihm in außerordentlicher Geduld willfahrt: der Fisch, in dem sich ein höchstes Wesen mit Schöpfervollmacht verbirgt, bekannt als Christus-Zeichen in den Katakomben. [Die Buchstaben des griechischen Wortes *Ichthys* für »Fisch« wurden mit den Anfangsbuchstaben der griechischen Worte für Jesus Christus Gottes Sohn Heilbringer gleichgesetzt.]

Der Fischer ist als selbstlos dargestellt, der gar nicht daran denkt, eine hilfreiche Tat sich entgelten zu lassen. Sie ist um ihrer selbst willen getan. Anders seine Frau. Es wäre verfehlt, die entgegengesetzten Verhaltensweisen geschlechtsbestimmt zu deuten. Vielmehr könnte im Fischer der Geist und in seiner Frau die ihm vermählte Seele des Menschen gesehen werden, die als besonnenes Denken und triebhaftes Wünschen in Widerspruch zueinander geraten können. Obsiegt das letztere, so tritt eben die Katastrophe ein, die anschaulich im Märchen beschrieben ist: Die Begierde steigert sich von Erfüllung zu Erfüllung. Ist in diesem Falle der legitime Wunsch nach einer Befreiung aus einem menschenunwürdigen Dasein erfüllt, meldet sich der nächste an, dem nur der Palast als angemessene

Behausung erscheint. Ist aber auch dieses Ziel erreicht, so verbindet sich mit dem Wohlstand das Streben nach immer größerer Macht, vom König zum Kaiser und schließlich zur totalen »Herrschaft« über die Seelen als Papst. Was bleibt noch, als Gott selbst gleich sein zu wollen. Allen Warnungen zum Trotz verfällt die Seele des Menschen der luziferischen Versuchung.

Der Fischer und seine Frau finden sich im »Pissputt« wieder: also doch »zurück in die Steinzeit«?

Das Märchen ist gegenwärtig Wirklichkeit geworden. Jeder mag sich prüfen, wie innerhalb einer Generation mit den Möglichkeiten des technischen und wirtschaftlichen Fortschritts die Ansprüche gestiegen sind. Es gab noch vor kurzem eine Zeit, in der ein Fahrrad dem jungen Menschen zum Geschenk für ein erfolgreich absolviertes Schulziel wurde und ihn auf dem Weg zu seiner Ausbildungsstätte beförderte.

Heute ist es selbstverständlich geworden, daß die Schulen und Hochschulen statt der Fahrradkeller große Parkplätze bereitzuhalten haben, um die Anfahrt mit dem PKW zu ermöglichen. Dies ist nur ein Beispiel für weit größere Wunschvorstellungen und Erwartungen in der »westlichen« Überflußgesellschaft, deren Streben nahezu ausschließlich auf die Erfüllung materieller Bedürfnisse gerichtet ist.

»Den Göttern gleich« sein zu wollen, ist der Motor für unsere moderne technische Entwicklung geworden. Die lautlose Magie der sich selbsttätig öffnenden und schließenden Türen bei Hotel und Warenhaus ist nur ein Kinderspiel des Zauberlehrlings. »Tödlich ernst« in wörtlicher Bedeutung wird die Selbsteinschätzung des Industriemenschen, der den Griff nach dem Atom tat, in dem *Glauben*, sich im »Kernkraftwerk« eine unerschöpfliche Energiequelle zur Erfüllung aller seiner Wünsche zu schaffen. Mit einer geradezu religiösen Überzeugung wird die Anwendbarkeit solcher Kräfte für die Gegenwart und auf Dauer behauptet, obwohl die wissenschaftliche Absicherung zugegebenermaßen noch nicht vorhanden ist, so die Möglichkeit von Wiederaufbereitung und Endlagerung. »Es ist alles nur eine Frage der Zeit«, »alle Probleme sind lösbar«, formuliert die Glaubenszuversicht der Atom-Betreiber. So ist auch das naturwissenschaftliche Zeitalter an seine Grenze gekommen, wo Wissen durch Glauben ersetzt wird.

Gegenwärtig erleben wir eine »Atom-Gläubigkeit«, die im »Atomstaat« (Jungk) zu einer Staatsreligion erhoben wird.[185]

Wie anders als aus solcher Gläubigkeit sind sonst Befürwortungen und Bewilligungen der letzten Jahre – trotz zunehmender Warnungen von Sachverständigen in aller Welt, inzwischen von mehreren tausend Wissenschaftlern, darunter Nobelpreisträgern – vor dem eigenen Gewissen zu verantworten? Diese Beschlüsse sind aus einer unerschütterlich erscheinenden irrationalen Überzeugung abgeleitet, aus dem Glauben an den allmächtigen Menschen, der an die Stelle des abgesetzten oder gar »toten« Gottes getreten ist. Dieser Glaube an den Menschen und seinen permanenten Fortschritt – als Ergebnis des Zeitalters der sogenannten »Aufklärung« – kennt keine Grenzen. So ist tatsächlich ein »Religionskrieg« zwischen »Atom-Gläubigen« und »Atom-Protestanten« entbrannt.

Eine solche Hybris äußert sich ebenso in dem Londoner Ciba-Symposium, das die Züchtung einer künftigen Astronauten-Generation mit Greifschwanz durch Manipulation der Gene ernsthaft diskutiert hatte. »Den Göttern gleich« stellt ein Schweizer Astrophysiker, der während des Zweiten Weltkrieges im Auftrag der USA-Behörde für Zivilverteidigung arbeitete und bis 1955 Leiter des Raketenforschungs-Laboratoriums der Vereinigten Staaten war, einen »Umbau des Sonnensystems« zur Erzielung günstigerer Lebensbedingungen anderer Planeten für die Aufnahme von Kolonien unserer Erde ernsthaft zur Diskussion. Lewis Mumford, ein bekannter amerikanischer Kulturhistoriker, bemerkt treffend dazu: »In technischer Hinsicht Götter geworden, in moralischer Idioten!«[186]

Solche Spekulationen entsprechen – genau wie im Märchen vom Fischer un syner Fru – dem von den Griechen gescheuten Frevel gegen die Götter als »Hochmut vor dem Fall«. Die Herausforderung des Schicksals endet in den alten Bildern mit der Strafe der beleidigten Götter, sie scheitert an den unerbittlich zurückschlagenden Naturgesetzen, denen auch der Mensch unterworfen bleibt, zwar – im Bilde des griechischen Mythos – »Tischgenosse der Götter«, – indem er zur »geistigen Kommunion« berufen ist, jedoch auf Erden immer noch ein unzulängliches Wesen, das dem Irrtum und Versagen anheim gegeben ist.

Die Korrumpierung der menschlichen Physis durch Suchtkrankheiten ist nur das Spiegelbild einer Verwüstung des Empfindens und Denkens, die sich mit der Industrialisierung in der westlichen Welt ausgebreitet hat durch den heutigen Geschäftsungeist, für den die Wirtschaft das beherrschende, »maß«-gebende Element und Prinzip des gesellschaftlichen Lebens wie des individuellen Strebens geworden ist: »mehr Geld, noch mehr Geld und darum immer mehr Industrie!« Diese Vergiftung der Seelen gehört ebenfalls zu jener »toxischen Gesamtsituation«, von der die Ärzte sprechen.

Schlimmer als die Ausbeutung des Menschen während der Industrialisierung und in der Sklavenhalterschaft des kolonialen Imperialismus, schlimmer auch als die bestürzend naive Ausbeutung der Rohstoffquellen der Erde und die Vergeudung wertvollster Grundstoffe, schlimmer als diese sinnlose, weil keineswegs notwendige Gefährdung der Menschheitszukunft um des bloßen Profits willen, schlimmer noch als die politische Macht der wenigen in den multinationalen Konzernen erscheint diese Vergiftung der menschlichen Seele und also schlimmer als die Folgeerscheinungen der Verschmutzung der Erde diese – wie es der französische Humanist Lusseyran genannt hat – »Verschmutzung des Ich«.

Das alles verdanken wir dem System mit dem Antlitz der Unmenschlichkeit, das sich selbst das »kapitalistische« genannt hat, weil es ausschließlich vom Interesse der Kapitalvermehrung bestimmt ist.

Der Tempel, aus dem Jesus von Nazareth die Wechsler und Händler austrieb, ist nicht nur »das Haus des Vaters«, in dem Gott die Ehre erwiesen werden soll. Das »Gotteshaus« wurde als der Leib der Gottheit empfunden, in dem dieser Wohnung nimmt. Es war aber zugleich auch ein mikrokosmisches Abbild der »Welt«. Die Erde als Tempel Gottes ist von den Menschen zu einem »Kaufhaus« gemacht worden, in dem nur noch von Kaufen und Verkaufen die Rede ist, und im Vollzug der um die Schätze dieser Erde geführten Kriege zu einer »Mördergrube«, anstatt ein »Bethaus«, eine Stätte der »Ehrfurcht vor dem Leben« zu sein. Nicht allein die das Heiligtum entweihenden Zeitgenossen wurden mit der Geißel göttlichen Zornes ausgetrieben, der Geist des Mammons und des Krieges soll aus der Heimstatt Gottes und der Menschen verbannt werden. Das meint dieses oft übersehene oder beschwiegene Zeichen der Berichte über die »Tempelreinigung« [Johannes II, 16 und Matthäus XXI, 13].

Die Neutronenbombe ist nur *ein* Symptom für das pervertierte, also »widernatürliche« Denken in unserer Zeit. Das Wettrüsten ist zur größten Vergeudung kostbarster Rohstoffe und Energien geworden. Es bindet wertvollste Arbeitskräfte der Menschheit und verbraucht unvorstellbares Kapital. Es trägt zudem erheblich zur Umweltverschmutzung bei und fördert allenthalben das Denken in den Kategorien mörderischer Gewalt. Insofern ist es sowohl in die Korrumpierung der Um- wie der Inwelt einzuordnen.

Überhört wurde auch die Warnung, die Liebig in harter Selbstkritik in seinen »Chemischen Briefen« zu Ende seines Lebens der Welt zurief:

»Ich hatte mich an der Weisheit des Schöpfers versündigt und dafür meine gerechte Strafe empfangen. Ich wollte sein Werk verbessern, und in meiner Blindheit glaubte ich, daß in der wundervollen Kette von Gesetzen, welche das Leben an der Oberfläche der Erde fesseln und immer frisch erhalten, ein Glied vergessen sei, das ich, der schwache ohnmächtige Wurm, ersetzen müsse.«

Einst war in Alt-Ägypten die »Kemi« die Geheimlehre vom Umgang mit den Substanzen dieser Erde und ihrer Metamorphose bzw. Transsubstantiation, heute bewirkt sie eine fortschreitende Vergiftung unseres Lebens: Gift in der Erde, Gift im Wasser, Gift in der Luft, Gift in der Nahrung, Gift in unserem Organismus. »Gift« d. h., was in natürlicher Verteilung seinen angemessenen Platz im Lebenshaushalt der Erde hat, führt zur oft irreparablen Schädigung bzw. Zerstörung, wo es in Überdosis erscheint. Ein Beispiel: Wir alle brauchen Salz, aber im Übermaß wird es zum Gift. Das erschütterndste Symptom für diese Vergiftung unseres Lebens ist die Warnung, die in Japan, vorher in den USA und in England, von den Gesundheitsbehörden gegen die für das neugeborene Kind natürlichste Quelle des Lebens öffentlich ausgesprochen worden ist: Umweltgift in der Muttermilch! Daher die Empfehlung: Gebt den Säuglingen die ungefährlichere, mit weniger Rückständen aus DDT angereicherte Kuhmilch! Für die Bundesrepublik Deutschland gilt ähnliches: vom Nahrungsmittelgesetz her wäre Muttermilch nicht mehr zulässig. Eindrucksvoller kann die »toxische Gesamtsituation« (Eichholtz), die eine

Folge unserer unbegrenzten Industrialisierung ist, nicht verdeutlicht werden.

Alt-Ägypten ist als ein einziges Gut zu verstehen mit Gutsherrn und -herrin an der Spitze und den *familiares* als ihren Mitarbeitern. Heute ist die ganze Erde auf dem Wege, *eine* Fabrik zu werden. Novalis gibt uns für heute zu bedenken: »Man muß die ganze Erde wie Ein Gut betrachten und von ihr Ökonomie lernen!« Nicht nur von den Grenzen her, die sie uns setzt, sondern auch aus ihren Gesetzmäßigkeiten wieder zu denken und zu wirtschaften, ist die Aufgabe. Nur ein rechtes Gleichgewicht zwischen Industrie und Landwirtschaft kann das deformierte Wirtschaftsdenken und die zerstörten Strukturen wieder gesund machen. Ökologisch orientierte Ökonomie zu betreiben, heißt, die *religio* zur Erde, den »Rückbezug« zu den »Müttern«, verwirklichen. Auf diese als *Ehrfurcht vor dem Leben* praktisch geübte »Religion des Alltags« kommt alles an. Wer aber die Materie als den einzigen Seinsgrund versteht, ist veranlaßt, die Materie ernst zu nehmen und sie zu heiligen, indem er mit ihr als einem anvertrauten, kostbaren Gute umgeht.

Doch nur wenn Naturwissenschaft heute durch eine neue Geisteswissenschaft ergänzt wird, hat sie die Möglichkeit, zur Natur*erkenntnis* fortzuschreiten.

Wenn Konrad Lorenz von dem »Gestaltwahrnehmungsorgan« spricht, so müssen wir heute feststellen, daß wir es weitgehend verloren haben. Dies findet auch seinen Ausdruck in der Mißachtung einer früher angesehenen Wissenschaft: der Morphologie. Wir haben verlernt, die Gestalt wahrzunehmen. Wir müssen unser inneres Auge wieder üben, die Zusammenhänge und deren Konturen zu sehen. Ohne contura keine cultura! Kultur ist Gestaltung. Darum ist das Entscheidende, die innerlich wahrgenommene Gestalt auch im Äußeren zu verwirklichen. Ein Künstlerfreund erklärte einmal: »Das Wesentliche liegt in den Abstrichen!« Die chinesische Malerei war darin zur Meisterschaft gediehen. Nur durch bewußt geübte Rentention – durch eine Zurücknahme der Wachstums- oder gar Wucherungstendenzen des Bios, durch Einleitung eines »Sterbeprozesses« also –, wird die Gestalt erhalten.

Das Maß der Technik wird in gleicher Weise wie das der Wirtschaft in Zukunft bestimmt sein durch *das Maß der Erde*: Von den »Grenzen des Wachstums« her wird ständig geprüft werden müssen, was möglich, d. h. der Erde und dem Menschen gemäß ist. Daraus resultiert menschengemäße Technik oder wie E. F. Schumacher sie forderte: »Technik nach Menschenmaß«.[187]

Großtechnologien sind nicht nur unverantwortbar gegenüber der Begrenzung unserer Erde, sondern, unabhängig von gegebenenfalls sogar rationelleren Verfahrensweisen, dem Menschen nicht angemessen, weil sie unüberschaubar und letztlich nur noch von Computerzentralen aus regierbar sind.

Sie sind insbesondere unzulässig in denjenigen Fällen, in denen ein auch nur geringes Versehen durch die Dimensionen der Anlagen zu einem unübersehbaren Risiko wird. Die Tatsache, daß der Mensch, als unvollkommen, dem Irrtum ausgesetzt bleibt, läßt eine Katastrophe zu jeder Zeit möglich erscheinen.

Darum kommt der Entwicklung von Alternativtechniken und -energien heute die größte Bedeutung zu: der Erzeugung von Energie durch Wind, von Wärme durch Solarzellen und Wärmepumpe, von Wärme und Licht durch Biogas, Techniken, die zwar im Stadium der Entwicklung stehen, jedoch die *Grundsteine* einer ökologischen Kultur sind.

Noch aus einem anderen Grunde ist die *dezentralisierte* Technik die notwendige Alternative zur Großtechnik der Gegenwart: Auch ohne die Gefahr eines »Atomstaates« führt eine weitere Industrialisierung zu einer totalen Massengesellschaft, die wie New York immer weniger »regierbar« wird. Der einzelne geht in der Anonymität unter, er wird immer einflußloser. Sein Mitwirken in der Gesellschaft und damit die Ausbildung und Verwirklichung seiner Individualität, die sich nur im Verhältnis von Gemeinschaft und Persönlichkeit vollziehen können, sind nur möglich in einer dezentralisierten und gegliederten Wirtschaftsweise.

Die übernational gewordene Großtechnik verwirklicht zwar die Tendenz des Zusammenwachsens der Menschheit zur family of man, der Vereinheitlichung der Erde als des Einen Leibes des Menschenwesens, sie widerspricht jedoch der anderen Komponente des Menschseins und der Entwicklung unseres Zeitalters: dem Erwachen des individuellen Bewußtseins, dem Anspruch des einzelnen auf Mündigkeit und daraus folgernd auf volle Mitbestimmung in allen gesellschaftlichen Angelegenheiten. Es ist sinnlos, von Menschenrechten zu reden und um ihretwillen weltpolitische Kontroversen auszutragen, wenn dort, wo die Geburtsstube des mündigen Menschen war, in Mitteleuropa, dieses elementare Recht der Individualität zur freien Entfaltung in und mit der Gesellschaft mit Füßen getreten wird. Und das wird es dort, wo in wichtigen wirtschaftlichen Entscheidungen im Betrieb weder eine volle Mitbestimmung der Mitarbeitenden noch eine Mitverfügung über die gemeinsam erwirtschafteten Mittel praktiziert wird. Das geschieht aber nicht weniger, wenn dem Bürger in der »großen« Wirtschaftspolitik seines Landes die Teilnahme zum Beispiel an der Entscheidung über den Einsatz einer so fragwürdigen Energie wie der Atomenergie versagt ist.

Die Anwendung des Prinzips der Menschwerdung auf die Technik

Wenn von einer Zielstrebigkeit der Natur gesprochen wurde, deren Inhalt Bewußtseinsbildung ist, dann ist heute der Zeitpunkt erreicht, in dem das Gestaltungsprinzip erkannt und *bewußt* zum Maßstab werden kann, aus dem die Welt in ihrer sichtbaren Form hervorgegangen ist. Für den Menschen und seine Schöpfung ist dieses Prinzip in *Freilassung und Unvollkommenheit* gegeben. Der Mangel, der alles Tun des Menschen begleitet, wird ihm zur Richtschnur. Er ist der Wand eines dunklen Ganges zu vergleichen, an der der Vorwärtstastende immer wieder erkennt: In dieser Richtung geht es nicht weiter. Um voranzukommen, muß er sich einen Schritt zurücknehmen und in anderer Richtung weiter suchen.

Solange der Mensch bei der Ausgestaltung der Technik von seinem schöpferischen Drange besessen bleibt, ist er – wenn auch auf anderer Ebene – im Grunde genauso unfrei wie das Geschöpf, das seinen Instinkten folgen muß. Das von der Natur bei der Ausformung des Menschenleibes angewandte Prinzip der *Retention* muß der Mensch bewußt und willentlich bei der Ausbildung seiner technischen Leiblichkeit betätigen.

Die Forderung nach Zurücknahme ist nicht als moralischer Appell, sondern als naturgesetzliche Konsequenz zu verstehen. Der Mensch kann sich dieser Tatsache verschließen, sie negieren, aber er kann damit nicht ihren naturgesetzmäßigen Charakter außer Kraft setzen. Und wie bei allen Verstößen gegen Naturgegebenheiten dies zerstörend auf den Menschen zurückwirkt, so wird auch in diesem Falle die Katastrophe nicht ausbleiben.

Die einzige Lösung für die gegenwärtig anwachsenden Probleme liegt in der Erkenntnis, daß Zurücknahme: (Retention) [naturwissenschaftlich ausgedrückt] oder Verzicht [ethisch gesehen] eine unabdingbare Komponente in allen Lebensprozessen ist. In der Pflanzen- und Tierwelt vollzieht dies die Natur, in der Menschenwelt bleibt der Nachvollzug dieser Gesetzmäßigkeit der freien Entscheidung der Menschen anheim gegeben, wie es auch in ihre Freiheit gestellt ist, die Naturgesetze in Technik anzuwenden oder nicht. Die Geschichte zeigt, daß es durchaus Kulturen von hohem Rang gab, die hier eine Entscheidung zur Enthaltsamkeit fällten.

Theo Löbsack meint[188], die Ursache für die Krise unserer Zivilisation anthropologisch ermitteln zu können, indem er das menschliche Großhirn für alles Unheil dieser Zeit verantwortlich macht und ihm nachweist, daß es als Steuerungsorgan zur Erhaltung der Art infolge der Hypertrophie seiner Fähigkeiten und durch die Verselbständigung seiner Funktionen nicht nur total versage, sondern auch noch entgegen seiner Bestimmung die Art und ihren ökologischen Raum, nämlich die ganze Erde als Öko-Nische des Menschen, zerstört. Löbsack folgert daraus einen fundamentalen Pessimismus, wie er bereits in seinem Buchtitel zum Ausdruck kommt: »Es wird sich zeigen, daß wir unter den Lebewesen der Erde keineswegs besonders tüchtig waren. Der Planet, der uns hervorgebracht hat, wird uns nicht mehr lange dulden, denn wir haben gegen seine Hausordnung verstoßen. Vor uns liegt der Räumungsbefehl. Die Erde wird nicht zögern, uns wieder abzuschütteln ... wie randalierende Mieter, die dem Hauseigentümer die Wohnung beschädigt haben.« Wahrlich ein treffendes Bild!

Ist nun dem »verhängnisvollen Organ«, wie Löbsack es nennt, die Verantwortung zuzuschieben?

Zugestanden: Erst die Ausbildung des Großhirns ermöglichte dem Menschen die Technisierung der Welt mit allen ihren Folgen. Die neue Dimension der Natur, von der wir sprachen, ist aus ihm mit Hilfe der durch Retention frei gebliebenen Hand hervorgegangen. Das Großhirn ist die Geburtsstätte und Wiege des Prometheus, der als Empörer gegen die Götter nun zum Muttermörder an der Erde zu werden droht. Das ist der eine Aspekt.

Der andere jedoch ist jener: Durch die Cerebralisation, die der Anthropologe Rensch als von der Natur in der Leibesgestalt des Menschen sinnvoll angelegt beschreibt, ist dem Menschen der große Sprung nach vorn über die Grenzen der animalischen Welt hinaus gelungen. Erst der Übergang über die Schwelle zur »Noosphäre« [Teilhard de Chardin] in die Dimension des Denkens macht den Menschen. Zugleich hat er im Denken über sich selbst, im Bewußtsein seiner selbst das Reich der Freiheit betreten. Denken macht frei vom Zwang der natürlichen Gesetzmäßigkeiten und von sich selbst. Denken ermöglicht uns, unseren Standort zu erkennen und damit auch die Lage, in die wir uns selbst gebracht haben – dies nicht aus natürlichem Zwang, sondern aus eigener Willkür. Wer denkt, ist auch verantwortlich. Denken ist damit auch das Organ, zur Diagnose die Therapie zu ermitteln. In der Freiheit, die der Mensch durch Denken gewinnt, ist impliziert die Möglichkeit des Irrtums. »Irrtum vorbehalten.« Dieser Gefahr bleibt das Denken ausgesetzt, und unser Zustand ist der Beweis dafür. Aber Denken ist auch der archimedische Punkt, von dem aus – wie in der Technik bewiesen – tatsächlich die Welt »aus den Angeln gehoben« worden ist, aber auch der Mensch sich selber »in den Griff« bekommt, wenn er – wie es Löbsack in seinen Reflexionen beweist – über sich nachzudenken vermag. Im übergreifenden Denken, im Denken über das Denken, im Bewußtsein, das sich selber betrachten und sich über sich selbst hinaus heben kann, liegt zugleich die Möglichkeit zur Selbstkorrektur. Durch die Retention als anthropologisches Prinzip wurde er erst Mensch.

Dadurch wurde er auch fähig, nicht nur über sich nachzudenken, sondern sich zu ergreifen, »sich selbst in die Hand zu nehmen«, wie die Redensart es treffend charakterisiert. Diese bewußte Retention – als Selbstbeherrschung seit der Bagavadgitha gepriesen, als Selbstbemeisterung von den christlichen Asketen geübt, als mâze des ritterlichen Menschen im abendländischen Mittelalter besungen – ist das Mittel zur Selbstgestaltung eines nicht unausweichlichen Schicksals. Jeder ist Zeuge dieser menschlichen Fähigkeit – und sei es ihm auch nur gelungen, sich im eigenen und im Interesse seiner Mitmenschen das Rauchen abzugewöhnen. Auch biologisch veranlagtes technisches Handeln braucht nicht – was Heisenberg meinte – der Kontrolle des Menschen entzogen zu sein, so gerne heute von Sachzwängen geredet wird.

Die bewußte Retention also ist das Mittel, um auch der einseitigen Entwicklung des sozialen Organismus in die Wucherung des Sozialleibes Technik entgegenzusteuern. Es gibt keinen Beweis, daß dies nicht möglich sei.

Und darum als letztes: Der Mensch verdankt seine technischen Leistungen nicht nur seiner Intelligenz – ermöglicht vom Großhirn –, sondern seiner Willenskraft, mit der er seine Einsichten und Pläne durchsetzte, indem er sich selbst bezwang und – entgegen einem natürlichen Hang zum geringsten Widerstand – seiner Natur Leistung abzwang. Das ist moralische Kraft. Auf ihr beruht alle cultura. Sie ist auch als Ich-Kraft zu bezeichnen.

Erst indem wir diese Möglichkeit zur Wende in uns mobilisieren, werden wir wahrhaft zum »Schöpfer unserer selbst«.[189]

Dieses Riesenwerk ist dem Menschen trotz aller erkennbaren Schwierigkeiten in der Lösung der gegenwärtigen Probleme aufgegeben. Hierin kann sich seine Menschwerdung vollenden.

Es wäre unverantwortbar, aus Resignation oder aus Fehleinschätzung der Evolution die Erde der Bedrohung durch den Tod preisgeben zu wollen, weil sie wie jedes lebende Wesen ohnehin zum Sterben als Durchgang zu neuen Daseinsstufen bestimmt sei. Wer wird nicht um das Leben seiner Mutter kämpfen, auch wenn sie hoch betagt ist? Angesichts eines bedrohten Lebens verlangt immer noch der hippokratische Eid von jedem Arzt, das ihm nur irgend Mögliche zu tun. Wie sollten wir nicht verpflichtet sein, uns bis zum äußersten auch für den Lebensorganismus Erde einzusetzen?

XI. Das Doppelantlitz der Technik

Im Tode ward das ewige Leben kund.
Novalis

Als Symbol für die Fragwürdigkeit des menschlichen Daseins steht an der Schwelle der Neuzeit das Bild der *»vrou werld«*, die von der einen Seite als schöngestalteter Mensch, von der anderen als erschreckendes Totengerippe erscheint. Das Janusgesicht der Technik sieht jeder, der ein Gefühl für das Menschliche bewahrt hat. Was zur Vollmacht des Menschen über die Materie führte, droht zugleich zur Vernichtung des Lebens zu werden. Es gibt kaum mehr einen technischen Erfolg, der nicht dieses Doppelantlitz zeigt. Dadurch ist jeder »Fortschritt« fragwürdig geworden. So ist aus der Erfüllung des kühnsten Traumes der Menschheit, fliegen zu können, durch die Bombengeschwader grauenhafte Zerstörung und namenloses Leid entstanden, und noch größeres droht uns. Im menschlichen Tun tritt überall unverhüllt der Tod hervor. Er lauert im verdorbenen Wasser unserer Flüsse, in den Nahrungsmitteln und greift nach uns im Verkehr und in den Zivilisationskrankheiten. Die Technik scheint sich selbst in Frage zu stellen und aufzuheben. Auch die Industrielle Revolution frißt ihre eigenen Kinder.

Wie sollen wir uns diesen Widerspruch zwischen der Bedeutung der Technik als einer *anderen* Schöpfung und der Fragwürdigkeit ihrer Wirkungen erklären? Die Ergebnisse scheinen denjenigen recht zu geben, die die Menschheit mit allen Mitteln vor dem Weg in die moderne Technik zu bewahren suchten. Der unbeschwerte Fortschrittsglaube des 18. und 19. Jahrhunderts ist längst erschüttert. Denn der »Fortschritt« erwies sich oftmals nicht so sehr als ein Weiterschreiten der Evolution nach vorn, als vielmehr als ein »Fort-Schreiten« = Weggehen aus ursprünglichen, gesunden Lebensverhältnissen. Die warnenden Stimmen der Gegenwart häufen sich gerade unter den Technikern. Doch es ist nicht die Technik, die Schuld an all diesem trägt.

Unvollkommenheit und Polarität sind die Gesetzmäßigkeiten, die für den einen Pol der Anderen Schöpfung – den Menschen – bestimmend sind. Technik entsteht aber erst aus dem Zusammenwirken von Mensch und *Natur.* Welche Gesetzmäßigkeiten gelten nun für diesen anderen Pol und damit auch für die gesamte Technik? Aus der Geschichte der Technik ist deutlich geworden, daß das Erste und Bleibende für den Menschen der Stein war. Von der Natur her gesehen ist das Vorhandensein von »leblosem« Material die Voraussetzung für das technische Handeln des Menschen.

Verglichen mit der Bildung von Organwerkzeugen im Tierreich überrascht diese Feststellung nicht. Auch diese ist mit einer Retention des Lebendigen verbunden. Der Unterschied zu den Werkzeugen menschlicher Technik liegt darin, daß die tierischen Werkzeugorgane unmittelbar aus dem Körper wachsen und diesem verbunden bleiben. Doch ist ihre Beschaffenheit eine andere als die der übrigen Körperteile. Der Schnabel des Vogels, als Zange oder Meißel gebraucht, muß eine bestimmte Härte und Unempfindlichkeit besitzen, wenn er seinen Zweck erfüllen soll. In ihm verfestigt sich die organische Substanz, indem zugleich die Empfindungsfähigkeit erlischt. Sie verhornt. Eine Entsprechung stellt das Knochengerüst im Innern des Körpers dar, das diesem Gestalt und Halt gibt. Die Lebendigkeit und Empfindlichkeit des Knochenbaues wird hingegen in der Verhornung aufgegeben. Verhornung ist ein Absterbeprozeß. Zugunsten der Werkzeugbildung – Raubtierkrallen, Huf, Hörner – wird das organische Leben zurückgenommen und das Gebildete gleichsam dem Tode überlassen. Das Tote kann als eine Grenzerscheinung des Lebens verstanden werden. Die Abwesenheit von Leben führt zu »toter« Materie. Als Prozeß gesehen bedeutet das: tot ist das Ergebnis einer äußersten Zurücknahme der Bildekräfte des Lebens. Im Hinblick auf das Leben ist der Tod der vollendete Mangel innerhalb der Welt.

Was brauchbares Werkzeug sein soll, muß tot sein. Nur Totes taugt zur Technik. Tod heißt hier: verfestigt, erstarrt und – verglichen mit dem Leben der Körper – unempfindlich gegen Härte, Hitze und Kälte. Es bedeutet jedoch nicht: ohne Zusammenhang mit dem Lebendigen. Das Tote bleibt ein Teil des Lebenden, aus dem es ausgeschieden worden ist, es ist nur denkbar durch dieses. Das Leben ist seine Voraussetzung. Lebendig und tot sind verschiedene Zustände *einer* Lebenserscheinung. Trotz seines toten Materials gehört das Nest zur Lebensgestalt des Vogels. Wesentlich ist hier die Feststellung, daß diese sich ohne das Tote gar nicht hätte verwirklichen können. Schon im Reich des Bios ist Totes notwendig, um das Lebende zu ergänzen, wird der Tod zum Gegenpol des Lebens, das sich nur gemeinsam mit ihm verwirklichen kann. Der Tod – der Diener und Helfer des Lebens!

Er wird zum Prinzip auch unserer Technik. Nur das festgewordene, also abgestorbene Holz kann zuverlässiges Werkmaterial abgeben für Hacke und Pflug, Haus, Schiff oder Wagen. Es wird mit einem härteren Stoff bearbeitet, der sich im Stein anbietet, bis endlich im Metall ein noch härteres und zugleich vielseitiger verwendbares Material gefunden worden ist. Je härter, um so besser! So muß dem Kupfer das Zinn hinzugeführt werden, um die härtere Legierung der Bronze zu gewinnen, darum genügt schließlich auch das gewöhnliche Eisen nicht mehr; es wird zum Stahl gehärtet. Endlich werden im Eisenbeton die Elemente von Mineral und Metall zu einem der dauerhaftesten Stoffe verbunden.

Nur die Leblosigkeit, die ideale und darum unentwegt in der technischen Entwicklung angestrebte Todesstarre, kann dem Techniker den zuverlässigen Werkstoff vermitteln. Nur durch dieses Medium des Todes ist die moderne Maschinentechnik überhaupt möglich geworden. Das Holz, das noch »arbeitet«, eignete sich nicht, darum mußte das hölzerne Schaufelrad der Mühlen abgelöst werden durch die stählernen Schwungräder, wenn Beschleunigung bei größter Sicherheit und geringstem Verschleiß erreicht werden sollte. Die kühnen Brückenkonstruktionen unserer Zeit sind nur zu verwirklichen dank der Tatsache, daß die Ausdehnungstoleranz des Metalls durch entsprechende Behandlung auf ein Minimum herabgesetzt werden konnte. Mit dem Ende der Postkutsche wurde das Eisen, das bisher nur dem Schutze der Wagenreifen und der Pferdehufe, allenfalls noch der Federung gedient hatte, zum ausschließlichen Baustoff des Fahrgestelles. Hölzerne Automobile sind genauso unvorstellbar wie hölzerne Unterseeboote. So sind wir erst jetzt ganz in die Eisenzeit eingetreten, indem bis in die Stahlkonstruktion unserer Hochhäuser hinein die ganze moderne Technik auf Eisen und Stahl gegründet ist.

Sehen wir das Tote als die polare Gegensätzlichkeit des Lebendigen, so begegnet uns die gleiche Polarität zwischen »lebendig« und »tot« in jener höheren Lebenseinheit, die in unserem Zusammenhang als Lebensgestalt bezeichnet wurde. Deren Polarität von Leibeskern und Leibeshülle kann nur die Polarität *lebendig* und *tot* sein. Dieses Spannungsverhältnis liegt im Wesen aller *techne* begründet. Der Begriff *techne* beinhaltet neben einer lebenserfüllten Leiblichkeit ein Gegenüber, das nur tot sein kann. Wäre es ebenfalls lebendig, also mit dem lebendigen Leib organisch verbunden, so wäre es keine Leibeshülle, sondern ein leibliches Organ. Der Begriff *techne* schließt also *zwei* lebendige Pole aus. Er fordert geradezu den Tod als anderen Pol der Lebensgestalt. Als Brennpunkte aufgefaßt, werden Leben und Tod durch Technik (wie schon durch *techne*) in der Ellipse einer höheren Lebenseinheit in Beziehung gesetzt und umschlossen.

Die Voraussetzung für die Technik ist also in biologischer Hinsicht eine Zurücknahme (Retention). Der Mensch sucht seine physische Ergänzung und Steigerung dort, wo das gleiche Prinzip erkennbar ist, das bei der Ausbildung des Menschenleibes als das anthropologische Phänomen bezeichnet wurde. Auch das für die Verwirklichung von Technik erforderliche Material ist durch Retention entstanden. Ist sein Kennzeichen die absolute Leblosigkeit, das heißt Todesstarre, so läßt sich folgern: Technik ist auf Tod gegründet. Ihre Sicherheit wird durch ihn gewährleistet.

Wir haben den Tod zum Arbeitskollegen gemacht. Er ist der beste Förderer unserer technischen Entfaltung geworden.

In Volksmärchen, die vom Bündnis mit dem Teufel erzählen, und in den mannigfachen Faustsagen erscheint er als Geist, der »stets das Böse will und stets das Gute schafft«. Tod und Teufel waren dem imaginativen Bewußtsein identisch, und so wird diese Macht oft als »Knochenmann« dargestellt. Das Wesen der Verhärtung, Verhornung, Verknöcherung, Verkalkung, Mineralisierung kann nicht bildhafter gekennzeichnet werden. Die Ur-Iranier gaben dieser personalisierten Macht den Namen *Ahriman* und charakterisierten den Gegenpol des Lebendigen als das »Böse«. Aus dem Blickwinkel des technischen Schaffens wird dieses Weltprinzip der Verfestigung wertneutral: Der Teufel wird entteufelt.

Das Prinzip des Todes waltet jedoch nicht nur im technischen Werkstoff, sondern auch im technischen Verfahren. Die Arbeit selbst ist ein Sterbeprozeß, insofern sie einen Abbauvorgang darstellt; und zwar bezieht sich dieser Abbau auf das Denken und das Handeln. Im Denkprozeß wird Nervenenergie abgebaut, im Handeln Muskelkraft verbraucht. Beide müssen immer wieder erneuert werden. Jedes Naturvolk wird durch Zivilisation zunächst in seiner physischen Substanz geschwächt.

Das Kennzeichen des Todes ist: zu »töten«, das heißt, gegebene Lebensformen aufzulösen und zu zerstören. Schon bei der ersten Werkzeugherstellung wird eine vorhandene Gestalt vernichtet. Dem Feuerstein wird nichts hinzugefügt, sondern etwas genommen. Um seine Kante zum Schaben oder Schneiden scharf zu machen, wird er in seiner bestehenden Form geschmälert, wertend würde man sagen können: beschädigt. Der Ast wird seiner Zweige beraubt und geschält, um eine Stange oder einen Speer abzugeben. Der Wald wird gerodet, das Erz geschmolzen und so fort. Immer führt die Verwirklichung der Technik, indem der Mensch sich die Materie gefügig machen muß, über die Zerstörung einer von der Natur gegebenen Gestalt. Es ist eine Lebenstatsache, daß der Weg des technischen Fortschritts »über Leichen geht«.

Selbst das Denken, indem es zur Voraussetzung technischen Handelns wird, folgt dem Prinzip des Todes. Die Naturwissenschaft abstrahiert, das heißt, sie löst die Dinge aus dem Lebenszusammenhang, um das in ihnen wirkende Gesetz zu erfassen. Dies ist ihr wichtig, nicht die Lebenserscheinung in ihrer jeweiligen Verwirklichung. Um »gescheit« zu werden, wird der Baum des Lebens in »Scheite« zerhackt. Um die Wirkstoffe einer Pflanze zu ermitteln, muß diese zerstört werden. Um Krankheiten erkennen und heilen zu können, werden Tiere von Ärzten in Versuchen getötet. Jedem naturwissenschaftlichen Erkenntnisprozeß geht die Zerlegung eines Ganzen in seine Teile voraus. Nicht zufällig – und die Vorgänge genau kennzeichnend – wird diese Methode Analyse, das heißt »Auflösung«, und diejenige Wissenschaft, die sie verwendet, die Chemie, auch »Scheidekunst« genannt. Das Experiment schneidet im Grunde willkürlich eine Erscheinung oder einen Vorgang aus dem Lebensgeflecht heraus. Das führt zwar zur genauesten Kenntnis der einzelnen Phänomene, zerstückelt jedoch die Lebensganzheit. Alles trennende Denken – »Analysieren« – steht auf der Todesseite, es baut nicht auf, sondern ab, Schicht für Schicht, um an den Kern der Sache, an das Gesetz, heranzukommen. Dieses steht, da es immateriell ist, außerhalb von Leben und Tod. Ist das Gesetz einmal gefunden, kann mit seiner Hilfe eine neue Ganzheit geschaffen werden. Das Ergebnis der Analyse ist nicht Selbstzweck. Ihr Zweck ist die Anwendung im Dienste des Lebens. Zerstören und Sterben gehen aller schöpferischen Neugestaltung voraus.

Das technische Werk, jede Maschine, jeder Apparat sind das Ergebnis eines Denkprozesses, einer Abstraktion und Zurückführung auf Gedanken, Ideen. Ihnen liegt nur ein Ziel zugrunde: einen Gedanken so vollkommen wie möglich darzustellen. Für sie gilt nicht Schönheit und Spiel, sondern Gesetz und Zweckmäßigkeit. Wird diesen ganz entsprochen, dann können diese technischen Werke einer neuen Schönheit teilhaftig werden. So gesehen, läßt sich die Andere Schöpfung als eine Art Abstrahierung von der Natur und als eine Auskristallisierung von Gedanken verstehen. Nehmen wir als Beispiel die Zugmaschine: Zuerst mußte der Mensch alle Materie selbst bewegen. Er zog den Pflug, dann machte er sich die größere Kraft des Pferdes zunutze. Aber das Pferd mußte bei Arbeit und Ruhe gefüttert werden, es war ein selbständiges Wesen, mit dessen Eigenart zu rechnen war. Seine eigentliche Bestimmung kann nicht als Zugtier angesehen werden. Darum abstrahierte der Mensch die Tätigkeit des Ziehens und schuf sich selbst das Hilfsmittel, das die Funktion des Ziehens am rationellsten erfüllte, in der Zugmaschine.

Man kann die Vereinseitigung als Verarmung bewerten, im Grunde ist die Maschine die Auskristallisierung von Naturgesetzen und dessen Verkörperung in zweckmäßigster, reinster Form. Die in der Natur wirkenden Gesetze treten in einer bisher nicht dagewesenen Weise in Erscheinung, sie werden durch den Menschen in einer neuen Form verwirklicht. Die Funktionsprinzipien, die der Ersten und der Zweiten Schöpfung zugrunde liegen, sind jedoch dieselben.

Dieser ganze Vorgang kann als eine Vergeistigung des Naturhaften verstanden werden. Das Absterben der Ersten Natur zugunsten einer Zweiten ist eine Metamorphose, das heißt nicht nur eine Umwandlung der Form, sondern auch eine qualitative Bereicherung, ist also eine Steigerung des Lebens. Man kann zu dem kühnen Schluß kommen, daß gerade dies in der Entelechie der Technik veranlagt und von den treibenden Lebenskräften »gemeint« sei.

So ist die Wissenschaft des Technikers nicht die Kunde vom Lebendigen, sondern vom Toten. Was zählbar, meßbar, wägbar ist, was daher eindeutig bestimmt und in Formeln erfaßt werden kann, gehört ihrem Reiche an. Hier gibt es keine individuellen Gefühle und durch Nationalsprache gefärbten Begriffe. Hier ist die erste Eine »Weltsprache« entstanden.

Hier gelten nur noch feste, allgemeinverständliche und verbindliche Formeln. Es sind praktisch die ersten auf der ganzen Erde widerspruchslos anerkannten »Gesetze«.

Wesensmäßig gesehen ist es also das Reich des Todes, in dessen Schächte der Techniker, dem Bergmann vergleichbar, hinabsteigt. Hier herrscht das Gesetz eines Seins, das zum Kristall erstarrt ist. Das einstmals glühende Leben eines vorangegangenen Erdzustandes ist hier zum Urgestein, zum Basalt, zum Metall geronnen. Wie bereits Wilhelm Preyer, so begründet Guenther Wachsmuth, »daß die heutige Erdoberfläche, auch in ihren dann mineralisch gewordenen Bestandteilen, größtenteils aus früheren organischen Prozessen entstanden ist, ein Absterbensprozeß, der etwa dem Entstehen der Knochen im lebendigen Organismus zu vergleichen ist«. Er weist auf die intuitive Schau Goethes hin, der in seinen geologischen Betrachtungen geradezu von einer »Osteologie der Erde« sprach und von dieser »Knochenlehre« der Erde sagte: »Dem, der sich zur Kenntnis der organischen Natur erheben will, ist sie unentbehrlich.«[190]

Auf diesen Grundfesten errichtet der technische Mensch seinen Bau. Er fügt das Tote seinem Lebenszusammenhang ein. Unter seinen Händen erhält tote Materie einen neuen Bezug zum Leben. Einst baute der vor Ort Arbeitende im Felsgeklüft Obsidian ab, aus dem er seine ersten Werkzeuge und das Feuer gewann. Später wurden die Erze im Schoße der Erde geschürft und schließlich aus der Kohle die in den abgestorbenen Wäldern einer fernen Urzeit gespeicherte Wärmeenergie erschlossen, um unsere Maschinen zu treiben. Durch den Zauberstab des Menschen wird die Materie aus ihrer Todesstarre erlöst und dem Lebensbereich eingefügt. Sind die Kohlevorräte aus dem Leben der Urwälder des Karbons erschöpft, reichen auch die Quellen des Öls – einst tierische Substanz – nicht mehr aus, dann sollen die Atomreaktoren aus dem Urangestein Energie entbinden und damit dem Leben des Menschen dienen. Wir wissen heute genug über die Doppelseitigkeit dieses Vorganges. Seine tödlichen Gefahren bestünden auch dann, wenn es keine Atombombe gäbe. Die Bombentests haben uns die Gefahr meßbar vor Augen geführt. Auch die radioaktiven

Restbestände bedrohen durch ihre Strahlung das organische Leben.

In der Anwendung der atomaren Energie ist der Weg der Technik folgerichtig zu Ende geführt worden. Ist der Tod das Prinzip der Technik, so konnte eines Tages das Bündnis mit dem Tode nicht mehr verhüllt bleiben. Wir halten heute in der Atombombe die Möglichkeit zur Zerstörung des gesamten Lebens in Händen. Indem auf der einen Seite in der Entfesselung der Atomenergie die bisher größte Bedrohung des Lebens erscheint, auf der anderen Seite der Mensch damit die Vollmacht über die Materie errungen hat, zeigt sich die gleiche Kraft unter entgegengesetztem Vorzeichen. Ernst Lehrs gibt zu bedenken: »... daß wir damit den Prozeß des kosmischen Alterns der Erde beschleunigen, daß ferner solches in höchst gesteigertem Maß geschieht durch die neuerdings möglich gewordene, bei der sogenannten Atomzertrümmerung verwandte künstliche Erzeugung von Radioaktivität. Die Dinge so sehen, heißt erkennen, daß mit der dem Menschen gewordenen Möglichkeit, Elektrizität und Magnetismus aus ihrem schlafenden Zustand zu erwecken und sie in großem Stil für sich arbeiten zu lassen, ihm eine gewaltige Verantwortung erwachsen ist. Es lag im Wesen der Entwicklung, daß der Mensch während der ersten Phase der Elektrifizierung seiner Zivilisation in Unkenntnis dieser Tatsache verblieb. Ein weiteres Verhalten darin würde die Menschheit mit ihrem Untergang bedrohen.«[191]

Der letzte Hintergrund des Seins offenbart sich unserer Zeit bis in die physische Realität hinein als jene Macht, die Leben und Tod umfaßt. Der Tod erscheint nur als die Schattenseite des Lebens.

Die Vereinigung zweier Gegensätze liegt der Technik im ganzen zugrunde. Ihre Verfahrensweise schwankt zwischen den Möglichkeiten: auseinandernehmen und zusammensetzen, auflösen und gestalten, mit anderen Worten: entleiblichen und verleiblichen. Als die Pole technischen Handelns entsprechen sie dem Sterben und Neuwerden innerhalb der Natur. Wie die Pflanze Mineralisches auflöst, um ihre Gestalt aufzubauen, so werden in der Technik mineralische Stoffe entweder zu neuen Formen zusammengefügt oder zu neuen (synthetischen) Stoffen verwandelt. In beiden Vorgängen wird das tote Mineral dem Menschen dienstbar gemacht und dadurch ins Reich des Lebendigen eingefügt. Zuvor wurde ein solcher Prozeß der

Verwandlung von Mineralien nur im Pflanzenreich vollzogen. Jetzt werden in der wachsenden Zuordnung von Totem auf den Menschen neue Lebenszusammenhänge hergestellt. Das soll in folgendem Beispiel verdeutlicht werden:

Die Steine, die im Bau eines Hauses zu sinnvoller Ordnung gefügt werden, sind qualitativ hinfort andere als die im Gebirge zufällig verstreuten. Das gilt nicht nur vom Standpunkt der wirtschaftlichen Bewertung her. Wie das Kalkpartikelchen eines Schneckenhauses zu einem biologischen Bestandteil geworden ist, so gehört ein solcher Stein, auch wenn er weiterhin seinen physikalischen und chemischen Gesetzmäßigkeiten unterworfen bleibt, der erweiterten Leibeshülle des Menschen – in diesem Falle Haus genannt –, also dem Bereich des Lebendigen an. Er ist ein Partikel in einem biologisch zu begreifenden Organismus geworden, wie er auch einstmals aus einem lebenserfüllten Organismus hervorging. Die als Folge der Zurücknahme des Lebens in einem Absterbeprozeß herausgefallene Schlacke des Lebendigen wird sinnvoll einem neuen Lebensprozeß eingefügt, der durch Technik hervorgerufen wird. Innerhalb der Lebensgestalt wird der Tod im absoluten Sinne wieder aufgehoben: Technik kann, so verstanden, zu einem Sieg des Lebens über den Tod werden.

Meint Goethe in seiner frühen Betrachtung »Über die Natur«, der Tod sei ein »Kunstgriff der Natur«, um mehr Leben zu haben, so läßt sich in der Anwendung auf die Technik folgern: Die Technik ist eine Erfindung des Lebens, um den Tod zu überwinden. Die Erweiterung der Lebensvollmacht des Menschen, die Möglichkeit, seinen Lebensbereich nahezu unbegrenzt auszudehnen und seinem physischen Leben Schutz, Heilung und Verlängerung zu sichern, ist nur ein Teil – und der äußerlichste – dieses Phänomens. Das Leben selbst gewinnt durch den Menschen in der Technik ein Mittel, um den Tod zu besiegen. Die Technik als das Werkzeug in der Hand des schaffenden Menschen wird zum Zeugungswerk des Lebens.

Der homo faber, der Techniker, hat – wie Faust durch den Teufelspakt – an seiner Seite den Tod als Arbeitspartner; ihn zu überspielen, zu hintergehen oder ihn zu überwinden, ist seit Urtagen ein Motor der Technik geworden, von ihrer Erscheinung im Großformat der Pyramiden bis zum Operationssaal des zeitgenössischen Chirurgen. Wir fassen mit Rudolf Steiner zusammen:

»Diese Geschichte der Naturwissenschaft der neueren Zeit

zeigt uns auf jedem Blatte, daß damit etwas Großartiges heraufgekommen ist, denn man konnte niemals früher das wirkliche Tote betrachten, daher auch aus dem Toten nichts machen. Heute stehen wir vor einer grandiosen Welt, welche allein möglich geworden ist dadurch, daß die Naturwissenschaft das Tote betrachtet, das ist die Welt der Technik. Dieses war notwendig, daß die Menschheitsentwicklung einmal ordentlich hinschaute auf das Reich des Toten. Dadurch ist sie eingetreten in das Reich der Technik.«[192]

Gleichgewichtsstörung als Ursache der Krise

Innerhalb der organischen Natur wird man vergeblich nach einem Vorgang suchen, in dem Leben sich selbst aufhebt. Wohl wird Lebendiges von Lebendigem verschlungen, Lebendes von Lebendem verdrängt, eine naturgeschichtliche Epoche löst die andere ab; doch so wenig wie eine Pflanze, ein Tier sich selbst das Leben nehmen können, liegt es im Wesen des Lebens, sich selbst zu verneinen und zu vernichten. In der Natur gibt es nur den Trieb zur Selbsterhaltung. Ist dennoch die tödliche Bedrohung des planetarischen Lebens durch die von der Natur selbst hervorgebrachte Technik eine Realität, wird also scheinbar durch die Zweite Schöpfung die Vernichtung nicht nur ihrer selbst, sondern auch darüber hinaus die der Ersten Schöpfung vorbereitet, so kann die Ursache dafür nicht in der Natur gesucht werden. Doch inwiefern liegt sie in der Technik begründet? Da diese nicht eine Summe von willkürlichen Erfindungen und deren Realisierung, sondern ein großer *Organismus* ist, können wir nicht getrennte Einzelerscheinungen zum Ausgang unserer Beurteilung machen. Nur aus der Gesamtschau dieses Organismus läßt sich eine Erkenntnis seines Wesens und damit der Krisis, in der er sich befindet, gewinnen.

Die Tatsache, daß ein Organismus krank werden kann, sagt noch nichts über dessen generellen Wert aus. Der Anblick eines Aussätzigen gibt nicht die Berechtigung, die vollkommene Schönheit des menschlichen Leibes an sich in Frage zu stellen. Das Übel der Krankheit bedeutet nicht, daß der Körper grundsätzlich etwas Schlechtes ist. Nicht die Krankheit, sondern die Gesundheit ist das Prinzip aller Leiblichkeit. Krankheit ist immer eine Fehlerscheinung. Wer die Technik grundsätzlich verwirft, weil sie unzulänglich ist und Schädigungen hervorruft, gleicht einem Menschen, der seinen Leib verneint und Selbstmord begeht, weil er krank werden könnte und sterblich ist. Der Organismus Technik weist heute ohne Zweifel auf eine Erkrankung hin, aber er hat auch gesunde Organe. Da er eine Lebenstatsache ist, an der alle Menschen Anteil haben, sind sie auch alle von dessen Fehlleistungen und Krankheiten mit betroffen. Sei es nun, daß sie es unmittelbar sind als Hersteller und Verbraucher oder nur mittelbar, indem sie in einer kranken, geschwächten Gemeinschaft leben, in der sie sich selbst nicht ungeschädigt entfalten können. Es ist also entscheidend für die Menschheit, daß das Kranke im Organismus Technik erkannt und geheilt wird.

Wo liegt der Krankheitsherd und seine Ursache? Technik ist Verkörperung von Erkenntnissen. Der Mensch, der als Produzierender zur Technik gehört [Naturwissenschaftler, Erfinder, Ingenieur, Meister und Facharbeiter], sucht Gedanken zu materialisieren. Der Mensch, der als Verbraucher an ihr teilhat, ist im Grunde Konsument von Gedanken. Er ist sich dessen mehr oder weniger bewußt. Der technische Unterricht und das technische Interesse der heutigen Jugend sind vorwiegend ein Aufspüren der ideellen Grundlagen der Apparate des täglichen Lebens, ein Zurückführen des technischen Gegenstandes auf seine Idee.

Nun kann die Idee eines Organes niemals krank werden. Krank oder gesund können nur die individuellen Verkörperungen sein, durch die sich die Idee innerhalb eines Lebenszusammenhanges verwirklicht. Also nicht die Idee der Leber, zum Beispiel, ist krank, sondern nur deren einzelne physische Erscheinung kann krank werden. Wobei die Ursache nicht in der Tatsache einer mangelhaften Verkörperung zu liegen braucht, sondern ein Faktor hinzukommen kann, der auf sie einwirkt, sie angreift oder überanstrengt und so ihre Funktion stört. Krankheit ist eine *Gleichgewichtsstörung* entweder zwischen der Idee und ihrer jeweiligen Verkörperung oder zwischen der verkörperten Idee und ihrem Lebenszusammenhang.

Der Großmensch, dessen Physis die Technik darstellt, erfährt heute augenscheinlich Störungen, die seine Kraft lähmen und ihn nicht zur eigentlichen Entfaltung kommen lassen. Diese Störungen kommen im einzelmenschlichen und gesellschaftlichen Zustand zum Ausdruck. Sie haben ihre Ursache weder in den Maschinen und Apparaten der Technik noch in einer »unzulänglichen« Physis des Menschen. Es handelt sich auch hier um eine Gleichgewichtsstörung, und zwar innerhalb des polaren Lebenszusammenhanges Mensch-Technik.

Ein anderes Beispiel kann dies verdeutlichen. Weder die Idee des Fernsehens noch ihre materielle Verwirklichung kann als Ursache für solche Krankheitssymptome angesehen werden, wie sie in der Lebensweise des »fernsehenden« Menschen und als deren Folge auftreten können. Die Ursache liegt ausschließlich im Verhalten des Menschen zu der von ihm erzeugten Technik. Bedient er sich ihrer in dem für sein Menschsein angemessenen Maße – also bewußt –, so braucht eine Gleichgewichtsstörung weder in seinem Verhältnis zur Technik noch in ihm selbst einzutreten. Der nicht erkannte eigene Fehler im Verhalten zur Technik wird also zur auslösenden Ursache aller durch die Technik bedingten Erkrankungen, seien diese nun seelischer oder physischer Art.

Je komplizierter und durchdachter die technischen Hilfsmittel werden, desto leichter kann der Mensch sie handhaben, desto weniger Körperkräfte beanspruchen sie; doch je weniger er physisch beansprucht wird, desto wacher und bewußter muß der Mensch im Umgang mit ihnen sein, desto mehr wird er seelisch-geistig angestrengt. Entsprechend ihrer Herstellung erfordern sie zur »menschlichen« Anwendung ein immer weiter entwickeltes Denken. Für den Erfinder ist dies schwer zu erkennen. Sein Schöpfergeist drängt ihn zur Realisierung des technisch Möglichen. Für ihn gelten absolute Maßstäbe. Der Techniker kann sein Werk so weit entwickeln und steigern, daß es seinen Vorstellungen mehr und mehr entspricht. Dabei bleibt vielfach unbeachtet, ob es auch der Natur und dem Menschen als Geschöpf entspricht. Erweist sich dieser als dieser technischen Perfektion nicht gewachsen, dann beginnt er angesichts dieser Diskrepanz an sich selber zu zweifeln – wie ein Künstler, dessen Schaffen sich nicht mit seiner Vorstellung decken will, seine Imagination zum Maßstab macht und sich selbst in Frage stellt.

Und ist es nicht so, daß das geistige Streben, die Verwirklichung von Ideen dem schöpferischen Menschen immer wieder über das Wohlbefinden seines Körpers ging? Zu allen Zeiten haben Künstler und Erfinder, vom Schaffensdrang besessen, ihre Gesundheit und sogar ihr Leben aufs Spiel gesetzt. Hier darf jedoch nicht der grundlegende Unterschied zwischen einem Kunstwerk und einem technischen Werk übersehen werden. Beide entstehen aus einer Erkenntnis, aus dem inneren Erlebnis eines Menschen. Aber während ein Kunstwerk den Mitmenschen dies Erlebnis nur mitteilen will, und die Erkenntnis als Erkenntnis – und als nichts anderes – zugänglich zu machen sucht, greift das technische Werk in den Lebensorganismus ein. Es will nicht Erkenntnis übermitteln, sondern angewandt werden zu einem vorgegebenen Zweck. Aus der Beurteilung des Erfinders kann es dem Menschen einen Dienst leisten; ob es dies auch objektiv für die Menschheit tut, ist die Frage, die immer wieder neu gestellt werden muß. Allzu leicht läuft der Mensch sonst Gefahr, sich dem Gesetz der von ihm geschaffenen Technik bereitwillig zu unterwerfen, die sich nun zunehmend in seinem Bewußtsein verselbständigt, das heißt, der als Maßstab entsprochen werden soll. So konnte in einer amerikanischen Militärakademie im Hinblick auf die Steigerung der Fluggeschwindigkeit, die Kosmonautik und ihre Ansprüche an die menschliche Physis das kritische Wort fallen: »Der Mensch – eine Fehlkonstruktion!«[193] Deutlicher kann die Umkehrung des Maßstabes, die im Bewußtsein erfolgte, nicht gekennzeichnet werden. Nicht der Mensch, sondern die Technik, nicht sein natürliches Wesen, sondern seine Wunschvorstellungen geben hier den Maßstab ab. Doch ist der Mensch nicht tatsächlich eine »Fehlkonstruktion«? Die von der Natur geübte Retention zeigte, daß dem Menschenleib eine letzte, der Veranlagung nach mögliche Ausformung vorenthalten blieb. In *diesem* Sinne erscheint der Mensch auf der Erde als Fragment.

Das Göttergeschenk der Pandora

Das Bewußtsein des Menschen erfaßt nicht nur die Umwelt, sondern auch sich selbst. Wir sprechen daher von »Selbstbewußtsein«! Von der Natur her gesehen, kann der Mensch aber – obgleich einer Ergänzung bedürftig – nicht als unvollkommen angesehen werden, genausowenig wie Spinne oder Vogel. Denn die Ergänzung ist – wie im 3. und 4. Kapitel beschrieben – nicht Notbehelf, sondern dem Lebewesen in seinem So-Sein unmittelbar zugehörig. Für das Bewußtsein des Menschen ergibt sich jedoch zunächst ein anderer Aspekt. Das Freigelassen- und damit Unfertigsein erscheint hier zunächst als Nichtbestimmt-Sein und wird als Unvollkommenheit, als Mangel empfunden. Ein Beispiel zur Verdeutlichung: Um im Winter nicht zu erfrieren, bedarf der Mensch der Bedeckung, weil ihm nicht wie manchen Tieren ein dicker Winterpelz wächst. Das Fehlen des natürlichen Kleides ist ein Mangel, den der Mensch am eigenen Leibe spürt, eine Unvollkommenheit, der abgeholfen werden muß. Wie – das bleibt ihm freigestellt.

Nicht vollkommen in der Leiblichkeit! Wenn der Mensch auch in heißen Zonen schon in frühester Zeit seine körperliche Erscheinung durch Schmuck und Kleidung zu ergänzen und zu steigern suchte, so kann das als Ausdruck solchen Empfindens verstanden werden. Hier liegt der Ursprung aller Kosmetik und Mode![194]

Warum begnügt sich der Mensch nun nicht mit einer einfachen Hütte und einem Fellkleid, zumal, wie wir heute wissen, das Befriedigen von immer mehr Bedürfnissen nur immer neue Bedürfnisse weckt und keineswegs glücklicher macht?

Der Drang nach Vervollständigung, das Bewußtsein der Unvollkommenheit, setzt eine Idee des Vollkommenen, zumindest des dem Vollkommenen Angenäherten, voraus. Mythen und Märchen zeigen, wie in der Vorstellungswelt des Menschen Dinge und Zustände greifbar vor Augen standen, die im alltäglichen Leben auf der Erde unerreichbar waren. Der König als der Zeit vorausdenkendes Haupt der Gesellschaft, deren Bewußtseinsträger er war, mochte einen Teil dieser »Märchenwelt« an seinem Hof verwirklichen, allerdings war, verglichen mit unseren modernen Wohnhochhäusern oder -blöcken, sein Palast unbequem, klein, dunkel und kalt.

Zu allen Zeiten eilt der Mensch mit seinem Denken seinem Handeln weit voraus. Ihm schwebt ein Ideal vor, dem er so nahe wie möglich zu kommen sucht. Der Mensch, der mit der Hacke mühsam das Feld bebaute, wünschte seine Kraft zu verstärken und seine Anstrengungen zu verringern. Das Ideal eines selbständig arbeitenden Werkzeuges stand schon früh in den aus seiner Seele aufsteigenden Bildern vor ihm. Bis heute haben ihm Heinzelmännchen nicht die Arbeit abgenommen, aber der Ochse oder das Pferd ließen sich vor den Pflug spannen, und schließlich wurden diese vom Traktor abgelöst. Wieland, der Schmied, träumte von den aus Vogelfedern künstlich geschaffenen Schwingen, um mit ihnen sich die Freiheit zu erfliegen. Es ist der Schöpfermensch, der mit Faust klagt: »O daß kein Flügel mich vom Boden hebt!« Seine beflügelte Phantasie jedoch, im

Pegasos, dem Flügelroß, zum Bild geworden, eilt der Verwirklichung voraus. Ohne diese Menschheitsträume wäre die heutige Realität des Fliegens nie möglich geworden. Das Ideal, das ungestillte Sehnen, reißt den Menschen »unbefriedigt jeden Augenblick« vorwärts. Es wird zum eigentlichen Motor des Fortschritts.

Stellen wir uns das Naturreich – etwa zur Zeit des Paläolithikums – ohne den Menschen vor, dann wäre das Erdenleben nicht dynamisch geblieben, sondern statisch geworden. Mit dem Hervortreten des Menschen aus der Reihe der Geschöpfe wurde ein neuer Lebenszustand möglich. Was bisher die Natur geleistet hatte, im Entwickeln neuer Gestalten und Formen, wurde nun auf den Menschen übertragen. Er wurde jetzt zum Produzenten. Im Gegensatz zum *techne* erzeugenden Tier, dem eine ganz bestimmte, ein für allemal *festgelegte* Form vorgegeben ist, erhielt er den Impuls zum Formen und das Ziel, sich zu vervollkommnen.

So ausgerüstet begann der Mensch seine Entwicklung, denn eine solche Veranlagung fordert Entwicklung geradezu heraus. Sein Werk erschien in immer neuen Abwandlungen und in immer zahlreicheren Formen. Es diente vorerst der Befriedigung eines natürlichen Bedürfnisses zum Ausgleich für einen Mangel. Solange das natürliche Bedürfnis im Vordergrund stand, wandelten sich die einzelnen, einmal gestalteten Gebrauchsgegenstände nur sehr langsam. Sie wurden, wenn auch nicht immer realiter, so doch als festgelegte Formidee von Generation auf Generation weitervererbt. Die Abwandlungen, die sich dennoch im Laufe der Zeit durchsetzten, waren durch das sich wandelnde Schönheitsempfinden bedingt und durch das Ungenügen, das der Mensch angesichts der Idee des Vollkommenen empfand, die ihm vorschwebte, der sein Werk aber nicht entsprach.

Diese Ursache läßt sich als Grundzug für die breite Entwicklung der Technik bis in das 19. Jahrhundert hinein erkennen. Daneben aber tritt eine andere Triebkraft hervor, die nicht aus der Befriedigung eines natürlichen Bedürfnisses zu erklären ist, sondern ihren Grund in der Befriedigung eines künstlich hervorgerufenen Bedürfnisses hat. Sie ist zum eigentlichen Motor der Technik des 20. Jahrhunderts geworden. Dieses künstlich entstandene Bedürfnis hat nichts mit der Werbemanipulation zu tun.

Was ist ein künstlich hervorgerufenes Bedürfnis? Wir haben die Entstehung der Technik aus einer Naturveranlagung des Menschen erklärt. Der Mensch bedurfte zum Beispiel der Behausung. Es war naturbedingt, daß er die Bautechnik ausbildete. Im Laufe von Jahrtausenden wurde das Haus immer weiter entwickelt, besser den Bedürfnissen angepaßt und näher an die vollkommene Verwirklichung der Idee »Behausung« gebracht, bis der Entwicklung Einhalt geboten wurde, weil die bisherigen Arbeitsmethoden und Grundstoffe eine Steigerung nicht mehr zuließen. Von diesem Augenblick an konnte nur noch auf dem Umweg über eine Verbesserung der Methoden und der Materialien eine weitere Steigerung erreicht werden. Sobald der Mensch aber es unternahm, sich Stoffe selbst herzustellen, die seinen Wunschvorstellungen besser genügen sollten, begann eine Schraube ohne Ende.

Hatte er bei einem Kunststoff eine größere Festigkeit erreicht als beispielsweise die des Stoffes aus Naturfasern, so dies um den Preis einer anderen als unabdingbar erkannten Eigenschaft, wie etwa der Atmungsdurchlässigkeit bei Nylon. War auch diese gewonnen, so war auch sie wieder begleitet von einer anderen negativen Eigenschaft, z. B. schnelleres Vergilben und so fort. Schien endlich ein beinahe allen Ansprüchen genügendes Material aus der Retorte hervorgegangen zu sein, so wurde nach einer gewissen Anwendungszeit erkannt, daß die nun technisch perfekte Neuerung auf die Haut des Menschen eine schädliche Einwirkung hatte und damit wieder in Frage gestellt wurde. Ein Forschungs- und Entwicklungskreislauf hatte begonnen, dem nicht mehr unmittelbar das natürliche Bedürfnis [Behausung, Bekleidung] zugrunde lag, sondern der dem Menschenwerk anhaftende und unvorhergesehene Mangel.

Dies Phänomen trifft nicht nur auf die veränderten Materialien zu, sondern ebenso auf die veränderte, moderne Lebensweise. So ist ein großer Prozentsatz der medizinischen Erkenntnisse und Heilverfahren nur ausgelöst worden durch zivilisatorische Krankheiten und Störungen im Organismus, ist also eine Antwort auf eine von Menschen hervorgerufene Fehlerscheinung. Die mit der Technisierung verbundenen Mängel, wie Motorenlärm, Abgase, Verschmutzung der Flüsse, Verfälschung der Nahrungsmittel, forderten ganze Wissenschaftsgebiete neu heraus, die sich nur mit der Frage befassen, wie diese Schädigungen zu beheben und zu vermeiden seien.

Solche Bedürfnisse sind nicht von der Natur vorgegeben. Sie

sind erst durch den Menschen entstanden. Es sind also auf künstlichem Wege ausgelöste Bedürfnisse, deren Befriedigung aber ebenso lebensnotwendig für den Menschen ist wie die Befriedigung der natürlichen Bedürfnisse. Denn durch diese Mangelerscheinungen werden der Mensch und seine Umwelt angegriffen. Würde er sie nicht beheben, so würde er damit seine Existenz selbst in Frage stellen, diese nicht länger verwirklichen können, sondern sie wieder aufheben.

Das Unfertigsein in der Leibesgestalt des Menschen, das ihn unbewußt zur Ausbildung seiner *techne* führte, tritt als Mangel innerhalb seines Werkes in Erscheinung und führt weiter zu einer bewußten Fortbildung der Technik und zu ständigen Verbesserungsversuchen. Auch hier noch kann der Mangel positiv gewertet werden. Denn der gemachte Fehler weist auf bisher unberücksichtigte Naturgegebenheiten und Gesetze hin. So kann jeder Irrtum zu einer Quelle neuer Erkenntnis werden. Der Mensch lernt nicht aus seiner Vollkommenheit, sondern aus seinen falschen Handlungen. Das Gesetz, »nach dem er angetreten«, wird sichtbar. *Errare humanum est.* »Irren ist menschlich.« Das ist nicht im Sinne einer Schwäche, sondern einer Stärke zu verstehen. Macht es doch den Menschen erst zum Menschen. Denn irren zu können, setzt die Freiheit der Entscheidung voraus und damit die Freiheit vom Zwang, dem das Geschöpf unterworfen ist. Der Mensch allein »unterscheidet, wählet und richtet« [Goethe].[195] Darin liegt seine Würde. Aus dieser Erkenntnis sagt Goethe: »Es irrt der Mensch, solang' er strebt.« Der Widerspruch zwischen der menschlichen Unvollkommenheit und der Idee des Vollkommenen, von der der Mensch ein Bewußtsein hat und an die er heranreichen möchte, treibt ihn immer weiter vorwärts, in immer neue Irrtümer und Einsichten. In dem Augenblick jedoch, zu dem er sagen würde, »verweile doch, du bist so schön«, in dem er sich der Vollkommenheit teilhaftig dünken würde, hört er auf zu streben. Das wäre für das Wachstum des Menschen auf höhere Ziele hin der Tod. Lebendig bleibt nur der strebende Mensch, und *es strebt der Mensch nur, solange er irrt.* So ist aller Fortschritt dem Mangel zu danken. In der Freilassung ist dieser dem Menschen einverleibt, und die Fähigkeit zu irren ist die Voraussetzung für die Menschwerdung.

Der griechische Mythos spricht das in einem Bilde aus, das anscheinend schon früh mißverstanden worden ist: Den von

Prometheus erweckten Menschen wird von den Göttern *Pandora* gesandt. In ihrer Schönheit ist sie ein Bildwerk der Götter. Ist sie die allschenkende Jungfrau-Mutter Erde selbst? Sie bringt als Gastgeschenk der Himmlischen die goldene Büchse mit, der beim Öffnen die Mängel entfliehen: Not und Krankheiten, Sorgen und Leid. Die Griechen deuteten diese Gabe als Ausdruck des Neides der Götter über die mit Hilfe des Prometheus errungene Schöpferkraft des Menschen. Erst jetzt ahnen wir, daß der Mangel, der Pandora begleitete, das ist, was ihr Name aussagt: die Allgeberin. Nur die Hoffnung entwich der Büchse nicht. Sie behielt der Mensch in der Hand. Mit ihrer Hilfe überwindet er Leiden und Irrtümer, denn sie tröstet ihn im Mißlingen und gibt ihm neuen Mut zum Weiterschreiten. Pandora wurde im Mythos nach der »großen Flut« durch Prometheus zur Stammutter eines neuen Menschengeschlechtes.[196] Das dem Prometheus-Menschen beim Aufbruch mitgegebene Ungenüge wird zum Ursprung seines Schöpfertums. Aus Erde wird Pandora vom göttlichen Schmied Hephaistos gebildet: das Erdenwesen erhält durch die Technik seine gültige Gestalt!

Goethe hat Urweisheit ausgesprochen, wenn der Herr der Welt selbst dem Schöpfermenschen Faust als Gesellen den Mephisto hinzugibt, »der reizt und wirkt und muß als Teufel schaffen!« Auch in der Genesis enthielt nicht etwa das Tabu eines eifernden Gottes dem Menschen die Erkenntnis vor. Er selbst weckte im Verbot das Bewußtsein des Mangels und damit den Wunsch nach seiner Überwindung. »Gäbe es Götter, wie ertrüge ich es, kein Gott zu sein?« [Nietzsche] So haben die wahrhaft Wissenden zu allen Zeiten den »Sündenfall« nicht als Unglück, sondern als Vorbestimmung, und die »Sünde« nicht als Defekt, sondern als Bewußtsein von der Unvollkommenheit und damit als Lebensreiz zur Heilung angesehen. Der dem Irrtum ausgesetzte Prometheus-Mensch ist nicht ein »verlorener« Sohn, er ist der geliebte Sohn seines Vaters. Der Mangel ist als Lebenstatsache anzuerkennen und nicht nur negativ zu werten. Er ist die Triebkraft des Menschen und damit auch seiner Technik, der in ihr wirkende Motor und ihr Regulator.

Die Korrektur von Irrtümern und das Bewußtsein von der Vorläufigkeit unserer wissenschaftlichen Erkenntnisse sind daher spezifisch menschliche Kriterien, auf denen die Entwicklung der modernen Naturwissenschaft basiert. Unmenschlich im wahrsten Sinne des Wortes ist es, nicht der Korrektur fähig zu sein.

Dies wird besonders bedenklich in einer Zeit, in der technische Neuentwicklungen immer komplizierter und komplexer geworden sind, wie dies besonders im Fall der Atomenergie zu beobachten ist.

Andererseits ist die Tendenz, an dem einmal eingeschlagenen Weg festhalten zu wollen, hier besonders stark. Vom Standpunkt des Atomtechnikers ist dies verständlich, da sein Werk nahezu in alle anderen wissenschaftlichen Bereiche hineinreicht. Er kann unmöglich alle Folgewirkungen übersehen, also klammert er sie möglichst aus, zumal die Korrektur an einer Stelle das ganze Gebäude zu Fall bringen könnte. Nimmt man noch hinzu, wie viel an Zeit, Kraft und finanziellen Mitteln in eine solche Technologie investiert wurden, so wundert es kaum noch, wenn gerade hier mit solcher Zähigkeit vielfach gegen bessere Einsicht an dem einmal eingeschlagenen Weg festgehalten wird, durch angebliche Sachzwänge begründet.

Im Interesse von Mensch und Erde liegt dies nicht, es ist nicht einmal mehr menschlich, und so hat die »Verteufelung«, die gerade in der Auseinandersetzung um die Atomenergie geübt wird, einen tieferen und anderen Sinn, als zunächst angenommen worden ist.

Die Unvollkommenheit als Motor

Durch die Freilassung entstand das Streben nach Vollkommenheit. Das, was dem Menschen fehlt, vermag er mit Hilfe seines Denkens und seiner allseitigen Hand als künstliche Umwelt herzustellen. Er schafft sie nach einem Bild, nach einer ihm innewohnenden Idee der für seine Zwecke vollkommenen Mittel.

Hier, im Phänomen des Denkens, stoßen wir noch einmal auf das Prinzip der Zurückhaltung [Retention]. Doch während im physischen Bereich die Spezialisierung zurückgehalten und dadurch der Hand eine umfassendere Anwendungsmöglichkeit bewahrt blieb, verhält es sich beim Denken umgekehrt. Die Übersicht über die größere Einheit wird dem Menschen vorenthalten, und der innere Zusammenhang des Ganzen bleibt ihm verborgen. Seinem begrenzten Erkennen sind immer nur Teilausschnitte zugänglich. Das bedeutet, daß der Mensch zwar in die Wesenshintergründe der Natur mit seinem Denken hineinreicht, aber eine ihrer Ideen immer nur in einseitiger Weise in sein Handeln aufnehmen kann. Vergleicht er dann sein Werk mit der Idee, von der er ausging, so sieht er alsbald die Abweichungen. Der Mensch ist nicht allwissend, und er ist sich dessen bewußt. Er weiß, daß sein Denken immer nur Ausschnitt ist, und bemüht sich, diesen zu erweitern.

So steht der Mensch wahrhaft als Wanderer zwischen zwei Welten vor uns: Aus dem Naturreich ist er durch sein Freigelassensein, das er selbst als Unvollkommenheit empfindet, herausgesetzt. Die gleiche Unvollkommenheit trennt ihn aber auch von der von ihm geschauten *»Götterwelt«*. Allein diese Spannung zwischen zwei Polen, von denen keiner für sich allein das Menschsein ermöglicht, konnte die Zweite Schöpfung hervorbringen. Die *physische Unvollkommenheit* führte zur Ergänzung. Sie war der Anstoß, der die Bewegung auslöste. Die *geistige Unvollkommenheit* bewirkte das beständige Weiterentwickeln, Abwandeln und Erneuern. Durch die *schöpferische Unruhe* wird das Werk in Bewegung gehalten.

Wenn die Technik als naturnotwendige Ergänzung erkannt wurde, dann kann sie niemals Selbstzweck sein. Ein Maßstab für den Wert der Technik und für ihre Begrenzung kann nur in diesem Kriterium gefunden werden. Das Mißverhältnis zwischen dem Menschen und der heutigen Technik ist durch eine Verschiebung des Gleichgewichts hervorgerufen.

Dieser Zustand erinnert an jene Ritter des ausgehenden Mittelalters, die sich unter der Last ihrer perfektionierten Rüstung kaum mehr bewegen konnten und mit einem Hebebaum auf ihr Pferd gehoben werden mußten. Wurden sie von ihrem Gegner heruntergeworfen, so waren sie einem gepanzerten Käfer vergleichbar, der, hilflos auf dem Rücken liegend, elend zugrunde geht. Die Rüstung, die das Leben schützen sollte, wurde zum Verhängnis des Gerüsteten. So drohen nicht nur die überdimensionalen Rüstungsanstrengungen der Gegenwart, sondern die ganze zu groß gewordene Technik den Menschen, dem sie als Leibeshülle dienen soll, zu erdrücken. Der Mensch wird ein Opfer seiner eigenen Schöpfung. In der vorindustriellen Epoche, in der mit dem Erschaffen der Werkzeugwelt die Fähigkeiten der Hand ausgebildet wurden, bestand diese Gefahr weniger. Es war sinnfällig zu erkennen, daß ein Hammer, den die Hand nicht mehr aufheben konnte, untauglich war. Der Mensch mußte Herr seines Werkzeuges bleiben. In der energetischen Technik wird eine nahezu unbegrenzte Steigerung *aller* menschlichen Fähigkeiten und – neu hinzukommend – der Sinnesorgane möglich. Das Verhältnis zwischen dem Menschen und der von ihm bedienten technischen Apparatur ist nicht mehr unmittelbar zu überschauen. So hat zum Beispiel kein Wissenschaftler oder Techniker vorausgesehen, daß die derzeitige Ausbreitung des Individualverkehrs zur Anreicherung von Blei in Tier und Mensch führen könnte.

Die Perfektion der Technik verdeutlicht, wie in ihr selbst die Grenze ihrer Weiterentwicklung gegeben ist. Es gibt einen Moment, in dem der Wert einer Erfindung umschlägt und das negative Vorzeichen erhält. Diesen Moment muß der Mensch erfassen, will er sich nicht selbst zum Gefangenen seiner Technik machen.

Das setzt Wissen um das Wesen des Menschen voraus. Dieses Wissen wuchs zugleich mit unseren Fähigkeiten. Wir beobachten auch hier wieder eine Wechselwirkung. So ging der Forscher von dem Mangel aus, den er an einem Sinnesorgan hinsichtlich einer besonderen von ihm angestrebten Fähigkeit empfand. Zum Beispiel wollte er schärfer sehen können, als seine Augen es ihm ermöglichten. Das führte von der Brille bis zum Teleskop und erzeugte die moderne Optik als eine entscheidende Voraussetzung der gegenwärtigen Naturerkenntnis. Dabei gewann er aber auch tiefere Einsichten in die naturgegebene Struktur des Auges und in seine Funktionen. Schließlich mußte er erkennen, daß er zwar die Sehfunktion durch die Prothesen seiner optischen Apparate einseitig steigern, das Auge selbst als Organ aber nicht verbessern konnte. Dieses kann nicht für sich gesondert, sondern nur im Zusammenhang mit dem Nerven-Sinnes-System begriffen werden. Das Sehen ist mehr als eine physische Funktion. Das durch das Auge Aufgenommene prägt das ganze Seelenleben des Menschen. Die Grenzen seines Sehvermögens hat der Mensch ausdehnen können, indem er zum Beispiel mittels des Fernsehens von Europa aus Geschehnisse in Afrika verfolgen kann. Die Erfahrung zeigt aber auch, daß eine einseitige Überbeanspruchung dieser Möglichkeit nicht nur das Auge in seiner organischen Funktion angreift, sondern auch störend in die nervlich-seelische Konstitution des Menschen eingreift. Aus der Technik selbst stellt sich die Frage nach einer sinnvollen Gestaltung des Menschseins, und sie selbst ermöglicht die Erkenntnis, die zum Heilmittel für die durch die Technik verursachten Schädigungen wird.

Die technische Entwicklung hat nicht nur eine neue Schöpfung hervorgebracht, sondern auch die erste verständlich gemacht, indem sie die in der Natur wirkende Gesetzmäßigkeit offenlegte. Nur in der Herstellung einer Harmonie zwischen diesen beiden Schöpfungen kann ein Fortbestand des Lebens und eine Weiterentwicklung möglich werden. Eine einseitige Weiterausbildung der Technik würde das entstandene Mißverhältnis nur vergrößern.

So gilt also: *Die Hülle*, die dem Leibeskern nicht paßt und in keiner Weise adäquat ist, ist *eine Fehlkonstruktion*. Daß der Fuß dem Schuh angepaßt wird, gibt es nur im Märchen. Jedoch wird daran nur deutlich gemacht, daß es so nicht geht. Aschenputtels Stiefschwestern werden nicht Königin, weil sie ein Stück ihres Fußes opfern müssen. Königin wird nur diejenige, bei der die Hülle dem Körper entspricht.

Was den Menschen in seiner physischen Gesundheit und Persönlichkeitsbildung schädigt, widerspricht dem Sinn der Technik. Als Schöpfermensch muß der Mensch seine Ideen zu verwirklichen suchen, aber alsbald auf sein Geschöpfsein hinschauen und sie in ihrer Ausführung und Anwendung mit diesem in Übereinstimmung bringen. Er darf nicht sich selbst seinem Werk anpassen. Nicht die Möglichkeiten der Technik liefern den Maßstab, der Mensch setzt ihn. Die Technik selbst weist den Menschen auf sich zurück.

Der Mensch kann nur in der Polarität von Leib *und* Denken, Tier *und* »Gottähnlichkeit« begriffen werden. Er verwirklicht sein Menschsein nur dann, wenn er aus der ihm verliehenen Freiheit das Gleichgewicht zwischen beiden herstellt. Er muß das, was sich fliehen will oder sich sogar verachtet, miteinander aussöhnen und in Harmonie verbinden.

Die technischen Erfindungen können nicht aufgehalten oder rückgängig gemacht werden. Wenn Elektronik und Automation und Atomphysik aus sich heraus, »gleichsam einem biologischen Zwange« [Heisenberg] folgend, zu ihrer Vervollkommnung drängen, kann und darf auf wissenschaftlichem Felde auch dies nicht gehindert werden. Eine Zurückhaltung [Retention] kann und muß in *praktischer Anwendung* geübt werden. Das seelisch-geistige Verhalten des Menschen im Umgang mit seiner Technik kann geändert werden. Es muß geändert werden, wenn die Krisis der Gegenwart lebend überstanden werden soll.

XII. Die Polarität als Lebensgesetz

Das sich Widersprechende ist
das Harmonische.
Heraklit

Die »Krisis der Technik« als Nichtbewältigung des Paradoxons Mensch

Die Menschheit heute gleicht einem Kranken, der durch sein eigenes Verhalten, durch Raubbau an seinen Kräften in Überanstrengung oder übermäßigem Genuß, selbst einen lebensgefährlichen Zustand herbeigeführt hat. Soll der Arzt ihm helfen können, dann bedarf es der Einsicht und der Willenskraft des Patienten, um den Tod durch eine Wandlung seiner Lebensführung abzuwenden.

Der Vergleich mit einem Todkranken trifft insofern zu, weil in beiden Fällen nur die Alternative bleibt: umzukehren oder zu sterben. Im Angesicht des Todes werden ohnehin die Werte der bisherigen Lebensgüter fragwürdig. Liebgewordene Vorstellungen lösen sich auf. Der Tod stellt den Menschen in seiner ganzen Existenz vor sich selbst in Frage. Er schenkt damit aber auch die Möglichkeit, sich selbst völlig neu zu setzen, aus eigenem Entschluß noch einmal zu beginnen. Der Tod, als Lebensmacht verstanden, wird zum Erwecker der Freiheit und Eigenkraft des Ich. Daß er mit solcher Unausweichlichkeit, die nur verblendete Toren in dieser Weltenstunde verkennen, vor uns hintritt, ist ein Zeichen der Zeit. Es kann deutlich machen, daß der Mensch nun in die Stunde seiner Freiheit, seines selbstbestimmenden Ich eingetreten ist.

Alles das, was als Dämonie oder Krisis der Technik bezeichnet wird, ist eine überdimensionale Widerspiegelung des noch unbewältigten und nicht ins Bewußtsein gehobenen Paradoxons Mensch. Es ist also eine Gleichgewichtsstörung *im* Menschen selbst die Ursache für die Gleichgewichtsstörung zwischen Mensch und Technik. Wollen wir die in der Gegenwart durch die industrielle Technik gestellten Probleme bewältigen, so müssen wir also zuvor ein rechtes Selbstverständnis des Menschen gewinnen.

Das Spannungsverhältnis in der Polarität des Menschseins ist gestört. Im physischen Bereich findet diese Polarität einen sichtbaren Ausdruck durch das Zusammenwirken von Hand und Haupt im bedachten Handeln. Beide sind der sinnfällige Ausdruck für die Polarität im Wesen des Menschen, der als Geschöpf und Schöpfer zugleich veranlagt ist.

Der Mensch als reines Geschöpf, als Kreatur, lebt zeitlos und ohne Bewußtsein vom Tode wie diese. Arbeit und Anstrengung liegen ihm fern. Er folgt lediglich den Gesetzen der Natur und befindet sich daher, vom Bewußtsein her gesehen, in einer Art paradiesischen Zustandes. Im Laufe der Entwicklung des Menschen tritt aber nun die ihm ebenfalls eingeborene andere Seite seines Wesens, sein Schöpfertum, hervor. Das Drama des Menschen beginnt. Es beginnt mit dem Auszug aus dem »Paradies« seiner Kindheit. Der Mensch ißt vom Baume der Erkenntnis und »seine Augen wurden aufgetan«.[197] Er lernt sich als Besonderes zu verstehen. Er löst sich aus dem Zusammenhang der Natur und tritt dieser selbständig gegenüber. Nur aus solchem Abstandnehmen kann er die Einzelheiten und das Ganze erkennen, so wie der Maler von seiner Staffelei zurücktreten muß, um prüfend das Bild zu überschauen. Dieser Vorgang wird aus der Genesis des »Alten Testaments« als »Sünde« interpretiert, zu Recht, wenn dieser Begriff als Sonderung verstanden ist. In der Bewußtwerdung seines Sonderseins vollzieht der Mensch in der Tat eine Lösung aus dem Schoß der Natur und damit zugleich von der dieser innewohnenden Gottheit. Er steht nunmehr »allein im Leben«, aber er ist auch frei geworden, d. h. fähig zur Selbstbestimmung.

Der Aufbruch des Menschen aus dem Paradies wird – wie bereits erwähnte Mythen im Unterschied zum Alten Testament Israels es darstellen – von der Gottheit »gesegnet«, also legitimiert. Er ist für den Werdegang des Menschen unerläßlich: Er ist die conditio humana schlechthin. Denn nur als »Anti-these« zur Natur kann der Mensch Denker und Handelnder, ein sein Handeln vorweg bedenkender »Prometheus«, ein »Vor-Denker«, werden.

Nicht in dieser sich herausbildenden Polarität Mensch-Natur also liegt das Kriterium des Negativen – und das »Verhängnis« [Löbsack] –, sondern in der Verschärfung zu einem antagonistischen Dualismus »zweier Welten«, zwischen denen im Denken und Handeln eine nahezu unüberbrückbare Kluft aufgerissen wird, über die es nur noch schmale Stege zu geben scheint. Materie und Geist werden vom Bewußtsein des Menschen auseinandergerissen und das eine oder das andere verabsolutiert.

Soweit sich der Mensch als Vertreter des »geistigen« Poles versteht, zumeist im Sinne von *ratio* und *intellectus* und nicht von *spiritus* gedacht, leitet er daraus das Recht ab, »sich die Erde untertan zu machen« und die »stumme« Natur unter seinen Willen zu zwingen. Das Christentum ist – als Erbe eines in mancher Hinsicht naturfeindlichen Denkens im Alten Testament – keineswegs frei von der absurden Vorstellung einer »heidnischen« und das heißt: »dämonischen« Natur geblieben – sehr zum Unterschied von Strömungen wie der iro-schottischen Mission oder von der All-Liebe des Franziskus von Assisi.

Die Griechen hatten den Flußgott noch gefragt, ob er ihnen einen Brückenschlag erlaube, die Holzfäller rodeten zwar die Bäume, jedoch sie baten den »Baumgeist« um Vergebung, daß sie ihm die Wohnung nahmen; für den industriellen Menschen ist die Natur zu einem Objekt geworden, mit dem man beliebig verfahren kann. Er verfügt über die Erde samt ihren Gewässern und ihrem Luftmantel einschließlich der in ihrem Schoße ruhenden Schätze, als wenn er ein verbrieftes Eigentum daran hätte, kurzum er gebärdet sich als »Besitzer«. Das ist ein Verhalten, für das naturnahe gebliebene Stämme wie die am Rande des »american way of life« übrig gelassenen Indianer bis heute kein Verständnis haben.

Angesichts der skrupellosen Ausbeutung des Planeten und der selbstmörderischen Zerstörung des ökologischen Systems haben jene recht, die vom Muttermord an der Erde durch die industrielle Zivilisation sprechen.

Darum ist es eine der vornehmlichsten Aufgaben, durch ein neues Selbstverständnis des Menschen den sogar in Philosophie und Theologie intellektuell unterbauten Antagonismus Mensch-Natur zu überwinden. Dies kann nicht durch achtenswerte Empfindungen und Bekenntnisse geschehen. Die dem Erdenwesen im Denken und Handeln geschlagene Wunde kann, jener des Amfortas vergleichbar, nur mit der gleichen Waffe geheilt werden, die sie schlug, in gleichsam spiritueller Homöopathie.

Wir sind heute in der Lage, aus wissenschaftlich gewonnenen Teilaspekten das ganze ökologische System der Erde zu überschauen, auf dessen Existenz seit Goethe von Zahllosen ahnend hingewiesen worden ist, und das in der Weltsicht Rudolf Steiners als eine Grundwahrheit erscheint. Die Konturen dieses Erdorganismus treten mit den Grenzen des wirtschaftlichen »Wachstums« zugleich aus dem Nebel der Unwissenheit oder Selbsttäuschung hervor. Indem der Mensch sich aus der Abhängigkeit von der Natur zu befreien suchte, indem er sich immer weiter von ihr entfernte, entdeckt er denkend sein Eingebundensein im Kosmos.

Die Polarität von »Geschöpf« und »Schöpfer« im Menschen

Der Mensch greift handelnd und gestaltend in das Leben ein und sucht sich als Schöpfer zu entfalten. Dieses Streben ist dem Ausleben des Naturzustandes jedoch genau entgegengesetzt. Denn das Geschöpf erlebt Mühe und Anstrengung dort, wo der in ihm erwachte Schöpfer Schaffensfreude empfindet. Beide Erlebnisse sind naturbedingt und von gleicher Realität. *Die widersprüchliche Einstellung zur Technik* hat hier ihren Ursprung.

Nun kann sich der Mensch nie ganz von seinem Geschöpfsein frei machen. Dies läßt sich nur bis zu einem gewissen Grad verdrängen. Im industriellen Arbeitsprozeß ist sein Lebensraum so eingeengt, daß der Skeptizismus gegenüber der Technik gerade von Technikern als unbewußter Widerstand des Geschöpfes verständlich wird. Auch die mit der zivilisatorischen Entwicklung erkennbare Steigerung der Aggressivität und Kriminalität oder hemmungslosen Sexualität kann von dieser Seite her eine Erklärung finden: Das auf ein Minimum zurückgedrängte Geschöpfsein bricht dort, wo allein noch eine Äußerungsmöglichkeit gegeben scheint, elementar durch. Es ist bequem, der jungen Generation Vorwürfe zu machen, bedenken wir lieber, daß den in der industriellen Gesellschaft aufwachsenden Kindern das gesunde Ausleben des Geschöpfseins nahezu unmöglich gemacht wird. Der Abel in uns wird immer wieder von Kain erschlagen.

Wenn die Krisis der Technik nur aus dem Bewußtsein bewältigt werden kann, dann sind in diesem Fall weder Mediziner noch Techniker Helfer und Heiler. Beide behandeln die physischen Mängel als Folgeerscheinungen und suchen sie aus ihrem Fachwissen zu beheben. Hier sind Diagnostiker, Arzt und Therapeut der Soziologe, der Philosoph und der Pädagoge. Letzterer Begriff meint den Lehrer im weitesten Sinne und schließt Erwachsenenbildner und Seelsorger mit ein. Auch ein erneuertes, sich den Aufgaben unserer Zeit ganz bewußt stellendes Priestertum vermag zur Quelle heilender Kräfte zu werden.

Der Mensch ist ein Werdender, sein Unvollendetsein kennzeichnet ihn bis zum Tode. Er ist als Menschheit heute zwar erwachsen, indem er die Periode seiner unmittelbaren Abhängigkeit von der Natur hinter sich gelassen hat, aber er steht damit erst am Anfang seiner eigenständigen, freien Entwicklung. Die »Hohe Schule des Lebens« wartet noch auf ihn. Die Erwachsenenbildung, die symptomatisch in unserer Zeit sich entwickelte, darf nicht nur als persönlicher Nachholbedarf verstanden werden; sie spiegelt dieses berechtigte Empfinden der weiteren Lern- und Bildungsbedürftigkeit. Auch der Erwachsene braucht heute den erfahrenen Helfer und Lehrer. »Technik und Organisation sind Herausforderungen an den Menschen. Nur wenn sie als Gefahren und Chancen zugleich erfaßt werden, können sie den, *der sich ihnen stellt*, bilden ... Eine Bildung, die dem Menschen keine Hilfe gäbe, gerade vor und in *dieser* Wirklichkeit zu bestehen, die ihn gar entfremdete, wäre in der Tat kaum mehr als ein Fluchtversuch oder eine Form heroischen Untergangs.«[198]

»Es kommt vielmehr darauf an, daß wir die Möglichkeit finden, von diesen breiten Massen verstanden zu werden, daß wir hineingehen in die Fabrik, in jegliche Unternehmung, und so sprechen können, daß wir nicht als akademisch, daß wir nicht als gebildet, nicht als theoretisch empfunden werden, sondern daß wir als Menschen empfunden werden, empfunden werden so, daß wir etwas zu sagen haben, was tatsächlich in die Seelen hineinspricht.« So kennzeichnet Rudolf Steiner das Gebot der Stunde in einem Vortrag [10. 6. 1922], »Die Zeit und ihre sozialen Hoffnungen«.

Läßt nun das Leben des Einzelmenschen in der technisierten Umwelt Raum für Erarbeitung, Integrierung und Realisierung von allgemeingültigen Einsichten? Ist der Mensch, dessen

Fähigkeiten bis in höchste Spezialisierung hinein gesteigert wurden, noch in der Lage, sich Überblick zu verschaffen?

Bisher bedeutete Spezialisierung Steigerung und Erweiterung von Wissen und Können. Es werden zu den allgemeinen Kenntnissen, die der Mensch mit den anderen teilt, auf einem Gebiet besondere Erfahrungen gemacht, die den anderen Menschen fehlen. Wenn aber dies Spezialgebiet immer mehr verengt wird – weil es in sich immer komplizierter geworden ist – und die Beherrschung dieses Ausschnittes die ganze Kraft des Menschen in Anspruch nimmt, so daß die allgemeinen Kenntnisse, die eine entsprechende Steigerung und Aufteilung erfahren haben, immer mehr vernachlässigt werden, dann ist Spezialisierung zu Verarmung und Einengung geworden. Die zuerst ansteigende Kurve der Spezialisierung hat den Höhepunkt überschritten und führt jetzt unter ihre Ausgangslinie zurück, indem der Mensch zum »Arbeitstier« herabsinkt und nur noch Träger einer Funktion auf Kosten seines Wesens als Geschöpf und Schöpfer wird. Die gleiche Spezialisierung, die den Menschen über die natürlichen Bedingungen emporheben sollte, macht ihn dann zum »Tier« im Sinne von dessen Spezialistentum, also funktions- und umweltgebunden und einseitig festgelegt. Dann wird die Arbeit für den »Geschöpfmenschen«, der das »Paradies« verließ, zum »Fluch«. Damit hat der Mensch die nur ihm unter allen Lebewesen verliehene Freiheit verloren, die noch den Ärmsten zum König unter den Geschöpfen auf der Erde machen konnte. Die Freiheit vom Zwange der Natur tauschte er ein gegen die Sklaverei innerhalb seiner eigenen Arbeitswelt, sei es nun, daß diese Abhängigkeit in seiner Lebensweise oder in seinen mitmenschlichen Zusammenhängen liegt. Es steht zur Frage, ob heute der sogenannte Arbeitnehmer oder der Manager, der seinen Projekten nachjagt und am Herzinfarkt zugrunde geht, der eigentliche Sklave in unserer Gesellschaft ist. Außer Frage steht jedenfalls, daß noch nie in der Zeit menschlicher Existenz der einzelne so abhängig vom anderen und von der Gesamtheit war, so hilflos als einzelner, wie er es innerhalb der industrialisierten Gesellschaftsordnung auf Grund seiner Spezialisierung ist. Das Versagen der Stromversorgung, der Ausfall des Wasserwerkes oder eine andere Störung des kollektiven Organismus, in den der einzelne eingegliedert ist, legen ihn lahm. Auch dies ein Paradoxon moderner Technik: Was die Unabhängigkeit von der Natur vollenden sollte, führte den Menschen in die größte Abhängigkeit vom

Mitmenschen. Zusammenfassend können wir also sagen: Eine zunehmende Individualisierung [Spezialisierung und individuelle Bewußtseinsbildung] geht zusammen mit einer zunehmenden Kollektivierung [Gruppenbildung und Konformismus]. Dieses Paradoxon scheint jeder konsequenten Ausbildung der Individualität entgegenzustehen.

Solange der Mensch im handwerklichen Betrieb an einem überschaubaren ganzen Werk arbeitet, solange nicht die Maschine, sondern der Mensch die Leistung und das Arbeitstempo bestimmt, besteht ein Spielraum zur Entfaltung der eigenen Persönlichkeit in der Arbeit. Diese hatte eine individuelle Prägung. Das gilt begrenzt sogar für den Sklaven und Leibeigenen, die zwar nicht das Ergebnis ihrer Arbeit ernten und sich diese nicht frei auswählen durften, sie aber in der Ausführung immerhin nach ihren eigenen Möglichkeiten abwandeln konnten. Dem Arbeiter am Fließband ist nicht einmal das mehr möglich. Das macht einen wesentlichen Grund seiner Unzufriedenheit aus.

Die Unzufriedenheit der Arbeiterschaft – besonders im 19. Jahrhundert – hat aber noch eine tiefere Ursache. Den größten Anteil an der Industriebelegschaft zu Beginn der Industriellen Revolution machte die Landbevölkerung aus, die vom Dorf in die Stadt abwanderte. Auf dem Lande lebte der Mensch noch in einer gewissen Allseitigkeit. Er beherrschte und verrichtete viele verschiedene Arbeiten, die sich zwar in größeren Zeiträumen wiederholten, aber im Laufe eines Jahres ständig wechselten. Das persönliche Interesse des Bauern fiel zudem mit seinem Arbeitsleben zusammen.

In dem Augenblick, in dem Bewußtseinsentwicklung und Erziehung einen bestimmten Grad überschritten hatten, löste sich der Persönlichkeitsbereich vom Arbeitsfeld und begann eigene, von der Arbeit unabhängige Vorstellungen zu entwikkeln. Die zur gleichen Zeit aufkommende Industrialisierung bot die Möglichkeit zur Befriedigung dieses Strebens, indem jetzt für einen Lohn gearbeitet wurde, der nach freiem Ermessen verwendet werden konnte. Die Industrie begann ihren Weg, indem sie die Arbeitsgewohnheiten und -methoden, die für das ländliche und handwerkliche Wirken gegolten hatten, übernahm. Der Arbeiter hatte außer der gering bemessenen Zeit zum Essen und Schlafen kaum Freizeit, und da seine Tätigkeit nicht mehr jahreszeitlich gebunden war, fielen auch noch die von der Natur erzwungenen Ruhetage des Landarbeiters aus. Der Lohn des Industriearbeiters reichte nur für ein Existenzminimum, und da die Wohnverhältnisse im Vergleich zum einstigen ländlichen Zuhause düster, armselig und uniformiert waren, so schien vorerst ein Rückschritt zu sein, was als Fortschritt veranlagt worden war. Der Gegensatz mußte um so stärker wirken, als diejenigen, die vom Dorf in die Stadt zogen, durchweg gewiß zu den Tüchtigen und solchen gehörten, die ihre Freiheit suchten.

Um wirklich Freiheit zu erreichen, ist noch ein langer Weg innerhalb des Wirtschaftslebens notwendig. Es müssen der veränderten Wirtschafts- und Arbeitsweise adäquate neue Methoden entwickelt werden.

Denn die Führungsweise der neuen industriellen Unternehmungen ermangelte eines den veränderten Arbeitsverhältnissen angemessenen Stils. Der zu jener Zeit auf dem Lande noch durchweg herrschende Feudalismus wurde kurzerhand in die Fabriken übertragen. Der adelige Gutsherr mit seiner nahezu uneingeschränkten Verfügungsgewalt über seinen Besitz und die in seinen Diensten Arbeitenden war das Vorbild für den bürgerlichen Fabrikherrn, den »Schlotbaron« der aufkommenden Industriegesellschaft, der sich gern als Erben der Adelsherrschaft sah. Die Erlasse, Arbeitsanweisungen und Reflexionen aus der »Gründerzeit« legen beredtes Zeugnis dafür ab. Selbstherrliche patriarchalische Vollmacht – die väterlich sein konnte, aber keineswegs es immer zu sein brauchte – lenkte, wie zuvor Hörige und Häusler, so jetzt die Industriearbeiter. Der »Dritte Stand« schuf das Proletariat und bereitete damit selbst seinen Untergang vor.

Daß die Übertragung des Feudalismus in das bürgerliche Unternehmertum nicht der fortschreitenden Bewußtseinsentwicklung entsprach, geht aus dem Kampf der arbeitenden Klasse um »Freiheit, Gleichheit, Brüderlichkeit« in allen industrialisierten Ländern hervor. Es war nicht nur ein Kampf um den »gerechten Lohn«. Er wäre auch unter anderen wirtschaftlichen Ausgangsverhältnissen als denjenigen, über deren Menschenunwürdigkeit hier nicht gesprochen zu werden braucht, fällig gewesen. Er ist das Aufbegehren des Menschen, der sich mündig geworden fühlt und darum an der Gestaltung seines Schicksals mitwirken will, sich nun aber in seinen Erwartungen enttäuscht findet. Die Proletarier waren Söhne des erwachenden Ich-Bewußtseins nicht weniger als die unternehmenden Industrie-Pioniere. Während diese jedoch zumeist ihre handwerkliche oder bürgerlich-kaufmännische Tradition weiterentwickelten, hatten die Arbeiter »nichts zu verlieren als ihre Ketten«, sie waren damit zum eigentlich zukunftsträchtigen Element veranlagt und verstanden sich selbst auch bald als *»internationale«* Klasse, d. h. in unserem Zusammenhang: als Stufe und Weg zum Großen Menschen.

In diesem Sinne rief Ferdinand Lassalle den Arbeitern die stolzen Worte zu: »Die hohe weltgeschichtliche Ehre dieser Bestimmung muß alle Ihre Gedanken in Anspruch nehmen, es ziemen Ihnen nicht mehr die Laster der Unterdrückten, noch die müßigen Zerstreuungen der Gedankenlosen, noch selbst der harmlose Leichtsinn der Unbedeutenden. Sie sind der Fels, auf welchen die Kirche der Gegenwart gebaut werden soll.«[199] Welche hohe Erwartung gegenüber der Arbeiterbewegung spricht sich darin aus!

Für die Persönlichkeitsbildung, die im ländlichen und handwerklichen Lebensbereich nicht weiter entfaltet werden konnte, da sie eine gesteigerte Spezialisierung und eine größere Bewegungsfreiheit erforderlich machte, bedarf es grundsätzlich neuer Arbeitsmethoden in der industriellen Wirtschaft. Das verlangt die Berücksichtigung der Tatsache, daß die Arbeit für den abhängigen Einzelmenschen nicht Selbstzweck, sondern Mittel zum Zweck ist. Es muß also Raum gegeben werden für das Ausleben des eigentlichen Interesses des Menschen. Wenn dieses Moment auch noch keineswegs überall bewußt geworden ist, so steht es doch als treibende Kraft hinter allen Forderungen nach mehr Freizeit und höheren Löhnen. Denn innerhalb eines mehr oder weniger automatisierten Betriebes kann dem persönlichen Interesse und der persönlichen Entwicklung kaum Rechnung getragen werden. Im Gegenteil, verglichen mit Handwerk und Bauerntum ist alle industrielle Arbeit dem abträglich, und zwar von den ersten Anfängen der Industriellen Revolution an. Das Leisten solcher Arbeit bleibt jedoch als Mittel zum Leben und damit zur Persönlichkeitsbildung unerläßlich. Die industrielle Arbeit ist der Kaufpreis für die anzustrebende größere *Freizeit.*

Daraus folgt: Wenn von einer gesteigerten Bewußtseinsentwicklung und Individualisierung in unserer Zeit gesprochen werden muß, so kann diese ihre Erfüllung nicht in der Industriearbeit selbst, sondern nur in der durch die Industriearbeit ermöglichten Freizeit finden. Es ergibt sich hier also der merkwürdige Widerspruch, daß der Mensch, um sich weiterzubilden, einen ihn ausfüllenden Wirkungsbereich [Bauerntum und Handwerk] verlassen mußte und sich einer oft stumpfsinnigen und daher unbefriedigenden Arbeit zuwendete. »Unsere Seelen werden im Umkleideraum mit abgegeben«, meinte zu dieser Situation einmal ein Arbeiter. Wo Menschen sich als »nicht ausgefüllt« empfinden, bleibt Innenraum zur Weiterbildung. Das muß nunmehr voll berücksichtigt werden. »Die Humanisierung der Arbeitswelt ist zu einem *kulturpädagogischen Generalthema* unserer Tage geworden« für eine »Front gegen jene Kräfte, die unser Leben auf Funktionalität, Produktivität und Kollektivität reduzieren wollen« [Paul Luchtenberg].[200] Diese letztere Tendenz ist in beiden gegenwärtig vorherrschenden Wirtschaftssystemen erkennbar. Sie sind im kapitalistischen zuerst ausgebildet worden.

Der Bereich, in dem sich Mensch und Technik ohne eine Schädigung des Menschenwesens verbinden können, ist nicht unbegrenzt. Seine Grenzen müssen für den jeweiligen Beruf abgesteckt werden. Das Verhältnis von Arbeitszeit und Freizeit muß ausgependelt werden. Diese *Freizeit* ist nicht nur Feierabendzeit im alten Sinne, sondern Zeit, den Menschen frei zu machen. Durch sie wird er, wie einst von der Natur, so jetzt aus dem industriellen Kollektiv *freigelassen zu sich selbst.*

Durch die Überspezialisierung innerhalb des Wirtschaftslebens hat heute die Freizeit für *alle Berufe* diese entscheidende Bedeutung. Denn nur in ihr kann die notwendige Ergänzung einer allgemeinen Bildung zum Menschen gefunden werden. In der Zeit des Schöpfermenschen war Spezialisierung Weiterentwicklung, in der Zeit des Großmenschen ist sie erstarrter Endzustand. Zudem bedeutet heute Spezialisierung in immer komplizierter werdenden Technologien nicht nur den Abbau menschlicher Substanz, sondern führt zu einer immer größer werdenden Gefährdung des »Ökologischen Systems« unserer Erde. Die zu dessen Kenntnis notwendige Weiterbildung kann allein durch eine Verbreiterung der Fähigkeiten und den Erwerb eines vielseitigen Wissens gewährleistet werden. Das ist nicht möglich im Beruf. Denn die technische Welt ist so kompliziert geworden, daß sie nur noch von Fachleuten gemeistert werden kann. Die Fachkraft ist der einseitig perfektionierte Schöpfermensch. Sie steht im größtmöglichen Abstand zum Geschöpfmenschen. In ihr hat sich der Einzelmensch, entsprechend den Erscheinungen der Tierwelt, jedoch auf einer höheren Stufe, auf eine bestimmte Funktion festgelegt. Wie zum Beispiel der Maulwurf durch seine als Grabwerkzeug entwikkelten Vorderextremitäten für immer zum »Erdarbeiter« bestimmt ist, so ist die Fachkraft ein für eine einseitige technische Funktion ausgebildeter und auf sie festgelegter Mensch.

Wie jede Tierart im Haushalt der Natur ihren ganz bestimmten Platz innehat und ihr Fehlen das Gleichgewicht der Natur genauso stört wie ihr Überhandnehmen, so kann auch der Haushalt der vom Menschen geschaffenen Industrie, mit anderen Worten: der Ablauf der Technik, nur durch entsprechende Fachkräfte gesichert werden. Ihr gemeinsames planmäßiges Handeln dient der Erscheinung des Großmenschen. Sie alle schaffen an seiner Verwirklichung.

Doch die Technik ist nur sein Leib; die an ihr wirkenden Menschen sind den Zellen und Organen vergleichbar, die ihn aufrechterhalten und ständig erneuern. Der Einzelmensch ist jedoch mehr als sein Leib, er bewegt sich nicht nur im physischen Bereich, sondern darüber hinaus auch im geistigen. Sein Denken und seine Sprache geben ihm seine Sonderstellung im Reich der Geschöpfe. Verstehen wir unter »Großmensch« eine den Einzelmenschen übergeordnete höhere Einheit Mensch, so muß diese sich ebenfalls durch die für das Menschsein entscheidende Wesensart auszeichnen, das heißt: durch Geist und Bewußtsein.

Die arbeitenden Menschen als Organe sind qualitativ verschieden und immer nur Teile des Ganzen. Für sich betrachtet, machen sie den Großmenschen noch nicht aus. Im Denken und in der Sprache dagegen sind das Wesen von Einzelmensch und Großmensch eins, hier gibt es nur quantitative, aber keine grundsätzlichen Unterschiede.

Alle Erziehung des Menschen dient im Grunde der Erwekkung des großmenschlichen Bewußtseins, führt den einzelnen über sich selbst hinaus und will ihn teilhaben lassen an einem größeren Zusammenhang. Deshalb lernen die Menschen Lesen und Schreiben, deshalb befassen sie sich mit der Geschichte, als ihrer gemeinsamen »Biographie«, und deshalb nehmen sie in wachsendem Maße und in aller Welt teil am sozialen und politischen Leben der Gegenwart.[201] »Wer Mensch werden will, werde Menschheit!« [Rittelmeyer].

Da nun das Wesen des Großmenschen sich nur im einzelmenschlichen Bewußtsein aussprechen kann, bedarf es der Weiterbildung und Bewußtseinsentwicklung über den festgelegten Schöpfermenschen hinaus. Die Hand konnte schon bei der ersten Werkzeugerschaffung nicht ohne das Denken schöpferisch geregt und gelenkt werden. Auch die industrielle Technik kann nicht ohne ein sie durchdringendes und erfassendes Denken regiert werden. Ein solches Denken kann aber nicht das subjektive und spezialisierte Denken des Schöpfermenschen sein, sondern es muß von großmenschlichem Bewußtsein getragen sein. Es kann nicht aus der Perspektive eines Teiles oder Organes hervorgehen, sondern nur aus einem Überblick über alle Organe und aus der Kenntnis des Zusammenhanges. Ohne diese Einsicht entsteht Mißbrauch und endlich Zerfall des Organismus Technik und damit zugleich die Zerstörung der Natur als der Ersten Schöpfung.

Dem Phänomen Technik kann also weder der Mensch gerecht werden, der die Kräfte und Lebensgefühle des Geschöpfmenschen noch stark in sich trägt, noch der ganz als Schöpfermensch sich auslebende technische Spezialist. Der eine verkennt und verachtet das ihm unwichtig erscheinende Positive, der andere verliert Maß und Zusammenhang und übersieht die negativen Folgen.

Die Polarität von »Wir« und »Ich«

Hand in Hand mit der zur »Leibwerdung« des Großmenschen notwendigen Spezialisierung im Arbeitsbereich geht das Bewußtwerden der Persönlichkeit und das Streben nach ihrer Ausbildung. Dieses scheint eine weitere Loslösung aus dem Lebensganzen zu bedeuten:

Der Mensch als Gattung sondert sich nicht nur aus dem Zusammenhang der Natur; die Individuen lösen sich auch aus den Bindungen der natürlichen Gemeinschaften: Stamm, Sippe, Familie. Jedoch auch dieser sich in der Neuzeit vollziehende Vorgang ist ein »natürliches« Ereignis innerhalb der Evolution der Menschheit. Rudolf Steiner kennzeichnet diese Stufe als »Zeitalter der Bewußtseinsseele.«

Die fortschreitende Differenzierung des Lebens in der Natur aus Gattungen in die unübersehbare Fülle der erbfest gewordenen Arten und Unterarten hat ihre Entsprechung beim ursprünglich monophyletisch aufgetretenen Menschen. Auch sein Stammbaum verästelt sich in die Grundrassen, verzweigt sich in zahlreichen »Stämmen«, die ihrerseits sich aufgliedern in Großsippen. Aus diesen typenbildenden, d.h. prägenden Zusammenhängen löst sich die Individualität heraus, das Individuum, das »Unteilbare«, weil nicht weiter Teilbare. Es ist die letzte »Einheit« am Lebensbaume der Menschheit. Sie ist der »Sproß«, der von der Wurzel, der »Rasse«, her gemeint sein muß.[202] In der Ausbildung der bewußten Individualität tritt eine umgekehrte Erscheinung wie bei der beruflichen Spezialisierung ein. Der einzelne nimmt sich immer mehr aus dem Zusammenhang heraus; schon in dem Augenblick, in dem er sich seines Eigenseins bewußt wird, hat er die unmittelbare Verbindung mit der Gesamtheit verloren. Er bildet vorerst sein *ego* aus.

Für das Eigenbewußtsein hat die Sprache einen Begriff gebildet, der sich erst allmählich in den Kultursprachen als Ausdruck einer geistigen Entwicklung einführte. Während in den alten Sprachformen das Pronomen durch die Verb-Endung erkenntlich wird, tritt es nach und nach als selbständiges Wort dazu, und die Endung verblaßt oder verschwindet auch vollständig. Das beste Beispiel bietet dafür das Englische. Im Altenglischen heißt der Infinitiv vom Verb »binden« noch *»bindan«* und die erste Person singularis *»ic binde«*. Im Neuenglischen gibt es nur noch die Form *bind* als Infinitiv »to bind«, als erste Person singularis »I bind«. Bezeichnenderweise wird hier das Pronomen als das erkannt, was es eigentlich bedeutet: den wirklichen Eigennamen des einzelnen, indem keiner ihn für den anderen aussprechen kann. Daher wird er im Englischen – wie alle Eigennamen – groß geschrieben.

Nur in der Individualität ist das Denken möglich, das den »Menschen« kennzeichnet. Ist das Ziel der Evolution die »Noosphäre«, die Schicht des Bewußtseins, [Teilhard de Chardin] dann kann diese nur aufleuchten in den zum Ich erwachten Menschen. Das Kollektiv kann »ein Herz und eine Seele«, aber nicht *»ein* Gedanke« sein.

In den »Großen« einer Gruppe, das heißt in ihren Vordenkern [= »Prometheus«], seien dies »Häuptlinge« [von Haupt!], Pfadfinder und Entdecker, Erfinder und Vormacher, Lehrer, Heilkundige oder Vor-Sänger erfährt das Kollektiv sich selbst, und der einzelne sagt betroffen: »Das habe ich auch gedacht« oder »er hat mir ganz aus der Seele gesprochen«, »anders hätte ich es auch nicht sagen können«. Vollziehen aber muß es im Nacheifern der »Vor-bilder« jeder für sich selbst. Das ist die Mühsal des Lernens, die keinem Menschen erspart bleibt.

Solange im freien Mitvollzug und Austausch seiner Mit»glieder« ein gesellschaftlicher Organismus »funktioniert«, das heißt diese sich als Organe verstehen und aufeinander zu leben, dann ist er »gesund«, nämlich im Gleichgewicht. Er erkrankt, wenn einzelne Zellen sich dem »Bauplan« des Ganzen nicht mehr einfügen und willkürlich zu wuchern beginnen.

Dieser Vorgang ist uns im physischen Einzelorganismus als Karzinom bekannt. Ein extremistischer Liberalismus birgt die Gefahr in sich, dadurch daß er die Freiheit des Ich zum alleinigen Maßstab seines Verhaltens macht, die Sozialgestalt der Gesellschaft aufzulösen. Sie wird wie der Krebskranke an den wildgewordenen Zellen zugrundegehen. Und diese mit ihr.

Schauen wir auf die Entwicklung der Industriegesellschaft im 19. und 20. Jahrhundert: Der Anspruch der erwachten Individualität, nur der eigenen Überzeugung – als »Stimme des Gewissens« erklärt – folgen zu wollen, war bereits von Martin Luther für ein neu heraufkommendes Zeitalter gültig artikuliert worden und dies nicht nur für die auf dieses »Naturrecht« pochenden Zeitgenossen, sondern zugleich für die nachfolgenden Generationen, gleich welcher Konfession und keineswegs nur für die Entscheidungen auf dem Felde des Glaubens. Auch die politischen Dissidenten aller Länder sind »Enkel« Luthers. [Die Revolutionäre des deutschen »Bauernkrieges« waren seine unmittelbaren, tragisch verkannten »Söhne«!]

Was sich als Bildung der Persönlichkeit im Humanismus auslebte und Charaktere von bleibender Leuchtkraft erzeugte, erfuhr sein Gegenbild in einem einseitig sich entwickelnden Calvinismus. Der »Tüchtige« hatte Gottes Segen zu gewärtigen. Das meint auch Goethe: »Nimmer sich beugen, kräftig sich zeigen, rufet die Arme der Götter herbei!« Doch wenn die Tüchtigkeit am Erfolg gemessen wird, verkehrt sich leicht dieser Maßstab: Der Erfolgreiche ist der Liebling Gottes. In Abwandlung eines bekannten Wortes ist dann Gott mit den stärkeren Ellenbogen.

Diese heillose Verquickung von zunächst echter religiöser Überzeugung und irdischem Durchsetzungswillen der sich auf sich selbst und ihr »Recht« berufenden Persönlichkeit hat nicht nur das neuzeitliche Christentum diskreditiert, ja diskriminiert, sondern unendlichen Schaden angerichtet.

Zwar wurde dieser »Glaube« zum Motor für das Emporstreben des Bürgertums, er rechtfertigte aber auch die oft rücksichtslose Durchsetzung des zur Macht gelangten Bourgeois gegenüber der »breiten Masse des Volkes«, deren Abhängigkeit ohne Skrupel ausgenutzt wurde durch Ausbeutung der Arbeitskraft gegen geringen, kaum lebenserhaltenden Lohn und in schamloser Kinderarbeit.[203]

Diese wirtschaftliche Entwicklung muß als Entfremdung vom eigentlichen »Ziel der Technik« erkannt werden, weil damit der Bildung eines Großorganismus Mensch, nämlich der im Ursprung der Industriellen Revolution veranlagten »klassenlosen Gesellschaft« entgegen gewirkt wurde. Den Impulsen eines Franz von Assisi, Roger Bacon und Albertus Magnus entsprach dies ebensowenig wie der Motivation der ersten Erfinder-Generation.

Auch der fortan unter den »Feudalen« der Industrie-Aristokratie aufkommende Konkurrenzkampf als »Krieg aller gegen alle« förderte zwar die Entwicklung der Technik, zerstörte aber zugleich das Bewußtsein der sozialen Zusammengehörigkeit. Dieser Verlust wiegt schwerer als die immer wieder angeführte Rechtfertigung für die sogenannte »freie« Wirtschaft, der Erfindergeist werde durch den Wettbewerb motiviert. Dieses Argument dient bekanntlich auch einem Plädoyer für die »Nützlichkeit« des Krieges, der die Erfindung neuer Techniken und Ersatzstoffe wesentlich fördere, ebenso wie die »Abfallprodukte« der modernen Rüstungsproduktion. Wenn auch der Krieg beispielsweise für die Chirurgen zum großen Lehrmeister geworden ist, so ist es doch immer noch besser, uns allen solchen Unterricht zu ersparen. Auch eine Bremsung der Akzeleration technischer »Entwicklungen«, die – wie wir heute erkennen – auf Kosten der Natur und des Menschen gehen, wäre zu verschmerzen.

Für den Kern unseres menschlichen Seins fand der Römer den auch in die modernen Sprachen übernommenen Begriff *Individuum.* Das ist »Das Unteilbare«. Im Griechischen heißt das Unteilbare *»Atom«*. Mit dem Urbaustein unserer Welt und dem Wesenskern des Menschseins, der zur *Individualität* macht, verbindet sich der gleiche Begriff. Das erscheint sinnvoll, wenn man die innerste Beziehung zwischen Welt und Mensch bedenkt. So kann es auch nicht zufällig, sondern nur Ausdruck einer Fälligkeit sein, daß die Entdeckung des Ich und seine Bewußtwerdung wie die Entdeckung des physikalischen Atoms im gleichen Zeitraum, also gleichläufig, sich vollziehen. Beide sind Endergebnisse der gleichen Entwicklung. Doch läßt sich ihre geistesgeschichtliche Bedeutung erst jetzt erfassen.

Die »Kernspaltung« als physikalisches Phänomen erscheint innerhalb dieser geschichtlichen Entwicklung wie ein Gegenbild für die Gefährdung der modernen Individualität durch die zunehmende Bewußtseinsspaltung sowohl zwischen Denken und Fühlen als auch zwischen Denken und Handeln. Andererseits sind Opfer der rücksichtslosen Durchsetzung des Einzelegoismus Menschheit und Erde geworden. Das sich verabsolutierende »Individuum« hat eine soziale Sprengkraft bewiesen, die derjenigen des gleichnamigen »Atom« im physikalischen Bereich entspricht.

In den ersten Jahrzehnten der aufkommenden Industrialisierung erhebt sich in den sogenannten Frühsozialisten eine Gegenbewegung, die in beachtlicher Weise aus christlichen Impulsen genährt wird. Es sind oft Ingenieur-Unternehmer, die in eigenwilligen praktischen Sozialexperimenten nach einer Alternative zum »Manchestertum« ihrer Zeit suchen. Ihr Scheitern – wie das von Robert Owen – ist mehr als persönliche Tragik. Sie hätten – wie ihre späteren Nachfolger Ernst Abbe mit seiner Zeiß-Stiftung oder der Fabrikant und »freisinnige« Reichstagsabgeordnete Freese mit seiner von Unternehmer-Seite zu früh verlachten Vorstellung von der »konstitutionellen Fabrik« [entsprechend der »konstitutionellen Monarchie« auf dem Wege zu demokratischer Mitbestimmung!] oder wie die sozialen Denkanstöße Rudolf Steiners – vielleicht welthistorische Tragödien ersparen können.

Ein begreiflicher Pendelschlag in den Seelen hat aus einem exzessiven Individualismus in das andere Extrem geführt: in einen *Kollektivismus,* der die Einfügung in Gruppe und Gesellschaft zum Maßstab für das Wohlverhalten der Individualität macht. »Es ist besser, daß *einer* sterbe, als daß das ganze Volk verderbe.«[204] Das scheint »großmenschlich« gedacht, widerspricht jedoch der menschheitlichen Entelechie ebenso wie die Hypertrophie des *ego.*

Das »Ich« kennzeichnet mehr als der Name die Individualität. Dennoch haben wir alle, die wir uns selbst mit dem Namen »Ich« bezeichnen, diesen gemeinsam. Das »Ich« ist das Persönlichste und Allgemeinste zugleich. »Im Ich, im Freiheitspunkte, sind wir alle in der Tat völlig identisch – von da aus trennt sich erst jedes Individuum. Ich ist der absolute Gesamtplatz – der Zentralpunkt« [Novalis].[205]

Hinwendung zum Ich, seine Erziehung und Erkenntnis führt auf der Höchststufe der Entwicklung zu jenem Augenblick hin, wo der Mensch den Wesenskern, das schlechthin Menschliche, das ihn mit allen Menschen verbindet, berührt. Damit ist er aber auch wieder in einen Zusammenhang eingefügt. Der Mensch, der so weit vordringt, hat die anfänglich subjektive Ich-Bezogenheit überwunden. Sein Denken wird zwangsläufig großmenschliches Denken. So ist die Einheit der Menschen im *Bewußtsein* neu gewonnen.

Individualisierung [Ausbildung der besonderen Eigenart] und Kollektivierung [Gruppenbildung] *müssen* also Hand in Hand gehen. So bleibt schöpferische Spannung erhalten, nur müssen die Bezüge klar hergestellt und Individualisierung und Kollektivierung nicht auf die verkehrten Bereiche angewendet werden. Die Eigenart kann nur als Schöpfermensch ausgebildet werden, und sie wird es im Umgang mit der Welt. Das Kennzeichen dafür ist der Beruf. Hier kann sich der einzelne bis zur größtmöglichen Perfektion und Verengung spezialisieren. Das Allgemeine und Gemeinschaftliche ist dagegen dem Geschöpfsein zugeordnet. Dieses erfährt in der Arbeit keine Steigerung und Ausbildung [wie im Kapitel »Arbeit – Technik« dargestellt]. In Ruhe und Muße findet der Mensch zu sich – nicht zu sich als Schlosser oder Ingenieur, sondern zu sich als Mensch. Aber um dies erkennen zu können, bedarf er eines bestimmten Erfahrungsschatzes, einer Übung des Denkens und der Entwicklung von »moralischer Phantasie«.

Dieser Begriff wurde von Rudolf Steiner in seiner »Philosophie der Freiheit« wohl erstmalig eingeführt: Der Verfasser nennt das 12. Kapitel »Die moralische Phantasie« und fügt bezeichnenderweise als Untertitel hinzu: »Darwinismus und Sittlichkeit«.

Für unseren Zusammenhang ist wichtig die Feststellung: »Der Irrtum entsteht dadurch, daß die moralischen Gesetze nicht in jedem Moment inhaltlich neu geschaffen werden, sondern sich forterben. Die von den Vorfahren übernommenen erscheinen dann gegeben wie die Naturgesetze des Organismus. Sie werden aber durchaus nicht mit demselben Rechte von einer späteren Generation wie diätetische Regeln angewendet. Denn sie gehen auf das Individuum und nicht wie das Naturgesetz auf das Exemplar einer Gattung. Als Organismus bin ich ein solches Gattungsexemplar, und ich werde naturgemäß leben, wenn ich die Naturgesetze der Gattung in meinem besonderen Falle anwende; *als sittliches Wesen bin ich Individuum und habe meine ganz eigenen Gesetze.*« Dazu gehört als

Bekräftigung: »Es ist dem Wahrnehmungsobjekt Mensch die Möglichkeit gegeben, sich umzubilden, wie im Pflanzenkeim die Möglichkeit liegt, zur ganzen Pflanze zu werden. Die Pflanze wird sich umbilden wegen der objektiven, in ihr liegenden Gesetzmäßigkeit; der Mensch bleibt in seinem unvollendeten Zustande, wenn er nicht den Umbildungsstoff in sich selbst aufgreift und sich durch eigene Kraft umbildet [!]. Die Natur macht aus dem Menschen bloß ein Naturwesen; die Gesellschaft ein gesetzmäßig handelndes; ein *freies* Wesen kann er nur *selbst* aus sich machen.«[206]

Die Gegensätzlichkeit im gleichen rechtmäßigen Anspruch des gesellschaftlichen *und* des individuellen Menschen auf volle Verwirklichung ist – um des Lebens und Überlebens willen – aufzulösen in der alltäglichen Bemühung um reale Demokratie.

Ich und Wir dürfen nicht als sich ausschließende Kontrapunkte verstanden werden, sondern sind unabdingbare Pole des *einen* Menschseins. Sie müssen gesehen werden als Brennpunkte einer auch diesen scheinbaren Gegensatz einschließenden Ellipse, die deren Gestalt erst – wie bei der mathematischen Figur – ermöglichen. Das *zoon politikon* Mensch verwirklicht sich nur durch die Individuen, und diese existieren nur im sozialen Organismus. Dem höchsten Glück der Erdenkinder: der Persönlichkeit gesellt sich das »Glück der Gemeinsamkeit«!

Wie wirkliche Freiheit Einsicht in die Notwendigkeit ist, so ist eine echte Persönlichkeit erkennbar an ihrem Willen und ihrer Fähigkeit, sich in die Gemeinschaft einzufügen. Wie dadurch Charaktere sich bilden können, hat Preußen bewiesen.

Die Auflösung des gegenwärtigen Antagonismus von Ich und Wir in den Großmenschen und ein ihm adäquates Bewußtsein wird auch unserer Zeit in einem Urbild geboten: Der Große Mensch spricht von sich: »Ich bin der Weinstock, ihr seid die Reben«.[207] Der Weinstock braucht die Reben zu seinem Gedeihen und, um in der Frucht sein »Ziel« zu erreichen, und die Reben vermögen ohne die Kraft des Weinstockes nicht zu existieren. Die unlösbare Bezogenheit des einen auf das andere kann nicht anschaulicher verdeutlicht werden.

Ebenso wie das Urbild vom Lebensbaum ist dieses an den Beginn der abendländischen Kultur gepflanzte Zeichen das Programm eines freiheitlichen christlich verstandenen *Sozialismus,* wenn wir mit Rudolf Steiner unter dem Begriff nicht eine Ideologie und ein System, sondern eine Sehnsucht, eine Gesinnung und Verhaltensweise verstehen. Unter diesem Aspekt gehört, wie Steiner in der »Geschichtlichen Symptomatologie« ausführt, unsere Epoche der Verwirklichung von Sozialismus. Der Welthistoriker Arnold Toynbee versteht dieses mit religiöser Inbrunst aufgenommene Sendungsbewußtsein des modernen Proletariats in seiner politischen Verhüllung: »Der *Kommunismus,* eine andere unserer modernen Religionen, ist meines Erachtens ein Blatt aus dem Buche des Christentums, das man herausgerissen und mißverstanden hat.«[208]

Im Urchristentum ist tatsächlich diese »Seite« angelegt. Die Lebensweise der Urgemeinde macht dies deutlich: Sie teilten aus unter alle, *»einem jeden nach seinem Bedürfnis«.* Das ist die bekannte Formel Lenins für »Kommunismus«. In der Bemerkung: »nach *seinem* Bedürfnis« liegt allerdings zugleich eine Anerkennung des Eigenrechts der Individualität, wie diese auch in der imaginativen Schilderung des Pfingsterlebnisses der Apostel zum Ausdruck kommt: die Feuerzungen des Geistes setzten sich »auf einen jeglichen unter ihnen.«

Diese Tendenz zur Gemeinschaft wird nach Vorläufern, wie zum Beispiel in der Brüdergemeinde der Herrnhuter, im 19. Jahrhundert, deutlich erkennbar. Steiner postuliert: »Eine fruchtbare Weltanschauung kann in unserem Zeitalter der Bewußtseinsseelenentwicklung nicht anders sein als eine solche, die auch Impulse gibt für das Zusammenleben der Menschen.« »Es gehört zu den Symptomen der neueren Geschichte ... diese sozialistische Überzeugung.« »Sie ist eine Tatsache, sie ist nicht bloß irgendeine Theorie. Sie wirkt.« So rief Rudolf Steiner seinen Zuhörern zu: »Sie alle sind sozialistisch, Sie wissen es oftmals nicht, wie stark Sie sozialistisch sind ... Der Sozialismus ist nicht eine Parteisache als solche, sondern etwas, was sich ganz notwendig nach und nach ... in der Menschheit ausbildet.«[209]

Wir brauchen eine alternative Demokratie. Demos bedeutet »Gau«, »Gemeinde«, mithin eine verhältnismäßig kleine, in jedem Falle überschaubare Gemeinschaft. Demokratie ist ihrem Wesen nach »dezentralisiert«. Ihr Name lautet im Griechischen: »Macht« der »Gemeinde«. Das will sagen: Nicht aus dem Willen eines einzelnen, nicht aus der Herrschaft einer Minderheit, sondern aus dem »Gemeinwillen«, der sich aus dem Consensus herausbildet, wächst »Kraft« und »Stärke«; beide Begriffe sind synonym mit »Kratos«. Die Polarität von dem, was für das Ganze notwendig ist und dem, was die

Verwirklichung der einzelnen ermöglicht, ständig ins Gleichgewicht zu bringen, ist die dauernde Aufgabe der Demokraten für Demokratie. Es ist das Bemühen um die »Gesundheit« des sozialen Organismus, Sozialhygiene im eigentlichen Sinne des Wortes, und darum ein Dienst am Großmenschen.

So ist es verständlich, daß Demokratie nicht nur am Beginn des Zeitalters der Bewußtseinsseele sich in der deutschen Bauern-Revolution ankündigt, sondern in die evangelische Gemeindeverfassung übergeht, von Luther selbst proklamiert für das Geistesleben als »das allgemeine Priestertum aller Gläubigen«. Quäker und »Pilgerväter« melden sodann im politischen Bereich – wenn auch nicht so formuliert – »das allgemeine Königtum aller Bürger« als politische Konsequenz der erwachenden Mündigkeit an. Folgerichtig entsteht daraus auf dem Felde des Wirtschaftslebens die Forderung nach dem »allgemeinen Verfügungsrecht über die gemeinsamen Güter dieser Erde« und der Mitbestimmung im Betrieb. Denn Mündigkeit ist unteilbar. Aus dem christlichen Verständnis der Bruderschaft aller ebenbürtigen »Söhne Gottes« begründet, ist Demokratie ein hervorragend christlicher Auftrag.

Demokratisierung macht erforderlich Dezentralisierung, das heißt die Möglichkeit des Mitspracherechts in allen gemeinsamen Angelegenheiten. Das setzt volle Information voraus: Die Probleme müssen durchschaubar sein. Kleine »autarke« Versorgungsbezirke sind nicht nur weniger störanfällig, sie ermöglichen auch die Überschaubarkeit und damit die Urteilsbildung. Schon darum sind sie anzustreben. Ein Haus wird gebaut, um Menschen eine Wohnung zu bieten, und es wird eingerichtet, um durch Wohnlichkeit zu ihrem Gedeihen und ihrer Entwicklung beizutragen. Man bemüht sich daher, Kindergärten und Schulen so einzurichten, daß daraus freie Menschen hervorgehen können. Auch das gesellschaftliche Haus, unsere technische Umwelt, muß in Zukunft diesen Anforderungen entsprechen. Denn *Demokratie ist eine noch zu lösende Aufgabe.* Darum gilt: Dezentralisierte Technik ist »demokratische Technik«, ist die »leibhaftige« Voraussetzung zum mündigen Menschen. Und dies hat Vorrang vor allen Kalkulationen der Rentabilität. Man muß sich »das Glück der Erdenkinder, die Persönlichkeit« etwas kosten lassen. Dann jedoch bleibt keine Alternative als sanfte Technik.

Das Gleichgewicht von Ökonomie und Ökologie

Noch ein anderes Spannungsverhältnis ist in eine fruchtbare polare Beziehung aufzulösen:

Technik ist – so sagten wir – Komplement des Menschen, ist Erweiterung seiner Leiblichkeit, ist seine physische Verwirklichung. Der Wachstumsprozeß, in dem sich diese durch menschliche Arbeit vollzieht, stellt sich als *Wirtschaftsleben* dar. Zunächst erscheint in den Anfängen keinerlei Polarisierung von Technik und Wirtschaft. Bauer und Handwerker sind als Produzenten ihrer Ware zugleich Händler auf dem Markt. Erst später übernimmt der Kaufmann den »Zwischenhandel« und stellt eine eigene Kategorie des Wirtschaftslebens dar. Die Polarität Handwerk = Technik auf der einen und Handel = Wirtschaft auf der anderen Seite entsteht. Im Wachstum der Goldwirtschaft [Monetarismus] nimmt letztere eine Eigengesetzlichkeit und immer größere Ausmaße an.

Der Handwerker ist zum Handlanger des den Markt beherrschenden Händlers geworden. Der Techniker hat die Ware zu liefern, die der Handelsmann braucht, um *seinen* Gewinn zu machen. Auftraggeber ist nicht mehr der Kunde, sondern der Manager, der den Konsumenten als Objekt seiner Werbung für die vom Techniker zu produzierende Ware sucht: »Der Ingenieur ist das Kamel, auf dem der Kaufmann zum Erfolg reitet.« An diesem selbst ist er oder der im eigentlichen Sinne produzierende Meister und Facharbeiter innerhalb unseres Wirtschaftssystems nur in den seltensten Fällen beteiligt.

Die unter dem ausschließlichen Aspekt des Einzelinteresses arbeitende Wirtschaft hat die Technik zu ihrem Instrumentarium gemacht, wobei das Maßgebende nicht das Erzeugte, sondern der Gewinn ist, um dessentwillen produziert wird.

Das Prinzip des sich selbst als *Kapitalismus* verstehenden Systems wird von Gutenberg daher in folgender Weise beschrieben [keineswegs kritisiert]: »Gewinnmaximierung stellt den Primäreffekt betrieblicher Betätigung dar, die Leistungserstellung dagegen den Sekundäreffekt, insofern Leistungserstellung Mittel zum Zwecke maximaler Gewinnerzielung ist.«[210] Nicht um den Konsumenten zu bedienen, sondern um ihn durch immer neue Angebote zu fortgesetztem Konsum zu veranlassen, wird produziert.

Walter Rathenau schon gab der Kritik an solchen künstlich

erzeugten Bedürfnissen Ausdruck. Diese sind es gerade, die das Antlitz der modernen Technik so sehr verzerrt haben, wenigstens in den westlichen Ländern ihres Ursprungs: »Betrachtet man... die Produktion der Welt, so zeigt ein furchtbares Erschrecken uns den Irrsinn der Wirtschaft. Überflüssiges, Nichtiges, Schädliches, Verächtliches wird in unseren Magazinen gehäuft, unnützer Modetand, der wenige Tage falschen Glanz spenden soll, Mittel für Rausch, Reiz und Betäubung. Alle diese Nichtsnutzigkeiten füllen Läden und Speicher in vierteljährlicher Erneuerung. Ihre Herstellung, ihr Transport und ihr Verschleiß erfordert die Arbeit von Millionen Händen, fordert Rohstoffe, Kohlen, Maschinen, Fabrikanlagen und hält annähernd den dritten Teil der Weltindustrie und des Welthandels in Atem.«[211] Angesichts einer hungernden Welt und der Ausplünderung des Planeten ist diese Vergeudung von Rohstoffen und Arbeitskraft noch weniger verantwortbar als je.

Ein neues ökologisches Bewußtsein wird die Wirtschaft zwingen müssen, das Maß der Technik dem Maß des Menschen anzupassen. Die von E. F. Schumacher geprägte Parole »Technik nach Menschenmaß« wird zunächst eine Auseinandersetzung zwischen wirtschaftlichen Prosperitätserwägungen der politischen Technokraten auf der einen Seite und aus Verantwortung »maß-vollen« Ingenieuren auf der anderen heraufbeschwören. Der Ingenieur wird mehr und mehr aus eigenem Berufsinteresse Sparsamkeit im Umgang mit Rohstoffen und Energie fordern und für humane Technik eintreten, die auf Dauerhaftigkeit eingestellt ist. Der Antagonismus wird in demjenigen Maß aufgelöst und einer echten Polarität auch im Verhältnis von Technik und Wirtschaft Raum geben, als die Wirtschaft selbst sich in einem neuen Selbstverständnis als Diener des Menschen und der Funktion des großmenschlichen Organismus um eine naturgerechte Verhaltensweise bemüht.

Die imaginative Schau von Johannes dem Apokalyptiker zeigt das Maß einer geistig orientierten Technik im Bilde der »ewigen Stadt«, des »neuen« Jerusalem: deren Mauern – also die Grenzen ihrer Gestalt! – sind gerichtet nach dem »Maß des Menschen«, von dem zugleich gesagt wird, daß es »das Maß des Engels« ist. Das heißt: Das heile Urbild des Menschen setzt das Maß.

Schauen wir noch einmal auf das Bild des Weinstockes hin: Die Lebensganzheit nehmen wir erst »wahr«, wenn wir die Wurzeln im Erdboden mit einbeziehen. Der Lebensbaum der

Menschheit wuchs aus der mütterlichen Erde und gedeiht nur, wenn er ihr verbunden bleibt. Darum wird nur ein ökologisch sich orientierendes Wirtschaftsdenken und -handeln den Realitäten des Lebens und den Aufgaben der Zukunft gerecht. Die Polarität des Menschen »Wir–Ich« muß als Ganzes als einer der beiden Brennpunkte erkannt werden gegenüber dem anderen, der Natur. Beide sind Brennpunkte in der umfassenden Ellipse: der höheren Einheit »Erde«.

Auf den verschiedenen Seins- und Wirkensfeldern seiner Existenz erscheint so der Mensch als Paradoxon, als ein Widerspruch in sich, dessen Überwindung nach den Erfahrungen der Gegenwart unmöglich erscheint.

Verstehen wir jedoch das Widersprüchliche als These und Antithese, so wird deren überhöhende Vereinigung in einer Synthese herausgefordert. These und Antithese werden dann zu den beiden Brennpunkten einer höheren sie umfassenden Einheit. Insofern ist tatsächlich der »Kampf« – als Widerspruch und dessen Austrag verstanden – »der Vater aller Dinge«. Das neue und oftmals »höhere«, d. h. zumindest übergeordnete Sein entsteht aus solchem Antagonismus. Das sich Widersprechende führt zum Harmonischen und *»ist«* in seiner Ergänzung der Pole das Harmonische [Heraklit]. »Deine ausgeübten Kräfte spanne, bis sie reichen zwischen zweien Widersprüchen . . .« (Rilke).[212] Das bleibt die beständige Aufgabe für das Menschsein des einzelnen und in der Gesellschaft. In ihrer Bewältigung bewährt sich die heilende Kraft.

XIII. Die Metamorphose von Mensch und Erde

Zusammenfassung

Die ganze Natur
Ein Individuum
Spinoza

Wir nannten den Zustand des Allmenschen den Höhepunkt des Geschöpfseins. Die dort unbewußt gelebte Allseitigkeit, in welcher der einzelne sich selbst genug war, wird in der »Zeit des Großmenschen« als Allfähigkeit des Denkens erkannt. Wie der Geschöpfmensch zum Allmenschen wurde, der in allen Lagen sich selbst praktisch zu helfen wußte, so muß jetzt entsprechend die Selbständigkeit des Denkens ausgebildet und geübt werden. Nur im Denken und Urteilen kann der Einzelmensch, der im physischen Bereich noch nie so abhängig war wie heute, sein eigener freier Herr werden.

Gerade die dazu notwendige Urteilsbildung und das eigenständige Denken werden aber, so paradox das klingt, durch die technischen Möglichkeiten der Nachrichtenübermittlung, Bildung und Unterhaltung gefährdet. Das Bedürfnis nach immer schnellerer und besserer Information, gerade in entlegenen Orten, wuchs; gleichzeitig damit entwickelten sich die Mittel, die diesem Bedürfnis Rechnung trugen. Auf das Telephon folgte das Radio, auf den Film das Fernsehen. Wir können über die ganze Erde sprechen, hören und sehen und überall »dabei sein«, wenn wir nur das notwendige technische Gerät, in dem sich dieses *Interesse* verleiblicht hat, anschalten. Damit wird aber auch sofort wieder der »Mangel« fühlbar. Denn alle diese Geräte bringen nur Ausschnitte, die aus der subjektiven Perspektive eines bestimmten Menschen ausgewählt wurden. Zum anderen ist der Mensch so überwältigt von dieser großmenschlichen Kommunikation, daß er sich ihr vorbehaltlos hingibt und nur noch zu dem wird, was sein Gerät ist: zum Empfänger. So wird das Massenmedium zur Geisteslähmung unserer technisierten Gesellschaft. Es ist für die Entwicklung des Menschseins nicht minder bedrohlich als die anderen Zivilisationskrankheiten, die Leib und Seele zerstörend angreifen. Den meisten Menschen sind diese Bedrohungen immer noch unbewußt. Gerade darin liegt ihre Gefährlichkeit.

Es genügt nicht, wie bei der Jugend üblich, gegenüber Traditionen kritisch zu sein; nicht weniger wichtig ist es, daß der Mensch das Neue und sich selber wach und fragend beobachtet. Noch hat er den notwendigen Abstand zu sich und seiner neugeschaffenen Umwelt nicht gefunden. Die Industriegesellschaft gleicht vielmehr dem »Halbstarken«, den der Überschuß der ihm zuwachsenden physischen Kräfte überwältigt, da ihm noch nicht die volle Ich-Kraft zur Verfügung steht. Die jugendlichen Gewalttätigkeiten sind nur *eine* Widerspiegelung des entsprechenden Problems der Menschheit. Im Einzelfall kann es zu persönlichen Verirrungen und sogar zu Mord führen. Diese Gefahren stehen heute beängstigend vor der Menschheit. Wie den jungen Menschen, die mit sich und der Welt nicht zurechtkommen, eine sie ganz fordernde Aufgabe und seelisch-geistige Selbstführung fehlen, so zeigt sich dieser Mangel auch bei den Menschen im Großen. Das Verhalten der Völker macht das deutlich.

Wer in größeren Rhythmen des Lebens denkt und im Zeitgeschehen Lebensvorgänge aufzuspüren sich bemüht, kann noch eine andere Vorstellung vom gegenwärtigen Stand der Menschheitsevolution gewinnen.

Die Menschheit als Großmensch lebt gegenwärtig etwa in ihrem 20. Lebensjahr, in dem nach einzelmenschlicher Analogie das Erwachen des Bewußtseins zum selbständigen Ich-Erlebnis erwartet werden darf. Dieser Vorgang ist im einzelmenschlichen Leben keineswegs nur ein subjektives Erlebnis, sondern eine Lebenstatsache, die von der allgemeinen Anschauung dadurch als eine objektive Erfahrung anerkannt wird, daß man mit Vollendung des 18. Jahres die Mündigkeit eines Menschen ausspricht. Dieser wird – das will das Wort Mündigkeit von *munt*= »Hand« sagen – jetzt voll handlungsfähig. Damit wird er zugleich für sich und seine Handlungsweise verantwortlich. Er ist Herr über sich selbst geworden, aber auch dem größeren Zusammenhang, der menschlichen Gesellschaft, verpflichtet. Diese Befähigung setzt die Möglichkeit voraus, von sich selbst Abstand nehmen zu können. Sie erlaubt dem Menschen, sich selbst denkend zu überschauen. Er kann jetzt zum Gesetzgeber seiner selbst werden. Das vermag der Mensch durch die nur ihm eigentümliche Fähigkeit, sich als‹ »Ich« zu empfinden und zu denken. Der Vergleich mit dem gesellschaftlichen Menschen legt die Frage nahe:

Bleibt die Hoffnung, daß er »sich fängt«, daß also der Emanzipation, dem »sich-aus-der-Hand-Verlieren« eine Phase der Einsicht und der Selbstbeherrschung folgt und er sich »wieder in die Hand bekommt«? Freilich besteht immer die Gefahr einer frühzeitigen Selbstzerstörung »fürs Leben«, einer irreparablen Beeinträchtigung der physischen Existenz-Grundlagen, wie sie jetzt durch Radioaktivität und durch die fortschreitende Zerstörung der Erde droht.

Dennoch wissen wir aus der individuellen Entwicklung so manchen »Tunichtguts«, daß er nach Überwindung seiner »Sturm- und Drang«-Zeit ein fruchtbares und sinnvolles Leben führte. Allerdings muß dazu die Kraft des Bewußtseins entwikkelt werden, aus der heraus erst die Bemeisterung der wuchernden Vitalität möglich wird. Was haben wir von der sich wie ein »Halbstarker« gebärdenden Industrie-Gesellschaft zu erwarten?

Gehen wir auch hier von den Phänomenen aus, so zeigt die Industrielle Revolution die Ausbildung des menschlichen Bewußtseins an. Rudolf Steiner spricht geradezu von unserer Epoche als dem »Zeitalter der Bewußtseinsseele«. Worin sehen wir ihre Wirkungen im Zusammenhang mit der physischen Reife der Menschheit, mit der Perfektionierung der Technik?

Kündigt sich hier vielleicht – der Entwicklung des jungen Menschen entsprechend – eine Metamorphose an?

Was heißt Metamorphose, und was bedeutet sie in diesem Zusammenhang? In der Natur erscheint im Gebären und Sterben das Doppelantlitz des Lebens. Dies in der Entfaltung allen Seins wirkende Urgesetz nannte Goethe das ewige »Stirb und Werde«. Er sah den Ablauf dieses Vorgangs keineswegs als ständige Wiederholung des gleichen, sondern als Steigerung, die aus einer polaren Spannung hervorgeht. Am Beispiel der »Metamorphose der Pflanze« stellte er dies dar. Die Bauidee des Pflanzenlebens, das Urbild des Blattes, verkörpert sich für seinen zusammenschauenden Blick in verschiedener Gestalt: Der Gestaltwandel führt von den Keimblättern zu den Stengelblättern, die sich in die Blüte metamorphosieren. Dies geschieht durch eine Verfeinerung der Säfte, die Goethe als zugleich qualitative Steigerung versteht. Sie ist die Folge einer zurückhaltenden Tendenz, einer Retention, wonach die Tendenz zur Fruchtbildung wieder »fleischlicher« eingreift. Im Samen falten die Bildekräfte sodann die ausgebreitete Gestalt zusammen und konzentrieren sich auf geringster materieller Basis, bis sie sich im Keimvorgang aufs neue entfalten.

Entfalten – einfalten, Evolution – Involution erscheinen als die polaren Kräfte, deren Spannung Leben erzeugt, wobei das Leben durch Evolution in die Materie eingreift, sich in ihr »äußert«, während es in der Involution sich aus ihr zurückzieht, »verinnerlicht«. Goethe spricht in diesem Falle sogar von der Wirksamkeit »geistigerer« Kräfte.[213] Wie am Beispiel der Pflanze deutlich wird, hat die Metamorphose ein Ziel. Alles Sprossen drängt zum Blühen, aber auch die Blüte ist nicht Selbstzweck, sondern Vorbereitung der Frucht. Deren »Sinn« liegt in der Samenbildung als der Grundlage neuen Lebens. In der Natur wird kein Zustand um seiner selbst willen festgehalten. Die Bewegung des Lebens vollzieht sich also zwischen Verstofflichung – Entstofflichung, Inkarnation – Exkarnation, Gebären – Sterben, Veräußerlichung – Verinnerlichung. In anderen Lebensvorgängen angeschaut, entspricht das Flut – Ebbe, Ausatmen – Einatmen. In diesem Pulsschlag des Lebens offenbart sich »Gestaltung – Umgestaltung, des ewigen Sinnes ewige Unterhaltung« (Goethe).

Auch das Geschöpf Mensch ist ein Ergebnis dieser aus- und einatmenden Bewegung des Lebens. Es ist als letztes unter den Lebewesen in der physischen Gestaltung nicht das vollkommenste, wie erwartet werden könnte. In seiner Leibesbildung hat das Pendel der Natur den Höhepunkt seines Ausschlags zu der Evolution überschritten und schwingt bereits zurück. Diese Bewegung zu der Involution hin lesen wir zwei Phänomenen ab: einmal der Zurücknahme des Gestaltungsprinzips [der als Nestflüchter angelegte Mensch fällt auf die Stufe des Nesthokkers zurück] und zum anderen der Verfeinerung der Nervensubstanz. Die Natur schafft als letztes Ergebnis ihrer Auseinanderfaltung im Stofflichen das menschliche Gehirn. Es ist die höchste Steigerung der Nervensubstanz und damit die letzte Spezialisierung eines ihrer Geschöpfe. Dieser Gipfel war zugleich Wendepunkt, indem schon eine Änderung der Richtung von »außen« nach »innen« sich anzeigt. Das Gehirn ist zwar noch Materie, aber dies in letztmöglicher Verfeinerung. Seine Funktion führt bereits darüber hinaus: in die Entmaterialisierung im Denken. Von nun an kann nur noch durch die Hand des Menschen – und damit über sein Denken – innerhalb des biologischen Bereiches eine Steigerung und Verfeinerung erfolgen.

Die Ausbildung des menschlichen Gehirns vor etwa 14 000 Jahren zu seinem gegenwärtigen Volumen ist bisher das letzte Ergebnis der biologischen Evolution.[214]

Es ist der Frucht zu vergleichen, in der der Same als äußerste Zurücknahme der Lebenskräfte ausgebildet wird. Das Gehirn des Menschen ist Frucht der Ersten und Samenkorn einer Zweiten Schöpfung. Im Gehirn »entstofflicht« sich das Lebendige. Die Materie erscheint in ihrer weichsten und empfindlichsten Konsistenz und ermöglicht im Denken den Übergang in Geistiges.

Im Skelett mineralisiert das Lebendige. Die Materie erreicht den innerhalb des menschlichen Organismus festesten Zustand. Verflüchtigung und Verfestigung erscheinen so als die beiden Möglichkeiten, in denen physisches Leben exkarniert. Beide sind aufeinander zugeordnet, und nur in ihrer Verbindung liegt der Ansatz für eine weitere Metamorphose des Menschen.

Daß der Mensch noch Jahrhunderttausende brauchte, bis er nach seinem ersten physischen Erscheinen zum Eigenhandeln erwachte, um nun in jäher Entwicklung sich zu verwirklichen, weist auf einen dem Puppenzustand der Falter vergleichbaren Vorgang innerhalb der Metamorphose des Menschseins hin: Die Involution als Stufe der Verpuppung im Paläolithikum machte die Entwicklung des Gehirns möglich und schlug um zum Pendelschlag einer neuen Evolution, die sich in der Technik auf einer neuen Daseinsstufe realisiert. Der Übergang von der Ersten zur Zweiten Schöpfung erscheint somit als eine Metamorphose von kosmischem Rang. Es ist ein Gestaltwandel von Natur zu Menschenerde, ein Fortschreiten des Lebens zum Bewußtsein.

Der Mensch – das Bewußtsein der Erde

Steuert im gegenwärtigen Zeitpunkt die technische Entwicklung im Sinne des leiblichen »Erwachsen-Werdens« auf einen Abschluß zu, so daß jetzt die Beschreibung der ausgebildeten Lebensgestalt und ein Hinweis auf dessen weitere Entwicklung möglich ist? Ist die Anschauung berechtigt – um noch einmal das Bild der Pflanze anzuwenden –, daß heute die Entwicklung aus dem Samenkorn zu neuem Samen schon abgerundet ist? Oder stellt der Stand unserer modernen Technik eine beliebige Durchgangsform dar, die noch vielfach abgewandelt und weiterentwickelt werden kann? Verbesserungen und Verfeinerungen des Vorhandenen sind gewiß auch für die Zukunft zu erwarten. In zwei Bereichen läßt die Entwicklung jedoch einen Endzustand erkennen: durch die Beherrschung des Atoms und durch die Beherrschung der Erde. Seitdem der innerste Kern der Materie dem menschlichen Zugriff erreichbar geworden ist, sind wir an eine Grenze gestoßen. Weiter geht es in dieser Richtung nicht mehr. Der Mensch hat sich die Materie nahezu vollständig untertan gemacht. Was intensiv gelang, wurde auch extensiv in der räumlichen Ausdehnung ermöglicht. Der ganze Planet Erde liegt enträtselt und vermessen vor uns. Unser Globus braucht keine weißen Flecken mehr zu zeigen. Unsere Flugzeuge umkreisen die Erde, Handel und Verkehr erfassen die entferntesten Gebiete, und durch die Nachrichtenmittel wird die ganze Welt miteinander verbunden. Und wir besitzen die Mittel, den ganzen Erdball zu sprengen. Auch das ist eine Grenze – wenn auch eine solche des Todes –, über die hinaus es nicht weitergeht. Das Leben der Erde ist buchstäblich in die Hand des Menschen gelegt. Aus diesen Tatsachen ergibt sich die Berechtigung, von einer Endphase in der Evolution der Technik zu sprechen.

Auch die Bevölkerungsflut scheint eine Tendenz zum Stillstehen zu zeigen. Ohne rigorose Maßnahmen, die dem natürlichen Empfinden widersprechen, auch ohne Hunger und Seuchen oder gar Krieg führt dasjenige, was die Bevölkerungszunahme verursachte, auch wieder zu ihrer Regulierung und Begrenzung. Die Statistik von Industrieländern läßt deutlich nach einem ersten großen Anwachsen ein langsames, stetiges Zurückgehen der Geburtenzahl ablesen. Technische Saturierung und allgemeiner Wohlstand, vor allem aber die Ausbildung des individuellen Bewußtseins schränken das Kreatürliche wieder ein. So wurde bei malaiischen Mädchen beobachtet, daß die Zahl der Kinder von Müttern, die eine Schule besucht hatten, nur noch halb so hoch war wie die Zahl der Kinder jener Mütter, die Analphabeten geblieben waren. Und schließlich bleibt die Fähigkeit des Menschen, zu erfinden, nicht immer die gleiche. Wir würden uns täuschen, wenn wir annähmen, die Flut der Entdeckungen und technischen Erfindungen könnte uns unaufhörlich höher tragen. Eine solche

Flutwelle, wie sie von Zeit zu Zeit nur – und jetzt seit einem Jahrhundert insbesondere – uns mit sich hebt, ist Ausdruck einer historischen Bewegung oder einer »Fälligkeit«. Indem an verschiedenen Orten völlig unabhängig voneinander und zur gleichen Zeit Erfindungen gemacht werden, wird der objektive Charakter eines innerlich zwangsläufigen Vorganges, einer Zielstrebigkeit des Lebens, deutlich. Wie bestimmte Fähigkeiten zunehmen, so können sie auch abebben. Spengler hat ein Nachlassen des Interesses an der Technik bereits in den Zwanziger Jahren vorausgesagt.[215]

Zumindest erlahmt schon jetzt das Interesse an bestimmten technischen Dingen, die zur Selbstverständlichkeit geworden sind. Der Reiz des Neuen verfliegt. Wenn jeder mit Technik ausgerüstet ist und lange genug die geschenkte Vollmacht ausgekostet hat, tritt ein Grad der Sättigung ein. Wenn darüber hinaus die aus dem Mißbrauch erwachsenen Schäden am eigenen Leibe deutlich spürbar werden, reagiert zumindest der Mensch, in dem das Geschöpfsein noch stark genug lebt, in instinktiver Abwehr, begründet durch den noch funktionierenden Selbsterhaltungstrieb.

Auch innerhalb der technischen Möglichkeiten – also von der Technik selbst her gesehen – ist eine Grenze gegeben. Eine bestimmte Perfektion ist nicht mehr zu überbieten. Nach der Vollautomation hebt sich jeder weitere Fortschritt von selbst auf. Der äußerste Ausschlag der technischen Entwicklung scheint in absehbarer Nähe. Selbstverständlich liegen noch Aufgaben der Verbreitung und Verteilung sowie der allgemeinen Nutzbarmachung der technischen Möglichkeiten vor uns, jedoch »die Grenzen des Wachstums« sind erreicht.

Überschauen wir noch einmal den Ablauf dieser »Entfaltung«, den wir mit dem Begriff »Humanisierung der Natur« zu kennzeichnen suchten: Alles, was die Natur durch ihre großartige Evolution in der Fülle des Tierreiches auseinanderfaltete, zieht sie involvierend im Menschen wieder zusammen. Der Mensch wird zur Zusammenfassung, zum »Kompendium des Tierreiches« und – indem dieses schon das Pflanzen- und Mineralreich in sich einbezogen und »erhöht« hatte – zur Widerspiegelung der ganzen Natur.

Deshalb läßt sich sagen: Der Mensch ist Frucht und Same der Erde – Vollendung und Beginn. Das Bild des Samenkornes wirft die uralte Frage auf, die auch im Blick auf die Menschwerdung gestellt werden kann: »War das Ei zuerst oder die

Henne?« Darwinistisch gedacht, kann sich die Henne nur aus dem Ei entwickelt haben, aber dies wiederum doch nur, weil ihre Entwicklung in einem zunächst unverwirklichten Gestaltprinzip vorgegeben war. So können wir auch als Hintergrund des Tierreiches, das in den Menschen einmündet, dessen Gestalt sehen, die sich in jenem nur auseinandergefaltet hat. Das ist kein ungewöhnlicher und neuer Gedanke. Herder spricht vom Menschen als dem zusammengefaßten Tierreich und vom Tierreich als dem auseinandergelegten Menschen.

Die durch die Embryologie aufgezeigte Identität von der unspezialisierten Hand des Menschen und dem Urmodell für die Gliedmaßen höherer Tiere weist auf die Existenz einer *Urgestalt* hin, die erst später im Menschen in Erscheinung tritt. Im Anfang war der Mensch, und »der Mensch ist das Maß aller Dinge«. In ihm wird der Bauplan der Natur veröffentlicht, die Idee verkörpert.[216] Oder nach Johannes: »Der Gedanke ward Fleisch.«

In der am Menschenleib sichtbar gewordenen Urhand wurden die Werkzeug- und Funktionsmöglichkeiten, die in den Tieren sich spezialisierten, wie in einem Samenkorn wieder zusammengezogen, indem das Leben sich in das Minimum des zunächst hilflosen Menschen zurücknahm und konzentrierte. Im Organismus Technik begann die Natur durch das Handeln des Menschen eine neue Evolution, um innerhalb eines neuen Mediums sich wieder auseinanderzufalten.

Für den mit »anschauender Urteilskraft« in das Reich der Natur und Technik Blickenden werden diese Bezüge bald erkennbar. Nicht die Nachbildung tierischer Organe zu Werkzeugen wie in dem von Kapp[217] einst geprägten Begriff einer »Organ Projektion« ist hier gemeint. Technik ist vor allem in ihrem Ursprung und den ersten Anfängen nicht Nachahmung der menschlichen Physis, sondern deren Weiterentwicklung. Die aufgesparten Bildekräfte gestalten im Werkzeug weiter; insofern werden allerdings die vorgegebenen physischen Organe in einem anderen materiellen Medium und Zustand in die Umwelt »hineinprojiziert«.

In der Technisierung stülpt sich gleichsam das »Innere« nach »außen«, das Verborgene wird offenbar, »die exoterische Enthüllung der menschlichen Wesenskräfte« (Karl Marx) vollzieht sich. Diese Vergegenständlichung unsichtbarer Kräfte, die dadurch die Realität bekunden, beginnt im Grunde damit, daß Empfindungen zur Mitteilung in Worte gekleidet, Wörter durch Zeichen oder Buchstaben übermittelt werden und schließlich telepathische Fähigkeiten des Frühmenschen – die sich überall dort erhielten, wo das Menschsein ursprünglich blieb – heute in die Apparate zum Beispiel des Fern»rufes«, des Fern»sehens« u. a. übersetzt werden. Darauf weist zutreffend auch Jean Gebser hin: »Jede Erfindung ist vor allem ein wiederfindendes, nachahmendes Herstellen jener organmäßig und physiologisch in der Struktur des Menschen vorgegebenen Gesetzmäßigkeiten, die dadurch, daß sie ins Außen, ins Werkzeug projiziert wurden, *bewußt* werden können. Dies gilt auch für die soeben erwähnten Fähigkeiten des Fernsehens und Fernwissens oder -denkens, über die der magische Mensch von Natur aus verfügt – und nicht wie wir, durch Radio oder Fernsehapparate. Die Überwindung von Zeit und Raum, das heißt: ihre Ausschaltung wird heute durch diese Apparate geleistet, da der heutige Europäer, der in der bewußtseinserhaltenden Raum-Zeit-Welt befangen ist, sie durch sich selber kaum mehr zu leisten vermag.«[218]

Nicht *wie,* aber *daß* der Mensch mit Hilfe seiner Technik imstande ist, nahezu den gesamten Funktionsreichtum der Natur in seiner Weise neu zu bilden, ist das Entscheidende. Eine zweite Schöpfung entsteht. Die perfektionierte Technik wird zu einer neuen Auseinanderfaltung der im Tierreich organisch ausgelebten Möglichkeiten: Der Mensch bewegt sich auf der Erde in einer Schnelligkeit fort, die er sich nicht mehr vom tragenden oder ziehenden Tier zu leihen braucht, er gräbt und bohrt sich in die Erde, durchschwimmt die Meere und taucht in deren Tiefen, er entzieht sich der Schwerkraft, schwingt sich in den Umkreis der Erde und landet auf dem Mond. Daß die seinen Lebensfunktionen und seinem Erkenntnisstreben dienenden Apparate im Vergleich zu denen des Tierreiches noch unvollkommen erscheinen, liegt in der Natur des Menschen und seiner Schöpfung begründet – darin, daß der »Mangel« und nicht die Vollkommenheit bei seiner Geburt Pate stand. So bleibt der Mensch an seinen Ursprung erinnert. Wenn er sich auch auf dem Weg zu den Göttern weiß, so ist er ihnen noch nicht gleich!

Der »tote« Zustand der in der Technik verwendeten »Organe« liefert kein Argument gegen den Vergleich mit den lebendigen Organen der vollkommener erscheinenden Ersten Schöpfung. Auch der vollendet fliegende Vogel bedient sich im tragenden Gefieder eines Apparates, der aus einem verhornten und damit abgestorbenen Stoff gebildet ist. Die verschiedene Entstehung des »Flug-Zeuges« bei Vogel und Mensch spricht nicht gegen eine Gleichsetzung in der Funktion. Der Vogel erzeugt seine Federn durch entsprechende Organe aus seinem Leib, der Mensch seinen Flugkörper durch die vom Denken gelenkte Hand. In beiden Fällen fliegt ein lebendiges Wesen. In seinen Federn hat der Vogel so wenig Gefühl wie der Pilot in seinen Flügeln, doch der vollendete Flieger muß ebenso »instinktiv« reagieren können wie ein Vogel. Entweder wird sein Verhalten »von innen«, das heißt durch einverleibte Erfahrungen oder »von außen« gesteuert, indem der Befehlsgeber vom Boden her leitet und damit an die Stelle des Instinktes tritt, der ebenfalls wie von »außen her«, nämlich vom Gattungswesen, das einzelne Tier in seinem Verhalten lenkt. Beim Vogel jedoch versagt diese Steuerung nie, sofern er nicht durch artfremde Einflüsse gestört wird, beim Menschen in dem Maße, wie seine Apparatur noch unvollkommen ist oder sein Geschöpfsein störend eingreift oder die technische Hülle die Fähigkeiten seiner Leibes- und Seelen-Natur überwuchert.

Antoine de Saint-Exupéry, der Flieger und Dichter, schildert die Erfahrung, mit seinem Hüllenleib völlig »verwachsen« zu können: »Der Flieger, der aufsteigt, ... spürt, wie das Flugzeug von Sekunde zu Sekunde, in demselben Maße wie seine Geschwindigkeit zunimmt, an Kraft gewinnt. Er erlebt, wie sich in den ... Tonnen Baustoff langsam die Reife bildet, die das Fliegen möglich macht. Der Flieger schließt die Hände über den Griffen, und langsam sammelt er wie ein Geschenk in seiner hohlen Hand diese wachsende Kraft. Die metallenen Nerven der Steuerung werden zu Boten seiner Macht. Und wenn der Augenblick herangereift ist, vermag der Flieger mit einer Bewegung, die geringer ist als die des Pflückens einer Blume, das Flugzeug ... in die Luft zu erheben ... Die Aufmerksamkeit wird nicht mehr vom Werkzeug verschlungen, sondern wir vermögen durch es hindurch wieder die alte Natur zu entdecken, die Natur des Gärtners, des Seefahrers, des Dichters.«[219]

Welche verschiedene Bedeutung hat es, ob ein Vogel oder ein Mensch fliegt? Mit dieser Fragestellung wird an *die Abhängigkeit der Natur vom Menschen* gerührt: Die Natur erfährt eine Weiterführung, die sie ohne den Menschen nicht erfahren würde. Der Flugmechanismus des Vogels gehört zwar einem empfindenden Wesen an, aber einem Wesen, das sich dieser

Empfindung nicht bewußt zu werden vermag. Erst nachdem der Mensch fliegen lernte, konnte diese Funktion bewußt erlebt und begrifflich erfaßt werden. Das gleiche gilt für die anderen Funktionen – sie werden von Tieren naturveranlagt ausgelebt, vom Menschen bewußt gestaltet. Im Menschen, dem letzten Geschöpf, wird dasjenige Organ ausgebildet, das zum Träger des Bewußtseins des umfassenden Lebensorganismus werden kann, dem er als Glied angehört. Die Kurve der Nervenbildung, auf die Teilhard de Chardin aufmerksam gemacht hat, vermag dies als Ziel innerhalb der Naturentwicklung zu bestätigen. Durch das Denken schuf sich der Mensch in seiner Technik Sinnesorgane, die ihm die verborgensten »Gedanken« der Natur offenbar machen. Mittels des Menschen durchdringt die Natur alle Räume und Möglichkeiten ihres Daseins, sich selber befühlend, betrachtend und erkennend, dem zu sich selbst erwachenden Kinde ähnlich, das von seinem Körper tastend Besitz ergreift. Damit wird im qualitativen Sinne der Mensch zum »Mittelpunkt« der Erde, indem er durch sein Bewußtsein teil an all ihren Erscheinungen hat. Im Denken kann die Vielzahl der Glieder umfaßt und in ihrem Zusammenhang erkannt werden. Im Denken des Menschen kann die ganze Erdenwelt sich ihrer als Einheit bewußt werden. Im Menschen ist nicht nur die Fülle tierhafter Betätigungsmöglichkeiten verwirklicht, sondern etwas ganz Neues, nämlich das Bewußtsein des Allwesens Natur, erwacht. So steht der Mensch als personifiziertes, selbständig gewordenes Denkorgan des einen Urwesens vor unserer Selbsterkenntnis. Diese Tatsache bezeichnet Hans Cloos als den Inhalt eines neuen erdgeschichtlichen Zeitalters, das mit dem Menschen beginnt: »Heute ist Menschenzeit, ...seit Urbeginn zum allerersten Male sieht und versteht unser Stern Erde sich selbst. Eine Jahrmilliarde lang ist er blind und stumm dahingerollt. Diesen ungeheueren Zeitvorrat hat er verbraucht, um aus Pflanze und Tier über ein Millionenheer unfertiger Versuche hinaus das Organ zu bilden, durch das der Stern sich selbst erkennen wird.«[220]

Alle Ideen, die im Menschendenken auftauchen, sind im Kosmos bereits vorhanden, jedoch in der Natur vielfach durch ihre Verkörperung »verhüllt«, dies wörtlich verstanden: nämlich so in ihre leiblichen »Hüllen« gekleidet, daß sie zunächst schwer erkennbar sind. Nur der Mensch kann sie darin wahrnehmen, daraus »erlösen« und, von ihrer zufälligen Gestalt befreit, sich sogar dienstbar machen. Indem er dies tut, erfüllt er wahrhaft seine Bestimmung. Wie alle Fähigkeiten geübt werden müssen, um zu ihrer Vollendung zu gelangen, so auch das Denken. Die Menschheitsgeschichte ist Ausdruck dieser Bewußtwerdung und Übung des Menschen und zugleich eine fortschreitende Offenbarung des Weltendenkens.

Der Mensch ist nicht nur Organ der Natur. Er erwachte zum Bewußtsein seiner selbst. Erst dadurch vermag er die Fülle der Freiheit, die in ihm veranlagt ist, zu gewinnen. In der Technik machte er von dieser Freiheit Gebrauch und wurde zum Herrn über die Erde. Umgekehrt wurde die Technik zu seiner Erzieherin und führte durch die Arbeit ihn zu sich selbst. Im ersten Stein, den der Mensch zum Werkzeug machte, griff er zugleich nach sich selbst. In der mühevollen Arbeit an der Erde arbeitete der Mensch auch zugleich an der Entwicklung seines Eigenwesens, wurde er zum Schöpfer seiner selbst. So wie Menschenleib und Technik aufeinander abgestimmt sind, so förderten sich gegenseitig Technik und Erkenntnis, Handeln und Denken. Sie alle führen zur Erfahrung des eigenen »Ich«, zum »Ich-Bewußtsein«. Im Individuum kann »das Licht der Welt«, das heißt: kosmisches Bewußtsein, aufleuchten. Aus solchem Erleben darf jeder sagen: »Du Welt, mein Leib, dein Geist bin ich!«

In jeder Individualität ist diese Möglichkeit veranlagt, doch erst alle Menschen zusammen in ihren individuellen Erfahrungen und Gedanken werden zur Repräsentanz des Einen Großen Menschen, der mehr ist als die Summe seiner Glieder. Sie alle zusammen in ihren sehr unterschiedlichen Ansichten werden in ihm zum Bewußtsein der Erde, von der Kepler zu Beginn unseres Zeitalters das rätselhafte Wort sprach: »Die Erdkugel ist ein Leib wie der eines lebendigen Wesens.«[221] Er will damit unseren Planeten als einen von Leben erfüllten Organismus kennzeichnen. Indem dieser sich ein Bewußtseinsorgan ausbildete, ist er jedoch mehr als nur dies. Denn was die Schwelle des Bewußtseins überschreitet, nennen wir Mensch. Im Sinne dieser Begriffsbestimmung ist die Erde Mensch geworden.

Wie im Menschen das Bewußtsein den physischen Leib durchdringen kann, so wachsen auch Mensch und Erde zu einer Einheit zusammen, zur Menschenerde. Auch Spinoza weist auf dieses eine Lebewesen hin.[222] Wenn er »die Natur ein Individuum« nennt, dann schaut er durch die verwirrende Fülle ihrer Erscheinungen hindurch auf den einen Zusammenhang, auf die »Gestalt«, die er mit einem Begriff bezeichnet, der vornehmlich für den Einzelmenschen, das »Individuum« verwandt wird.

Er deutet damit zugleich hin auf die Übereinstimmung von Mensch und Natur. Johann Wolfgang Goethe beschreibt dieses höhere Wesen als »Geist der Erde«, der in allen Lebensäußerungen der Natur, in ihren Metamorphosen, sich offenbart:

»In Lebensfluten, im Tatensturm
Wall ich auf und ab,
Webe hin und her!
Geburt und Grab,
Ein ewiges Meer,
Ein wechselnd Weben,
Ein glühend Leben,
So schaff ich am sausenden Webstuhl der Zeit
Und wirke der Gottheit lebendiges Kleid.«

Faust, der sich diesem Geiste nahe fühlt, wird zurückgewiesen, jedoch wenn der Mensch seinen Blick in die Tiefen der Natur sich nicht mehr durch Eigensucht verstellen läßt wie Narziß, der in der Quelle nur sein eigenes Bild widerspiegelte und sich darin verliebte, dann wird er lernen, durch sich selbst hindurchzuschauen in das »Herz« der Erde, in ihr Wesenhaftes. Matthäus spricht von dem »Sohn des Menschen«, der »im Herzen der Erde« weilt, und der Christ wird der apokryphen Worte Jesu sich erinnern: »Spalte den Baum, und du findest mich darin!« Novalis hat dieses Christusverständnis erneut ausgesprochen: »Aus Kraut und Stein und Meer und Licht schimmert sein kindlich' Angesicht!« So wie die alten Inder zur Welt der Erscheinungen noch sagen konnten: ›tat wam asi‹, »das bist du selbst« – wahrlich eines der tiefsten Worte in der Geistesgeschichte der Menschheit.

Eine aus der Blütezeit der Staufer erhaltene Karte des Erdkreises zeigt diesen als lebendes Wesen mit dem Haupt, den Händen und Füßen des Menschen. Von ihm sagt Paulus: »In ihm leben, weben und sind wir!« Wenn Erde und Mensch identisch sind, dann ist auch der Mensch in seinem höheren Wesen identisch mit dem »Geist der Erde«, und dieser ist es, der als der in der Natur Schaffende auch »schafft in allem, was wir schaffen«. Goethe nennt ihn den *Humanus*.[223] Rudolf Steiner gibt diesem dem Menschen immanenten Wesen den Namen: »der *Menschheits*-Repräsentant«. In beiden Fällen ist es das Hindeuten auf ein höchstes Wesen, welches das Abendland den *Christus* nennt.

Auch in dem von ihm mit eingeleiteten Zeitalter des »Rationalismus« ist Spinoza unbefangen genug, die in der Natur und im Menschen sich offenbarende Urgestalt als Deus anzusprechen; beide Begriffe Natura und Deus stimmen für ihn überein: *Deus sive natura.*

Umgekehrt kann ein christliches Bewußtsein bekennen: *natura sive Deus,* indem es diese als »Schöpfung« versteht, als Emanation eines göttlichen Wesens, als »Daseinsgrund«, hervorgegangen aus einem geistig-physischen Gotteswesen. Dieses wird herkömmlich – entsprechend unserer vaterrechtlich orientierten Kultur – im Bilde des Vatergottes veranschaulicht, ist aber immer auch und gewiß ursprünglich als Gott-Mutter erlebt worden. Von Spinoza wesentlich angeregt, postuliert Goethe:

»Was wär' ein Gott, der nur von außen stieße,
Im Kreis das All am Finger laufen ließe!
Ihm ziemt's, die Welt im Innern zu bewegen,
Natur in sich, sich in Natur zu hegen.«

Aus dieser – von Goethe des öfteren gekennzeichneten – »Gott-Natur« ist als Bewußtseinsorgan der Erde der Mensch hervorgegangen. Er ist deren Abkömmling: der Menschensohn.

Die Formel des Spinoza kann auf dem Hintergrunde der »Identität« von Mensch und Erde eine Ergänzung erfahren: »Natura sive homo« oder »homo sive natura.« Mit der »geometrischen Methode« Spinozas dürfen wir dann folgern: »Sind zwei Größen einer dritten gleich, dann sind sie auch untereinander gleich«. Das bedeutet: »Homo sive natura sive Deus«, also »homo sive Deus«. Nicht anders lautet bereits die Aussage des Alten Testamentes: »Und er schuf den Menschen sich zum Bilde, zum Bildes Gottes schuf er ihn.« Die Umkehrung jedoch: »Deus sive homo« weist auf das Ereignis der Menschwerdung des Weltenlogos hin: »Und der Logos nahm Leib an und wohnte unter uns.«

In Goethes Dichtung »Die Geheimnisse« erscheint »der Mensch«, der »Humanus« als der Dreizehnte, wenn die zwölf »Brüder«, welche die Menschheit repräsentieren, versammelt sind: »Wo zwei oder drei versammelt sind in meinem Namen, da bin ich mitten unter ihnen.« In der Entwicklungszeit der Individualität ist oft einseitig hingeschaut worden auf den Christus, der als der Ewige Mensch in der Einzelseele spricht, weniger auf den, der auf das übergeordnete und umfassende

Wesen der Gemeinschaft verpflichtet, auf den »Christus in *uns*«.

Die Entdeckung des Humanus als »Selbstentdeckung« des Menschen ist nicht weniger ein »Welt-Ereignis« unserer Zeit als die Industrielle Revolution und die Bevölkerungsflut. Durch dieses neue Selbstverständnis lernen wir den Zusammenhang, in dem der Mensch steht, neu sehen. Wir begreifen uns nicht mehr als Mikroben auf einem Gesteinsbrocken mit einer im Verhältnis zu seiner Größe hauchdünnen Biosphäre, sondern in einem tiefen Bezug zu einem Lebensorganismus, in den wir einverwoben sind, und innerhalb dessen wir einen entscheidenden Stellenwert besitzen: den des Bewußtseinsorgans. Hinfort wird der Mensch nur noch verstanden werden können als der eine Pol des Lebens, dem als der andere die Natur gegenübersteht, dies jedoch im Verhältnis zweier Brennpunkte *einer* Ellipse zueinander, die ihrerseits den beide Pole umfassenden größeren Zusammenhang »Erde« oder »Leben« darstellt. Als Glied dieser höheren Einheit des Lebens wird in Zukunft der einzelne Mensch die Natur als seinen »Nächsten« empfinden und »lieben als sich selbst«, als das, was er selber ist. Aus der Erkenntnis des Humanus reift ein neues Verhältnis zur Erde: Freunde der Erde sollen wir werden.

In »West« und »Ost« scheiden sich heute die Geister auf eine neue Weise: auf der einen Seite die Technokraten als Fortsetzer imperialistischer Tendenzen jeder Art, auf der anderen die Freunde der Erde, die ersteren befangen im anthropozentrischen Egoismus, die anderen geleitet durch den beständigen Blick auf das Heil der Erde. In unserer Verwirrung werden wir manches von denen lernen können, die abseits vom »american way of life« als die Zerschlagenen liegen blieben und ohne einen ihnen zuteil gewordenen Samariterdienst sich gegenwärtig geistig wieder erheben und aus ihrer Weisheit dem »weißen Mann« in seiner Bedrängnis Rat zu geben vermögen: die Indianer als die legitimen Ureinwohner der »Neuen Welt«. Sie sprechen zu uns von der Erde als unser aller Mutter. So verstand sie auch Goethe.

»Lebensschutz« ist angewandter *Goetheanismus* und wird zu praktischem Christentum, wenn am wiederentdeckten Urbild des Menschen die Erde als dessen erweiterter Leib und zugleich als Leib der Gottheit verstanden und darum geachtet und bewahrt wird.

Erkenntnis jedoch muß aufgenommen werden in den Willen.

Es ist eine alte, aber immer zu erneuernde Weisheit: »Erkennen ist viel, der Wille aber ist alles!« Auf das Umsetzen des Willens in die Tat kommt es an.

Dann kehrt der Verlorene Sohn der Mutter Erde heim in sein Erbe, das ihm »vom Urbeginne der Welt bestimmt war«.

Die Erlösung des Prometheus

Karl Marx hat einmal davon gesprochen, daß ein moderner Kalender Prometheus als Schutzheiligen der Ingenieure aufnehmen müsse. In der Tat hat Prometheus als Symbolgestalt für den homo faber in unserer Zeit eine besondere Bedeutung gewonnen. In Goethes bekanntem Jugendgedicht erscheint er als der sich emanzipierende Mensch schlechthin, der sich gegenüber Gott und der Welt in freier Selbstbestimmung behaupten und zum Selbstgestalter seines Schicksals werden will. So haben ihn wohl auch die Griechen verstanden, als sie in der Zeit des Aufbruchs des europäischen Geistes ihrer mythischen Gestalt – entsprechend unserem Faust – eine Vielzahl von Sagen und Dramen widmeten. Prometheus entstammt dem Geschlecht der Titanen, also jenen Kräften, die als gewaltige Elementarwesen vor den Olympiern die Szene des Erdenlebens beherrschten: gewalttätig und unberechenbar wie das aufschäumende Meer, das dem Lande sein Recht streitig zu machen sucht oder wie die verheerenden Ausbrüche der Vulkane, die die Erde erschüttern, wie die Stürme, welche die Wälder entwurzeln, und so vergleichbar den nordischen Jötunen und Riesen. Das Überdimensionale, das Übermaß an vitalen Kräften, das überquellende Leben findet in ihnen seinen Ausdruck. Die Gigantomanie der heutigen Megatechnik mit ihrem buchstäblichen Griff nach den Sternen ist titanisch. Der Griff nach dem Atom, der Weg in das Untersinnliche, ist es nicht weniger. Das Erbe, das im Prometheus-Menschen rumort, ist »der Titanen Übermut« (Goethe).

Andere antike Überlieferungen nennen Prometheus den Sohn des Uranos und der Gaa: Himmel und Erde als Ursprung des Menschen! »Engel und Tier«, charakterisiert Pascal Jahrtausende später; Geistwesen und doch der Natur integriert, Zeit seines Lebens ein »Wanderer zwischen beiden Welten« (Flex).

Prometheus, Urgestalt des Erdenmenschen also, wird für die Griechen zum Stammvater der Menschen, die er, der Halbgott, mit Pandora, der »Allgeberin«, zeugt: Deukalion und Pyrrha. Pandora ist uns bekannt durch die berüchtigte Büchse, die alle jene Mängel enthielt, die die Menschen fortan plagen. Jedoch wir erkannten bereits Pandoras Gaben als die »Auf-*gaben*«, deren Bewältigung in Selbstüberwindung erst den Menschen zum Menschen machen. Pandora erscheint in strengerer Weise als die in unseren Märchen ihr vergleichbare Verbildlichung der mütterlichen Erde, »Frau Holle«, die dem Tüchtigen zugetan ist und ihn reichlich belohnt, dem Faulen und obendrein noch Überheblichen jedoch zum Verhängnis wird.

Prometheus wird zum Lehrer der Menschen, die er in allen Künsten unterweist, den nützlichen und schönen zugleich, als der Heilbringer aller Kultur schlechthin. Er ist derjenige, den Goethes Hymnus preist: »Zündet das Feuer an, Feuer ist obenan! Höchstes er hat's getan, der es geraubt. Der es entzündete, sich es verbündete, schmiedete, ründete Kronen dem Haupt!« Prometheus bringt den Menschen nicht nur das Feuer – er holt es der Überlieferung nach von der Sonne! –, er lehrt sie auch, es zum Schmieden zu gebrauchen. Die technische Evolution nimmt hier ihren Anfang und führt zugleich über die manuelle Tätigkeit hinaus zur Entwicklung und Schulung des menschlichen Geistes, sie ründet »Kronen dem Haupt«.

Prometheus hat einen Zwillings-Bruder, der ihm eine notwendige Ergänzung ist, den Epimetheus, den »Nach-Denker«. Dem Vordenken gesellt sich das Nach-denken. Der »prometheische« Mensch hat heute seinen Bruder vergessen, wenn er besinnungslos, ohne die Folgewirkungen zu bedenken, plant und »nach seinem Bilde Menschen formt«. Es ist verhängnisvoll, auf das Mitwirken des Epimetheus und all' derer, die seiner Art sind, zu verzichten.

Epimetheus hätte seinen Bruder vor dessen Schicksal bewahren können, das auf ihn unerbittlich zukam, als dieser die göttlichen Gesetze mißachtete und aus Titanen-Übermut seine Grenzen überschritt. Er wurde auf Zeus' Befehl mit Fesseln an den Kaukasus, an das Knochengerüst der Erde geschmiedet und täglich vom Adler des Zeus heimgesucht, der an seiner Leber fraß. Was des Nachts heilte, wurde des nächsten Tages erneut verwundet.

Erlösung wurde Prometheus verheißen für den Fall, daß sich ein Wesen für ihn opfere. Die Stunde seiner Befreiung war gekommen, als der Sonnenheld Herakles sich dem Kaukasus nahte und den Adler erlegte, der ihm die tägliche Pein bereitet hatte, Heilung wurde ihm zuteil durch Cheiron, den Zentaur. Doch von seiner Fessel wurde er erst gelöst, indem sich Cheiron selbst zum Opfer brachte. Weil aber das Urteil des Zeus zu ewiger Kettung an den Felsen nicht aufgehoben, sondern nur gemildert werden durfte, mußte fortan Prometheus einen Ring tragen, dem an einer kleinen Kette ein Stein des Kaukasus angeschmiedet worden war, wohl, um ihn immer der Bindung an die Erde zu erinnern.

Es handelt sich hier um weit mehr als eine dramatische Sage. Das Schicksal des schaffenden Menschen erscheint hier im mythischen Gewande: In dem Maße, in dem der homo faber in Selbstüberschätzung sich nicht nur von den geistigen Mächten, den »Olympiern« lossagt, sondern »die ewigen ehernen Gesetze seines Daseins« mißachtet, verkettet er sich selbst in die materiellen Zusammenhänge, aus deren »Sachzwängen« er sich nicht mehr aus eigener Kraft zu befreien vermag. Dem in sein Tagewerk Eingebundenen zehrt der Intellekt an seiner Lebenskraft, die sich zwar allnächtlich erneuert, aber immer von neuem angegriffen wird. Heilung allein verleiht Cheiron, dieses Fabelwesen, das halb Pferd, halb Mensch, mit der elementaren Natur noch unmittelbar verbunden ist.

Der Prometheus-Mythos ist eine Prophetie auf unser eigenes Schicksal. Zugleich kann er gesehen werden als eine Vorverkündigung der in der Wirklichkeit der Geschichte vollzogenen Opfertat auf Golgatha. Auch »der Sohn des Menschen«, der neue »Prototyp« des Menschseins, wie ihn Paulus nennt, ist der Versuchung ausgesetzt gleich dem Prometheus, jedoch er besteht die jedem Menschen auferlegte Prüfung der Seele. Matthäus berichtet, wie der Versucher an den Hungernden die Anforderung stellt, Steine in Brot zu verwandeln. »Steine zu Brot machen«: das ist heute das Ziel von Wissenschaft und Technik im Dienste eines Wirtschaftsdenkens und -handelns, das die Natur nur unter dem Aspekt des Nutzens für den Menschen ansieht. Der Mensch einer solchen Betrachtungsweise lebt in der kindhaften Wunschvorstellung eines Schlaraffenlandes und beginnt, die Erde aufzuessen. Demzufolge wurde bereits der Reichtum der Meere durch Raubfang ausgefischt, wird der Ackerboden durch fortwährend gesteigerte Anforderungen ausgemergelt und durch künstliche Aufstachelung mittels der Droge des chemischen Düngers »süchtig« gemacht.

Dieses materialistische Wesen, das noch den letzten Stein zu »vermarkten« gewillt ist, dieser Geist einer Versklavung an das physische Dasein, ist in der ur-iranischen religiösen Überlieferung wie der Tod, der das Leben erstarren läßt, mit dem Namen »Ahriman« bezeichnet worden. Der »Geist der Schwere«, wie ihn Nietzsche nannte, wird überwunden durch die Hinwendung zum Urelement des Geistes, zum »Welten-Wort«, zum Logos, »aus dem alles Lebendige geworden« ist. »Der Mensch lebt nicht vom Brote *allein«,* sondern aus der Kraft des Geistes.

Diesem Geist der Schwere entgegengesetzt tritt im anderen Falle die Versuchung an den Menschen als schöner Schein und Illusion heran. Er solle sich in Nichtachtung der Naturgesetze von der Zinne des Tempels stürzen und getrost den Händen Gottes anvertrauen. Der »Idealist« und der »Fromme«, die beide gern auf den »Geisteshöhen« der Tempelzinne wandeln und den Blick hinab in die harten Erdenwirklichkeiten scheuen, sind dieser luziferischen Verführung im besonderen Maße ausgesetzt. Allzu leicht vergißt, wer sich in geistige Gefilde »erhebt«, seine Bindung an die Gesetze dieser Erde: »Er wird seinen Engeln über dir Befehl tun, und sie werden dich auf den Händen tragen, auf daß du deinen Fuß nicht an einen Stein stoßest.«[224] Ist es nicht vielmehr die Aufgabe der Menschen, ihre Hände den Engeln zu leihen und der Wirksamkeit geistiger Mächte zu dienen, anstatt sich dienen zu lassen? Anders gesagt: im Dienste des Göttlichen sein Erdenpensum zu erfüllen – wozu auch das politische Rackerwerk mit dem spröden Medium Mensch gehört.

Aber auch der »Materialist«, besessen von der Absicht, alles mit Gewinn zu vermarkten, läßt sich vom Geist der Lüge und der schönen Täuschung überreden, es gebe keine Grenzen des wirtschaftlichen Wachstums, alles sei möglich dem, der an die Allmacht des Menschen glaubt, und eine fehlerfrei funktionierende Technik werde die Zukunft gewährleisten. »Atomkraftwerke sind absolut sicher!« Daß die Voraussetzung dazu ist, die Naturtatsache des menschlichen Irrtums außer Kraft zu setzen, läßt der Geist der Illusion übersehen.

Doch das trügende Scheinlicht verlischt im Bekenntnis zur Schöpfungsordnung: »Du sollst nicht versuchen . . .«, »denn *Gesetze bewahren* die lebend'gen Schätze, mit denen sich das All geschmückt« (Goethe).

Die dritte Versuchung verneint nicht die »Beherrschung« der Erde, sofern darunter die Aufgabe des Menschen verstanden wird, Hüter und Hirte des Erdenwesens zu sein. Doch das Verfallensein an die Materie, an ihre scheinbare Macht und an ihren Reichtum, ist längst zum Grundverhalten der Industriegesellschaft geworden: ihr Götze ist der Mammon, sein Gebot: »Akkumuliert, akkumuliert, das ist das Gesetz und die Propheten« (Marx). Ihm werden Menschenleiber und Menschenseelen in fortwährenden Hekatomben aufgeopfert. Wie im Ofen des eisernen Moloch im einstigen Karthago die Kinder, so wird heute eine junge Generation nach der anderen in Kriegen oder in der industriellen Arbeit »verheizt«.

Darum ist es wesentlich, unter welchem »Vorzeichen«, in wessen »Namen« gehandelt wird, ob verführt vom Geist der Schwere oder der Illusion, die beide in der letzten Prüfung der Seele vereint erscheinen, oder im Namen des *Humanus* und in Verantwortung vor dem »Geist der Erde.«

Die dreifache Hoffnung in unserer Zeit

Kann »Prometheus« heute erlöst werden?

Die Voraussetzung aller Heilung ist das Eingeständnis der Krankheit. Daraus wächst Einsicht. Deutlicher als bei der Erlösung des Prometheus im Mythos ist diese Notwendigkeit in der nordischen Überlieferung ausgesprochen. Odin, der zum Gott erhöhte Prometheus des Nordens, hängt am »Weltenbaum« – ein wunderbares Bild für den Lebensorganismus Erde im ewig wechselnden Werden! – »er selber sich selber geweiht«. Er liest die an den Wurzeln (!) liegenden uralten Runen der Weisheit, und in Erkenntnis der Ur-Tatsachen des Lebens löst er sich aus der Bindung an die Natur und schreitet nun als ein Freier »von Wort zu Wort, von Werk zu Werk«, von Erkenntnis zu Erkenntnis, von Tat zu Tat.[225]

Die »Lehre« dieses Bildes lautet: Die Alternative zu einer Not bin ich selbst. In mir müssen die Quellen der Heilung fließen. So muß auch die Krankheit der Gesellschaft von möglichst vielen erkannt und zum allgemeinen Bewußtsein werden. Das ist eine Aufklärung, die von jedem geleistet werden kann, der Einblick in die gegenwärtige Lage des Menschen und der Menschheit gewonnen hat. Es ist uns nicht gestattet, auf andere zu warten; die großen Warner, Propheten und Geistesführer haben längst ihr Wort gesprochen, und an entschlossenen, oft »verzweifelten« Taten, das Schicksal aufzuhalten, hat es nicht gefehlt. Ob das Rufen der Einsamen in der Wüste unserer Zivilisation verhallt, ob die unsäglichen Opfer des Widerstandes umsonst waren, liegt an jedem von uns. Wer angesichts einer Gefahr schweigt, macht sich schuldig.

Der erste Schritt zur Heilung ist, auf dem Wege, der zu der erkannten Krankheit geführt hat, einzuhalten und die Ursachen des Zerstörungsprozesses abzustellen. Das kann im persönlichen Leben die Zigarette sein, im gesellschaftlichen ist es bestimmt auch der Reaktor.

Dann haben die therapeutischen Maßnahmen im eigentlichen Sinne zu folgen. Ohne den Willen zur Gesundung, ohne das diesem integrierte »Prinzip Hoffnung« werden sie nicht anschlagen. Worauf ist unsere Hoffnung auf eine Wende gegründet?

Zunächst auf ein Lebensgesetz: Das Phänomen der Metamorphose zeigte uns, daß einer Evolution die umgekehrte Tendenz zur Involution folgt, das heißt auf den gegenwärtigen geschichtlichen Augenblick angewandt: Der exzessiven Ausdehnung folgt die Konzentration, der Veräußerlichung die Verinnerlichung.

Jede Kulturepoche zeigt nach ihrer größten Entfaltung eine rückläufige Tendenz. Diese kann als Ermüdung, als Versiegen der Lebenskräfte verstanden werden oder als Wende zur Verinnerlichung. Spengler hat uns auf diese historische Gesetzmäßigkeit in eindrucksvoller Weise hingewiesen. Sie zeigt sich im Ende der ägyptischen wie der griechisch-römischen Kultur und so auch nach dem Gipfel der großen arabischen Epoche. Die abendländisch-faustische Kultur, deren Wachstum, Blüte und Reife Spengler bewußt gemacht hat, unterliegt nicht weniger einer solchen Metamorphose. »Der Untergang des Abendlandes« ist eine naturgesetzlich-geschichtliche Konsequenz. Die bereits aufgeführten Indizien zeigen an, daß er sich vor unseren Augen unaufhaltsam vollzieht. Der Punkt des Umschlagens einer positiven Entwicklung in eine solche, die die Errungenschaften des Aufstiegs nicht nur in Frage stellt, sondern wieder aufhebt, ist längst überschritten. Die Betroffenheit derer, die weitere Erfolge nach alten Regeln vergeblich erwarten, Manager und Politiker, ist entsprechend groß, ihre Hilflosigkeit nicht minder. Doch die Verneinung von Naturgesetzen hebt diese nicht auf. »Unkenntnis schützt vor Strafe nicht« und ein Ignorieren des Pendelschlages des Lebens ebensowenig vor dem Niedergang. Uns ist es anheimgestellt, diese Entwicklung aus Einsicht in das Fällige zu meistern, oder aber die Katastrophe hinzunehmen, die den Uneinsichtigen und daher Unvorbereiteten überfällt.

Doch was geschieht, wenn zwar eine Minderheit das Gebot der Stunde erkennt, ihre Warnrufe jedoch ungehört verhallen? In vorangegangenen Epochen gab es für diese, um sich – und damit eine Option auf die Zukunft – zu bewahren, als Ausweg den Exodus: Der »Auszug aus Ägypten« ist ein weltgeschichtliches Symbol geworden für die Anstrengung einer verhältnismäßig sehr kleinen Volksgruppe, sich aus einer Sozialordnung zu lösen, die sie als unerträglich empfand: aus der Sklavenhalter-Gesellschaft ihrer Zeit. Der Verzicht auf die »Fleischtöpfe Ägyptens« war *diesem* Volk kein zu hoher Preis für die Freiheit. Die in der Geschichte des gleichen Volkes zuvor beschriebene Flucht aus dem zum Untergang verurteilten Sodom und Gomorha ist noch unausweichlicher gewesen, da es dabei nicht nur um Freiheit und Menschenwürde ging, sondern um die nackte Selbstbehauptung, um Sein oder Nichtsein, ums Überleben angesichts einer drohenden Katastrophe, deren Nahen aus dem Verhalten der Menschen selbst abzulesen war.

Beide Möglichkeiten sind »Vor«bilder unserer gegenwärtigen Situation: Entweder führt uns das weiter betriebene »Wachstum« der Ausplünderungsgesellschaft in die Unfreiheit des »Atomstaates« oder in die physische Katastrophe. Eine Emigration ist in einer organisierten und übervölkerten Welt nicht mehr möglich. Es gibt keine Auswanderung mehr, durch die man – wie deutsche Demokraten nach 1848 noch – sich einem unerträglich werdenden Sozialklima entziehen könnte, um mit Gleichgesinnten eine »neue Erde« zu begründen. Der Weg in die »innere Emigration« ist kein Weg. Durch sie weichen viele müde gewordenen Seelen oder »auf der Zinne des Tempels« verweilende Geister der unserer Generation auferlegten Verantwortung aus. Als einzige echte Alternative bleibt nur das revolutionäre Engagement, d. h. der entschiedene Versuch, eine geistige Wende herbeizuführen.

Ein Rückblick auf die Geburtsstunde des Abendlandes kann uns belehren: sowohl über die Entsprechung der Lage wie über die Antwort, die darauf gegeben wurde. Der Apokalyptiker Johannes durchschaute selbstverständlich das bevorstehende Schicksal Roms. Seine Prophetie kleidet er in das Bild der einstigen »Stadt der Städte«, Babylon. Aber überall ist Babylon, wo eine Zivilisation zum Untergang verurteilt ist, weil die Fäulnis des Welkens sie übermächtigt. Wir können uns heute besser denn je in Stimmung und Bewußtsein denkender Menschen der ausgehenden Antike versetzen. Sie sind gleichsam unsere »Zeitgenossen«. Was sagen sie uns? Die Christen der ersten Stunde haben mit Entschiedenheit sich von den Spielregeln ihrer Zeit abgewandt und eine eigene »Subkultur« unter der öffentlichen Oberfläche begründet. Die in der Apostelgeschichte (Kap.II) geschilderte Urkommune legt davon Zeugnis ab. Nicht die damaligen Formen und Inhalte, aber die unbedingte Entschlossenheit und disziplinierte Solidarität (Kap.V) sowie die Bereitschaft, sich für die eigene Überzeugung bis zum äußersten einzusetzen, können uns Beispiel sein. Die Katakomben sind Grundstein und Fundament einer neuen Kulturepoche geworden.

Die Gegenbewegung zur Industriellen Revolution, zu welcher das Pendel der Geschichte in unseren Tagen ausholt, zielt auf Involution. »Nach innen führt der geheimnisvolle Weg«! (Novalis). Was in den Zwanziger und Dreißiger Jahren unseres Jahrhunderts als »Revolution« der Seele« artikuliert wurde, ist der Aufstand gegen die große Maschine, die Leben und Kultur zerstört. Er wird nur zu einer echten Revolution im Sinne von »Umkehr« werden, wenn er zur Bewegung des menschlichen Herzens – heute oft als »emotionales« Verhalten geschmäht – hinzufügt die volle Ausbildung des Bewußtseins. Rudolf Steiner verbindet in dem Begriff »Bewußtseinsseele« beide Komponenten, von denen keine übersehen werden darf. Die lebensgesetzlich der Evolution folgende Involution ist hier angezeigt für den sozialen und geschichtlichen Raum. Es ist nicht nur denkbar, sondern notwendig, – wenn nicht der gesamte Werdegang von Mensch und Erde in Frage gestellt werden soll – daß diese Wende zu einer »neuen Schöpfung« führt: zur Verinnerlichung des Menschseins, zur Geburt eines »neuen Menschen«, des »Sohnes« des Menschen, des Menschensohnes. Boris Pasternak ahnte dies:

»Ich habe das Gefühl, daß eine vollkommen neue Epoche heraufkommt, mit neuen Aufgaben und Ansprüchen an das Herz und die Menschenwürde, eine stille Epoche, die niemals mit lauter Stimme verkünden wird, die aber von Tag zu Tag wächst, ohne daß wir es bemerken.« Und er fordert uns alle dazu auf, »über so dunkle neue Ereignisse von feierlichem Ernst zu meditieren«.

Eine Dritte Schöpfung kann aus der Zeit hervorgehen: die Schöpfung des Menschen, der im Pendelschlag zur Involution den »Weg nach innen« antritt zu einer neuen Kultur der Seele und des Geistes als zum eigentlichen Inhalt des Menschenlebens.

Involvieren ist, vom Physischen her gesehen, entstofflichen, exkarnieren. Dieser Vorgang kann als Absterbeprozeß gesehen werden. Die Retention des Lebens als scheinbarer Tod wird zur Voraussetzung neuen Lebens und die Metamorphose der Industrialisierung zur »wahren Resurrektion der Natur«,[226] zu ihrer Auferstehung.

Seit Beginn des Jahrhunderts wird diese »Zeitwende« ersehnt, erhofft, erwartet. Es gibt keinen Beweis dagegen, daß sie noch möglich ist.

Auch uns, in der Gegenwart, bleibt als zweite Hoffnung die Erwartung, daß dem »pupertären« Zustand auch der Industriegesellschaft – analog der individuellen Entwicklung – mit der »natürlichen« Beendigung des Wachstums eine Phase der inneren Reife folgt. Wir sind technisch Erwachsene geworden. Der ontogenetischen Gesetzmäßigkeit kann die phylogenetische entsprechen. Wir selbst haben durch unser Verhalten den Beweis dafür anzutreten und damit nach der »Erziehung des Menschengeschlechts« in der Schule der Technik unsere gesellschaftliche »Reifeprüfung« zu bestehen.

Diese zwei Hoffnungen bleiben nichtig, wenn nicht eine Zuversicht hinzu käme, die als spezifisch christliche Kraft gelten kann: der Glaube an den im Einzelleben wie in der Geschichte aus Begnadung möglichen »Einschlag« einer neuen Einsicht, eines daraus folgernden Willensimpulses. Das Christentum selbst ist der historische Beweis dafür. Es ist die Antwort auf eine »Weltkrise«, die der unseren vergleichbar ist:

Ein Zeitalter ging zu Ende, alte Ordnungen lösten sich auf, der Sinn des Menschenlebens war in Frage gestellt. Die Gesellschaft war müde geworden. In Israel verhärtete alte Weisheit zum toten Gesetz. In Rom wirkte in der Hybris des sich allmächtig dünkenden Cäsarenwahnes die gleiche Überheblichkeit der Manager und politischen Macher wie heute. Und in vergleichbarer Rücksichtslosigkeit wurde die Erde durch das Abholzen riesiger, damals unerschöpflich scheinender Wälder der Verwüstung ausgeliefert. Dennoch erreichten die Vorgänge keineswegs unsere heutigen Ausmaße. Auch gab es damals hinreichend Reserven, so jene der geschichtlich noch gar nicht berührten und aufgeschlossenen Räume: des germanischen Nordens und des slawischen Ostens.

So erscheint der »Christus-Impuls« in seiner historischen Verwirklichung nicht einmal so sehr als Heilmittel für die damalige Krise der Antike als vielmehr wie eine »Vorbeugemaßnahme« für die Menschheitszukunft, vergleichbar einer *confirmatio*, einer Stärkung des Menschenwesens für bevorstehende Belastungen und Schicksalsprüfungen.

Diese Wegzehrung als »Brot und Wein des ewigen Lebens«, von der Novalis spricht, besteht weniger in »guten Ratschlägen«, als welche die »Lehren« des Neuen Testaments oft mißverstanden worden sind, wie vielmehr in einem gewaltigen bildhaften Geschehen von planetarischem Ausmaß, das fortan vor die Seelen der Menschen gestellt ist. Die Leiden des Prometheus für »seine« Menschen und das Selbstopfer Odins zur Erlangung der letzten Weisheit erfahren ihre Überhöhung und historische Verleiblichung in der Opfertat auf Golgatha. Im Anschauen des Gekreuzigten erscheint die tödliche Verwundung des Lebens und die Zerstörung der Urgestalt des Menschen schlechthin. Diese äußerste Schändung des Menschen als des »Ebenbildes der Gottheit«, die sich in den darauf folgenden »christlichen« Jahrhunderten Europas in zahllosen Kriegen und Folterungen »Andersgläubiger« immer wieder aufs neue wiederholt, und zu der heute die Zerstörung des Antlitzes der Mutter Erde hinzugefügt worden ist, muß meditierend verinnerlicht, das heißt: in ihrer ganzen Tiefe und Tragik ausgelotet und durchlebt werden. Nur daraus kann die Kraft entstehen, aus der Unerträglichkeit eines solchen Anblikkes das Komplement zu erzeugen: die Auferstehung des Urbildes.

Thomas, genannt der Zwilling, der »Zwiespältige« und daher Zweifelnde, kann nicht »glauben«, daß der Menschen-Sohn auferstanden ist. Er ist als urchristlicher Faust der Prototyp des modernen Menschen, der Überlieferung nach Architekt und darum in die Ikonographie der Heiligen eingegangen mit Winkelmaß und Zirkel. Den damaligen Verhältnissen entsprechend ist er gleichbedeutend mit dem »Ingenieur«. Er will die Auferstehung, das Mysterium, be-greifen, »kapieren« (von capere = greifen, fassen), er will die neue Wirklichkeit mit den Händen fassen. Sein Begehren wird als legitim anerkannt. So wie dem medizinischen Forscher am Ausfall eines geschädigten oder zerstörten Organes dessen Bestimmung deutlich geworden ist, so kann der moderne Thomas-Mensch heute an den Wunden des Menschen die Urgestalt erkennen, wie sie »gemeint« ist.

Für den Christen wird das Ereignis von Golgatha zur österlichen Überwindung des Todes und der Niedergangskräfte unserer Erde, zur Begründung einer neuen Welt, geschaut in der Gestalt des als *Gärtner* Auferstandenen. Die Nachfolge soll fortan von jedem Menschen, »der guten Willens« ist, in eigener Weise und nach seinen Möglichkeiten und Maßen vollzogen werden. Wir sind aufgerufen, wie Friedrich Nietzsche als »Atheist« es uns abverlangt: Zeugen für die Auferstehung als selber »Auferstehende« zu werden.

Ausklang

So ist für jeden von uns erneut die Frage gestellt, die bereits vor mehr als anderthalb Jahrzehnten in der ersten Auflage dieser Studie ausgesprochen worden ist zur abschließenden *Zusammenfassung.* Sie ist heute wie damals gültig:

Die Menschwerdung der Erde als *das Ziel der Technik* tritt heute in ihre volle Erscheinung. Eine größere Bedeutung kann der Technik wohl kaum zugesprochen werden. Doch der Mensch hebt sich, wenn er wahrhaft zum Meister der Materie wird, zugleich über diese hinaus. Seine Technisierung kann wie ein Weg erscheinen, der ihn zu seiner eigentlichen Bestimmung führt. Der Weg ist belanglos angesichts des erreichten Zieles. Der Gegenstand, an dem man lernte, ist nicht entscheidend, sondern was man lernte. Der Mensch gewann Erkenntnis, übte zielbewußtes Wollen und lernte brüderliche Solidarität. Die Technik ist nur die äußere Seite dieser menschlichen Wesenskräfte. Wir verstehen sie immer mehr als Mittel und nicht als Selbstzweck, wie es eine Zeitlang scheinen mochte. Wir befreien uns dadurch von ihrer Tyrannei. Wir geben ihr den gebührenden Rang, aber wir bestimmen zugleich ihren Stellenwert als Werkzeug und Organ. Damit wappnen wir uns gegen die in ihrer Vollmacht liegende Versuchung.

In der Vision der Augenzeugen von Hiroshima und Nagasaki wurde die Versuchung des Menschen der Gegenwart zu einem Realsymbol. In der Explosionswolke der Atombombe erschien ein Wesen, das, wie ein Hüter auf der Schwelle zu einem dem Menschen verwehrten Bereich, Einhalt gebietet und das Doppelantlitz unserer technischen Perfektion enthüllt: Untergang oder Aufgang? Der Augenzeuge, dem der Atompilz wie ein riesiges Gehirn erschien, läßt die Frage offen, »ob es das Kollektivgehirn symbolisierte, das es erschuf, oder die letzte Explosion des menschlichen Kollektivgeistes?«

Die Zeichen der Zerstörung, die uns alltäglich vor Augen stehen, sind so groß, daß kein leichtfertiger Optimismus aufkommen kann. Im Gegenteil: vieles, wenn nicht alles, deutet auf Untergang! Aber wenn noch Hoffnung und Glauben an die Zukunft der Menschheit bewahrt werden sollen, dann muß der Versuch unternommen werden, zu ergründen, wo zu der offensichtlich negativen Seite der technischen Vollmacht die positive zu finden ist. Damit ist keineswegs die oben gestellte Frage bereits beantwortet. Es ist nur die Möglichkeit zu einer Alternative gegeben. In welcher Richtung sich die Menschheit in diesem Jahrhundert entscheiden wird, ist auf Grund der Freilassung des Menschen nicht vorherzusagen. Eines muß allerdings klar erkannt werden: von nun an kann sich kein einzelner Mensch mehr der Entscheidung entziehen. Die Selbstbestimmung, auf die der moderne Mensch Anspruch erhebt, schließt in einer völlig neuen und umfassenden Weise ein die Verantwortung für die Zukunft der Erde.

Vor uns bleibt die paradoxe Frage stehen:

Führt die Freiheit des Menschen zum Untergang der Menschheit – und der Erde?

Anhang

Anmerkungen

I. Die industrielle Revolution als Weltereignis

1 Bei William L. *Laurence*, Dämmerung über Punkt Null – Die Geschichte der Atombombe, Innsbruck, 1948 [Titel der amerikanischen Originalausgabe: Dawn over zero], S. 188 und 164.

2 Freideutsche Jugend – Zur Jahrhundertfeier auf dem Hohen Meißner 1913 – Jena, 1913. Dort erschien auch der im folgenden zitierte Beitrag von Ludwig Klages, später veröffentlicht in »Mensch und Erde«, Sieben Abhandlungen vom gleichen Verfasser, 3. erw. Auflage Jena 1929.

3 Friedrich Georg *Jünger*, Die Perfektion der Technik, Frankfurt/M., 1953.

4 Peter *Bamm*, Ex ovo, Essays über die Medizin, Stuttgart, 1958 [Ausgabe der Deutschen Buch-Gemeinschaft], S. 222 und Lukas XXI, 35.
Mansteins schwerwiegende Bedenken gegenüber den »Folgen einer ungehemmt wuchernden Technik« [»Dem Arzt drängt sich der Vergleich mit dem meist tödlichen Krebsgeschehen am Menschen auf«!] sind keineswegs als »fortschrittsfeindlich« zu verkennen.
Bodo *Manstein*, Im Würgegriff des Fortschritts, Neuausgabe Paperback, Frankfurt/M., 1964.

5 Dazu Arnold *Gehlen*, Die Seele im technischen Zeitalter, Sozialpsychologische Probleme in der industriellen Gesellschaft, Rowohlts Deutsche Enzyklopädie 53 [fortan abgekürzt bezeichnet mit rde], Hamburg, 1957.

6 Gertrud *von le Fort* hat diesen tragischen Konflikt künstlerisch gestaltet in ihrer Novelle ›Am Tor des Himmels‹, Wiesbaden, 1954.

7 Nach einer Angabe von Walter *Kiaulehn* in seinem gleichnamigen Buch, Die eisernen Engel, Hamburg, 1953, zum erstenmal Ende des 18. Jahrhunderts im Cornwaller Grubenbezirk.

8 *Goethe* »Wilhelm Meisters Lehrjahre«.

9 Matthäus VII, 16.

10 Max *Eyth:* »Die Welt , selbst die sogenannte gebildete Welt, fängt an zu erkennen, daß in einer schönen Lokomotive, in einem elektrisch bewegten Webstuhl, in einer Maschine, die Kraft in Licht verwandelt, mehr Geist steckt als in der zierlichsten Phrase, die Cicero gedrechselt, in dem vollendetsten Hexameter, den Vergil jemals gefeilt hat.«

11 So in den Fährten des Cheirotheriums [Handtier], wie sie u. a. in Heßberg bei Hildburghausen und in Tambach [Thüringen] gefunden wurden. Abbildung bei Hermann *Klaatsch*, Der Werdegang der Menschheit und die Entstehung der Kultur, Berlin 1920, S. 44 f. Auch das Handskelett primitiver Raubtiere des frühen Tertiärs, sog. Kreodonten oder Urraubtiere [Patriofelis und Oxyaena], hat große Ähnlichkeit mit der Menschenhand, a.a.O., S. 43.

12 Johann Wolfgang *Goethe*, Die Metamorphose der Pflanze, veröffentlicht u. a. in Goethes Naturwissenschaftlichen Schriften, hrsg. von Rudolf Steiner innerhalb der Goethe-Ausgabe in »Kürschners Deutsche Nationalliteratur«, 1883–1897, Neuherausgabe, Bern, 1949, B. I.

13 Nach R. S. *Lull*, veröffentlicht u. a. bei *Klaatsch*, a.a.O., S. 41.

14 *Klaatsch*, a.a.O., S. 47.

15 Retention ist hier unterschieden von dem in der anthropologischen Diskussion umstrittenen Begriff der Retardation [Verzögerung]. Retention meint nicht ein embryonales Verhalten, sondern die Zurückhaltung gegenüber einer Ausformung und Spezialisierung als Gestaltungsprinzip. Zum Phänomen der »Stauung« äußert sich in bemerkenswerter Weise die Studie von Hermann *Poppelbaum*, Mensch und Tier, Basel, 1937.
»Es würde einem Säugetier leicht sein, zu erweisen, daß es bereits im Uterus der Mutter weiter sei, als der Mensch jemals komme«, ebd. S. 22.

16 Guenther *Wachsmuth*, Die ätherischen Bildekräfte in Kosmos, Erde und Mensch, Basel, 1927, hat diese Anschauungsweise wissenschaftlich weiter ausgeführt.
Du Bois-Reymond bemerkt sehr richtig: Wären die Handwerkzeuge wirklich Schöpfung des Geistes [womit er den menschlichen Verstand meint] und nicht »vielmehr Schöpfungen der Natur . . ., sie würden alle diese Unvollkommenheiten längst nicht mehr aufweisen, nachdem sie einmal als solche erkannt wären«. Erfindungen und Erfinder, Berlin, 1906, S. 69.

17 Otto Julius *Hartmann*, Menschenkunde, Die Physiognomik der Lebenserscheinungen als Grundlage einer erweiterten Medizin, 2. Aufl., Frankfurt/M., 1959, S. 331.
Mit Stehen und Gehen beginnt einsichtiges Handeln, so Helmuth *Plessner*, Die Stufen des Organischen und der Mensch, Einleitung in die philosophische Anthropologie, Berlin, 1928, S. 53
und Gerhard *Heberer:* »Erst nach der Erwerbung der Bipedie begann die Cerebralisation, die typisch euhomine Vergrößerung des Gehirns anzulaufen.« Der Mensch »erscheint hier als die weniger spezialisierte Form, während die übrigen Primaten sich hierin einheitlich verhalten«. Gerhard Heberer, Die Abstam-

mung des Menschen, in Handbuch der Biologie, Bd. IX, Heft 11, S. 265.

18 *Westenhöfer:* »Die für die Frage der *Menschenwerdung*...wichtigsten Körperteile sind der Fuß und das Becken, besonders der erstere.« Max Westenhöfer, Der Eigenweg des Menschen, Heidelberg 1958.
Spatz widerspricht mit *Dabelow* der hier vorgetragenen Anschauung. Für beide ist nicht der aufrechte Gang, sondern das Gehirn die Bedingung des Menschseins: »Ich wage es zu sagen: hätte die Natur dem Menschen die organischen Voraussetzungen des aufrechten Ganges nicht gewährt, so hätte er auf Grund der Differenzierung seines Gehirns künstliche Mittel zur optimalen Beherrschung der Umwelt auch hier erfunden.« Hugo *Spatz*, Gedanken über die Zukunft des Menschenhirns und die Idee vom Übermenschen, in Ernst *Benz*, Der Übermensch, Zürich-Stuttgart, 1961, S. 340. Spatz beruft sich auf das Beispiel Gelähmter, deren wesentlich Menschliches nicht beeinträchtigt sei dadurch, daß sie den aufrechten Gang verloren haben. Dies trifft gewiß zu, doch scheint uns die Berufung auf das Einzelschicksal ein Trugschluß. Der einzelne ist in jedem Falle Ergebnis der Gattungsentwicklung. Die Aufrichtung mußte diese erst ermöglichen!

19 W. *Köhler*, Intelligenzprüfung an Anthropoiden I, 1917, bemerkt, daß der Stockgebrauch der Affen im Instinkt begründet sei. Der Stock stelle für Baumtiere nur den »Funktionswert eines Astes« dar.

20 »Wir wissen wenig so genau wie dies, daß die Intelligenzleistungen der Menschenaffen sich streng innerhalb ihrer Freß- und Spielinteressen halten, und daß ihnen sowohl Begriff wie Wahrnehmung [!] *objektiver* Dinge völlig fehlt.« Aus dem grundlegenden Werk von Arnold *Gehlen*, Der Mensch, seine Natur und seine Stellung in der Welt, Bonn, 1958 [6. Aufl.], S. 134, dazu der ganze I. Teil: Die morphologische Sonderstellung des Menschen, S. 91–140.

21 Friedrich *Engels*, Der Anteil der Arbeit an der Menschwerdung des Affen. Zum Indiz des Menschen: *Heberer* unterscheidet zwischen Werkzeug-Benutzer – »tool-user« – und Geräte-Hersteller – »tool-maker«. Er definiert: »Ein Gerät ist gegenüber einem Werkzeug dadurch charakterisiert, daß es zu einer bestimmten beabsichtigten Tätigkeit nicht nur ausgesucht, sondern für den künftigen Arbeitszweck hergerichtet und zu wiederholter Benutzung zumindest aufgehoben werden kann und häufig auch wird. Ein Gerät wird also zukunftsbezogen final zu einem Arbeitsvorhaben nach einer Idee zweck*tätig* zweck*mäßig* hergestellt.« Gerhard Heberer im Biologischen Jahresheft 1960 des Verbandes Deutscher Biologen e.V., Iserlohn, S. 72. An anderer Stelle führt der bekannte Anthropologe ergänzend aus, was er unter »Gerä-

ten« jener frühesten Stufe als Indiz im »Tier-Mensch-Übergangsfeld« versteht: der entscheidende Befund liegt für ihn im Nachweis von *geschäfteten* Instrumenten, d. h. von einwandfrei *kombinierten* »Geräten«. Ein Beispiel bietet einer der Funde, die *Dart* in Fülle 1964 in Zentraltransvaal [Südafrika] machen konnte: In den distalen interartikularen Spalt des Kanonbeins einer Antilope ist ein scharfrandiges Knochenfragment eingezwängt und so »ein Gerät geschaffen worden, mit welchem Reißwirkungen nachhaltiger Art erzielt werden können«.

22 *Heberer*, Zinjanthropus boisei und der Status der Prähomininen [Australopithecinae] in Zoologische Jahrbücher, Bd. 88, Heft 1, Jena, 1960, S. 96.

23 So Bernhard *Rensch*, Homo Sapiens, Vom Tier zum Halbgott, Göttingen, 1959, S. 40.

24 Zum fötalen Charakter des Menschenhauptes auch Louis *Bolk*, Das Problem der Menschwerdung, Jena, 1926: »Es gibt wohl keinen Körperteil des Menschen, auf den die Persistenz der fötalen Zustände ein so charakterisierendes Gepräge gedrückt hat wie auf den Kopf.«

Otto J. *Hartmann* sieht in der Retardation der menschlichen Schädelbildung, durch die dessen fötale Proportionen beibehalten werden, die physische Widerspiegelung für »die weltoffene Kraft und Helle der Ichheit«; vgl. seine Ausführungen über »Die Dreigliederung des menschlichen Schädels« a.a.O., S. 289–308.

25 Pierre *Teilhard de Chardin*, Der Mensch im Kosmos, [Le Phénomène humain], München, 1959, S. 131. Die Arbeiten Teilhards, die seit 1959 auch in deutscher Sprache veröffentlicht werden, waren bei der Konzipierung dieses Buches nicht bekannt. Die vorliegende Studie fußt daher nicht auf Teilhard, sondern erfährt durch ihn eine erwünschte Bestätigung. Die unübersehbare Bedeutung Teilhards liegt in seiner großartigen Zusammenschau bekannter natur- und geisteswissenschaftlicher Fakten und in der Tatsache, daß er seine zukunftweisenden Erkenntnisse als Priester und Ordensmann und damit als Mitträger abendländischen Erbes ausspricht. Nichts erscheint jedoch für seine Wirkung abträglicher, als eine »Schule« aus ihm zu machen. Damit würde sein Beitrag zur Zukunft – wie das [für die damalige Zeitgenossenschaft tragische] Beispiel Rudolf Steiners zeigt – dem beschränkten Vorurteil verfallen, »Mythologie« zu sein, anstatt unbefangen in die Erkenntnisbemühung und wissenschaftliche Diskussion der Gegenwart einbezogen zu werden. Die christlichen Kritiker Teilhards werden seine Bedeutung für ein zeitgemäßes und zukunftsträchtiges Christentum eines Tages gewiß erkennen.

Heftige Kritik meldet P. B. *Medawar* in Club Voltaire I, München, 1963, S. 31–39, an.

Adolf *Portmann* würdigt vom Standort des Biologen »Die Evolution des Menschen im Werk von Teilhard de Chardin«. [In Ernst *Benz*, Der Übermensch, Zürich-Stuttgart, 1961, S. 385–414].

26 Angaben nach *Linder*. Teilhard de Chardin, a.a.O., S. 133.

Auch *Plessner* hat lange vor Teilhards Veröffentlichungen auf diesen Trend hingewiesen; für den Evolutionismus spricht nach seiner Ansicht nach wie vor die Tatsache des »Durchbruchs des Menschen zur Rationalität«. Einleitung zur Propyläen-Weltgeschichte, I. Bd, Berlin-Frankfurt-Wien, 1961, S. 39. Mit Recht setzt sich Plessner mit dem flachen Fortschrittsgedanken auseinander, der hier selbstverständlich nicht gemeint ist, so auch in ›Die Stufen des Organischen und der Mensch‹, S. 312 f.

27 *Rensch*, a.a.O., S. 114.

28 Im Gehirn besitzt der Mensch nach *Spatz* und *Gehlen* ein *Spezialorgan:* »Die Leistungen dieses Organs haben ihm eine dem Tier verschlossene Emanzipation von der Umwelt ermöglicht. Im Gehirn liegt die Führung.« Sp. nennt das Gehirn das Mysterium maximum und zitiert Giovanni Fontani [1675–1758] in freier Übersetzung: »Das Menschenhirn mit seinem bisher so rätselhaften Bau, seinen noch rätselhafteren Krankheiten und seinen völlig dunklen Funktionen wird dem Geist der Philosophen und Ärzte in alle Ewigkeit keine Ruhe lassen.« Hugo Spatz in Ernst Benz, Der Übermensch, Zürich-Stuttgart, 1961, S. 332.

III. Bios – Techne

29 Adolf *Portmann*, Zoologie und das neue Bild vom Menschen, Biologische Fragmente zu einer Lehre vom Menschen, rde 20, Hamburg, 1959.

30 Mit *techne* ist hier im Sinne von Platos Kunstbegriff alles gemeint, was eine »künstliche« Ergänzung des Organischen darstellt. Aristoteles: »Die techne hat ihren Ursprung im *andoron,* die Physis hat ihren Ursprung im selbigen.« [Dazu Karl *Ulmer,* Wahrheit, Kunst und Natur bei Aristoteles, Tübingen, 1953].

31 ténh [techne] gehört zur indogerm. Wurzel tekp = flechten, das Holzwerk eines Hauses zusammenfügen. Die indogerm. Grundform tek führt zu a] griech. τίχτω = zeugen, gebären [τέκνον = Kind], b] reichen, die Hand ausstrecken, c] tekp = weben, flechten. Vergl. Julius Pokorny, Indogermanisches etymologisches Wörterbuch, Bern-München, 1959, Bd. I., S. 1057 f., und Menge-Güthing, Encyklop. Wörterbuch d. griech. u. dtsch. Spr., 14. Aufl., 1957, S. 683.

Ein unbekannter oberrheinischer Meister stellt die »Madonna mit der Spindel« so dar, daß der Faden mitten durch den Leib der werdenden Mutter führt, in dem in goldener Aura das Kind erkennbar ist. Das Werk befindet sich in einem Berliner Museum. Veröffentlicht in »Die silbernen Bücher«, Bd. II, und als Kunstkarte bei Woldemar Klein, Berlin-Wilmersdorf.

32 Max *Eyth* in »Lebendige Kräfte«.

IV. Arbeit – Technik

33 Oswald *Spengler,* Der Mensch und die Technik, Beitrag zu einer Philosophie des Lebens, München, 1931, S. 14 ff.: »Es gibt dem Typus Mensch einen hohen Rang, daß er ein Raubtier ist.« Der Begriff Raubtier wird wie folgt gekennzeichnet: »Tiere ..., *deren Leben im Töten besteht.*« [Von Sp. ausgezeichnet!] »Das Raubtier ist die höchste Form des freibeweglichen Lebens ..., das Extrem der Notwendigkeit, sich *kämpfend, siegend, vernichtend* zu behaupten ... Die Welt ist die Beute, und aus dieser Tatsache ist letzten Endes die menschliche Kultur erwachsen.« Hier zeichnet sich eine »biologische Weltanschauung« ab, die, politisch angewandt, so verhängnisvoll geworden ist.

Dabei ist die Natur selbst höchst einseitig gesehen. Der Russe *Kropotkin* hat bereits im verg. Jahrh. auf die »gegenseitige Hilfe« im Tierreich durch eine Fülle von Beispielen hingewiesen, ebenso die Verhaltensforschung unserer Zeit, vor allem Konrad *Lorenz.*

34 In einem »Massenpsychologischen Praktikum« für die modernen Industrie- und Wirtschaftsführer empfiehlt Hans *Domizlaff* [Brevier für Könige, Hamburg, 1950] diesen als Vorbild: »Könige und Caesaren sind die großen Egoisten, vergleichbar mit Raubtieren« [S. 7]. »Der raubtierartige Egoismus ist der Urtrieb des Lebens, der die Menschen, Tiere und Pflanzen zur Entwicklung drängt« [S. 9]. »Ich versichere dir mit allem Nachdruck: Die Raubtiernatur ist unvermeidlich, sofern eine Lebensgemeinschaft einen Sinn, das heißt Form, Bestand und Widerstandskraft haben soll, ganz gleichgültig, ob du sie für utilitaristisch oder idealistisch hältst« [S. 127]. Solche »sozialdarwinistischen« Gedanken sind immer noch weit verbreitet.

35 Eugène N. *Marais,* Die Seele der weißen Ameise, Berlin, 1939, S. 162 ff.

36 Frederic J. J. *Buytendijk,* Über den Schmerz, Bern, 1948, S. 164: »Welchen Sinn erfüllt der Schmerz bei der Geburt? Er liegt ausschließlich in der hierdurch gegebenen Möglichkeit einer direkten bewußten Teilnahme der leidenden Frau an dem objektiven Werdeprozeß eines neuen Lebens, das sich von dem alten löst, und der Hingabe und wirklichen Aufopferung des alten Lebens an und für das neue. Dies bringt uns zur Erkenntnis, daß der Schmerz ... seinen Sinn erst voll erfüllt, wenn *durch* ihn die Person bewußt an der *Wirklichkeit* eines dramatischen Geschehens teil-

nimmt, an der Lösung einer Spannung und dem Ausströmen des Lebens in neue Räume.« Dazu auch Max *Scheler,* Vom Sinn des Lebens, Moralia, Leipzig, 1923, S. 57: »Derselbe dunkle Drang des Lebendigen, über sich hinaus zu gehen, nach immer *mehr* Leben, der sich in Verbandsbildung und Fortpflanzung gemeinsam äußert, schafft erst die ontologische Vorbedingung des Schmerzes.«

37 Das »Jugoslawische Modell« realisiert diese Vorstellung in der sogenannten »Arbeiterselbstverwaltung«. Ähnliche Modelle werden in der Bundesrepublik Deutschland praktiziert u. a. im »Ahrensburger Modell« (Carl Backhaus) und in der Hessischen Glashütte Süßmuth.

Der Bericht von Pierre *Boulle* über »Die Brücke am Kwai« ist ein eindrucksvolles Beispiel für die Bedeutung der Arbeit. Nicht nur, daß der britische Offizier, der mit seinen Landsleuten in japanische Gefangenschaft geraten ist, diese durch angestrengte und sinnvolle Arbeit unter den erschwerenden subtropischen Bedingungen moralisch und gesundheitlich intakt hält; er selbst wächst und verwächst mit seinem Werk, der Brücke, obwohl sie, wenn auch unter seinem Kommando, für den Feind erbaut worden ist. Sie ist ihm zu einer erweiterten Leiblichkeit geworden. Im Augenblick ihrer Fertigstellung erlebt er sie als das Sinnvollste, was er in seinem Leben geleistet hat: statt Zerstörung konstruktive Arbeit. So wird verständlich, daß er nicht zulassen wollte, daß sein Werk zerstört werden soll. Im Widerspruch zu Vaterland und Fahneneid widersetzt er sich spontan und unter Einsatz seines Lebens der Zerstörung durch einen Sabotagetrupp seiner eigenen Armee. Der Konstrukteur siegte in ihm über den Krieger. Titel der französischen Ausgabe »Le pont de la rivière Kwaï«, deutsche Ausgabe, rororo 195, Hamburg, 1956.

38 Teilhard *de Chardin,* a.a.O., S. 309.

39 Friedrich *Engels*, Dialektik der Natur, Ausg. bei Dietz, Berlin, 1952, S. 179.

»Der Gebrauch und die Schöpfung von *Arbeitsmitteln*« wird für *Marx* zur Unterscheidung von Mensch und Tier. [Das Kapital, Ausg. bei Dietz, Berlin, 1953, Bd.I, S. 187 f.]

40 90. Psalm Vers 10.

41 Wiedergegeben nach Arnold *Gehlen,* a.a.O. Anm. I, 5, S. 17.

42 Werner *Heisenberg,* Das Naturbild der heutigen Physik, rde 8, Hamburg, 1955, S. 14.

43 Friedrich *Dessauer,* Philosophie der Technik, Bonn, 1926/27, S. 96 f, charakterisiert Technik als eine »Gewalt, die nicht von den Menschen kommt, sondern die mit der Menschheit verfährt, wie es in dieser Gewalt beschlossen ist«. Es ist hier nicht der Ort, auf das Lebenswerk des 1962 im hohen Alter verstorbenen Pioniers für eine Philosophie der Technik näher einzugehen. D. hat seit

1907 [zuerst in der Zeitschrift »Hochland«] in ungezählten Veröffentlichungen im *»Streit um die Technik«* als Kämpfer für ihre rechte Bewertung Position bezogen und zuletzt in einer unter diesem Titel herausgebrachten großartigen Übersicht eine umfassende Darstellung der bis 1956 geäußerten Meinung zu diesem Weltproblem gegeben. Dessauer hatte dabei den Vorzug, als Naturwissenschaftler von hohem Rang und vielseitiger Anerkennung [Dr. phil. nat., Dr. med., Dr. theol. und Dr. Ing. h. c.] zu sprechen. Als einer, der aus der abendländisch-christlichen Überlieferung substantiell lebte und dachte, fand er zu den esoterischen Hintergründen dieses Menschheitsphänomens, das sich ihm im Industrialismus exoterisch enthüllte.

Auf das umfangreiche, seinem Hauptwerke beigegebene, seit 1807 datierende Literaturverzeichnis zum Thema »Technik« sei ausdrücklich hingewiesen. Friedrich *Dessauer,* Streit um die Technik, Frankfurt/M., 1956, 4. Aufl.

Heidegger: »Die Technik ist wie eine religiöse Macht, wie ein Weltereignis oder eine Naturkatastrophe anzusehen.« Nach Paul *Koessler,* Christentum und Technik, Aschaffenburg, 1959, S. 46.

44 Max *Scheler,* Die Stellung des Menschen im Kosmos, München, 1947, S. 10 f.

45 So bei Friedrich Percyval *Reck-Malleczewent* in seinem Fragment »Das Ende der Termiten«, ein Versuch über die Biologie des Massenmenschen, Stuttgart, 1946. Genauso ungerechtfertigt ist die Bezeichnung der modernen Chinesen als »blaue Ameisen«.

46 *Marais* a.a.O., S. 93.

47 Wichtig ist für unsere Gedankenführung der Begriff des »zusammengesetzten« Organismus, der, von einer »Gruppenseele« geführt, den Bau als Leibesgerüst verwirklicht. Hier ist nicht mehr *techne* im Sinne einer erweiterten Leiblichkeit wirksam, sondern die Bildung eines neuen Leibeskerns! Die Folgerungen aus dieser Analogie sind geradezu grundlegend.

Mit Paul *Krannhals* ist »die sinnliche Manifestation der unbewußt vernünftigen ... Totalität in der Organisation des *Leibes* als Vorbild eines einheitlichen Lebensstiles, als Kultur« zu verstehen. Weltsinn der Technik, München, 1932, S. 203.

48 Johannes *Kepler* (1571–1630) Harmonices Mundi.

49 *Krannhals* zitiert Max *Eyth:* a.a.O., S. 106.

Schon für E. M. *Arndt* ist die Sprache »gleichsam der *Leib* aller innerlich im Menschen bewegten Seelenkräfte« [nach Richard *Karutz,* Das Menschenbild in der Weisheit der Völker, Studienmaterial zur Völkerkunde, als Manuskript erschienen im Verlag »Die Kommenden« Freiburg i. Br., 1962, Lieferung 3, S. 626]

und *Krannhals* bemerkt in seiner Auseinandersetzung mit dem Phänomen Technik: »In der Sprache begegnen wir nun der deutsamsten schöpferischen Organisation des menschlichen Geistes, welche Technik und Leben in einem ständig wechselnden Verhältnis offenbart.«

50 Zitiert nach Hanfried *Müller,* Von der Kirche zur Welt, Hamburg-Bergstedt, 1961, S. 88 ff.

51 Dazu zahlreiche Hinweise bei Herman *Wirth,* Die Heilige Urschrift der Menschheit, Leipzig, 1931–36, Sachverzeichnis (110).

52 Leopold *Ziegler* spricht vom »Allgemeinen Menschen«, der aus dem »Allgemeinen Tier« aufsteigt, »dessen Früheres« er in tieferem Sinne war und ist.
Das Lehrgespräch vom Allgemeinen Menschen in sieben Abenden, Hamburg, 1956, S. 253, 211. Dazu *Benz,* a.a.O., S. 285 und *Gehlen* a.a.O., Anm. I, S. 9.

V. Der Mensch – ein Werdender

53 Herman *Wirth* hat in einem umfassenden Werk, Der Aufgang der Menschheit, Eugen Diederichs, Jena, 1928, in einer damals in der wissenschaftlichen Welt Aufsehen erregenden und viel diskutierten Weise auf die ältesten Dokumente eines erwachenden Geisteslebens der Menschheit auf der ganzen Erde hingewiesen. Wenn auch Einzelheiten der kühnen Interpretation dieses genialen Einzelgängers heftig umstritten worden sind, so bleibt doch sein unzweifelbares und bleibendes Verdienst, das Tor zu einer Geistesurgeschichte aufgestoßen zu haben, als einem Bereich, der von der Kultur- und Religionsgeschichte vordem nicht erschlossen war. Dazu »Was bedeutet Herman Wirth für die Wissenschaft?«, Leipzig, 1932, mit Beiträgen u. a. von Eugen *Fehrle,* Gerhard *Heberer,* Walter *Krickeberg* und Konrad Th. *Preuß.* Herman Wirth hat im Text- und Bildband der »Heiligen Urschrift der Menschheit« [Leipzig, 1931–36] eine gewaltige Fülle von nach großen Konzeptionen geordnetem Material vorgelegt, das noch der wissenschaftlichen Erschließung und geistigen Auswertung für unser Kulturbewußtsein harrt.

54 Das Wort: »So ihr nicht werdet wie die Kinder ...« sagt dasselbe aus, es wäre allerdings falsch verstanden, wenn es als Berufung auf ein kindliches Gemüt oder den viel strapazierten »Kinderglauben« gedeutet wird. »Kind sein« heißt nicht nur »einfältig« im Sinne von »ganz« und »ungeteilt« sein, sondern mehr noch: sich in der Entwicklung befinden.
Hans Erhard *Lauer* legt das Phänomen des permanenten »Kindseins« des Menschen seiner beachtenswerten »Geschichtswissenschaft auf geisteswissenschaftlicher Grundlage« zugrunde und beschreibt »die Geburt des Menschen aus dem ›Mutterschoße der Natur‹« vom Wesen des Vorgangs und der Bewußtseinsentwick-

lung her. [Geschichte als Stufengang der Menschwerdung, Freiburg i.B., 1956, 3 Bd., hier Bd. I, S. 86 f.].

55 Vgl. dazu den bemerkenswerten Vortrag von Prof. Konrad *Lorenz* über »Moral-analoges Verhalten geselliger Tiere« anläßlich der Jahresversammlung 1954 des Stifterverbandes für die Deutsche Wissenschaft, veröffentlicht in der Schriftenreihe »Forschung und Wirtschaft« 1954, IV.

56 Jesaias II, 4. In einer großen Plastik dargestellt vor dem Gebäude der Vereinten Nationen in New York als Geschenk der Sowjetunion an die UN.

57 a.a.O., S. 22.

58 Benedikt de *Spinoza,* Die Ethik, Hamburg, 1955, Philosophische Bibliothek, Bd. 92, S. 205.

59 Karl *Marx,* Nationalökonomie und Philosophie [Frühschriften], Kröners Taschenausg., Stuttgart, 1953, Bd.209, S. 243–45.

60 Auch *Luther* hatte eine ähnliche Einstellung, die über Goethes Bemerkung zur Kunst noch hinausgeht insofern, als sie sich unmittelbar auf die Technik bezieht: in einer Rede nennt er die Erfindung der Buchdrucktechnik das letzte und größte »Geschenk Gottes an die Menschen« [nach Dessauer a.a.O., S. 112]. Von einer Verteufelung der Technik ist diese Äußerung weit entfernt.
Sehr bemerkenswert für das Wesen der Technik ist die Aussage von *Novalis,* die dem Gedanken Goethes nahe kommt: »Die Gedanken unserer Altvorderen sind die Selbstabbildung des damaligen Zustandes der Natur.« Der Übergang von vorgegebener, instinktgesteuerter erster Entwicklung der Technik zur bewußten Teilhabe wird hier deutlich.

61 Wir schließen uns hier der Definition von *Heberer* und *Kurth* an, die zwischen »Werkzeug« und »Gerät« unterscheiden. Im folgenden wird diese Begriffstrennung allerdings nicht konsequent durchgeführt, sondern, dem allgemeinen Sprachgebrauch folgend, für den Begriff Gerät auch das Wort Werkzeug verwendet, da dem in »Werkzeug« enthaltenen »Werk« [von »Wirken«] die Vorstellung von *planmäßigem* Handeln zugrunde liegt.

62 Hans *Freyer* meint: »Die Anthropologie ist damit zum Treffpunkt biologischer, psychologischer, kulturwissenschaftlicher und philosophischer Kategorien geworden. Sie bezeichnet heute bereits eine der Herdstellen, von denen aus sich das System der Wissenschaften umbaut.« Denn »mit dem philosophisch wieder ernst genommenen Problem des Seins war immer auch die Frage nach dem Menschen aufgeworfen, auch sie ins Metaphysische vertieft, also nicht die Frage nach den empirischen Zusammenhängen, in denen der Mensch steht, sondern als *Frage, was er seinem Wesen nach sei«* [S. 585, von mir ausgezeichnet! H.], und er folgert trotz klarer Einsicht in die Fragwürdigkeit unseres menschheitlichen

Weges: »der Glaube, er führe vorwärts, ist, solange wir ehrlich mit menschlichen Maßstäben messen, nicht sinnlos.«
Hans *Freyer,* Gesellschaft und Kultur, in Propyläen-Weltgeschichte [hrg. von Golo Mann] X »Die Welt von heute«, Berlin-Frankfurt, 1961, S. 559/91.

VI. Der Mensch als Geschöpf

63 Oswald *Menghin,* Weltgeschichte der Steinzeit, Wien, 1931.
Auch Hans *Mislin* sieht »die volle – d. h. voll entfaltete – ›*Potenz Mensch*‹ erstmals in den ›Steinkulturen‹«. Zum Problem des Übermenschen in der gegenwärtigen Biologie in Benz, Übermensch, S. 307.

64 Nach der »Jüngeren Edda«, übertragen von Gustav Neckel und Felix Niedner, Jena, 1925, S. 54 f.
Ein chinesischer Mythos bietet eine merkwürdige Parallele, wenn er vom ersten Menschen erzählt, Pan Ku, der aus sich selbst, schmiedend [!], das Weltall hervorgebracht hat: sein Fleisch verwandelte sich zur Erde, und seine Knochen wurden Metalle.

65 Nach der »Gloria Mundi« zitiert von Mircea *Eliade,* Schmiede und Alchemisten, Stuttgart, 1960, S. 198.

66 Das Bild von der »Erschaffung« des Menschen aus Ton ist Eigengut dieses Kulturkreises und Zeugnis der »Welt«anschauung der ersten Handwerker. Im Glauben der Waldländer Europas, aber auch anderen Orts [z. B. in Indien] wird bezeichnenderweise der Mensch nicht »gemacht«; er »wächst« aus dem »Lebensbaum« hervor. Als »Stammbaum« des natürlichen Werdens ist diese Imagination vom modernen Bewußtsein durchaus zu begreifen und mitzuvollziehen.

67 Dazu Gordon *Childe,* Vorgeschichte der europäischen Kultur, rde 101, Hamburg, 1960, S. 100 ff.

68 z. B. die Abbildungen von Äxten in der Steinkiste von Kivik auf Schonen. Childe [a.a.O., S. 113] macht darauf aufmerksam, daß in der Fatjanovo- und Bootsaxtkultur Knaben mit Spielzeug-Äxten aus Ton bestattet wurden.

69 *Kurutz,* a.a.O., S. 571.

70 Kámennaja bába, »Steinmütterchen«, nennt der russische Volksmund noch jene steinernen Gottes-Mutter- oder Mutter-Erde-Stelen, welche sich auf den Grabhügeln von der Ukraine im Don- und unteren Dnjepr-Gebiet über das Gebiet der skytho-sibirischen Kultur und hoch darüber hinaus nachweisen lassen; nach *Wirth,* Urschrift, a.a.O., S. 221, im Bildband auch Abbildungen.
Dazu B. *Nyberg,* Kind und Erde, Helsinki, 1931; R. *Eisler,* Weltenmantel und Himmelszelt, München, 1910; Hans *Schmidt,* Die Erzählung von Paradies und Sündenfall, Tübingen, 1931.

71 Nach Radiokarbondatierungen entstanden die ersten Ackerbaudörfer um 5000 v. Chr. am Nordrande Mesopotamiens. Von hier aus breitete sich der Feldbau nach allen Richtungen aus. Dazu Rudolf *Grahmann,* Urgeschichte der Menschheit, Stuttgart, 1952, S. 260 f.
Die Ortsbestimmung weist darauf hin, daß jene Überlieferungen recht haben, die von einem Urherd der Ackerbaukultur auf dem Hochland des *Iran* wissen und in diesem Zusammenhang von dem »ersten Ackerbauer« *Zarathustra.* Sowjetrussische Expeditionen unter Wawiloff haben Bestätigungen dafür erbracht.
Schon kurze Zeit darauf – noch im gleichen Jahrtausend – finden wir die erste Entwicklung einer jungsteinzeitlichen Bauernkultur in Nordwesteuropa. Ihre Zeichen: die Verbreitung von Gerste, Weizen, Hirse, Viehzucht, das Vorhandensein von Holzpflügen, ja erster Bergbau auf Obsidian und verwertende »Industrie« von geschliffenen Steinwerkzeugen, so durchbohrten Hämmern und Beilen. Wir wissen von Pfostenhütte und Blockhaus und von ersten Wagen.

72 So wurde die »Weissagekunst«, die »prophetische Schau«, die im kultischen Vollzug gewonnen wurde, als τέχνη [mit oder ohne Zusatz μαντική] bezeichnet.
Bei den Feuerkulten des alten Indien [dazu *Oldenberg,* Die Religion des Veda, Berlin, 1917] wird deutlich, wie ursprüngliche Technik zu Kult wird, richtiger: eine Trennung zwischen Handhabung und Bewußtsein noch nicht besteht. Die Erneuerung des Herdfeuers blieb in den bäuerlichen Zusammenhängen Europas bis in das vorletzte Jahrhundert ein kultischer Akt. Ausführlichere Angaben sind in guter Überschau auch zu finden bei Ludwig *Noiré,* Das Werkzeug und seine Bedeutung für die Entwicklungsgeschichte der Menschheit, Mainz, 1880.

73 Dazu Margaret *Mead,* Mann und Weib, Das Verhältnis der Geschlechter in einer sich wandelnden Welt, Hamburg, 1958, mit wertvollen völkerkundlichen Hinweisen. Amer. Originalausgabe »Male and Female«.

74 *Karutz* [a.a.O., S. 556] glaubt sogar folgern zu können: »Der Hackbau der Frau, ihr von den aufbauenden Lebenskräften ihres rhythmischen Pflanzertums eingegeben, entwickelte sich neben dem Jägertum des Mannes, in welchem die abbauenden Triebkräfte des unsteten Tieres vorherrschten.«

75 Johann Jakob *Bachofen,* Mutterrecht und Urreligion, Stuttgart, 1861, hat als erster in größerem Umfang diese Zusammenhänge dargestellt und den Begriff »*Matriarchat*« in die wissenschaftliche Sprechweise eingeführt.
B. stellt fest, daß das Mutterrecht nicht einem bestimmten Volke, sondern einer Kulturstufe angehört habe. Als typische Merkmale führt er an: die Bevorzugung von »links« vor »rechts«, woraus der

Vorrang des passiven Empfangens gegenüber dem Handeln hervorzugehen scheint, der Erde vor dem Meer [empfangendes und befruchtendes Prinzip], der Nacht [des Traumhaft-Unbewußten] vor dem Tage [des hellwachen Denkens].

B.sieht »die demetrisch geordnete Gynaikokratie« in einer »Mittelstellung, in welcher sie als Durchgangspunkt der Menschheit aus der tiefsten Stufe des Daseins zu der höchsten sich darstellt«. Ohne diese Darstellung im Sinne einer Wertordnung verstehen zu wollen, kann man mit B. im Sinne einer Evolution zur Schlußfolgerung kommen: »In der Hervorhebung der Paternität liegt die Losmachung des Geistes von den Erscheinungen der Natur, in ihrer siegreichen Durchführung eine Erhebung des menschlichen Daseins über die Gesetze des stofflichen Lebens.« [a.a.O., S. 44 und 73]. Die Überlieferung der »Weisheit der Völker« stellt »das Bild einer Urmutter für die schöpferischen Weltenkräfte in den kosmischen, die Sippen- und Familienmutter in den gesellschaftlichen Mittelpunkt. Sie machten die Frau zur Erfinderin des Hackbaus, der Töpferei, der Weberei, zur Pflanzen- und Heilkundigen, zur erfahrenen Bootssteuerin [nauta! H.], einflußreichen Führerin und Stammeskönigin in NW-Amerika, zur ›alles Wissens Kundigen, der eine Königsmütze zukam‹, wie der Mutter des Gilgamesch; zur Priesterin, die bei den Druiden das Vorrecht des Menschenopferns besaß, zur Richterin, zur Kriegerin«. [Karutz, a.a.O., S. 531].

Die Tatsache, daß die Symbolisierung der Volkswesen weiblich geschieht: Germania, Helvetia, Marianne usw., hängt hiermit zusammen. Im Osten spricht man noch heute von »Mütterchen Rußland«.

76 Diesen einleuchtenden Vorschlag machte Hans *Gsänger*, München, durch seine Veröffentlichungen zur Geschichte der Mysterien einem größeren Leserkreis bekannt. Karutz spricht von »Muttergeltung«.

77 Bemerkenswert ist die Herkunft des Wortes *cultura* aus *quelo* indogerm. *quel* sich drehen, herumbewegen [dazu griech. πέλομαι pelomai]. Dazu gesellen sich die Bedeutungen *pflegen, abwarten, bauen, bebauen, bearbeiten, Feldbau »treiben« [!], wohnen,* und bezeichnenderweise *geistig pflegen, ausbilden, veredeln,* schließlich: *verehren, anbeten, opfern, dienen.*

78 Die moderne schwedische Erziehung wie der künstlerisch tendierende Unterricht der Waldorfpädagogik Rudolf *Steiners* streben diese »Allmenschlichkeit« auch bei der Ausbildung der männlichen Jugend wieder an.

79 Im »Gestaltwandel der Götter« [Leopold *Ziegler*] äußert sich ein Bewußtseinswandel!

80 Auf diesem Hintergrunde ist mit Jean *Gebser* auf die Tatsache hinzuweisen, »daß einer der größten Weisen Chinas die Menschen

der Frühzeit nicht etwa als ›primitive Menschen‹ qualifiziert, wie es ein heutiger Europäer aus einer wissenschaftlichen Hybris heraus tun würde, sondern sie ›wahrhafte Menschen‹ nennt« [Ursprung und Gegenwart, Stuttgart, 1949–53, 2 Bd., S. 75].

81 Der Kontrast zwischen der bäuerlichen Frühkultur Germaniens und der städtischen Zivilisation im kaiserlichen Rom wird besonders deutlich im 18., 19. und 20. Kapitel. So konnte auch unsere Zivilisation bis in die Mitte unseres Jahrhunderts den ländlichen Zuständen in den slawischen Ländern gegenübergestellt werden.

82 vgl. Uno *Holmberg,* Der Baum des Lebens, Suomalaisen Tiedeakatemian Toimituksia [Annales Acad. Scient. Fenniacae. Ser. B. Tom XVI], Helsinki, 1922/23.

VII. Der Mensch als Schöpfer

83 Man weiß, daß gelegentlich Kupfer seit dem Neolithikum [6. bis 5. Jahrtausend] verwendet wurde [Eliade, a.a.O., S. 29]. »Wenn das Kupfer aus dem wäßrigen Element, welches es durchdringt, befreit wird und dieser Prozeß etwa durch Reduktion mit Kohle über die Stufe der pulverigen Trockenheit weitergeführt wird, sehen wir das reine metallische rote Kupfer erscheinen. Wir können die Alchimisten verstehen, wenn sie von der Venus sagten, sie habe einen blauen Mantel und einen roten Geist. Große Künstler haben von diesen Zusammenhängen auch immer gewußt oder sie aus ihrem künstlerischen Empfinden geahnt. So malte Botticelli seine schaumgeborene Venus mit leuchtend rötlichen Haaren, und sie steigt empor aus dem blau-grün wogenden wäßrigen Element. Ja selbst in der Flamme wiederholt sich diese Farbendynamik; die Kupferflamme ist leuchtend blau-grün mit hie und da aufblitzenden roten Flammenspitzen.«
Diese Beschreibung von Rudolf *Hauschka* in seiner »Substanzlehre«, Frankfurt/M., 1946, S. 216, verdeutlicht ein Erkenntnisstreben, das nicht nur nach der Erscheinung, sondern auch nach dem *Wesen* der Dinge fragt. Das Wesen weist auf Zusammenhänge hin, die bei abgegrenzter Betrachtung gar nicht gesehen werden können. Die Beziehung des Kupfers zu jener Lebensmacht, die der antike Mensch im Bilde der Aphrodite anschaute, wird nur so verständlich. Noch das erste deutsche Buch über metallurgische und alchimistische Themen, das »Bergbüchlein« [Augsburg, 1505], erklärt die Entstehung des Kupfererzes aus dem Einfluß des *Planeten Venus.* Das Kupfer entspricht also auch wesensmäßig einer Epoche, in der das weibliche Element vorherrschte, jedoch schon nicht mehr in ur-mütterlicher Art, sondern als die befeuernde Schönheit vom Mann her erlebt. [Bemerkenswert, daß im oben beschriebenen Farbenspiel die Farben der Jungfrau-Mutter Maria

des christlichen Mittelalters enthalten sind: der blaue Mantel um das rote Gewand].

84 Auch wenn schriftliche Überlieferungsmöglichkeiten gegeben wären, die für diese Zeit selbstverständlich noch fehlen, würden wir auf diesem Wege wenig erfahren, da der Inhalt und die Praxis dieser Naturerkenntnis der Frühzeit sorgsam in Mysterienstätten gehütet worden sein werden. Die Tradition und Übung der Alchimisten rechtfertigen diesen Rückschluß.

85 Vgl. *Hauschka,*a.a.O., Kap. XXIX, Das Eisen.

86 *Plutarch* und *Diodorus* berichten, daß die Ägypter das Eisen haßten. Sie nannten es »die Knochen Seths«. Plutarch, De Iside, Kap. 62.

87 *Eliade,* a.a.O., S. 80.

88 Gegenstände aus tellurischem Eisen sind zwischen den Blöcken der Großen Pyramide [2900 v. Chr.] und in einer Pyramide der 6. Dynastie in Abydos gefunden worden. Auch die Hethiter verwendeten nach einem Text des 14. Jahrh. zuerst »das schwarze Eisen des Himmels«. Für Kreta ist meteoritisches Eisen seit 2000 v. Chr. bekannt. Von einer Metallurgie auf industrieller Grundlage kann erst seit 1200–1000 v. Chr. die Rede sein, merkwürdigerweise abseits der Hochkulturen in den Bergen Armeniens. Von dort aus wurde das Geheimnis des Schmelzens über den Nahen Osten, das Mittelmeergebiet und Mitteleuropa verbreitet. Die Erfahrungen, die zuvor in der Behandlung des Kupfers und der Bronze gewonnen werden konnten, kamen natürlich der neuen Technik zugute [*Eliade,* a.a.O., S. 25 ff.].
R.*Heine-Geldern,* Die asiatische Herkunft der südamerikanischen Metalltechnik, in Paideuma V, 1954, S. 415-416.
Nach H.*Baumann* und D.*Westermann,* Les peuples et les civilisations de l'Afrique, Paris, 1948.

89 Daß die chinesische Frau auf diese Weise nicht zur Entfaltung ihrer Persönlichkeit kam und zu einer »Sklavin« herabsank, ist die Folge eines immer stärker ausgebildeten Patriarchates. Töchter waren weniger erwünscht als Knaben, und die weibliche Neugeburt durfte bis in unser Jahrhundert hinein ungestraft in den Bach geworfen werden. Erst die demokratische Revolution leitete einen Bewußtseinswandel ein, den Mao Tse-tung durch die völlige Gleichstellung der Frau in sozialer und politischer Hinsicht legitimierte. Die Emanzipation der Frau gehört zu den echten großen Errungenschaften des modernen kommunistischen China.

90 Havamal 138–144.
Odin als Schmied wird belegt bei Martin *Ninck,* Wodan und germanischer Schicksalsglaube, Jena, 1935, S. 27 und 134 f.

91 Eliade, a.a.O., S. 128 f.

92 I. Mose IV, 22.
Emil *Bock,* Das Alte Testament und die Geistesgeschichte der

Menschheit, Stuttgart, 1951, Bd. I, Urgeschichte, S. 49 f. und die bemerkenswerte Studie von Johannes *Eyberg,* Die Zwillinge, Kain und Abel in der Goethezeit, Stuttgart, 1947.

93 Erich *Jung,* Germanische Götter und Helden in christlicher Zeit, hat zu dieser bekannten Tatsache eine Fülle von Beispielen vorgelegt. So wurde der Lanzenträger Odin zu Michael, der Handwerker Thor mit dem Hammer zu Petrus mit dem Schlüssel.

94 Die phallischen Gestalten der schwedischen Felszeichnungen in Bohuslän [1500–500 v. Chr.] bestätigen dies, so der Pflüger von Litsleby.

In der chinesischen Sage von Mo-ye und Kan-tsian wird ein Schmiedeehepaar geschildert, dessen mystische Vermählung den Schmelzfluß als »Hochzeit der Metalle« befördert [angeführt von Eliade, a.a.O., S. 75 f.]. Die im 3. Kap. dieses Buches ausgeführte Verbindung von *Technik* und *Zeugung* als korrespondierender Vorgang, dargestellt an der gemeinsamen Sprachwurzel τεκ [tek], erfährt durch das Brauchtum eine erneute Bestätigung. Sie bezieht sich bemerkenswerterweise keineswegs nur auf naheliegende Analogien im biologischen Bereich bäuerlichen Handelns, sondern wird auf das technische Schaffen übertragen. Wie dort ist auch hier von einer Unterstützung und Fortsetzung von »Wachstumsprozessen« der Natur zu sprechen. Vgl. Anm. 31.

95 Nach *Wirth,* a.a.O., Kap. 30, Der »Jahr«-Gott und »Kreuz«-Gott, S. 634–646, dazu Atlas, Taf. 303–304. Für das Motiv »Gott schafft durch Denken« und die Spaltung des »Hauptes« Gottes, Taf. 305 und 266 sowie Kap. 31, Der »Dorn«-Gott, S. 646–675. Atlas Taf. 322, 328, 330 und 331.

96 Alfred *Weber,* Kulturgeschichte als Kultursoziologie, München, 1950, sieht seit etwa 4000 v. Chr. die nordischen Reittierzüchter und die mittleren Rindviehzüchter in Bewegung. »Unzweifelhafte Herrenvölker tragen seitdem das Geschehen«, a.a.O., S. 29 ff. Das war notwendig, denn »die weiblichen Kräfte sind die verallgemeinernden typuserhaltenden, der Fortschritt der Menschheit brauchte aber differenzierende, individualisierende männliche Kräfte«, Karutz, a.a.O., S. 532.

Durch die Männerherrschaft kam aber auch der Krieg in die Welt!

97 nach der Schilderung des *Pausanias.*

98 So kennzeichnet *Tacitus'* ›Germania‹ IX die naturnahe Frömmigkeit.

99 Die Metallurgen übernahmen mit ihrem Eingriff in das Verborgene der Erde eine Verantwortung. Indem Quellen, Höhlen und Bergwerke als Mutterschoß der Erde aufgefaßt wurden, lösten die Bergleute gleichsam Embryonen aus einem verborgenen Wachstumsprozeß heraus. »Sie mußten um jeden Preis ihren Eingriff rechtfertigen und um dies tun zu können, mußten sie vorgeben,

durch das metallurgische Verfahren das Werk der Natur zu ersetzen«, meint *Eliade,* a.a.O., S. 51.

100 Bei den Männerbünden in deutschen und skandinavischen Ländern trat der Schmied als erster »Handwerker« bei den Initiationsriten maßgeblich hervor. Diese bis in eine noch nicht weit zurückliegende Zeit geübte Überlieferung weist auf den gemeinsamen Ursprung der Männerbünde als Gefolgschaft [»Wildes Heer«] und Werkgenossenschaft hin. Dazu Otto *Höfler,* Kultische Geheimbünde der Germanen, Frankfurt/M., 1934. Der berühmte Schmied von Gretna Green in Schottland, der noch heute das Recht der Trauung hat, ist eines der letzten Beispiele für die neue Vollmacht, die der Handwerker auch in sozialer Hinsicht gewann. Ähnliche Zeugnisse lassen sich aus Japan und Afrika anführen; so heißt es, daß der erste König von Angola der König der Schmiede war, und bei den Baramba war der Oberpriester fast immer ein Schmied. Die Geheimbünde standen im allgemeinen unter der Führung von Schmieden [Angeführt bei *Eliade,* a.a.O., S. 125 f. und S. 112].

101 Eine treffende Bemerkung von M.*Iljin* in seiner mit E.*Ssegal* verfaßten Kulturgeschichte »Wie der Mensch zum Riesen wurde«, Übertragung aus dem Russischen, Berlin, 1950, Bd. I, S. 332.

102 »Von Gottes Gnaden« war noch bis zu ihrer Abdankung 1918 das Prädikat deutscher Landesfürsten.

103 Heinrich Eduard *Jacob,* Sechstausend Jahre Brot, Hamburg, 1954. Hier wurde die *Brotkunst* ausgebildet: der Backofen erfunden, »der erste chemische Versuchsofen« der Welt. Das Brot wurde zur Maß-Einheit, nach der man zählte und mit der man bezahlte. Wir sind genau über die Besoldung der Priester und Beamten in dieser Währung unterrichtet. Der Pharao war nicht nur Landesvater, er war als solcher auch im wörtlichen Sinne der »Brot-geber« dieser »kommunistischen« Ur-Gesellschaft.

104 In der Island-Saga von Grettir dem Starken heißt es: »Er war ganz unglücklich darüber, daß er nirgends seine Kraft erproben konnte, und zog überall Erkundigungen ein, ob es nicht irgendwo eine gute Tat für ihn gäbe.«

105 Auch *Mereschkowskij,* der diese und andere Äußerungen ebenfalls anführt, sieht als »das Ziel Babylons in der Weltgeschichte ..., die eine Menschheit wiederherzustellen« [Die Geheimnisse des Ostens, aus dem Russischen übersetzt von Alexander Eliasberg, Berlin, 1924]. Selbstverständlich kann dies nur im wesenhaften Sinne verstanden werden: Babylon, das Prinzip der Stadt, das heute »überall« [Wolf Schneider] ist, wird tatsächlich der gemeinsame Weg der Völker zur Einen Welt.

106 Nach Fritz *Kretzschmer,* Technik und Handwerk im Imperium Romanum, VDI, Düsseldorf, 1958.

107 *Aristoteles* unterschied in seiner »*Ethik*« das Werkzeug als unbe-

seelten Sklaven [»stummer Diener«!] und den Sklaven als beseeltes Werkzeug. Nach der Schlacht bei Pydna, die das Schicksal Griechenlands besiegelte [168 v. Chr.], wurden die Bewohner von 70 Städten als Sklaven verkauft [Preis etwa 200–300 Mark, schöne Sklavinnen über 2400 Mark].

108 Nikolaus *Herman* [†1561] in dem weitverbreiteten Weihnachtslied: »Lobt Gott, ihr Christen allzugleich...«, entspr. dem Brief des Paulus an die Philipper, II, 6–8.

109 Dazu Roi *Rottley*, Die schwarze Odyssee, Die Geschichte der Neger in Amerika, Hamburg, 1949.

110 Zitiert nach dem Leidener Papyrus von *Mereschkowskij,* a.a.O., S. 132.

111 I. Mose I, 27, zuvor 26: »Und Gott sprach: Lasset uns Menschen machen, ein Bild, das uns gleich sei, die da herrschen... über die ganze Erde!«

112 I. Mose III, 17 und IV, 2.

113 I. Mose XI, 1–9.

114 I. Könige V, 15 ff. und II. Chronik II, dazu Th. *Friedrich,* Tempel und Palast Salomos als Denkmäler phönizischer Kunst, Innsbruck, 1887.
Kurt *Möhlenbrink,* Der Tempel Salomos, Eine Untersuchung seiner Stellung in der Sakralarchitektur des Alten Orients, Stuttgart, 1932.
Vom geistesgeschichtlichen Blickwinkel her beschäftigt sich ausführlich mit dem salomonischen Tempel Emil *Bock,* a.a.O., Bd. 3, Könige und Propheten, Stuttgart, 1953, S. 119 ff.
»Folgen wir den Angaben der Bibel, so kommen wir, was die Außenarchitektur anlangt, auf... die Maße eines einstöckigen Bauernhauses, das schmal und langgestreckt daliegt, oder einer Dorfkirche« [etwas über 20 m lang, knapp 7 m breit und etwas über 8 m hoch]! Ebd.

115 Karl *Jaspers,* Vom Ursprung und Ziel der Geschichte Frankfurt/M., Hamburg, 1955, [Fischerbücherei 91], S. 14 ff.
Selbstverständlich fragt Jaspers nach dem Grund dieser Einheitlichkeit und beschäftigt sich mit Alfred *Webers* These, daß der ein halbes Jahrtausend vor Beginn des fraglichen Zeitraumes erfolgte Einbruch der Reitervölker der Indoeuropäer, der aus Mittelasien China, Indien und das Abendland erreichte, die Wende heraufgeführt habe. »Die Geschichte wird zur Auseinandersetzung dieser beiden Mächte der alten stabilen, gebundenen, unerwachten des Mutterrechts mit den neuen bewegten, befreienden, bewußt werdenden [!] Tendenzen der Reitervölker« [S. 28]. So vordergründig diese Erklärung zunächst [auch für Jaspers] anmutet, sie führt letzten Endes von den Symptomen zum eigentlichen Vorgang, nämlich zu dem entscheidenden Kulturumbruch, den wir hier als die Metamorphose vom Geschöpf zum Schöpfermenschen in

seiner technischen »Leibhaftigkeit« und Bedeutung als menschlich »physiologischen« Reifeprozeß zu beschreiben versuchen.

116 West-östlicher Divan.

117 Dazu die Untersuchungen von Franz *Cumont*, Die Mysterien des Mithra, Ein Beitrag zur Religionsgeschichte der Römischen Kaiserzeit, Deutsche Ausgabe von Georg Gehrich, 3.Ausg. von Kurt Latte, Leipzig-Berlin, 1923: an neueren Arbeiten u.a. Alfred *Schütze*, Mithras-Mysterien und Urchristentum, Stuttgart, 1960, letzterer bemerkenswert durch den sachkundigen Versuch, geistesgeschichtliche Zusammenhänge zu verdeutlichen.

118 Die berühmten Eklogen, mit anderen Messias-Verheißungen der Antike ausführlich behandelt bei Alfred *Jeremias*, Die außerbiblische Erlösererwartung, Berlin, 1927, dazu auch Eduard *Norden*, Die Geburt des Kindes, Geschichte einer religiösen Idee, Leipzig-Berlin, 1924.

119 Die »Brotkirche von Eleusis« stellt u.a. dar *Jacob*, a.a.O., S. 82–98.

120 Johannes XII, 20–25

121 Matthäus XII, 39, 40 und Lukas XI, 29.

122 Hanfried *Müller* zitiert eine Lesefrucht aus Marx zu den Vorarbeiten Bonhoeffers zu dessen ›Ethik‹: »Es ist leicht ein Heiliger zu sein, wenn man nicht Mensch sein will« und resümiert: »Mit der Anerkennung der Mündigkeit der Welt proklamiert Bonhoeffer die *Freiheit des Christen zur Erkenntnis, zur Bejahung, zur Veränderung der Welt.*« [Hervorhebungen von mir, H.] Hanfried Müller, a.a.O., S. 367.

123 Brief des Paulus an die Römer VIII, 15: πνεῦμα υιοθεοσίας. Luther übersetzt: »Ihr habt einen *kindlichen* Geist empfangen.« Auch an anderen Stellen wagt er nicht das schwergewichtige und anspruchsvollere Wort von der »*Sohnschaft*« des Menschen, das ihm wohl zu sehr in die Nähe des »Sohnes Gottes« gerückt erscheint, welche Bezeichnung er nur dem Christus zugestehen will.

124 Johannes V, 20 und III, 35.

125 Kennzeichnung des Seinsgrundes durch Rudolf *Steiner*, so auch im weihnachtlichen Zeitengebet der »Christengemeinschaft«, deren Bekenntnis an der Stelle, wo das alte christliche Credo vom »Schöpfer Himmels und der Erde« spricht, den spirituellen Begriff einführt: »Ein allmächtiges geistig-physisches Gotteswesen ist der Daseinsgrund der Himmel und der Erde.« Über Rudolf Steiner und die Christengemeinschaft Johannes *Hemleben*, Rudolf Steiner, Rowohlts Monographien 79, Hamburg, 1963, S. 98 ff. und 137 ff.

126 so Matthäus IV, XIII, XX, XXI und XXV, Markus IV, Lukas VIII.

127 Johannes IX, 4 und Lukas X, 7.

128 Markus II, 27: »Der Sabbat ist um des Menschen willen gemacht« und Matthäus XII, 8: »Des Menschen Sohn ist ein Herr auch über den Sabbat.« Lukas XIII, 15: »Löst nicht ein jeglicher seinen Ochsen am Sabbat?« Matthäus XII, 10: »Ist's auch recht, am Sabbat zu heilen?«

129 Auch afrikanischen Mythen zufolge wurde der erste Schmied als Sohn des höchsten Gottes von diesem gesandt, damit er die Schöpfung vollende und den Menschen das Geheimnis der Berufe mitteile. [*Eliade,* a.a.O., S. 113, nach *Tegnaeus,* Le Héros Civilisateur.]

130 Ψ er manns gaman   ist der Menschen Freude
ok moldar auki   und des Staubes [der Erde] Vermehrer
ok skipa skreytir   und der Schiffe Schmücker.
Handschriften des Runenliedes in der Kgl. Bibliothek Kopenhagen [AM 461 und 749], dazu das 32. Hauptstück bei Herman Wirth, a.a.O., S. 676 ff.

131 nach *Benz,* Übermensch, S. 298.

132 C. S. *Lewis,* zitiert bei Benz, ebd., S. 295.

133 bei Benz, ebd., S. 298.

134 Weihnachtsspiele aus altem Volkstum, Die Oberuferer Spiele, herausgeg. von Marie *Steiner,* Dornach [Schweiz], S. 26.
Die Spiele sind überliefert von deutschen Bauern bei Preßburg (Bratislava), deren Vorfahren sie höchstwahrscheinlich bei ihrer Einwanderung aus dem Bodenseegebiet schon mitgebracht hatten. Ihre heutige Gestalt stammt wohl aus dem 16. Jahrh. Sie wurden Mitte des verg. Jahrh. von dem Germanisten Julius *Schröer,* Wien, entdeckt und erhalten.

VIII. Der Großmensch

135 »Ein Beispiel habe ich euch gegeben, daß ihr tut, wie ich euch getan habe ... So ihr das im Bewußtsein habt, glücklich seid ihr, wenn ihr es *tut.*« Johannes XIII, 15 und 17.

136 Apostelgeschichte [griech.: »Apostel-Praxis«!] II, 44–46.
»Einem jeden nach seinen Bedürfnissen«, lautet Lenins Formel für »Kommunismus«. Schon die Preußen-Könige versprachen: *Suum cuique,* »Jedem das Seine«.

137 Von der »Geburt Gottes in der Seele« sprechen immer wieder die Predigten des deutschen Mystikers und Philosophen Meister *Ekkehart,* später insbesondere Johannes *Scheffler,* bekannt als *Angelus Silesius.*

138 Nach Philbert *Schmitz* Geschichte des Benediktiner-Ordens, Zürich, 1948, 2. Bd., S. 27. H. *Pirenne,* Histoire de Belgique, Brüssel, 1929, Bd. I, S. 146, bemerkt: »Mehr als einer jener Äbte, der im

Ruf der Heiligkeit verstarb, genoß auch den Ruf eines geschickten Gutsverwalters.«

139 Matthäus V, 14.

140 E. *Lefèvre-Pontalis,* Millénaire de Cluny, Macôn, 1910, S. 226 ff. In den Domen der Gotik feierte die Herrschaft des Menschen über den Stein als Werkstoff ihren größten Triumph. Welche Meisterschaft der Statik ist doch angesichts des Fehlens moderner Hilfsmittel für einen solchen gigantischen Bau wie den Kölner Dom Voraussetzung!

141 Paulus im Römerbrief VIII, 19; in der Übersetzung Luthers wird κτίσις als »Kreatur« bezeichnet, der Begriff »Schöpfung« [=Natur] ist sprachlich ebenso gerechtfertigt. So überträgt auch umfassender die Ausgabe des Neuen Testaments von P. Konstantin *Rösch* O. M. Cap., Paderborn, 1927, S. 332: »Die *Schöpfung* harrt mit Sehnsucht der Offenbarung der Kinder Gottes.« Bei Paulus heißt es allerdings unübersehbar [im Unterschied zu Luther und Rösch]: »der *Söhne* Gottes« [υἱοὶ τοῦ θεοῦ], womit zweifellos die Menschen als »Gottes Erben und Miterben Christi« [ebd. Vers 17] gemeint sind!

142 *Bonhoeffer* kritisiert in ›Widerstand und Ergebung‹, Briefe und Aufzeichnungen aus der Haft, hrsg. von E. Bethge, München, 1951, S. 29 f. mit Recht.

Walter *Dircks* sieht in seiner äußerst beachtenswerten Untersuchung über »Die Antwort der Mönche«, Frankfurt, 1952, das Scheitern des benediktinischen Impulses darin, daß sich »der schlaue und berechnende Geist der Täuschung und der Lüge« des »Schwertglaubens und der Verklärung des Schwertes bedient hat, um Gottes Mittelalter zu verhindern: das benediktinische Mittelalter, das Mittelalter der brüderlichen Siedlung und brüderlichen Arbeit«.

143 Wolfram von *Eschenbach,* Parzival 744, 25–754, 28 [nach Lachmanns Zählung]. Feirefiz sagt nach dem Kampf in tiefsinniger Bedeutung zu Parzival: »Mit dir selbst hast du hier gekämpft. Um mit mir selbst zu kämpfen, bin ich ausgeritten.« Nach der Prosa-Übertragung von Wilhelm Stapel, München, 1950, S. 427.

144 Zitiert nach *Kiaulehn* a.a.O., S. 69.

145 Paul *Krannhals,* a.a.O., S. 211 f.

Dessauer weist geradezu auf eine Art geistiger »Kommunion« hin, wenn er sagt: »Der Erfinder, der darüber reflektiert, was in ihm sich abspielt, kann eben nicht bestreiten, daß er eine Begegnung hat mit etwas, was da ist, was Kraft und Macht hat.« Dessauer, Philosophie d. T., 3. Aufl., S. 150.

Benz nennt darum die moderne Technik »Begleiterscheinung, wenn nicht Ergebnis eines spezifisch christlichen Verständnisses von Gott, Mensch und Universum, denn sie setzt in ihren Ursprüngen den christlichen Gedanken von Gott als Schöpfer, von

der Welt als gesonderter Schöpfung, vom Menschen als Bild Gottes und Mitarbeiter Gottes voraus. Wenn heute der Mensch durch die Technik die Natur umformt ... und die Evolution selbst zu lenken beginnt – wäre es nicht letzthin ein Armutszeugnis für Gott selbst, wenn dies alles grundsätzlich nur als Rebellion gegen Gott verstanden würde und nicht als Auftrag?« Übermensch, a.a.O., S. 452.
Dazu von katholischer Seite: »Kein göttliches Gebot hindert die Entfaltung der menschlichen Fähigkeiten«, Paul *Koessler* in »Christentum und Technik«, 4. Bd. der XIII. Reihe der von P. Johannes *Hirschmann* S. J. herausgegebenen Enzyklopädie ›Der Christ in der Welt‹, Aschaffenburg, 1959, S. 112.

146 Oswald *Spengler,* Der Untergang des Abendlandes, Umrisse einer Morphologie der Weltgeschichte, 2. Bd. Welthistorische Perspektiven, München, 1923, S. 622.
Spengler vertritt in diesem Zusammenhang [S. 325 Anm. 2] eine bemerkenswerte Anschauung: »Das antike Opfer ist überhaupt als *Gebet in körperhafter Gestalt* aufzufassen« [Betonung durch Spengler!]. Orare quasi laborare und laborare quasi orare! Kulturgeschichtlich würde dies bedeuten: Benedikt, Roger Bacon, Albertus Magnus – der Priester als »Ingenieur« – in kommender Zeit der Ingenieur als »Priester«? Letzterer verstanden als verantwortlich in der Welt Handelnder im Sinne einer Vermenschlichung der Erde.
Wenn – wie zuvor zitiert – *Marx* von einer »*exoterischen* Enthüllung der menschlichen *Wesenskräfte*« [von ihm ausgezeichnet] in der Industrie spricht, wird durch die Einführung dieses Begriffes ein »*esoterischer*« Kern stillschweigend vorausgesetzt. Dessen Verwirklichung würde »die vollendete Wesenseinheit des Menschen mit der Natur« und »*der durchgeführte Humanismus der Natur*« sein. [Beide Zitate von *Marx,* Nationalökonomie und Philosophie, vergl. Anm. V, 5].
Aristoteles versuchte so, in seiner Ethik die Sklaverei zu rechtfertigen.

147 *Fichte:* »Es soll allmählich keines größeren Aufwandes an mechanischer Arbeit bedürfen, als ihrer der menschliche Körper bedarf zu seiner Entwicklung, Ausbildung und Gesundheit, und diese Arbeit soll aufhören, Last zu sein.«

148 So dachten auch die chinesischen Bauern, die sich 1848 unter dem »Bruder Christi« Hung Hsu-chuan im Süden des Reiches zur großen Taiping-Revolution erhoben, um ähnlich den Bauern zur Zeit Luthers in Berufung auf das Evangelium ein »Reich des Himmels« [Taiping] auf Erden zu begründen. [Nach 16jährigem Bestehen wurde dieser christlich-sozialrevolutionäre Staat für die Mandschu-Dynastie Pekings von einem französisch-englischen Expeditionskorps unter General Gordon blutig niedergeworfen.]

149 Alias *Ibn Roschd,* 1126 in Cordova in Spanien geboren. Für Averroes ist Aristoteles »*der* Philosoph«.
Seine Werke sind Ausdeutungen und Ergänzungen der Schriften des Aristoteles.

150 F. A. *Pouchet,* Histoire des sciences naturelles au moyen âge, Paris, 1853, S. 263.

151 Vgl. dazu Rudolf *Steiner,* »Goethes Weltanschauung«, »Einleitung zu den naturwissenschaftlichen Schriften Goethes« in Kürschners Nationalliteratur, a.a.O., Anm. II, 2.

152 1215: in diesem »Schlüsseljahr« wurde in England die Magna Charta proklamiert, in Deutschland Wolframs Parzival vollendet und in Rom das Laterankonzil veranstaltet, das die bisher mit Leben erfüllten Glaubensgrundlagen zu Dogmen erhob, dem Priester den *character indelebilis* zusprach und gegen die Verletzung der religiösen und geistigen »Linientreue« die »Heilige Inquisition« einrichtete – als eine Institution, die später in tragischer Weise Vorbild wurde für eine Vielzahl ähnlicher »Sicherheits«-Organe. Die GPU und »die Verbrennungsöfen des dutzendjährigen Reiches, die womöglich nur ein Anfang waren, sind, der allgemeinen, fortschreitenden Quantifizierung gemäß, die quantifiziert grauenhaft gewordenen Scheiterhaufen der Inquisition. [Und es sind wahrscheinlich weitgehend die ›gleichen‹ Menschen, die damals wie heute die gleiche Schuld auf sich luden.]« So Gebser, a.a. O., S. 214.

153 Servet wurde 1553 unter Calvins, des großen Reformators, Regiment in Genf langsam zu Tode geröstet.

154 Bei Lukas VIII, so heißt es wörtlich: die Mysterien (τὰ μυστήρια] im Sinne der »Geheimnisse« von Eleusis.

155 Matthäus XXI, 28–31.

156 Friedrich *Rittelmeyer* nannte dies die »Reichsunmittelbarkeit«, indem er einen politischen Begriff für das religiös-geistige Bewußtsein der Freiheit übernahm. Schon die Quäker beanspruchten auch die politische Mündigkeit im Sinne eines »allgemeinen Königstums aller Bürger«, wie man den wesensmäßigen Gehalt der modernen Demokratie kennzeichnen könnte.

157 Sören *Kierkegaard,* Literarische Anzeige [mit einem Anhang: Reflexionen über Christentum und Naturwissenschaft, übers. v. E. Hirsch, 1954, S. 123, dazu Heinz-Horst Schrey, Weltbild und Glaube im 20. Jahrhundert, Göttingen, 1955.

158 *Novalis:* Neue Fragmente 113 – »Dem echt Religiösen ist nichts Sünde« – »Ist die Umarmung nicht etwas dem Abendmahl Ähnliches?«

159 Der [auch von *Luchtenberg* zurückgewiesene] Vorwurf *Spenglers* gegenüber den »weißen« Völkern, durch die »Preisgabe ihrer zivilisatorischen Errungenschaften« einen »Verrat an der Technik« begangen zu haben, ist angesichts der hier geschilderten

Mission der Technik, die Eine Menschheit gerade in den sog. »Entwicklungsländern« vorzubereiten, geradezu absurd.

160 Benz nennt die Folgen den »Kopernikanischen Schock« und meint: »Wir können uns heute normalerweise keine Vorstellung mehr davon machen, in welch tiefgreifender Weise sich die allmähliche Ausbreitung des Kopern. Weltbildes im 17. Jahrhundert auf das traditionelle christliche Weltverständnis ausgewirkt hat... Die Erweiterung des Weltbildes hatte zunächst den Ausbruch einer tiefgreifenden Lebensangst zur Folge.« B. weist hin auf Wolfgang *Philipp*, der gezeigt hat, wie ein »kosmischer Nihilismus« sich ausbreitete. [Das Werden der Aufklärung in theologiegeschichtlicher Sicht, Göttingen, 1957, S. 84.].
Ernst *Benz*, Jesus Christus, das Christusverständnis im Wandel der Zeiten, 6. Vorlsg., Marburger Theologische Studien, Marburg, 1964.

161 Zitiert bei *Iljin*, a.a.O., 2.Bd., S. 539.

162 I. Mose II, 19.

163 »Da wurden seine Augen aufgetan«, heißt es zutreffend im Paradeis-Spiel von Oberufer, a.a.O.

164 *Novalis* eröffnet damit den Zugang für ein neues Verständnis der Eucharistie.

165 *Spengler*, Untergang, a.a.O., II, S. 10.

166 Ernst *Kantorowicz*, Kaiser Friedrich II, Berlin, 1928/31, und Rudolph *Wahl*, Wandler der Welt, Friedrich II., der sizilische Staufer, München, 1949, insbes. 9. Kap.

167 Carl A. *Willemsen*, Das Falkenbuch des Kaisers, 1941; Fr. bemerkt: »So verhält es sich nicht« oder »wir glauben etwas anderes«, oder »wir sind Aristoteles gefolgt, wo es sein mußte, aber er scheint verschiedentlich von der Richtigkeit abzuweichen«; dazu die lebendige Darstellung »Der König der Franken in Sizilien« bei Wahl, a.a.O., S. 197 ff.

168 Lewis *Mumford*, Kunst und Technik, Stuttgart, 1959, S. 24, deutsche Ausgabe des bei der Columbia University Press in New York erschienenen Bandes »Art and Technics«.
Die Ableitung des Rades vom »Sonnenrad« vermutet bereits 1872 L. *Geiger*, Ursprung und Entwicklung der menschlichen Sprache und Vernunft, Bd.2, S. 42, ebenso Eliade, a.a.O., S. 28.

169 Zur Sachkunde: Hölzerne Wagenräder sind für die Zeit 5000 v. Chr. bezeugt. Schwere vierrädrige Wagen mit Scheibenrädern waren in Sumer ursprünglich nur den Göttern [!] und Königen [als deren Stellvertretern] vorbehalten und wurden wohl zum erstenmal um 3500 v. Chr. zu Kriegszwecken verwendet. Nach den Felszeichnungen Südschwedens ist eines der ältesten Zeugnisse unseres Kulturraumes der berühmte »Sonnenwagen« von Trundholm [Seeland] im Kopenhagener Nationalmuseum, dazu Gustaf *Kossinna*, Die deutsche Vorgeschichte, Leipzig, 1925,

S. 80 ff. Über das »Weltenrad« Herman Wirth, a.a.O., S. 134 ff. und 177 ff. Als Kultsymbole werden heute noch die Osterräder von Lügde in Westfalen bewahrt.

170 Mitgeteilt von *Kiaulehn,* a.a.O., S. 39 nach Conrad *Matschoss,* Friedrich der Große als Beförderer des Gewerbefleißes, Berlin, 1912.

171 Ernst *Gerland,* Leibnizens und Huygens Briefwechsel mit Papin nebst der Biographie Papins, Veröffentlichung der Königlichen Akademie der Wissenschaften, Berlin, 1881.

172 Im Prinzip des *Sowjetismus* setzt sich begrifflich und verfassungsrechtlich dies »Räte-System« fort [*Sowjet*=Rat].

173 In einer Überschau dargestellt von Wolf *Schneider,* Überall ist Babylon, Die Stadt von Ur bis Utopia als Schicksal des Menschen, Düsseldorf, 1960.

174 Nach Otto S. *Reuter,* Germanische Himmelskunde, München, 1935. Die umfangreiche, gründliche Untersuchung gibt einen Überblick über die erstaunlich große und exakte Himmelsbeobachtung und Orientierungsmöglichkeit der Wikinger-Zeit.

175 Manifest der Kommunistischen Partei, London, 1848: »Die Bourgeoisie ... hat ganz andere Wunderwerke vollbracht als ägyptische Pyramiden, römische Wasserleitungen und gotische Kathedralen, sie hat ganz andere Züge ausgeführt als Völkerwanderungen und Kreuzzüge ... Die Bourgeoisie hat in ihrer kaum hundertjährigen Klassenherrschaft massenhaftere und kolossalere Produktionskräfte geschaffen als alle vergangenen Generationen zusammen. Unterjochung der Naturkräfte, Maschinerie, Anwendung der Chemie auf Industrie und Ackerbau, Dampfschiffahrt, Eisenbahnen, elektrische Telegrafen, Urbarmachung ganzer Weltteile, Schiffbarmachung der Flüsse, ganze aus dem Boden hervorgestampfte Bevölkerungen – welch früheres Jahrhundert ahnte, daß solche Produktionskräfte im Schoß der gesellschaftlichen Arbeit schlummerten.«

IX. Geschichte als Biographie des Einen Menschen

176 Teilhard *de Chardin,* a.a.O., S. 133 und 129.

177 *Marx,* Nationalökonomie, a.a.O., S. 245.
Wird die Technisierung als physische Evolution »des« Menschen und als dessen Wachstum zugleich in individueller und sozialer [und d. h. »moralischer«] Richtung verstanden, dann gewinnt die Betonung der Wirtschaftsgeschichte, die oft genug als »Materialismus« verkannt worden ist, eine ganz andere Bedeutung.
Alfred *Kurella,* Der Mensch als Schöpfer seiner selbst, Beiträge zum sozialistischen Humanismus, Berlin, 1958, macht dazu

lesenswerte Ausführungen, insbes. S. 49 und 88–96: »Nicht als ob es unmöglich wäre, auch im isolierten Ich und seiner geistigen und seelischen Situation den ganzen Menschen zu finden. Aber wie etwa nur ein durch die Kenntnis der Gesamtheit der physikalischen Vorgänge geschulter Physiker in den widerspruchsvollen Vorgängen der von der Quantenmechanik beherrschten Mikrowelt die einheitliche Gesetzmäßigkeit der physischen Welt auffinden kann, so wird auch nur ein Denker, der den Gesamtvorgang der unendlichen Schöpfung des Menschen durch dessen eigene Arbeit erfaßt hat, imstande sein, aus einer beliebigen Regung eines beliebigen Individuums das Wesen der Gattung Mensch abzulesen oder zu rekonstruieren; und auch er müßte dabei den ganzen »Makrokosmos der Menschwelt« bemühen! Warum da nicht gleich den Blick auf *ihn* richten, wenn ich wissen oder wenigstens ahnen will, wer »Ich« bin, woher ich komme und wohin ich gehe?« [a.a.O., S. 95].

178 vergl. Albert *Rosenfeld,* Die zweite Schöpfung, Neue Aspekte des menschlichen Lebens, Düsseldorf 1970.

179 *Menghin,* a.a. O., Einführung, dazu bemerkt *Lauer* [a.a.O., Bd. I, S. 90] sehr richtig, »wie der älteste Mensch seelisch die Gesamtnatur noch als seine ihn an ihren Brüsten ernährende Mutter empfunden hat. Niemals hätten in der älteren Menschheit derartige mythische Erinnerungen an die Urzeit fortleben können, wenn der Mensch aus einer einzelnen Tiergattung auf dem Wege des ›Kampfes ums Dasein‹ und der ›Auslese der Tüchtigsten‹ sich zum Menschen heraufgearbeitet hätte.« Wir fügen hinzu: »heraufgearbeitet« wohl, jedoch im Verständnis vom Wesen der Arbeit als weniger oder mehr bewußtes Mitwirken im eigenen Wachstumsprozeß.

180 Diether *Stolze,* Den Göttern gleich, Wien, München, Basel, 1959, bringt ein Gruselkabinett zeitgenössischer Vorstellungen, auch zuvor Lewis *Mumford,* Die Verwandlung des Menschen, Berlin, 1956, S. 115.
Dazu kritisch *Wagner,* Friedrich, Hrg., Menschenzüchtung, Das Problem der genetischen Manipulierung des Menschen, München 1969.

181 Dazu Rudolf *Steiner,* Grundlinien einer Erkenntnistheorie der Goethe'schen Weltanschauung, 1886. Neuauflage Dornach 1924.

X. Technik – Schicksal von Mensch und Erde

182 Dennis *Meadows,* Die Grenzen des Wachstums, Bericht des Club of Rome zur Lage der Menschheit, Stuttgart, 1972 und Herbert *Gruhl,* Ein Planet wird geplündert. Die Schreckensbilanz unserer Politik, Frankfurt/M. 1975, S. 41, S. 53, 52.

183 Davis S. *Landes,* Der entfesselte Prometheus, Köln 1937, S. 97.
184 So meinte Fritz *Baade,* Der Wettlauf zum Jahre 2000, Unsere Zukunft: ein Paradies oder die Selbstvernichtung der Menschheit, Oldenburg-Hamburg, 1960, S. 18
Nachfolgende Angaben nach: L. Dudley *Stamp,* Our Undeveloped World, London, 1952, S. 24 United Nations, The Future Growth of World Population (Population Studies N. 28), New York 1958, schätzten die Weltbevölkerung auf 6 Milliarden im Jahre 2000.
185 Robert *Jungk,* Der Atomstaat, Vom Fortschritt in die Unmenschlichkeit, München, 1977 und Werner G. *Haverbeck,* Der Aberglaube an das Atom und die neue Aufklärung, in Bodo *Manstein* (Hrg.) Atomares Dilemma, Frankfurt, 1977.
186 Diether *Stolze,* Den Göttern gleich, Wien-München-Basel 1959, S. 307. Lewis *Mumford*, a.a.O., S. 115.
187 E. F. *Schumacher,* Es geht auch anders, Jenseits des Wachstums, Technik und Wirtschaft nach Menschenmaß, München 1974. Der leider Verstorbene gehört wie *Manstein, Meadows* und *Gruhl* zu den großen Bahnbrechern neuer Einsichten auf dem Felde des Lebensschutzes.
188 Theo *Löbsack,* Versuch und Irrtum, Der Mensch: Fehlschlag der Natur, München, Gütersloh, Wien 1974, S. 22.
189 *Gebser* [Ursprung und Gegenwart, S. 211 f.] sieht ebenfalls die einzige Möglichkeit zur Bewältigung der uns zugewachsenen Technik in einer *Rücknahme* und argumentiert: »Wir hätten keine derartigen Apparate, wären wir nicht genuin aus uns selbst zu jenen Leistungen fähig, die mit ihnen vollbracht werden können. Diese Überlegung zeigt uns auch die Grenzen der Technik auf, insofern sie nämlich durchaus nicht zu der eingebildeten Allmächtigkeit des Menschen verhelfen kann; sie muß im Gegenteil zu einer Allohnmächtigkeit führen, sofern dieser Vorgang der Projektion nicht realisiert wird. Denn es gehört zu den Erfordernissen der Projektion, daß sie nicht unbefristet bleiben darf, sondern daß sie integriert werden muß. Diese Integrierung ist aber nur durch Rücknahme der Projektion möglich, eine Rücknahme, die jedoch stets nur von einer neuen Ebene aus realisierbar ist: psychische Projektionen können nur durch das neutrale, bewußte Verstehen aufgelöst werden; materielle Projektionen also vielleicht durch die integrierende geistige Fähigkeit des ›Durchscheinens‹? Jedenfalls mag sich hier eine Möglichkeit für die Lösung des Problems der Technik zeigen, ein Problem, das ja in keinem Falle durch weiteres Fortschreiten der Technik gelöst werden kann.
Die erwähnte Rücknahme braucht ... noch nicht zu einer völligen Annullierung – die eine Auflösung und keine Lösung wäre – der Ratio und damit auch der Technik führen ..., aber sie stellt dank der Kraft der neuen Ebene *ein neues Gleichgewicht* her.«

Feliks *Burdecki* weist in seinem »geschichtsphilosophischen Versuch der Deutung unserer Seinslage« auf die Bedeutung des Opfer-Gedankens für die Entwicklung der Technik hin: »Die Welt als Opferaltar«. Er sieht »im Problem des Opfers und des Geopfertseins eines der Schlüsselprobleme, vielleicht überhaupt *das* Schlüsselproblem der menschlichen Bewußtwerdung«. Zweifellos ist auch das erwachende Bewußtsein des technisch gestaltenden Menschen von dieser Vorstellung des Opfers bestimmt gewesen, und gewiß halten wir hier den Schlüssel für ein Verstehen der sich fortwährend und so auch in der Technik selbst zerstörenden [oder aufopfernden] Natur. Es ist bemerkenswert, solche Gedanken in souveräner Beherrschung der Bilderwelt der Mythen von einem welterfahrenen Ingenieur zu hören. Menschheit und Energetik, Physik-Verlag Mosbach, 1962, S. 53.

XI. Das Doppelantlitz der Technik

190 Guenther *Wachsmuth,* Die Entwicklung der Erde, Kosmogonie und Erdgeschichte, ein organisches Werden, Dornach (Schweiz), 1950, S. 53.
dazu *Goethe,* Naturwissenschaftliche Schriften, 36. Teil, »Bildung der Erde«.

191 Ernst *Lehrs,* Mensch und Materie, Frankfurt/M., 1953, S. 289.

192 Rudolf *Steiner,* Der Entstehungsmoment der Naturwissenschaft in der Weltgeschichte und ihre seitherige Entwicklung, Neun Vorträge vom 24. XII. 1922 bis 6. I. 1923 am Goetheanum Dornach, Dornach, 1937. »Der Anblick des Todes wurde ihnen ein Symbolum für eine Auferstehung, für eine Auferstehung des Geistes aus innerer Menschenkraft, das Symbolum dafür, daß das Leid gerade dadurch erlöst werden kann, daß das Physische überwunden wird . . ., indem man es voll im Auge behält . . ., aber es überwindet durch Arbeit, durch Tätigkeit, durch die Regsamkeit des Willens . . . Leben muß Kraft in sich entwickeln, damit auch die Kräfte des Todes überwunden werden können und die menschliche Arbeit in der Weltentwicklung ihre Aufgabe verrichten kann.« Rudolf *Steiner,* Westliche und östliche Weltgegensätzlichkeit, Zyklus in Wien 1.–12. Juni 1922, 4. Vortrag »Anthroposophie und Weltentwicklung«.

193 Robert *Jungk,* Die Zukunft hat schon begonnen, Stuttgart-Hamburg, 1952, S. 72.

194 »Sie wurden gewahr, daß sie nackt waren . . .« [I. Mose III, 7] braucht also keineswegs als moralische Einsicht gewertet werden; im Gegenteil dazu weist bekanntlich die Ethnologie darauf hin, daß die Bedeckung des Schoßes die Aufmerksamkeit erregen soll, also eine ganz andere Aufgabe hat, als zu verbergen.
Mumford, a.a.O., S. 23, hält den Schmuck des Körpers für »die

elementarste Form der Kunst« und meint: »Wahrscheinlich war der primitive Mensch bestrebt, sich mit solchen Mitteln über den tierischen Zustand eines bloßen Gattungswesens emporzuheben und sei es auch nur dadurch, daß er sich das Gesicht mit gelbem oder rotem Lehm beschmierte.« Dem wäre gegenüberzustellen, daß sich der Mensch heute durch Mode und Uniform wieder zum Gattungswesen macht.

195 Johann Wolfgang *Goethe,* Das Göttliche, die nachfolgenden Zitate sind bekannt aus dem »Faust«.

196 dazu u. a. H. *Hunger,* a.a.O., S. 262 f. und Friedrich Georg *Jünger,* Die Titanen, Frankfurt/M., 1944.

XII. Die Polarität als Lebensgesetz

197 I. Moses, 3,7.

198 Das Gutachten für Erwachsenenbildung in der Bundesrepublik Deutschland 1960 spricht bereits diesen Tatbestand an.
Robert *Jungk* hatte später den Versuch unternommen, in Zusammenarbeit mit Hans Josef *Mundt* »Modelle für eine neue Welt« aus den Beiträgen vieler zum Team vereinigter Experten zu gewinnen. Es steht außer Zweifel, daß solche und ähnliche »Planungswissenschaft der Zukunft« zur Ausbildung sehr konkreter Vorstellungen von unseren nächsten Schritten das Gebot der Stunde ist. Mit verschwommenen Idealen ist uns wenig geholfen, vielmehr sind Anstrengungen gefordert, die aus den verschiedenen Aspekten einer pluralistischen Gesellschaft *das Gemeinsame in der Vielfalt* suchen und herausarbeiten.

199 Zitiert nach Christian *Hansen,* Die seelische Situation des Arbeiters, in »Die Kommenden«, 9. Jahrg., Folge 9 Freiburg i. B., 1955.

200 Paul *Luchtenberg* »Anteil der Technik an den Wandlungen des Menschenbildes« in »Das Menschenbild der Gegenwart«, Abhandlungen der Humboldt-Gesellschaft für Wissenschaft, Kunst und Bildung e. V., Bd. 1 Mannheim, 1964, S. 180 und 191. Prof. Paul Luchtenberg, ehemaliger Kultusminister des deutschen Bundeslandes Nordrhein-Westfalen, stimmt hier mit dem von ihm zitierten Gerhard Szczessny überein.

201 Heinrich *Hardensett* bemerkt dazu: »Wer aber reinen und freudigen Herzens Eisen zu dienenden Maschinen formt und wundersames Licht Tausenden von Menschen spendet, der kann keine Waffen bauen, um sein Werk zu zerstören. Wer mit Flugzeugen und elektrischen Wellen Völker und Erdteile verbindet, der kann wesensnotwendig nicht die Vereinzelung und den gegenseitigen Kampf der Völker wollen. Wer tagtäglich in gemeinsamer Arbeit Werke schafft, kann nicht seine Mitarbeiter ausnützen oder verachten ... Aus der technischen Arbeit erwächst so wesensnotwen-

dig eine baumeisterliche Gesinnung, eine Lebensform des technischen Menschen und damit auch eine technische *Ethik.*«
Hardensett, Der kapitalistische und der technische Mensch S. 72 f., München, 1932.

202 Das Wort *Rasse,* wird zurückgeführt auf arab. *ra's* »Ursprung«. Wurzel und Sproß entsprechen sich in Polarität als »Alpha« und »Omega« der Menschwerdung.

203 Dazu Ruth *Hoppe,* Geschichte der Kinderarbeit in Deutschland 1750–1939, Bd. II Dokumente, Berlin, 1958.

204 Johannes XI, 50.

205 *Novalis,* Neue Fragmente 5/6.

206 Rudolf *Steiner,* Philosophie der Freiheit, Berlin 1894, hier zitiert nach der 11. Auflage, Stuttgart, 1955.

207 Johannes XV 5.

208 Arnold *Toynbee,* Kultur am Scheidewege, Wien, 1949, S. 244 und Konrad *Farner,* Theologie des Kommunismus? Frankfurt/M., 1969.

209 Die Zitate sind entnommen Rudolf *Steiner,* Geschichtliche Symptomatologie, Neun Vorträge 18.X.–3.XI. 1918 in Dornach, vergl. insbes. 9. Vortrag vom 3.XI. 1918, veröffentlicht Dornach, 1942.

210 Erich *Gutenberg,* Grundlagen der Betriebswirtschaftslehre, Berlin-Göttingen-Heidelberg, 1951, S. 343 f.

211 Zitiert nach D. *Brinkmann,* Mensch und Technik, Bern 1946, S. 11.

212 Rainer Maria *Rilke,* Duineser Elegien.

XIII. Die Metamorphose von Mensch und Erde

213 *Goethe,* Die Metamorphose der Pflanze, § 113.
Goethe gebraucht auch den Begriff der Systole – Diastole, um diese Wechselwirkung zu kennzeichnen: »Die große Schwierigkeit bei psychologischen Reflexionen ist, daß man immer das Innere und Äußere parallel oder vielmehr verflochten betrachten muß. Es ist immerfort Systole und Diastole, Einatmen und Ausatmen des lebendigen Wesens; man kann es auch nicht aussprechen, so beachte man es genau und merke darauf.« [Maximen und Reflexionen].
Baader, Herbert *Spencer,* African *von Spir,* Wilhelm *Pinder,* Paul *Krannhals* u. a. weisen auf diesen Rhythmus hin, der bereits seit Diogenes von Apollonia im 5. Jahrhundert v. Chr. als Atmungsvorgang im sinnlich wahrnehmbaren und geistigen Leben gedeutet wird. Dazu Frederik *van Scheltema,* Die geistige Wiederholung, 2. Aufl., Bern, 1952, S. 231 f.

214 *Rensch,* a.a.O., und Gerhard *Heberer,* Die Herkunft der Menschheit in Propyläen-Weltgeschichte, Berlin-Frankfurt-Wien, 1961, I. Bd., S. 87–153. Das Volumen des menschlichen Hirns ist annähernd aus den Schädelfunden zu ermitteln: es stieg von ca. 1200 ccm vor 14000 Jahren beim Cromagnon-Menschen auf den heutigen Wert von 1500 max. 2000 ccm. Dazwischen liegt der steile Aufstieg der menschlichen Denkfähigkeit.

Spatz unterscheidet zwischen »*cerebraler Leistungspotenz*«, wie sie »in einem Zeitraum von vielen, vielleicht sehr vielen Jahrhunderttausenden« mit einem gewissen Grad der Gehirnevolution erreicht ist, und »*cerebraler Leistungsentfaltung*«, wie sie im Laufe der Vorgeschichte und Geschichte erlangt wurde. Sp. vergleicht diese Entwicklung mit der Ontogenese, in der beim Kind bereits ungefähr mit dem 7.–10.Lebensjahr das Höchstgewicht erreicht ist, »wenn man auch noch mit einem Fortgang der mikroskopisch feststellbaren Verästelung der Dendriten der Neurone rechnen muß. Die cerebrale Leistungsentfaltung – unter dem Einfluß von Erziehung und Prägung – setzt dann aber erst richtig ein. Die Entwicklung des Organes erreicht also einen gewissen Abschluß, lange bevor die Leistungsentfaltung ihren Höhepunkt erreicht.« [Benz, Übermensch, S. 342 f.].

Das Paläolithikum erscheint auch aus dieser Feststellung als der lange Embryonal- und Kindheitszustand der Menschheit, aus dem sie mit Perfektion des Gehirns heraustritt, um nach der Übergangszeit des Mesolithikums mit dem Neolithikum eine völlig neue Daseinsstufe [die des »Schöpfermenschen«] zu betreten; »neu« nicht nur innerhalb des Menschseins, sondern auch im absoluten Sinne.

215 Oswald *Spengler,* Der Untergang des Abendlandes, II. Bd. Welthistorische Perspektiven, insbes. im letzten Kapitel.

216 *Herder:* »Und so können wir annehmen, daß der Mensch ein Mittelgeschöpf unter den Tieren [Lebewesen], d. i. die ausgearbeitete Form sei, in der sich die Züge aller Gattungen um ihn her im feinsten Inbegriff sammeln.«

Joh. Gottfr. *Herder,* Sämtliche Werke, Stuttgart-Tübingen, 1827, IV, S. 74.

Oken spricht in seiner »Naturphilosophie«, 1831 [S. 389], den genialen Gedanken aus: »Das Tierreich ist nur *ein* Tier, d. h. die Darstellung der Tierheit mit allen ihren Organen, jedes für sich ein Ganzes. Ein einzelnes Tier entsteht, wenn ein einzelnes Organ sich vom allgemeinen Tierleib ablöst und dennoch die wesentlichen Tierverrichtungen ausübt. Das Tierreich ist nur das zerstückelte höchste Tier: Mensch. Es gibt nur *eine* Menschenzunft, nur *ein* Menschengeschlecht, nur *eine* Menschengattung, eben weil er das ganze Tierreich ist.« Im Osiris-Mythos spiegelt sich die »zerstückelte« Menschengestalt als eine frühe Intuition.

Protagoras [480–410] in seiner Schrift über die »Wahrheit«; dazu Wilhelm *Kelber,* Die Logoslehre von Heraklit bis Origines, Stuttgart, 1959.

217 Ernst *Kapp,* Grundlinien einer Philosophie der Technik, Braunschweig, 1877.

218 Jean *Gebser,* Ursprung und Gegenwart, Stuttgart, 1949–53, S. 210/11. Wichtig in unserem Zusammenhang, daß »die vorgegebenen Gesetzmäßigkeiten ... *bewußt* werden können«!

219 Antoine *de Saint-Exupéry,* Wind, Sand und Sterne, Originaltitel »Terre des hommes« (= Menschenerde!), dtsch. Übersetzung von Henrik Becker, Düsseldorf, 1956, S. 49 f.

220 Hans *Cloos,* Gespräch mit der Erde, Welt- und Lebensfahrt eines Geologen, München, 1954, S. 9, Cloos empfindet die »Heilige Schrift unserer großen gemeinsamen Mutter und Freundin Erde«, die ihm in der Geologie offenbar geworden ist, als die »Musik der Erde« und den Menschen als »nicht nur zum Auge, sondern auch zum Munde der Schöpfung bestellt«, ebd.

221 Johannes *Kepler* (1571–1630) in Harmonices Mundi, dazu Guenther *Wachsmuth,* Die Entwicklung der Erde, 1. Bd. Erde und Mensch, ihre Bildekräfte, Rhythmen und Lebensprozesse, 2. Bd. Kosmogonie und Erdgeschichte, ein organisches Werden. Dornach (Schweiz), 1950. Hier sind die naturwissenschaftlichen Tatbestände zum Bilde der Erde als eines lebendigen Organismus in umfassender Weise zusammengetragen.

222 Die Gleichsetzung von Gott-Natur finden wir bei *Spinoza* u. a. im Vierten Teil der »Ethik« (Vorrede), nach der Ausgabe von Otto Baensch, Hamburg, 1955, S. 187 f. »Die ganze Natur Ein Individuum« nennt Sp. in der Anmerkung zu Lehnsatz 7 im II. Teil der »Ethik«, Von der Natur und dem Ursprung der Seele, a.a.O., S. 68.

223 Den Namen *Humanus* prägt Goethe in seiner wenig bekannten Dichtung »Die Geheimnisse«. Dieses Wort ist schwer in die deutsche Sprache zu übersetzen, da der »Menschliche« als zu gefühlbeladen die eigentliche Bedeutung verfehlt. Da der Humanus nach der Schilderung der Symboldichtung als der Dreizehnte in Erscheinung tritt, wenn »die Zwölf« sich versammelt haben, ist er als die reale Ver-dichtung des Menschenwesens zur Gestalt *des* Menschen zu verstehen, als eine Namengebung des Großen Menschen, dem wir nach dem bereits erwähnten Worte des Paulus (Apostelgeschichte XVII, 28) als Glieder angehören.

224 Matthäus IV, 6.

225 Das Runengedicht von Odin, Havamal 138–144, insbes. 141 in Thule, Altnordische Dichtung und Prosa. Hrsg. von F. Niedner 1919–30 Edda II, Götterdichtung und Spruchdichtung S. 170 ff.

226 *Marx,* a.a.O., S. 237 verwendet damit einen Begriff des christlichen Credos!

Literaturverzeichnis

Vorbemerkung: Eine umfassende Übersicht über die seit 1807 bis 1956 erschienene Literatur zu einer Philosophie der Technik bringt Friedrich DESSAUER in ›Streit um die Technik‹, Frankfurt, 1956, S. 439–472. Sie wird allen empfohlen, die sich mit dem hier behandelten Thema wissenschaftlich beschäftigen wollen. Die folgenden Angaben verweisen ergänzend auf dort nicht erwähnte Veröffentlichungen oder auf solche, die zu vorliegender Studie bevorzugt herangezogen worden sind.

ANDERS, Günther, Die Antiquiertheit des Menschen, München, 1956.

ANDREE, Richard, Die Metalle bei den Naturvölkern, Leipzig, 1884.

ASTER Ernst von, Geschichte der Philosophie, Stuttgart, 1954.

BAADE, Fritz, Der Wettlauf zum Jahre 2000, Unsere Zukunft: ein Paradies oder die Selbstvernichtung der Menschheit, Oldenburg-Hamburg, 1960.

BACHOFEN, Johann Jakob, Ges. Werke, I, Basel, 1948.

BALLING, H., Die kulturschöpferischen Qualitäten des benediktinischen Mönchtums, Ludwigshafen-Waldkirch, 1938.

BAMM, Peter, Ex ovo, Essays über die Medizin, Stuttgart, 1956.

BAVINK, Bernhard, Ergebnisse und Probleme der Naturwissenschaften, Zürich, 1948.

BEHM, H. W., Schöpfung des Menschen, Leipzig, 1929.

BEHRENDT, Richard F., Der Mensch im Licht der Soziologie, Versuch einer Besinnung auf Dauerndes und Wandelbares im gesellschaftlichen Verhalten, Stuttgart, 1962.

BENEDICT, Ruth, Urformen der Kultur, Hamburg, 1955.

BENZ, Ernst, Adam, Der Mythos vom Urmenschen, München-Planegg, 1955.

– Der dreifache Aspekt des Übermenschen, Eranos-Jahrbuch XXVII, Zürich-Stuttgart, 1959.

– Der Übermensch, Eine Diskussion, mit Original-Beiträgen von Ernst Benz, Hans Mislin, Ludolf Müller, Adolf Portmann, Joseph B. Rhine, Eugen Sänger, Peter Scheibert, Hugo Spatz, Otto Wolff, Zürich-Stuttgart, 1961.

– Über die Zukunft des Menschen, Köln, 1962.

– Buddhas Wiederkehr und die Zukunft Asiens, München, 1963.

BERDJAJEW, Nikolai, Der Mensch und die Technik, Berlin, 1943.

BERTALANFFY, C. v., Das biologische Weltbild, Bern, 1949.

BIER, August, Die Seele, München-Berlin, 1941.

BOIS-REYMOND, A. du, Erfindung und Erfinder, Berlin, 1906.
BOLK, Louis, Das Problem der Menschwerdung, Jena, 1926.
BRANDT, Leo, Die zweite industrielle Revolution, Vortrag, Bonn, 1956.
BRINKMANN, Don., Mensch und Technik, Bern, 1946.
BRÜNING, Walther, Philosophische Anthropologie, Stuttgart, 1960.
BRUN, Jean, La main et l'esprit, Paris, 1963.
BRUNS, Herbert, Wie schütze ich mein Leben und meine Umwelt?, 2. erw. Aufl., Wiesbaden, 1975.
BRUNNER, Emil, Gott und sein Rebell, Eine theologische Anthropologie, rde 62, Hamburg, 1958.
BURDECKI, Feliks, Menschheit und Energetik, Ein geschichtsphilosophischer Versuch der Deutung unserer Seinslage, Mosbach, 1962.
BUYTENDIJK, F. J. J., Wege zum Verständnis der Tiere, Leipzig, 1938.
– Mensch und Tier, Ein Beitrag zur vergleichenden Psychologie, rde 74, Hamburg, 1958.
– Das Menschliche, Wege zu seinem Verständnis, Stuttgart, 1958.
– Über den Schmerz, Bern, 1948.
CARSON, Rachel, Der stumme Frühling, München, 1962.
CHILDE, V. Gordon, Der Mensch schafft sich selbst, Dresden. 1959.
– Vorgeschichte der europäischen Kultur, rde 101, Hamburg, 1960.
CLOOS, Hans, Gespräch mit der Erde, Welt- und Lebensfahrt eines Geologen, München, 1954.
DEMOLL, Reinhard, Ketten für Prometheus, Gegen die Natur oder mit ihr?, München, 1954.
– Im Schatten der Technik, Beiträge zur Situation des Menschen in der modernen Zeit, München-Esslingen, 1960.
DESSAUER, Friedrich, Technische Kultur, Kempten und München, 1908.
– Philosophie der Technik, 3. Aufl., Bonn, 1933.
– Streit um die Technik, Frankfurt, 1956.
DESSAUER-HORNSTEIN, Seele im Bannkreis der Technik, Olten-Freiburg, 1945.
DIRCKS, Walter, Die Antwort der Mönche, Frankfurt, 1952.
DIESEL, Eugen, Das gefährliche Jahrhundert, Berlin, 1950.
– Menschheit im Katarakt, Ein Bericht, Griesbach, 1963.
DRIESCH, Hans, Philosophie des Organischen, 4. Aufl., Leipzig, 1928.
– Die Maschine und der Organismus, 4. Aufl., Leipzig, 1935.
– Biologische Probleme höherer Ordnung, Leipzig, 1941.
DVORAK, Robert, Technik, Macht und Tod, Hamburg, 1948.
ELIADE, Mircea, Schmiede und Alchemisten, franz. Originalausgabe ›Forgerons et Alchemistes‹, übers. von Emma v. Pelet, Stuttgart, 1956.
ENGELS, Friedrich, Dialektik der Natur, Berlin, 1952.
EPPLER, Erhard, Ende oder Wende, Von der Machbarkeit des Notwendigen, Stuttgart, Berlin, Köln, Mainz, 1975.
EYTH, Max, Wort und Werkzeug, Berlin, 1916.

– Lebendige Kräfte, 2. Aufl., Berlin, 1908, Gesammelte Schriften 6 Bd., Stuttgart, 1909.
FARNER, Konrad, Theologie des Kommunismus? Frankfurt/M., 1969.
FAUT, Adolf, Technik, Technisches Zeitalter und Religion, Tübingen, 1931.
FELDHAUS, Franz Maria, Kulturgeschichte der Technik, Berlin, 1928.
– Der Weg in die Technik, Leipzig, 1935.
FREYER, Hans, Theorie des gegenwärtigen Zeitalters, Stuttgart, 1955.
– Gesellschaft und Kultur, in Propyläen-Weltgeschichte Bd.X, Berlin-Frankfurt-Wien, 1961.
FRIEDERICH, Alexander, Die unsichtbare Armee, das Buch der Energie, Berlin, 1940.
GARTMANN, Heinz, Stärker als die Technik, Der Mensch in der Zerreißprobe, Düsseldorf, 1955.
GEBSER, Jean, Abendländische Wandlung, Abriß der Ergebnisse moderner Forschung in Physik, Biologie und Psychologie – Ihre Bedeutung für Gegenwart und Zukunft, Konstanz-Zürich-Wien, 1950.
– Ursprung und Gegenwart, Stuttgart, 1949–53, 2 Bd.
GEHLEN, Arnold, Der Mensch, seine Natur und seine Stellung in der Welt, 6. Aufl , Bonn, 1950.
– Soziologie, Düsseldorf-Köln, 1955.
– Urmensch und Spätkultur, 1956.
– Die Seele im technischen Zeitalter, rde 53, Hamburg, 1957.
– Anthropologische Forschung, Zur Selbstbegegnung und Selbstentdeckung des Menschen, rde 138, Hamburg, 1961.
GEIGER, Lazarus, Die Entdeckung des Feuers, 1870.
– Vorträge z. Entwicklungsgeschichte der Menschheit, Stuttgt. 1871.
– Der Ursprung der Vernunft, Heidelberg, 1884.
GOETHES Naturwissenschaftliche Schriften, hrg. von Rudolf Steiner, »Kürschners Deutsche Nationalliteratur«, 1883-1897, Neuherausgabe, Bern, 1949.
GOFMAN, John W. und TAMPLIN, Arthur R., Kernspaltung – Ende der Zukunft? Titel der amerikanischen Originalausgabe: »Population Control through Nuclear Pollution«, übertragen von Else Horstmann, Hameln/Hannover 1973.
GÖTTE, Fritz, Cultura, Stuttgart, 1952.
GOLDSTEIN, Julius, Die Technik [Martin Bubers Sammlung »Die Gesellschaft«], Frankfurt/M., 1912.
GRAHMANN, Rudolf, Urgeschichte der Menschheit, Stuttgart, 1952.
GRUHL, Herbert, Ein Planet wird geplündert, Die Schreckensbilanz unserer Politik, Frankfurt/M., 1975.
HAENSCHKE, Frank, Modell Deutschland? Die Bundesrepublik in der technologischen Krise, Reinbek bei Hamburg, 1977.
HALDANE, John Scott, Mechanism, life and personality, London, 1921.
HARDENSETT, Heinrich, Der kapitalistische und der technische Mensch, Munchen, 1932.

HARICH, Wolfgang, Kommunismus ohne Wachstum? Babeuf und der Club of Rome, Reinbek bei Hamburg, 1975.
HARTMANN, Otto Julius, Erde und Kosmos, Eine kosmologische Biologie, Frankfurt, 1950.
– Menschenkunde, 2. Aufl., Frankfurt a. M., 1959.
– Dynamische Morphologie, Embryonalentwicklung und Konstitutionslehre als Grundlagen praktischer Medizin, Frankfurt, 1959.
HAUSCHKA, Rudolf, Substanzlehre, Zum Verständnis der Physik, der Chemie und therapeutischen Wirkungen der Stoffe, Frankfurt, 1946.
HAVERBECK, Werner Georg, Die Selbstverwirklichung des Menschen in der Technik, Sonderdruck aus den Mitteilungen des Braunschweigischen Hochschulbundes e. V., Braunschweig, 1962.
– Die Evolution der Technik, ein Menschheitsphänomen, in ›Die Kommenden‹, Unabhängige Zeitschrift für geistige und soziale Erneuerung, Freiburg i. Br., Jahrg. 1961, Folge 1–4, 8, 11, 13 und 16.
– Die Polarität von Technik und Kunst, ebenda, Jahrgang 1962, Folge 2.
– Das Bild des Menschen in der Gegenwart in ›Das Menschenbild der Gegenwart‹, Akademie-Veröffentlichung der Humboldt-Gesellschaft, Mannheim, 1964.
– Der Aberglaube an das Atom und die neue Aufklärung, in Bodo Manstein, Atomares Dilemma, Frankfurt, 1977.
HEBERER, Gerhard, Die Herkunft der Menschheit, in ›Propyläen-Weltgeschichte‹, Bd. I, Berlin-Frankfurt-Wien, 1961.
– Grundlinien im modernen Bild der Abstammungsgeschichte des Menschen, Iserlohn, 1960, Sonderdruck aus dem Biologischen Jahresheft 1960 des Verbandes Deutscher Biologen e. V., Iserlohn.
– »Zinjanthropus boisei« und der Status der Prähomininen [Australopithecinae], Sonderdruck aus Zoologische Jahrbücher, Abteilung für Systematik, Ökologie und Geographie der Tiere, Jena, 1960.
HEER, Friedrich, Die Dritte Kraft heute, in ›Wo stehen wir heute?‹ hrg. von H. Walter Bähr, Gütersloh, 1960.
HEISENBERG, Werner, Das Naturbild der heutigen Physik, rde 8, Hamburg, 1955.
HÖFLER, Otto, Kultische Geheimbünde der Germanen, Frankfurt a. M., 1934.
HÖLL, Karl, Die Wahrheit über die Atomkraftwerke, München, 1977.
HONORÉ, Pierre, Es begann mit der Technik, Das technische Können der Steinzeitmenschen, Reinbek bei Hamburg, 1970.
HUNING, Alois, Das Schaffen des Ingenieurs, Beiträge zu einer Philosophie der Technik, Düsseldorf, 1974.
ILLICH, Ivan, Selbstbegrenzung, Eine politische Kritik der Technik, Reinbek bei Hamburg, 1975.
ILJIN und SSEGAL, Wie der Mensch zum Riesen wurde, aus dem Russischen übersetzt von Antoine Stehr, Berlin, 1949.
JAKOB, Heinrich Eduard, 6000 Jahre Brot, Hamburg, 1954.

JASPERS, Karl, Vom Ursprung und Ziel der Geschichte, Frankfurt-Hamburg, 1955.
– Die Atombombe und die Zukunft des Menschen, München, 1958.
JÜNGER, Ernst, Der Arbeiter, Herrschaft und Gestalt, 3.Aufl., Hamburg, 1932.
– Der Weltstaat – Organismus und Organisation, in ›Wo stehen wir heute?‹, hrg. von H. Walter Bähr, Güterslo, 1960.
JÜNGER, Friedrich Georg, Die Perfektion der Technik, Frankfurt a. M., 1953.
JUNGK, Robert, Die Zukunft hat schon begonnen, Stuttgart-Hamburg, 1952.
– Heller als tausend Sonnen, Das Schicksal der Atomforscher, Stuttgart, 1956.
– Die große Maschine, Auf dem Weg in eine andere Welt, Bern und München, 1966.
– Der Atomstaat, Vom Fortschritt in die Unmenschlichkeit, München, 1977.
KAPP, Ernst, Grundlinien einer Philosophie der Technik, Braunschweig, 1877.
KELBER, Wilhelm, Die Logoslehre, Von Heraklit bis Origines, Stuttgart, 1958.
KEPLER, Johannes, Kosmische Harmonie [Harmonices mundi] in fünf Büchern, Linz in Österreich, 1619, Hrg. u. Übertrg. von W. Harburger, Leipzig, 1925.
KERÉNYI, Karl, Prometheus, Die menschliche Existenz in griechischer Deutung, rde 95, Hamburg, 1959.
KESSLER, Herbert, und THOMS, Walter, Das Menschenbild der Gegenwart, herausgegeben für die Humboldt-Gesellschaft, Mannheim, 1964.
KIAULEHN, Walter, Die eisernen Engel, Hamburg, 1953.
KIESINGER, Kurt Georg, Die Prognosen des Grafen Alexis de Tocqueville am Beginn des industriellen Zeitalters, Vortrag, veröffentlicht in Karlsruher Akademische Reden, Neue Folgen, Nr. 19, Karlsruhe, 1961.
KLAATSCH, Hermann, Der Werdegang der Menschheit und die Entstehung der Kultur, nach dem Tode des Vorf. hrg. von Adolf Heilborn, Berlin, 1920.
KLEMM, Friedrich, Technik, eine Geschichte ihrer Probleme, Freiburg-München, 1954.
– Kurze Geschichte der Technik, Herder-Bücherei 106, Freiburg, 1961.
KOESSLER, Paul, Christentum und Technik, Aschaffenburg, 1959.
Die humanistische Aufgabe der technischen Hochschule, [Rektoratsrede], Braunschweig, 1950.
KOMMENDEN, Die, unabhängige Zeitschrift für geistige und soziale Erneuerung, hrg. von Herbert Hillringhaus, Freiburg i. Br.

KRAFT, Georg, Der Urmensch als Schöpfer, Tübingen, 1942.
KRANNHALS, Paul, Der Weltsinn der Technik, München-Berlin, 1932.
KROPOTKIN, Peter, Gegenseitige Hilfe im Tierreich, Leipzig, 1904.
KRÜGER, Karl, Ingenieure bauen die Welt, Erdumfassende natürliche Raumplanung, Berlin, 1955.
KÜHN, Herbert, Das Erwachen der Menschheit, Fischer-Bücherei 53, Frankfurt, 1954.
– Der Aufstieg der Menschheit, Fischer-Bücherei 82, Frankfurt, 1955.
KURELLA , Alfred, Der Mensch als Schöpfer seiner selbst, Beiträge zum sozialistischen Humanismus, Berlin, 1958.
LAUER, Hans Erhard, Geschichte als Stufengang der Menschwerdung, ein Beitrag zu einer Geschichtswissenschaft auf geisteswissenschaftlicher Grundlage, 3 Bd., Freiburg i. Br., 1956.
– Wie können wir überleben? Die Krise der Zivilisation und der Weg in die Zukunft, Achberg, 1975.
LAURENCE, William L., Dämmerung über Punkt Null, Die Geschichte der Atombombe, amerik. Originalausgabe ›Dawn over Zero‹, New York, deutsch Werner von Grünau, Innsbruck, 1948.
LEHRS, Ernst, Mensch und Materie, engl. ›Man or Matter‹, London, Frankfurt, 1953.
LILJE, Hanns, Das technische Zeitalter, Berlin, 1928.
LILLEY, S., Menschen und Maschinen, engl. Originalausgabe ›Men, Machines and History‹, übers. von Doris Brehm, Wien, 1952.
LITT, Theodor, Technisches Denken und menschliche Bildung, Heidelberg, 1957.
LÖBSACK, Theo, Versuch und Irrtum, Der Mensch: Fehlschlag der Natur, München, Gütersloh, Wien, 1974.
LORENZ, Konrad, Moral-analoges Verhalten geselliger Tiere, Erschienen in der Reihe ›Forschung und Wirtschaft‹ des Stifterverbandes für die deutsche Wissenschaft, Essen, 1954.
– Die acht Todsünden der zivilisierten Menschheit, München, 1973.
LUBKOLL, Klaus, Der Traum vom besseren Leben. Der Mensch im Schatten des Paradieses, Stuttgart, 1974.
MACKENSEN, Lutz, Sprache und Technik, Lüneburg, 1954.
MADLE, Herbert, Die Maschine und der technische Fortschritt in der englischen Literatur des 19. und 20. Jahrh., Dissertation, Breslau, 1938.
MANSTEIN, Bodo, Im Würgegriff des Fortschritts, Frankfurt, 1961, Umgearb. und auf den letzten Stand gebrachte Neuausgabe 1964.
– Atomare Gefahr und Bevölkerungsschutz, Stuttgart, 1963.
– Vom Terror der Technik, in Das Jahrhundert der Barbarei, hrg. von Karlheinz Deschner, München, 1966.
– Atomares Dilemma, Frankfurt, 1977.
– Strahlen, Gefahren der Radioaktivität und Chemie, Medizin und Wissenschaft im Umbruch, ein kritisches Handbuch, Frankfurt, 1977.

MARAIS, Eugène N., Die Seele der weißen Ameise, Berlin, 1939.
MARX, Karl, Die Frühschriften, hrg. von Siegfried Landshut, Kröners Taschenausgabe Band 209, Stuttgart, 1953, darin u. a. ›Nationalökonomie und Philosophie‹.
MEADOWS, Dennis, Die Grenzen des Wachstums, Bericht des Club of Rome zur Lage der Menschheit, Stuttgart, 1972.
MENGHIN, Oswald, Weltgeschichte der Steinzeit, Wien, 1931.
MESAROVIĆ, Mihailo/PESTEL, Eduard, Menschheit am Wendepunkt, 2. Bericht an den Club of Rome zur Weltlage, Stuttgart 1974.
MONAKOW, C.v., Gehirn und Gewissen, Zürich, 1950.
MÜLLER , Hanfried, Von der Kirche zur Welt, Ein Beitrag zu der Beziehung des Wortes Gottes auf die societas in Dietrich Bonhoeffers theologischer Entwicklung, Hamburg, 1961.
MUMFORD, Lewis, Die Verwandlungen des Menschen, amerik. Originalausgabe ›The Transformations of Man‹, übers. von Leopold Voelker, Ullstein-Bücher 303, Berlin, 1956.
– Kunst und Technik, amerik. Originalausgabe ›Art and Technics‹, übers. von Hermann Muser, Urbanbücher 31, Stuttgart, 1959.
– Mythos der Maschine, Kultur, Technik und Macht, Titel der Originalausgabe »The Myth of the Maschine« Wien, 1974 und Frankfurt/M., 1977.
NAUCK, E. Th., Das Problem der Menschwerdung, Freiburg i. Br., 1940.
NOIRÉ, Ludwig, Das Werkzeug und seine Bedeutung für die Entwicklungsgeschichte der Menschheit, Mainz, 1880.
NOVALIS , Werke und Briefe, München, 1953.
OKEN, Lehrbuch der Naturphilosophie, 2.Aufl. 1831.
OPPEN, Dietrich v., Das personale Zeitalter, Formen und Grundlagen gesellschaftlichen Lebens im 20. Jahrhundert, Stuttgart-Gelnhausen, 1960.
ORTEGA Y GASSET, José, Betrachtungen über die Technik, Autor. Übers. von Fritz Schalk, Titel der span. Originalausgabe ›Meditación de la técnica‹, Buenos Aires, 1939, Stuttgart, 1949.
PAULING Linus, Leben oder Tod im Atomzeitalter, amerik. Originalausgabe ›No more war‹ , New York, 1958, übers. von Hildburg Braun, Wien, 1960.
PFEIFFER, L., Die steinzeitliche Technik, Jena, 1912.
PHILBERTH, Bernhard, Christliche Prophetie und Nuklearenergie, Nürnberg, 1961.
PIETSCH, Max, Die industrielle Revolution – von Watts Dampfmaschine zu Automation und Atomkernspaltung, Herder-Bücherei 93, Freiburg i. Br., 1961.
PLESSNER, Helmuth, Die Einheit der Sinne, Bonn, 1923.
– Die Stufen des Organischen und der Mensch, Leipzig, 1928
– Lachen und Weinen, Arnhem, 1941.
– Conditio Humana, in ›Propyläen-Weltgeschichte‹, Bd. I, Berlin-Frankfurt-Wien, 1961.

Wesen und Wirklichkeit des Menschen, Festschrift für H. Plessner, Göttingen, 1957.
POPPELBAUM, Hermann, Mensch und Tier, Fünf Einblicke in ihren Wesensunterschied, Basel, 1937.
PORTMANN, Adolf, Zoologie und das neue Bild vom Menschen, Biologische Fragmente zu einer Lehre vom Menschen, rde 20, Hamburg, 1956.
RAUSCH, Jürgen, Der Mensch als Märtyrer und Monstrum, 1957.
REMANE, Adolf, Das soziale Leben der Tiere, rde 97, Hamburg, 1960.
RENSCH, Bernhard, Homo Sapiens, Vom Tier zum Halbgott, Göttingen, 1959.
ROSENSTOCK-HUESSY, Eugen, The Driving Power, Boston, 1950.
RUSSELL, Bertrand, Vernunft und Atomkrieg, englischer Titel: ›Common Sense and Nuclear Warfare‹ übers. von Hellmut Hilzheimer, Wien-München-Basel, 1959.
SÄNGER, Eugen, Raumfahrt – technische Überwindung des Krieges, rde 59, Hamburg, 1958.
SAINT-EXUPÉRY, Antoine de, Wind, Sand und Sterne, franz. Originalausgabe ›Terre des hommes‹, deutsche Übers. von Henrik Becker, Düsseldorf, 1956.
SCHEIBERT, Peter, Der Übermensch in der Russischen Revolution, in Ernst Benz, ›Der Übermensch‹, Zürich-Stuttgart, 1961.
SCHELER, Max, Die Stellung des Menschen im Kosmos, Darmstadt, 1928.
SCHELTEMA, Adama Frederik van, Die geistige Wiederholung, Der Weg des Einzelnen und seiner Ahnen, Bern, 1954.
SCHMID, Carlo, Mensch und Technik, Die sozialen und kulturellen Probleme im Zeitalter der zweiten industriellen Revolution, Bonn, 1956.
SCHMITZ, Philipp. Geschichte des Benediktinerordens, Bd. 2, Einsiedeln, 1948.
SCHNEIDER, Wolf, Überall ist Babylon, Die Stadt als Schicksal der Menschen von Ur bis Utopia, Düsseldorf, 1960.
SCHOEPS, Hans-Joachim, Was ist der Mensch? Philosophische Anthropologie als Geistesgeschichte der neuesten Zeit, Göttingen, 1960.
SCHREY, Heinz-Horst, Weltbild und Glaube im 20. Jahrhundert, Göttingen, 1955.
SCHÜTZE, Alfred, Kultus und Gegenwartsbewußtsein, Stuttgart, 1950.
SCHUMACHER, E. F., Es geht auch anders, Jenseits des Wachstums, Technik und Wirtschaft nach Menschenmaß, München, Wien, Basel, 1974.
SCHUMPETER, Joseph A., Kapitalismus, Sozialismus, Demokratie, 2. Auflage, München, 1950.
SCHWAB, Günther, Der Tanz mit dem Teufel, 11. Aufl. Hameln, 1975.
SCHWABE, Gerhard Helmut, Wissenschaft, Methode und Mensch in

biologischer Sicht, in Menschenzüchtung, hrg. von Friedrich Wagner, München, 1969.

SCHWARZ, Ernst, Am Wendepunkt, Weltbild und Mensch im Atomzeitalter, Stuttgart, 1960.

SCHWEITZER, Albert, Friede oder Atomkrieg, Müncher, 1958.

SPATZ, Hugo, Gedanken über die Zukunft des Menschenhirns und die Idee vom Übermenschen, in Ernst Benz, ›Der Übermensch‹, Zürich-Stuttgart, 1961.

SPENGLER, Oswald, Der Untergang des Abendlandes, Umrisse einer Morphologie der Weltgeschichte, München, 1923.

– Der Mensch und die Technik, Beitrag zu einer Philosophie des Lebens, München, 1931.

– Jahre der Entscheidung, München, 1933.

SPINOZA, Benedict de, Die Ethik, nach geometrischer Methode dargestellt, Übers. Anmerkungen und Register von Otto Baensch [Der Philosophischen Bibliothek Band 92], Hamburg, 1955.

– Theologisch-politischer Traktat, übertragen und eingeleitet von Carl Gebhardt [Der Philosophischen Bibliothek Band 93], Hamburg, 1955.

STEINER, Rudolf, Erkenntnistheoretische Grundschriften: Wahrheit und Wissenschaft, Grundlinien einer Erkenntnistheorie der Goethe schen Weltanschauung, Taschenbuchausgabe, Stuttgart, 1962.

– Die Philosophie der Freiheit, Grundzüge einer modernen Weltanschauung, Seelische Beobachtungsresultate nach naturwissenschaftlicher Methode, 1. Aufl., Berlin, 1894, 11. Aufl., Stuttgart, 1955.

– Der Entstehungsmoment der Naturwissenschaft in der Weltgeschichte und ihre seitherige Entwicklung, Dornach [Schweiz], 1937.

– Geschichtliche Symptomatologie, Neun Vorträge vom 18. 10.–3. 11. 1918, Dornach, 1942.

– Westliche und östliche Weltgegensätzlichkeit, Zyklus in 10 Vorträgen vom 1.–12. Juni 1922, Dornach [Schweiz], 1950.

STOLZE, Diether, Den Göttern gleich, Unser Leben von morgen, München-Wien-Basel, 1959.

STUMPF, Harald, Leben und Überleben, Einführung in die Zivilisationsökologie, Stuttgart-Degerloch, 1976.

STÜRNER, Otto, Die Bedeutung der Technik für die Kultur, Stuttgart, 1947.

TEILHARD DE CHARDIN, Pierre, Der Mensch im Kosmos, Franz. Original-Ausgabe »Le Phénomène humain«, übers. von Othon Marbach, München, 1959.

– Die Entstehung des Menschen, Franz. Original-Ausgabe »Le Groupe Zoologique Humain«, übers. von Günther Scheel, München, 1961.

– Werke – 5. Bd. – Die Zukunft des Menschen, franz. Originalausgabe ›L'avenir de l'homme‹, übers. von Lorenz Häflinger und Karl Schmitz-Moormann, Olten und Freiburg i. Br., 1963.

TERRA, Helmut de, Mein Weg mit Teilhard de Chardin, Forschungen und Erlebnisse, München, 1962.
THIER, Erich, Das Menschenbild des jungen Marx, Göttingen, 1957.
THÜRKAUF, Max, Wissenschaft und moralische Verantwortung, Vom Bildungswert des naturwissenschaftlichen Unterrichts, Schaffhausen, 1977.
TOYNBEE, Arnold J., Studie der Weltgeschichte, Hamburg, 1949.
– Kultur am Scheideweg, Wien, 1949.
– Der Gang der Weltgeschichte, 2 Bände, Stuttgart, 1949–58.
– Das Christentum und die Religionen der Welt, Gütersloh, 1959.
TUCHEL, Klaus, Mensch und Technik in aller Welt, West-Berlin, 1963.
Unabhängiger biologischer Nachrichtendienst [UBN], hrg. von Prof. Dr. Herbert Bruns, Schlangenbad/Berlin.
Verein Deutscher Ingenieure, Der Mensch im Kraftfeld der Technik, Tagungsbericht, Düsseldorf, 1955.
Vom Ackerbau zum Zahnrad, 7000 Jahre frühe technische Kultur, rororo-Taschenbuchausgabe, Reinbek bei Hamburg, 1969, 2 Bände.
WAASER, Friedrich, Mensch und Tier, Eine pädagogische Betrachtung auf urbildlicher Grundlage, Halle [Saale], 1945.
WACHSMUTH , Guenther, Die Entwicklung der Erde, Kosmogonie und Erdgeschichte, ein organisches Werden, Dornach, 1950.
WAGNER, Friedrich, Die Wissenschaft und die gefährdete Welt, München, 1964.
WEBER, Alfred, Kulturgeschichte als Kultursoziologie, München, 1950.
– Der dritte oder der vierte Mensch, München, 1953.
WEIHE, Karl, Kultur und Technik, Frankfurt, 1935.
WEINERT, Hans, Menschen der Vorzeit, Stuttgart, 1930.
– Der geistige Aufstieg der Menschheit, Stuttgart, 1940.
– Stammesgeschichte der Menschheit, Stuttgart, 1941.
WEINSTOCK, Heinrich, Arbeit und Bildung, Heidelberg, 1954.
WENDT, Herbert, Ich suchte Adam, 3. Aufl., Hamm, 1953.
WESTENHÖFER, Max, Das Problem der Menschwerdung, 2. Aufl., 1935.
– Der Eigenweg des Menschen, Heidelberg, 1942.
WEULE , K., Kulturelemente der Menschheit, Stuttgart, 1910.
– Die Kultur der Kulturlosen, Stuttgart, 1910.
– Die Urgesellschaft und ihre Lebensfürsorge, Stuttgart, 1912.
– Der Krieg in den Reihen der Menschheit, Stuttgart, 1916.
– Anfänge der Naturbeherrschung, Stuttgart, 1921.
WETTER, Gustav A., Der dialektische Materialismus, seine Geschichte und sein System in der Sowjetunion, 4. Aufl., Freiburg i. Br., 1958.
– Philosophie und Naturwissenschaft in der Sowjetunion, rde 67, Hamburg, 1958.
WEYRAUCH, Robert, Die Technik – ihr Wesen und ihre Beziehungen zu anderen Lebensgebieten, Berlin, 1922.
WIENER, Norbert, Mensch und Menschmaschine, amerik. Originalaus-

gabe »The Human Use of Human Beings [Cybernetics and Society]«, übers. von Gertrud Walther, Frankfurt, 1958.

WIRTH, Herman, Die heilige Urschrift der Menschheit, Symbolgeschichtliche Untersuchungen diesseits und jenseits des Nordatlantik, Leipzig, 1931–36.

ZBINDEN, Hans, Technik und Geisteskultur, München, 1933.

ZIEGLER, Leopold, Die Technik als Werkzeug und Schranke der Menschheit, in »Zwischen Mensch und Wirtschaft«, Darmstadt, 1927.

– Das Lehrgespräch vom Allgemeinen Menschen in 7 Abenden, Hamburg, 1956.

ZISCHKA, Anton, Krieg oder Frieden, Die Chancen des Friedens in unserer Zeit, Gütersloh, 1961.

Namen-Register

WERNER GEORG HAVERBECK

Entschluß zur Erde

Zerstörung und Leben in unserer Hand
90 Seiten, kartoniert

In diesen drei Vorträgen werden die drei aktuellen und bedrängenden Lebens- und Überlebensthemen unserer Zeit so angesprochen, daß ein unmittelbares inneres Engagement für die Erde entstehen kann. Die Umweltverschmutzung im weitesten Sinne erfordert den Einsatz aller; die Friedensbewegung muß auf die Entschiedenheit des einzelnen bauen; die soziale Frage ist die Frage nach einer Gemeinschaft freier Geister, die aus einer neuen Mitmenschlichkeit gemeinsam zusammenarbeiten wollen.

STEFAN LEBER u. a.

Die Friedenshoffnung unserer Zeit

152 Seiten, kartoniert

Inhalt: Stefan Leber: Die geistige Bedeutung des Krieges / Christoph Lindenberg: Die geistigen Hintergründe des Ersten Weltkrieges / Markus Treichler, Michael Kientzler: Der Krieg im Innerseelischen / Hans-Werner Schroeder: Krieg und Frieden im Lichte Christi.

LEX BOS

Die Templer

Impulse für eine moderne Sozialstruktur
44 Seiten, kartoniert

Die großen Leistungen des Templerordens gründeten sich auf eine besondere Art des Umgangs mit Geld und Besitz. Lex Bos zeigt, wie diese Ideen der Templer auch heute noch wichtige Anregungen für eine Sozialstruktur der Zukunft geben können.

Perspektiven der Anthroposophie

Der anthroposophische Weg

Kurt E. Becker
Anthroposophie – Revolution von innen
Leitlinien im Denken Rudolf Steiners
Band 3336

Der Band zeigt Leitlinien im Denken Rudolf Steiners auf: daß Denken Handeln ist, ein Tun, das in einem wechselwirkenden Prozeß an der Wirklichkeit sich entfaltet, ein Werden, das dem Individuum in einer steten, sich und die Welt in jeweils gleichem Maße einbeziehenden Erfahrung die Einsicht in die Einheit des Universums vermittelt.

Rudolf Steiner:
Der anthroposophische Weg
Herausgegeben von Kurt E. Becker/Friedrich Hiebel/ Hans-Peter Schreiner
Band 5504

Das Buch beantwortet die Fragen: Was ist der Mensch? Woher kommt er? Wohin geht er? Was bedeutet »Karma«? Was »Reinkarnation«? Welche Position hat diese Sicht vom Menschen im abendländischen Denken?

Walter Abendroth
Rudolf Steiner und die heutige Welt
Ein Beitrag zur Diskussion um die menschliche Zukunft
Band 5513

»An Hand einer scharfen Analyse der modernen Massengesellschaft wird der Wert von Steiners Sicht des Menschen als ganzheitlichen Wesens hervorgehoben und als Ausweg der heutigen Situation erkannt.«
Hannoversche Allgemeine Zeitung

Fischer Taschenbuch Verlag

fi 440/1a

Perspektiven der Anthropsophie

Der anthroposophische Weg

Rudolf Steiner –
Praktizierte Anthroposophie
Beiträge für ein humaneres Leben
Herausgegeben von Kurt E. Becker
und Hans-Peter Schreiner
Band 5534

Daß Anthroposophie mehr ist als geistige Erbauung in esoterischen Zirkeln, daß sie eng mit der Lebenspraxis verbunden ist, macht ihre zunehmende Anziehungskraft auf so viele Menschen aus. »Praktizierte« Anthroposophie heißt deshalb heute nicht allein, übersinnliches Schauen zu erlernen, mit Steiners Geisteswissenschaft Eingang in höhere Welten zu finden, es heißt vor allem auch, anthroposophische Erkenntnis auf den Alltag zu übertragen.

»Die Anthroposophie will praktisch verstanden werden und nicht als das ›utopisch-mystische Schwärmen unpraktischer Leute‹.« *Rudolf Steiner, 1924*

Anthroposophie heute
Herausgegeben von Kurt E. Becker
und Hans-Peter Schreiner
Band 5535

Dieses Buch gibt Aufschluß darüber, welches heute die meßbaren Ergebnisse der Anthroposophie sind, es erörtert, was in der Zukunft möglich erscheint, und es beschäftigt sich mit der Frage, welche ganzheitliche »Alternative« die Anthroposophie dem Menschen von heute bietet.

Fischer Taschenbuch Verlag

fi 440/1b

Perspektiven der Anthroposophie

Technik/Naturwissenschaft

Johannes Hemleben
Das haben wir nicht gewollt
Sinn und Tragik der Naturwissenschaft
Band 5508

Die »Segnungen der Technik« haben sich mehr und mehr als Schädigungen erwiesen; Umweltprobleme zeigen sich als Folgen eines ausschließlich naturwissenschaftlich bestimmten Denkens, wobei Wissenschaftler selbst die Stimmung haben »Das haben wir nicht gewollt.«
Die Grundfragen lauten: Was ist der Sinn der modernen Naturwissenschaft? Wie ist sie entstanden? Wo liegen die Gründe, daß auf so vielen Gebieten sich der Nutzen in Schaden, der Gewinn in Verlust gewandelt hat?

Werner Georg Haverbeck
Die andere Schöpfung
Technik –
Ein Schicksal von Mensch und Erde
Band 5528

»Das Werk von Haverbeck hat mich angeregt zu neuen Einsichten und zur Auseinandersetzung. Daß der Autor sich über die notwendige Kritik hinaus bemüht, eine positive Veränderung der Technik geistig einzuleiten, erscheint mir besonders wichtig. Er gehört damit zu den geistigen Vätern einer Wende, die herbeizuführen mit jedem Tage dringender wird.«
Robert Jungk